电化学测量方法

贾铮　戴长松　陈玲　编著

化学工业出版社
教材出版中心
·北京·

图书在版编目（CIP）数据

电化学测量方法/贾铮，戴长松，陈玲编著．—北京：化学工业出版社，2006.7（2025.2 重印）
ISBN 978-7-5025-9130-4

Ⅰ．电…　Ⅱ．①贾…②戴…③陈…　Ⅲ．电化学-测量方法　Ⅳ．O657.1

中国版本图书馆 CIP 数据核字（2006）第 084915 号

责任编辑：刘俊之　宋林青　　　文字编辑：陈　雨
责任校对：宋　玮　　　装帧设计：韩　飞

出版发行：化学工业出版社　教材出版中心（北京市东城区青年湖南街 13 号　邮政编码 100011）
印　　装：三河市航远印刷有限公司
787mm×1092mm　1/16　印张 15¾　字数 392 千字　　2025 年 2 月北京第 1 版第 17 次印刷

购书咨询：010-64518888　　　售后服务：010-64518899
网　　址：http：//www.cip.com.cn
凡购买本书，如有缺损质量问题，本社销售中心负责调换。

定　　价：38.00 元

Foreword

Electrochemistry is a subject at the heart of 21st century science.

On the fundamental side it provides the conceptual jump from the molecular scale through to the micro scale. Accordingly it is at the heart of nanochemistry and nanotechnology. Chemists understand the molecules, engineers understand the properties of built materials but it is the electrochemist who can provide the bridge and can contribute throughout this broad intellectual range.

At the applied level electrochemistry is bringing us chemical sensors, fuel cells, solar energy power, new batteries and materials and clean (electro) synthetic methods.

Zheng Jia has written an excellent textbook which explains the principles of modern electrochemistry focussing on measurement methods. It is a powerful and full survey of the area and I strongly recommend the book to all students of electrochemistry.

Professor Richard G. Compton
University of Oxford

前　言

电化学技术的应用正日益受到人们的高度重视，例如，燃料电池和电池提供了轻便的、可移动式的供能方式，成为高性能电动车、微电子技术、通信技术的重要组成部分；基于电化学原理的电分析技术和化学传感器为生物技术、工业和环境监测以及日常生活提供了研究和分析的手段；电解工业可以实现大量无机物、有机物的电解合成，金属的提取和精炼；电化学技术还可实现材料的表面处理（电镀、阳极氧化、电化学磨削等）；在微纳米材料、微纳米器件的制备和构筑方面电化学技术也取得了重要的进展。目前，所有这些热点的电化学应用领域均有大量相关的论著和教材，然而，用于电化学体系研究的通用的测量方法却论述不多，或者只在各电化学技术的专著中给予简单的介绍，或者只关注于电化学研究的理论而较少论及测量的实现手段和实验细节。

编写本书的目的是较为系统全面地介绍电化学动力学研究中的各类测量方法的原理、测量技术和数据解析方法，考虑到电化学热力学的测量方法在物理化学教材中已有较多介绍，本书不再赘述。为了帮助读者较好地设计并实现电化学测量，本书力图阐明各种不同测量方法的原理、注意事项和适用范围，并选择具有代表性的应用实例，同时，尽可能介绍测量方法的实验细节，包括测量仪器、测量技术、电解池的设计原则及电解池各组成部分的选用标准、预处理方法等。我们真诚地希望本书能够对电化学领域的学生和科研工作者开展电化学研究有所裨益。

全书共分 13 章。其中，第 1、2、3、7、9、10、11、12 章由贾铮编写，第 4、5、6、8 章由戴长松和贾铮共同编写，第 13 章由陈玲编写。最后，由贾铮统一了全书中所涉及的名词、符号和体例。

本书是在哈尔滨工业大学《电化学测量》教材的基础上增订改编而成的，原著者张翠芬教授给予了热情的帮助；牛津大学物理与理论化学实验室的 Compton 教授对本书提供了建议和帮助，并为本书作序；哈尔滨工业大学的胡信国教授为本书提出了宝贵的意见和建议；与此同时，作者还参考了国内外大量的专著、文章，列在参考文献中，在此一并致以衷心的感谢！

本书是在化学工业出版社的大力支持和帮助下出版的，对此表示诚挚的谢意和敬意！

由于编著者的能力所限，书中不足、偏颇之处在所难免，敬请广大读者批评指正。

编著者

2006年7月

目　录

第7章　控制电势阶跃暂态测量方法

第1章 电化学测量概述

1.1 电化学测量方法及其发展历史

电极是一种特殊的多相化学体系。这种多相化学体系不仅在自然界中广泛存在，如金属的腐蚀过程，而且人们还在大量的生产实践活动中广泛地应用这种多相化学体系，如电合成、电冶金、电镀、电池和燃料电池、电分析传感器、微纳米器件的构建等，以解决人们关注的能源、交通、材料、环保、生命奥秘等重大问题。对于这些不同领域中形形色色的电极体系的了解，包括对电极界面的结构、界面上的电荷和电势分布，以及在这些界面上进行的电化学过程规律的了解，是非常重要的，而这也正是电化学测量所要完成的任务。从广义的角度来讲，进行电化学测量的目的可能是获取体系的一般性信息，如进行溶液中痕量金属离子或有机物的浓度分析，测定一个反应的热力学数据；也可能是获取体系的特定电化学性质，以便对实际应用的电化学系统进行改进和完善。

进行电化学测量必须遵循一定的规则和方法，人们在长期的研究工作中，积累了丰富的电化学测量规律、手段和技术，形成了指导电化学领域研究的一整套方法论（methodology）。一般而言，电极体系的热力学和动力学的性能，既可方便地通过电极电势和极化电流反映出来，又很容易受外加电势或电流的影响而改变。电化学测量主要是通过在不同的测试条件下，对电极电势和电流分别进行控制和测量，并对其相互关系进行分析而实现的。对一些重要的测试条件的控制和变化，形成了不同的电化学测量方法。例如，控制单向极化持续时间的不同，可进行稳态法测量或暂态法测量；控制电极电势按照不同的波形规律变化，可进行电势阶跃、线性电势扫描、脉冲电势扫描等测量；使用宏观静止电极、旋转圆盘电极或超微电极，可明显改变电化学测量体系的动力学规律，获取不同的测量信息。

对应于出现的时间顺序，电化学测量方法可大致分为三类。第一类是电化学热力学性质的测量方法，基于 Nernst 方程、电势-pH 图、法拉第定律等热力学规律进行；第二类是单纯依靠电极电势、极化电流的控制和测量进行的动力学性质的测量方法，研究电极过程的反应机理，测定电极过程的动力学参数；第三类是在电极电势、极化电流的控制和测量的同时，结合光谱波谱技术、扫描探针显微技术，引入光学信号等其它参量的测量，研究体系电化学性质的测量方法。本书主要介绍后两类测量方法。

在电化学测量方法的发展历程中，一些重要测量方法的出现对于电化学科学的发展起到了巨大的推动作用，并且仍然在被广泛使用。例如，早期建立的稳态极化曲线的测量方法，20 世纪 50 年代 Gerischer 等人创建的各种快速暂态测量方法。20 世纪 60 年代以后出现的线性电势扫描方法和电化学阻抗谱方法现在已经成为了电化学实验室中的标准测试手段；近十几年来，扫描电化学显微镜和现场光谱电化学方法对电化学研究的影响也越来越显著。

随着科技的进步，电化学测量仪器也获得了飞跃性的发展，有力地促进了电化学各领域的发展。从早期的高压大电阻的恒电流测量电路，到以恒电势仪为核心组成的模拟仪器电路，再到计算机控制的电化学综合测试系统，仪器功能、可实现的测量方法的种类更加丰富，控制和测量精度大大提高，操作更加方便快捷，实验数据的输出管理和分析处理能力更加强大。

新结构、新材料电极的采用也赋予了电化学测量更强大的实验研究能力，拓宽了电化学方法的应用领域，加深了对电极过程动力学规律、电极界面结构更深层次的认识。例如，超微电极、超微阵列电极、纳米阵列电极具有更高的扩散传质能力，更快的响应速率，更高的定量分析灵敏度和更低的检测限，实现高度空间分辨的能力。单晶电极和电化学扫描探针显微技术相结合，可获得伴随电化学反应的微观，甚至是原子、分子级分辨的变化的显微图像，认识电化学反应的微观机理。高定向热解石墨电极、碳纳米管电极和硼掺杂金刚石电极等碳电极，或者具有高度的电催化活性，或者具有更宽的电势窗范围，更经久耐用，成为电化学测量中极具潜力的电极材料。

现代计算技术，包括曲线拟合、数值模拟技术，极大地增强了分析处理复杂电极过程的能力，可方便快捷地得到大量有用的电化学信息。

1.2 电化学测量的基本原则

我们知道，电极过程是一个复杂的过程，往往是由大量串行或并行的电极基本过程（或称单元步骤）组成。最简单的电极过程通常包括以下四个基本过程：

① 电荷传递过程（charge transfer process），简称为传荷过程，也称为电化学步骤；

② 扩散传质过程（diffusion process 或 mass transfer process），主要是指反应物和产物在电极界面静止液层中的扩散过程；

③ 电极界面双电层的充电过程（charging process of electric double layer），也称为非法拉第过程（non-faradaic process）；

④ 电荷的电迁移过程（migration process），主要是溶液中离子的电迁移过程，也称为离子导电过程。

另外，还可能有电极表面的吸脱附过程、电结晶过程、伴随电化学反应的均相化学反应过程等。

这些电极基本过程在整个电极过程中的地位随具体条件而变化，而整个电极过程总是表现出占据主导地位的电极基本过程的特征。

在进行电化学测量时，往往要研究某一个电极基本过程，测量某一个基本过程中的参量，比如说我们最经常测量的是传荷过程中的一些动力学参量，如交换电流密度、塔菲尔斜率、传递系数等。

因此，要进行电化学测量，研究某一个基本过程，就必须控制实验条件，突出主要矛盾，使该过程在电极总过程中占据主导地位，降低或消除其它基本过程的影响，通过研究总的电极过程研究这一基本过程。这就是进行电化学测量的基本原则。

例如，要测量双电层电容，就必须突出双电层的充电过程，而降低其它过程的地位。可以采用小幅度恒电势阶跃极化，极化时间非常短，这样消除扩散过程的影响。选择适当的溶液和电势范围，使电极处于理想极化状态，从而消除传荷过程的影响。溶液中加入支持电解质，消除离子导电过程的影响。使得双电层充电过程占据主导地位，这样就可测出该过程的参数——双电层电容。

再比如，为了测量溶液的电阻或电导，必须创造条件使离子导电过程占据主导地位，采用的办法是把电导池的铂电极镀上铂黑，以增大电极面积，从而加快电荷传递过程的速率和加大双电层电容，同时提高交流电频率，使传荷、传质、双电层充电过程都退居次要地位。相反，如果要测量的是传荷过程的速率，那么必须创造条件使离子导电过程退居次要地位，采取的办法是使用 Luggin 毛细管以及加入支持电解质。

再比如，各种暂态测量方法的共同特点在于缩短单向极化持续时间，使扩散传质过程的重要性退居于传荷过程的重要性之下，以便测量电荷传递速率，使测量的上限提高上千倍，标准反应速率常数从 $10^{-2}\mathrm{cm}\cdot\mathrm{s}^{-1}$ 提高到 $10\mathrm{cm}\cdot\mathrm{s}^{-1}$。同样，旋转圆盘电极和超微电极的使用也具有提高扩散传质速率的作用，使扩散传质过程的重要性退居于传荷过程的重要性之下，以便研究电荷传递过程。

在电分析中，使用方波极谱法和差分脉冲极谱法可以压低双电层充电过程的地位，降低背景电流，从而使分析检测限得到上千倍的降低（从 $10^{-5}\mathrm{mol}\cdot\mathrm{L}^{-1}$ 降低到 $10^{-8}\mathrm{mol}\cdot\mathrm{L}^{-1}$）。

1.3 电化学测量的主要步骤

进行电化学测量包含三个主要步骤：实验条件的控制、实验结果的测量和实验结果的解析。

实验条件的控制必须根据测量的目的来确定，具体的控制条件包括对电化学系统的设计及极化条件的选择和安排。一方面，可以针对测量目的设计电化学系统。例如采用大面积的辅助电极或采用 Luggin 毛细管，使所研究的电极占据突出的地位；又如，采用超微电极或旋转圆盘电极等，以控制扩散传质过程；还可以选择支持电解质或改变反应物浓度等。另一方面，可以针对测量目的控制极化的程度和单向极化持续的时间。例如，缩短单向极化持续的时间可使扩散过程退居到可忽略的地位，从而研究传荷过程；在极化程度的选择上，可做如下几种安排。

① 采用大幅度的极化条件。不论传荷过程进行的快慢，即不论电极的可逆性如何，原则上只要施加足够大的极化，就可使反应物的表面浓度下降至零，电极处于极限扩散状态，传荷过程动力学不再影响电流，电流与控制的电极电势无关，仅决定于扩散传质的速率。

实际上，在这种条件下，由于传荷过程的速率随极化超电势呈指数规律增长，所以只要极化足够大，传荷过程就进行得足够快，不再影响动力学规律，从而处于极限扩散控制状态。当然，这是理论上的，因为极化的幅度不可能无限地增大，去加快传荷速率。当极化增大到一定程度时，可能会引起介质（即溶剂和支持电解质）的电化学反应。

② 采用小幅度的极化条件，同时采用短的单向极化持续时间，消除浓差极化的影响，电流-电势关系可简化为线性关系，即

$$-\eta=\frac{RT}{nF}\frac{i}{i^{\ominus}}$$

③ 采用较大幅度的极化条件，浓差极化不可忽略。对于很快的传荷速率，即电极处于可逆状态，电流-电势关系转化为 Nernst 方程

$$E=E^{\ominus\prime}+\frac{RT}{nF}\ln\frac{C_{\mathrm{O}}(0,t)}{C_{\mathrm{R}}(0,t)}$$

对于非常慢的传荷过程速率，即电极处于完全不可逆状态，施加较大的极化时，正向反应的速率远远大于逆向反应，逆向反应的电流可以忽略，净的反应电流就等于正向反应的电流。

对于传荷速率并非很快也非很慢的情况，即电极处于准可逆状态时，正向、逆向反应的速率都必须考虑，电流-电势关系符合 Butler-Volmer 公式

$$i=nFAk^{\ominus}\left\{C_{\mathrm{O}}(0,t)\exp\left[-\frac{\alpha nF}{RT}(E-E^{\ominus\prime})\right]-C_{\mathrm{R}}(0,t)\exp\left[\frac{\beta nF}{RT}(E-E^{\ominus\prime})\right]\right\}$$

实验结果的测量包括电极电势、极化电流、电量、阻抗、频率、非电信号（如光学信号）等物理量的测量。测量要保证足够的精度和足够快的测量速度，现代测量仪器，如电化学综合测试系统可方便、准确地完成测量工作。

实验结果的解析是电化学测量的重要步骤。每一种电化学测量方法都有各自特定的数据处理方法，经过适当的解析才能从实验结果中得到感兴趣的信息，尤其是当电极过程的动力学规律同时受几种基本过程的影响时。

实验结果的解析可采用极限简化法、方程解析法或曲线拟合法。这三种实验结果的解析方法都必须建立在理论推导出来的电极过程的物理模型和数学模型（数学方程）的基础之上。极限简化法应用某些极限条件，对物理模型或数学模型进行简化，得到电极过程的相关信息；方程解析法直接应用数学方程，配合作图等方法对实验结果进行解析。例如，利用呈线性关系的物理量作图得到直线，由直线的斜率和截距，计算相关电化学参数。或者，由某些特征的曲线参量，经计算得到电化学参数或判断反应的机理。曲线拟合法通过调整物理模型或数学模型中的待定电化学参数，使得该模型的理论曲线可以最佳地逼近实验测量的结果。曲线拟合的过程可以通过计算机程序来方便地进行，有一些专用于某种电化学测量方法的商业化程序可以使用，如电化学阻抗谱的拟合程序和循环伏安曲线的拟合程序。

第 2 章　电化学体系的数学描述

2.1　拉普拉斯（Laplace）变换

2.1.1　定义

若有一函数 $f(t)$，其中 t 的定义域既可有限也可无限，另有一规律函数 e^{-st}，它既是 t 的函数又是参量 s 的函数，那么拉普拉斯（Laplace）变换定义为

$$L[f(t)]=\int_0^{\infty} e^{-st}f(t)dt=\bar{f}(s) \tag{2-1-1}$$

从式(2-1-1) 可知，拉普拉斯变换是积分变换，经积分变换后，t 变量消失，替换成 s 变量。我们称 $\bar{f}(s)$ 为 $f(t)$ 的象函数，而 $f(t)$ 为 $\bar{f}(s)$ 的原函数。对象函数进行 Laplace 逆变换则得到原函数，记为 $L^{-1}[\bar{f}(s)]=f(t)$。原函数和象函数之间的对应关系可以从 Laplace 变换对照表中查出（表 2-1-1）。

表 2-1-1　Laplace 变换的象函数和原函数对照表

编　号	象　函　数 $\bar{f}(s)$	原　函　数 $f(t)$
1	$1/s$	1
2	$1/(s-a)$	e^{at}
3	$1/\sqrt{s}$	$1/\sqrt{\pi t}$
4	$1/(s\sqrt{s})$	$2\sqrt{t/\pi}$
5	$1/[(s-a)(s-b)],a\neq b$	$(e^{at}-e^{bt})/(a-b)$
6	$1/(\sqrt{s}+k)$	$1/\sqrt{\pi t}-ke^{k^2t}\mathrm{erfc}(k\sqrt{t})$
7	$\sqrt{s}/(s-k^2)$	$1/\sqrt{\pi t}+ke^{k^2t}\mathrm{erf}(k\sqrt{t})$
8	$1/[\sqrt{s}(\sqrt{s}+k)]$	$e^{k^2t}\mathrm{erfc}(k\sqrt{t})$
9	$e^{-k\sqrt{s}}\ (k\geqslant 0)$	$[ke^{-(k^2/4t)}]/(2\sqrt{\pi t^3})$
10	$e^{-k\sqrt{s}}/s(k\geqslant 0)$	$\left[1-\mathrm{erf}\left(\frac{k}{2\sqrt{t}}\right)\right]=\mathrm{erfc}(\frac{k}{2\sqrt{t}})$
11	$e^{-k\sqrt{s}}/\sqrt{s}(k\geqslant 0)$	$e^{-(k^2/4t)}/(\sqrt{\pi t})$
12	$e^{-k\sqrt{s}}/(s\sqrt{s})(k\geqslant 0)$	$2\sqrt{\frac{t}{\pi}}e^{-(k^2/4t)}-k\mathrm{erfc}(\frac{k}{2\sqrt{t}})$

2.1.2　基本性质和定理

掌握 Laplace 变换的性质和定理可以扩大 Laplace 变换对照表的应用范围，实现表中没有列出的 Laplace 变换和逆变换。

① 线性性质。若 α 和 β 是常数，且 $L[f_1(t)]=\bar{f}_1(s)$，$L[f_2(t)]=\bar{f}_2(s)$，则

$$L[\alpha f_1(t)+\beta f_2(t)]=\alpha\bar{f}_1(s)+\beta\bar{f}_2(s) \tag{2-1-2}$$

其逆定理也成立。该性质表明函数的线性组合的 Laplace 变换等于各函数 Laplace 变换的线

性组合。其证明只需根据定义和积分性质即可导出。

② 微分性质。若 $L[f(t)]=\bar{f}(s)$，则有

$$L[f'(t)]=s\bar{f}(s)-f(0) \tag{2-1-3}$$

微分性质表明一个函数求导后取 Laplace 变换等于该函数的 Laplace 变换乘以参量 s，再减去函数的初值。利用微分性质可将原函数的微分方程转化为象函数的代数方程。

③ 积分性质。若 $L[f(t)]=\bar{f}(s)$，则有

$$L\left[\int_0^t f(t)\mathrm{d}t\right]=\frac{\bar{f}(s)}{s} \tag{2-1-4}$$

积分性质表明一个函数积分后取 Laplace 变换等于该函数的 Laplace 变换除以参量 s。

④ 位移定理。若 a 为常数，且 $L[f(t)]=\bar{f}(s)$，则有

$$L[\mathrm{e}^{at}f(t)]=\bar{f}(s-a) \tag{2-1-5}$$

位移定理表明一个函数乘以 e^{at} 后取 Laplace 变换等于把该函数的象函数作位移 a。

⑤ 延迟定理。若 $L[f(t)]=\bar{f}(s)$，又 $t<0$ 时 $f(t)=0$，则对一实数 τ 有

$$L[f(t-\tau)]=\mathrm{e}^{-s\tau}\bar{f}(s) \tag{2-1-6}$$

时间函数 $f(t)$ 是从 $t=0$ 开始有非零数值，而 $f(t-\tau)$ 是从 $t=\tau$ 开始才有非零数值，即延迟了时间 τ。延迟定理表明时间函数延迟 τ 后取 Laplace 变换相当于它的象函数乘以指数因子 $\mathrm{e}^{-s\tau}$。

⑥ 卷积定理。两个函数的卷积写为 $f_1(t)f_2(t)$，其定义为

$$f_1(t)f_2(t)\equiv\int_0^t f_1(\tau)f_2(t-\tau)\mathrm{d}\tau \tag{2-1-7}$$

则卷积定理为

$$L^{-1}[\bar{f}_1(s)\cdot\bar{f}_2(s)]=\begin{cases}f_1(t)f_2(t)=\int_0^t f_1(\tau)f_2(t-\tau)\mathrm{d}\tau\\ f_2(t)f_1(t)=\int_0^t f_2(\tau)f_1(t-\tau)\mathrm{d}\tau\end{cases} \tag{2-1-8}$$

卷积定理表明两个象函数相乘的原函数为各原函数的卷积。这个定理在 Laplace 逆变换时非常重要，扩大了 Laplace 变换对照表的使用范围。

2.1.3 单位阶跃函数（unit step function）及其 Laplace 变换

在电化学暂态研究中，常遇到阶跃函数，例如极化波形为图 2-1-1 所示的波形。

此时就可用如下函数来描述

$$f(t)=Au(t-\tau) \tag{2-1-9}$$

式中，A、τ 均为常数；$u(t-\tau)$ 则为单位阶跃函数，其数学表达式为

$$u(t-\tau)=\begin{cases}1 & t\geqslant\tau\\ 0 & t<\tau\end{cases} \tag{2-1-10}$$

根据延迟定理可知，单位阶跃函数的象函数为

$$L[u(t-\tau)]=\frac{\mathrm{e}^{-s\tau}}{s} \tag{2-1-11}$$

特别是当 $\tau=0$ 时，有

$$L[u(t)]=\frac{1}{s} \tag{2-1-12}$$

另外，还可据此将延迟定理改写为

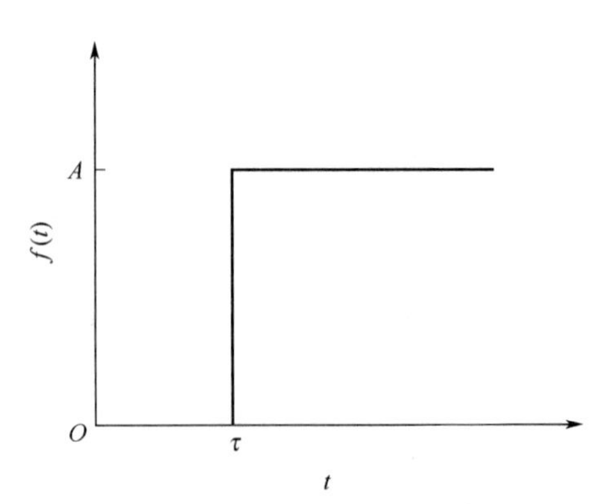

图 2-1-1 阶跃函数极化波形

$$L^{-1}[e^{-s\tau}\bar{f}(s)]=u(t-\tau)f(t-\tau) \tag{2-1-13}$$

上述公式表明，若要求出某一象函数和 $e^{-s\tau}$ 乘积的原函数，则只需要知道该象函数的原函数，然后将其变量 t 改写成 $t-\tau$，再乘以 $u(t-\tau)$ 即可。

2.2 电极界面扩散层中粒子浓度分布函数的一般数学表达式

2.2.1 扩散方程及其定解条件

对于某一可溶反应物或产物粒子 j 在电极界面扩散层中的扩散传质过程，可由 Fick 第二定律来描述。当只考虑一维扩散的情况时，Fick 第二定律如下

$$\frac{\partial C_j(x,t)}{\partial t}=D_j\frac{\partial^2 C_j(x,t)}{\partial x^2} \tag{2-2-1}$$

式中，粒子 j 的浓度分布函数是空间位置 x 和时间 t 的二元函数，用 $C_j(x,t)$ 表示。

式(2-2-1) 是 $C_j(x,t)$ 的二阶偏微分方程，规定着 $C_j(x,t)$ 的数学规律，但是这种数学描述不够直观，也难于同实验数据进行比较，从而对实验结果进行分析。因此需要对此偏微分方程进行求解，得到 $C_j(x,t)$ 的解析解或数值解。在求解过程中，通常要采用 Laplace 变换的方法。

同时 Fick 第二定律的求解通常需要 3 个定解条件，即 1 个初始条件和 2 个边界条件。

初始条件是在实验开始之前 $t=0$ 时刻，溶液是均匀的，在电极界面附近各处粒子 j 的浓度是相同的，为其初始浓度，即

$$C_j(x,0)=C_j^* \tag{2-2-2}$$

第一个边界条件是所谓的半无限扩散条件（semi-infinite diffusion condition）。在电化学测量实验中，通常均满足小 A/V 条件，即小的面积体积比条件。也就是说，电极面积足够小，电解质溶液体积足够大，以保证实验中流过电解池的电流不改变溶液中电活性物质的总体浓度。同时，一般情况下，电解池同扩散层相比要大得多，因此在距离电极较远处 $x\to\infty$，溶液组成不因电极变化过程而发生改变，电活性物质粒子浓度为恒定的溶液本体浓度，也就是实验开始之前的粒子初始浓度。半无限扩散条件可表示为

$$C_j(\infty,t)=C_j^* \tag{2-2-3}$$

第二个边界条件是电极表面上所维持的具体的极化条件。通常是粒子的电极表面浓度或表面浓度梯度的关系式，其具体形式取决于实验中所采取的极化方式。

例如，在一个控制电势的简单电极反应 $O+ne^-\rightleftharpoons R$ 中，该边界条件为

$$C_O(0,t)=f(E) \tag{2-2-4}$$

或

$$\frac{C_O(0,t)}{C_R(0,t)}=f(E) \tag{2-2-5}$$

式中，$f(E)$ 为某种电极电势的函数，它可从一般的电流-电势特性曲线导出，或其特殊情况的表达式（例如 Nernst 方程）导出。

在一个控制电流的简单电极反应 $O+ne^-\rightleftharpoons R$ 中，该边界条件可通过在 $x=0$ 处的流量来表示，即

$$\frac{i}{nFA}=D_O\left[\frac{\partial C_O(0,t)}{\partial x}\right]_{x=0}=-D_R\left[\frac{\partial C_R(0,t)}{\partial x}\right]_{x=0} \tag{2-2-6}$$

2.2.2 实验前溶液中不存在的电活性物质粒子的浓度函数

我们首先考虑在实验开始前溶液中不存在粒子 j 的情况，即 $C_j^* = 0$。

此时初始条件为 $$C_j(x,0)=0 \tag{2-2-7}$$

第一个边界条件为 $$C_j(\infty,t)=0 \tag{2-2-8}$$

对式(2-2-1) 进行 Laplace 变换，可得

$$s\bar{C}_j(x,s)-C_j(x,0)=D_j\int_0^{\infty}\frac{\partial^2 C_j(x,t)}{\partial x^2}\cdot e^{-st}\,dt$$

考虑式(2-2-7) 以及算子$\frac{\partial^2}{\partial x^2}$可从积分中提出，整理上式得

$$\frac{\partial^2 \bar{C}_j(x,s)}{\partial x^2}-\frac{s}{D_j}\bar{C}_j(x,s)=0$$

由二阶常微分方程的通解得出

$$\bar{C}_j(x,s)=Ae^{-\sqrt{\frac{s}{D_j}}x}+Be^{\sqrt{\frac{s}{D_j}}x}$$

根据式(2-2-8) 得到 $\bar{C}_j(\infty,s)=0$ 代入上式，可得 $B=0$，则有

$$\bar{C}_j(x,s)=Ae^{-\sqrt{\frac{s}{D_j}}x} \tag{2-2-9}$$

取 $x=0$ 时可知 $A=\bar{C}_j(0,s)$，代入式(2-2-9) 则有

$$\bar{C}_j(x,s)=\bar{C}_j(0,s)e^{-\sqrt{\frac{s}{D_j}}x} \tag{2-2-10}$$

式(2-2-9) 和式(2-2-10) 中，A 和 $\bar{C}_j(0,s)$ 为待定参数，可由第二个边界条件确定。

2.2.3 实验前溶液中存在的电活性物质粒子的浓度函数

如果在实验开始前溶液中存在粒子 j，其浓度为 C_j^*，那么其初始条件和第一个边界条件为

$$C_j(x,0)=C_j^*\ ,\ C_j(\infty,t)=C_j^* \tag{2-2-11}$$

可以采用变量替换法，即令

$$M(x,t)\equiv C_j^*-C_j(x,t) \tag{2-2-12}$$

那么，式(2-2-1) 的偏微分方程可改写为

$$\frac{\partial M(x,t)}{\partial t}=D_j\frac{\partial^2 M(x,t)}{\partial x^2} \tag{2-2-13}$$

初始条件和第一个边界条件改写为

$$M(x,0)=0,\ M(\infty,t)=0 \tag{2-2-14}$$

由上一部分的推导可知，式(2-2-13) 进行 Laplace 变换后得到 $M(x,t)$ 的象函数为

$$\bar{M}(x,s)=\bar{M}(0,s)e^{-\sqrt{\frac{s}{D_j}}x} \tag{2-2-15}$$

同时对式(2-2-12) 进行 Laplace 变换可知

$$\bar{M}(x,s)=\frac{C_j^*}{s}-\bar{C}_j(x,s) \tag{2-2-16}$$

将式(2-2-16) 代入式(2-2-15) 得

$$\frac{C_j^*}{s}-\bar{C}_j(x,s)=\left[\frac{C_j^*}{s}-\bar{C}_j(0,s)\right]e^{-\sqrt{\frac{s}{D_j}}x}$$

整理上式得

$$\bar{C}_j(x,s)=\frac{C_j^*}{s}-\left[\frac{C_j^*}{s}-\bar{C}_j(0,s)\right]e^{-\sqrt{\frac{s}{D_j}}x} \tag{2-2-17}$$

式中，$\bar{C}_j(0,s)$ 为待定参数，可由第二个边界条件确定。

在式(2-2-9)、式(2-2-10) 和式(2-2-17) 的推导过程中，并未引入任何具体的极化条件，因此适用于任何极化方式的暂态测量方法中，具有普遍的适用性，是本书将要介绍的各类测量方法中浓度函数的象函数的通式。

2.2.4 简单电极反应中粒子的表面浓度函数

考虑具有四个电极基本过程（四个电极基本过程为传荷过程、液相扩散传质过程、双电层充电过程和离子导电过程，下文所指相同，不再赘述）的简单电极反应 $O+ne^- \rightleftharpoons R$，实验前溶液中只有反应物 O 存在，而没有产物 R 存在。

根据反应物、产物的扩散方程、初始条件以及半无限扩散条件，利用式(2-2-17) 和式(2-2-10) 提供的通式，得到反应物、产物浓度函数的象函数如下

$$\bar{C}_O(x,s)=\frac{C_O^*}{s}-\left[\frac{C_O^*}{s}-\bar{C}_O(0,s)\right]e^{-\sqrt{\frac{s}{D_O}}x} \tag{2-2-18}$$

$$\bar{C}_R(x,s)=\bar{C}_R(0,s)e^{-\sqrt{\frac{s}{D_R}}x} \tag{2-2-19}$$

根据流量平衡条件，即 Fick 第一定律，有

$$D_O\frac{\partial C_O(x,t)}{\partial x}\bigg|_{x=0}=-D_R\frac{\partial C_R(x,t)}{\partial x}\bigg|_{x=0}=\frac{i(t)}{nFA}$$

上式作为求解扩散方程的又一个边界条件，将其进行 Laplace 变换得到

$$D_O\frac{\partial \bar{C}_O(x,s)}{\partial x}\bigg|_{x=0}=-D_R\frac{\partial \bar{C}_R(x,s)}{\partial x}\bigg|_{x=0}=\frac{\bar{i}(s)}{nFA}$$

将式(2-2-18) 和式(2-2-19) 代入上式可得

$$D_O\left[\frac{C_O^*}{s}-\bar{C}_O(0,s)\right]\sqrt{\frac{s}{D_O}}=D_R\bar{C}_R(0,s)\sqrt{\frac{s}{D_R}}=\frac{\bar{i}(s)}{nFA}$$

整理上式得

$$\bar{C}_O(0,s)=\frac{C_O^*}{s}-\frac{1}{nFA\sqrt{D_O}}\frac{\bar{i}(s)}{\sqrt{s}} \tag{2-2-20}$$

$$\bar{C}_R(0,s)=\frac{1}{nFA\sqrt{D_R}}\frac{\bar{i}(s)}{\sqrt{s}} \tag{2-2-21}$$

式 (2-2-20) 和式 (2-2-21) 是具有四个电极基本过程的简单电极反应 $O+ne^- \rightleftharpoons R$ 中反应物、产物粒子表面浓度函数的象函数的通式。

2.3 泰勒 (Taylor) 级数展开式

若要使用某一复杂函数的线性近似表达式来解析实验数据，此时泰勒级数展开式是非常有用的。

函数 $f(x,y,z)$ 在点 (x_0,y_0,z_0) 的泰勒级数展开式为

$$f(x,y,z)=f(x_0,y_0,z_0)+\sum_{j=1}^{\infty}\frac{1}{j!}\left[\left(\delta x\frac{\partial}{\partial x}+\delta y\frac{\partial}{\partial y}+\delta z\frac{\partial}{\partial z}\right)^j f(x,y,z)\right]\bigg|_{x_0,y_0,z_0} \tag{2-3-1}$$

式中，$\delta x=x-x_0$；$\delta y=y-y_0$；$\delta z=z-z_0$。

例如，法拉第电流的动力学表达式为

$$\frac{i_f}{i^{\ominus}}=\frac{C_O(0,t)}{C_O^*}e^{-\frac{\alpha nF}{RT}\eta}-\frac{C_R(0,t)}{C_R^*}e^{\frac{\beta nF}{RT}\eta}\equiv g[C_O(0,t),C_R(0,t),\eta] \tag{2-3-2}$$

若要求出在 $\eta=0$ 附近的近似线性表达式，则只需应用 $j=1$ 时的式(2-3-1)，即求出式(2-3-2）的一阶泰勒级数展开式。同时还知道在 $\eta=0$ 时，$C_O(0,t)=C_O^*$ 和 $C_R(0,t)=C_R^*$。由于 $i_f/i^{\ominus}$ 是变量 $C_O(0,t)$、$C_R(0,t)$ 和 η 的函数，因此实际上是求在点（C_O^*，C_R^*，0）处的泰勒级数展开式($j=1$)。因为第一项初值 $g(C_O^*$，C_R^*，0）为零，所以该展开式为

$$\frac{i_f}{i^{\ominus}}=\delta C_O(0,t)\frac{\partial g}{\partial C_O(0,t)}\bigg|_{C_O^*,C_R^*,0}+\delta C_R(0,t)\frac{\partial g}{\partial C_R(0,t)}\bigg|_{C_O^*,C_R^*,0}+\delta\eta\frac{\partial g}{\partial \eta}\bigg|_{C_O^*,C_R^*,0}$$

进行微分后得

$$\frac{i_f}{i^{\ominus}}=\frac{C_O(0,t)}{C_O^*}-\frac{C_R(0,t)}{C_R^*}-\frac{nF}{RT}\eta \tag{2-3-3}$$

上述关系式很重要，在电化学中常会用到。为使略去 $j\geqslant2$ 各项是合理的，通常取 η 为数毫伏即可，因为此时 $\delta C_O(0,t)$、$\delta C_R(0,t)$ 也是很小的。

2.4 误差函数

在电化学扩散方程的解函数中经常遇到误差函数（error function)，它是一种积分函数，

$$\mathrm{erf}(x)\equiv\frac{2}{\sqrt{\pi}}\int_0^x e^{-y^2}dy \tag{2-4-1}$$

式中，y 是辅助变量，积分后消失，因此误差函数是 x 的函数。

误差函数是增函数，当 x 足够大时函数值趋近于 1。通常认为当 $x\geqslant2$ 时 $\mathrm{erf}(x)\approx1$。误差函数的数据见表 2-4-1。

表 2-4-1　误差函数数据

x	erf(x)	x	erf(x)	x	erf(x)
0.1	0.113	0.8	0.742	1.5	0.966
0.2	0.223	0.9	0.797	1.6	0.976
0.3	0.329	1.0	0.843	1.7	0.984
0.4	0.428	1.1	0.880	1.8	0.989
0.5	0.521	1.2	0.910	1.9	0.993
0.6	0.604	1.3	0.934	2.0	0.995
0.7	0.678	1.4	0.952		

误差函数的共轭函数，或称误差余函数为

$$\mathrm{erfc}(x)\equiv1-\mathrm{erf}(x)\equiv\frac{2}{\sqrt{\pi}}\int_x^{\infty} e^{-y^2}dy \tag{2-4-2}$$

误差函数及其余函数的曲线见图 2-4-1。

当 $0\leqslant x\leqslant2$ 时，误差函数可用其 Maclaurin 级数展开式表示

$$\mathrm{erf}(x)=\frac{2}{\sqrt{\pi}}\left(x-\frac{x^3}{3}+\frac{x^5}{5\times2!}-\frac{x^7}{7\times3!}+\frac{x^9}{9\times4!}-\cdots\right) \tag{2-4-3}$$

若 $x<0.1$，则可以只保留第一项，而成为线性近似关系式

$$\mathrm{erf}(x)\approx\frac{2}{\sqrt{\pi}}x \qquad (x<0.1) \tag{2-4-4}$$

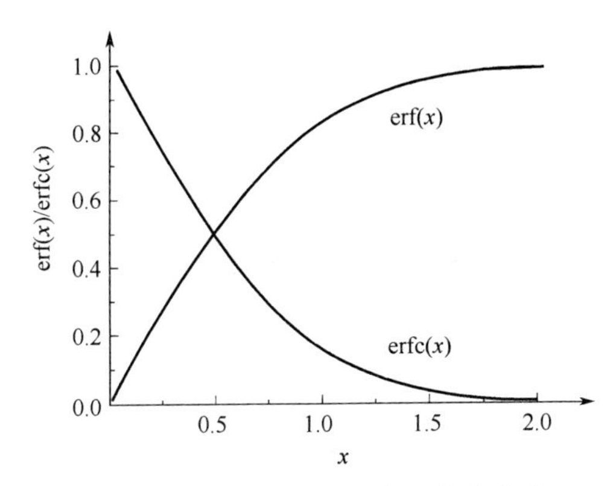

图 2-4-1　误差函数及其余函数的曲线

对于 $x>2$ 时，误差函数可以更准确地用下式表示

$$\operatorname{erf}(x)=1-\frac{\mathrm{e}^{-x^2}}{\sqrt{\pi}x}\left[1-\frac{1}{2x^2}+\frac{1\times3}{(2x^2)^2}-\frac{1\times3\times5}{(2x^2)^3}+\cdots\right] \tag{2-4-5}$$

第3章 电化学测量实验的基本知识

电极电势、通过电极的电流是表征总的、复杂的微观电极过程特点的宏观物理量。电化学测量的主要任务就是通过测量包含电极过程各种动力学信息的电势、电流两个物理量，研究它们在各种极化信号激励下的变化关系，从而研究电极过程的各个基本过程。正确测量它们是电化学测量的基础。同时，电解池体系各个部件的正确设计对于电化学测量的成败也是至关重要的。本章将对这些基本知识逐一加以介绍。

3.1 电极电势的测量

3.1.1 电极电势

在电极体系中，电极、溶液两相的剩余电荷集中在相界面的极小区间内，因此相界面上存在着一个巨大的电场，电场强度可以高达 10^7 V/cm。而电化学反应中的界面过程，包括电化学步骤，即电荷传递过程就直接发生在这个“电极/溶液”界面上。所以，界面的电场强度对于发生在界面上的电荷传递过程，乃至整个电化学反应的动力学性质有很大的影响。为了研究电化学反应，人们希望了解界面电场的电势差的大小，即电极、溶液两相间的内电势差（$\Delta^{\mathrm{I}}\phi^{\mathrm{S}}=\phi^{\mathrm{I}}-\phi^{\mathrm{S}}$）的大小。

但是，单一的电极溶液界面电势差 $\Delta^{\mathrm{I}}\phi^{\mathrm{S}}$是不可测量的，这是因为要想测量溶液的电性质，必须至少再引入另一个电极溶液界面。测量电势差的仪器只能够测量具有相同组成的两相间的电势差，如两个铜表笔之间的电势差。其中一个铜表笔和电极Ⅰ接触，另一个铜表笔和溶液 S 接触，这样两个铜表笔之间的电势差必然还包括了一个“铜/溶液”界面电势差。

为了描述电极溶液界面电场的性质，人们引入了相对电极电势的概念，或者通常简称为电极电势，用 E 来表示。

（相对）电极电势 E 的定义为：把待测电极Ⅰ与标准氢电极（standard hydrogen electrode，SHE）组成无液接界电势的电池，则待测电极Ⅰ的电极电势 E 即为此电池的开路电压。标准氢电极是待测电极Ⅰ的电极电势的比较基准，规定在任何温度下，标准氢电极的电极电势均为零，因此标准氢电极称为参比电极（reference electrode，RE）。

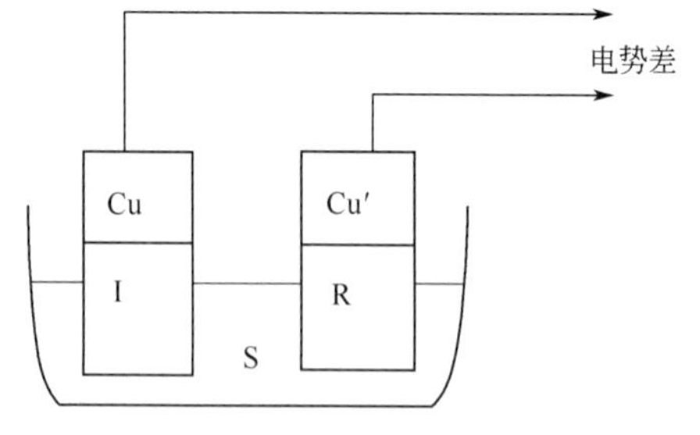

图 3-1-1　电极电势的测量体系

如果我们用电势差计来测量这个电池两端的电压，由于电势差计采用对消法进行测量，在电势差计达到平衡时，测量电路中没有电流流过，电池相当于处于开路状态，因此测量出来的电池电压为其开路电压，即为待测电极Ⅰ的电极电势 E。这个测量体系可用图 3-1-1 来表示。

在图 3-1-1 中，Cu、Cu′分别代表和待测电极Ⅰ、参比电极 R 相接触的两个铜表笔。

电势差计所测量出来的电压应该同电子分别在被测两相中的电化学势之差有关，即同这两相的 Fermi 能级之差有关。所以，在图 3-1-1 所示的测量体系中，电势差计所测量出来的电压，即待测电极Ⅰ的电极电势 E，应为

$$E=-\frac{(\overline{\mu}_{e^-}^{Cu}-\overline{\mu}_{e^-}^{Cu'})}{F} \tag{3-1-1}$$

由于 Cu、Cu′分别和待测电极Ⅰ、参比电极 R 相接触，则有

$$\overline{\mu}_{e^-}^{Cu}=\overline{\mu}_{e^-}^{I}, \overline{\mu}_{e^-}^{Cu'}=\overline{\mu}_{e^-}^{R}$$

将上式代入到式（3-1-1）中，得到

$$E=-\frac{(\overline{\mu}_{e^-}^{I}-\overline{\mu}_{e^-}^{R})}{F} \tag{3-1-2}$$

将式（3-1-1）中的电化学势展开，并考虑电子在 Cu、Cu′两个相同组成的相中的化学势相等 $\mu_{e^-}^{Cu}=\mu_{e^-}^{Cu'}$，得到

$$E=-\frac{[(\mu_{e^-}^{Cu}-F\phi^{Cu})-(\mu_{e^-}^{Cu'}-F\phi^{Cu'})]}{F}$$

$$E=\phi^{Cu}-\phi^{Cu'} \tag{3-1-3}$$

式（3-1-3）表明，待测电极Ⅰ的电极电势 E 也可表示为被测体系的两个相同端相的内电势之差。

将式(3-1-3）进一步改写为

$$E=(\phi^{Cu}-\phi^{I})+(\phi^{I}-\phi^{S})+(\phi^{S}-\phi^{R})+(\phi^{R}-\phi^{Cu'})$$

即

$$E=\Delta^{Cu}\phi^{I}+\Delta^{I}\phi^{S}+\Delta^{S}\phi^{R}+\Delta^{R}\phi^{Cu'} \tag{3-1-4}$$

式(3-1-4）表明，待测电极Ⅰ的电极电势 E 还可进一步表示为被测体系中各个接触界面的内电势差之和。

从上述讨论可得到以下结论：

① 根据式(3-1-2）可知，待测电极Ⅰ的电极电势 E 同电极上电子的电化学势 $\overline{\mu}_{e^-}^{I}$ 相关联，即同电极的 Fermi 能级相关联，因此 E 的大小代表了电极Ⅰ进行电化学反应的能力的大小。若同一个电池中存在另一个电极Ⅱ，且同电极Ⅰ的电极电势相等，即 $E^{I}=E^{II}$，则两电极上电子的电化学势必然相等，$\overline{\mu}_{e^-}^{I}=\overline{\mu}_{e^-}^{II}$，即两电极具有相同的电化学反应的能力。

而单一的电极溶液界面电势差 $\Delta^{I}\phi^{S}$ 仅与电化学势中的电势部分有关。因此电极电势 E 是更适合研究电极过程的物理量。

② 根据式(3-1-4）可知，电极电势 E 同电极溶液界面电势差 $\Delta^{I}\phi^{S}$ 之间的差值为 $\Delta^{Cu}\phi^{I}+\Delta^{S}\phi^{R}+\Delta^{R}\phi^{Cu'}$。当溶液浓度改变或极化电流流过电极Ⅰ时，电极溶液界面电势差 $\Delta^{I}\phi^{S}$ 将发生改变，如果 $\Delta^{Cu}\phi^{I}$、$\Delta^{S}\phi^{R}$ 和 $\Delta^{R}\phi^{Cu'}$ 保持恒定，则 E 的变化值就等于 $\Delta^{I}\phi^{S}$ 的变化值，即 $\Delta E=\Delta(\Delta^{I}\phi^{S})$。事实上，由于参比电极的稳定性质，$\Delta^{Cu}\phi^{I}$、$\Delta^{S}\phi^{R}$ 和 $\Delta^{R}\phi^{Cu'}$ 确实是恒定不变的。这表明电极电势 E 的变化就代表了电极溶液界面电势差 $\Delta^{I}\phi^{S}$ 的变化。

上述两条结论说明，在电化学测量中，电极电势 E 是描述电极溶液界面电性质的合适的物理量，而没有必要、也不可能测量出电极溶液界面电势差 $\Delta^{I}\phi^{S}$。

在电化学测量中，除采用标准氢电极作为电极电势的比较标准外，还常常使用其它一些电极电势稳定的电极作为参比电极，因此在提到电极电势时，必须说明是相对于哪一种参比电极的电极电势，通常是在电极电势的表示式中予以标明。

例如，相对于标准氢电极的电极电势，记为 E vs. SHE。有时候，标准氢电极也被称为常规氢电极（normal hydrogen electrode，NHE），所以相对于常规氢电极的电极电势也被记为 E vs. NHE。标准氢电极是参与电极反应的物质的活度均为 1 的氢电极，记为

$$\mathrm{Pt}|\mathrm{H_2}(a=1)|\mathrm{H^+}(a=1)$$

规定在任何温度下，标准氢电极的电极电势均为零。

当测量锌电极的电极电势时，采用标准氢电极作为参比电极，即

$$\mathrm{Pt}|\mathrm{H_2}(a=1)|\mathrm{H^+}(a=1)\|\mathrm{Zn^{2+}}(a=1)|\mathrm{Zn}$$

此时，锌电极的标准电极电势为 $E^{\ominus}_{\mathrm{Zn^{2+}/Zn}}=-0.763\mathrm{V}$vs. SHE。

如果采用饱和甘汞电极（saturated calomel electrode，SCE）作为参比电极，则测得的电极电势记为 E vs. SCE。

如果采用同溶液中的锂电极作为参比电极，则测得的电极电势记为 E vs. $\mathrm{Li^+/Li}$。

当一个电极过程 $\mathrm{O}+n\mathrm{e}^-\rightleftharpoons\mathrm{R}$ 处于平衡状态时，电极电势符合 Nernst 方程

$$E=E^{\ominus}+\frac{RT}{nF}\ln\frac{a_{\mathrm{O}}}{a_{\mathrm{R}}} \tag{3-1-5}$$

通常，在计算电极电势时采用活度是很不方便的，因为活度系数一般是未知的。为了避免这个问题，常常采用形式电势 $E^{\ominus\prime}$(formal potential)。形式电势是指在确定的溶液体系中，电极的反应物 O 和产物 R 的浓度比 $C_{\mathrm{O}}/C_{\mathrm{R}}$ 为 1 的电极电势。

因此，Nernst 方程可写为

$$E=E^{\ominus\prime}+\frac{RT}{nF}\ln\frac{C_{\mathrm{O}}}{C_{\mathrm{R}}} \tag{3-1-6}$$

式中

$$E^{\ominus\prime}=E^{\ominus}+\frac{RT}{nF}\ln\frac{\gamma_{\mathrm{O}}}{\gamma_{\mathrm{R}}} \tag{3-1-7}$$

3.1.2 电极电势的测量

当用电势差计接在研究电极和参比电极之间测量电极电势时，测量电路中没有电流流过，所测得的电压为电池的开路电压，即为研究电极的电极电势 E

$$V=V_{开}=E \tag{3-1-8}$$

但是通常测量电极电势时，使用电压表作为测量仪器，电路中不可能完全没有电流，实际上测得的电压是路端电压，并不等于研究电极的电极电势 E

$$V=V_{开}-i_{测}R_{池}=i_{测}R_{仪器}\neq E \tag{3-1-9}$$

式中，V 为仪器测得的电压；$V_{开}$ 为测量电池的开路电压；$i_{测}$ 为测量电路中流过的电流；$R_{池}$ 为测量电池的内阻；$R_{仪器}$ 为测量仪器的内阻（输入阻抗）。

3.1.3 对测量和控制电极电势的仪器的要求

（1）要求有足够高的输入阻抗

进行电极电势的测量或控制时，实际上仪器测量或控制的电压如式(3-1-9) 所示，整理后得

$$E=V_{开}=V+i_{测}R_{池}=i_{测}(R_{仪器}+R_{池}) \tag{3-1-10}$$

从而得到测量电流为

$$i_{测}=\frac{E}{R_{仪器}+R_{池}} \tag{3-1-11}$$

将式(3-1-11) 代入到式(3-1-10) 中，得到

$$E-V=\frac{ER_{池}}{R_{仪器}+R_{池}} \tag{3-1-12}$$

式中，$E-V$ 即为仪器测量或控制的误差。

如果要保证仪器测量或控制的误差不超过 1mV，则有

$$E-V=\frac{ER_{池}}{R_{仪器}+R_{池}}\leqslant 10^{-3}\mathrm{V}$$

整理得

$$R_{仪器}\geqslant(1000E-1)R_{池} \tag{3-1-13}$$

对于水溶液体系，电池的开路电压在 1V 左右，即 $E\doteq 1\mathrm{V}$，则要求仪器的输入阻抗不小于电解池内阻的 1000 倍

$$R_{仪器}\geqslant 1000R_{池} \tag{3-1-14}$$

一般由金属电极构成的电池，其内阻不是很大，最大不超过 $10^3\sim10^4\Omega$，所以保证 $R_{仪器}\geqslant10^6\sim10^7\Omega$ 即可，很多仪器均可满足这样的要求。

但是，当电池内存在高阻电极体系时，如玻璃电极、离子选择性电极、有钝化膜的电极等，电池内阻就大得多了。例如，玻璃电极的内阻$\geqslant10^8\Omega$，所以要求 $R_{仪器}\geqslant10^{11}\Omega$，这是多数的电压测量仪器都不能满足的，这也就是用玻璃电极测量溶液 pH 值时，必须使用 pH 计，而不能用普通的电压表的原因。

表 3-1-1 和表 3-1-2 分别给出了几种电池部件的内阻和电压测量仪器的输入阻抗。

表 3-1-1　几种电池部件的内阻

电池部件	固体膜电极	PVC 膜电极	玻璃膜电极	部分盐桥
内阻	$10^4\sim10^6\Omega$	$10^5\sim10^8\Omega$	$10^6\sim10^9\Omega$	$\geqslant10^4\Omega$

表 3-1-2　几种电压测量仪器的输入阻抗

仪　器	指针式万用表电压挡	数字电压表	pH 计	示波器	X-Y 记录仪	调平衡的电势差计
输入阻抗	$10^4\sim10^5\Omega$	$10^7\sim10^8\Omega$	$>10^{12}\Omega$	$\leqslant10^6\Omega$	$10^4\sim10^6\Omega$	∞

足够高的输入阻抗实质上保证测量电路中的电流足够小，使得电池的开路电压绝大部分都分配在仪器上。同时，测量电路中的电流小还不会导致被测电池发生极化，干扰研究电极的电极电势和参比电极的稳定性。

（2）要求有适当的精度、量程

一般要求能准确测量或控制到 1mV。

（3）对暂态测量，要求仪器有足够快的响应速度

具体测量时，对上述指标的要求并不相同，也各有侧重，需要具体问题具体分析。

3.2　极化条件下电极电势的正确测量

3.2.1　三电极体系

在对电极进行通电极化时，不能使用辅助电极作为参比电极，因为它本身也会发生极化，不能作为电势比较的标准。而且，极化电流在研究、辅助电极之间大段溶液上引起的欧姆压降也将附加到被测的电极电势中，造成测量误差。因此，除研究、辅助电极用于通过极

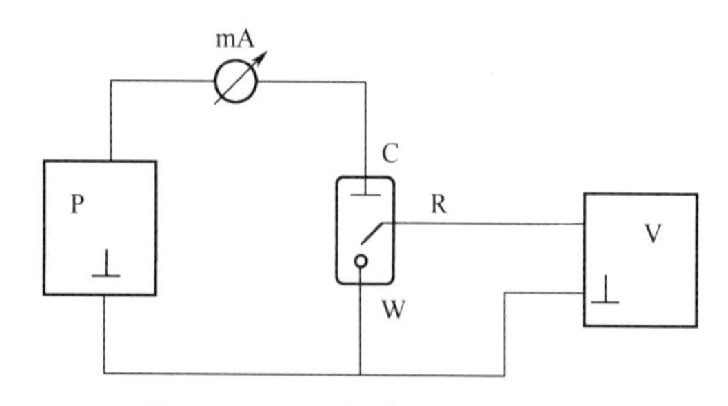

图 3-2-1　三电极体系电路示意图

化电流外，还必须引入第三个电极作为参比电极，构成三电极体系，如图 3-2-1 所示。

由图可见，电解池由三个电极组成。W 代表研究电极（indicator electrode），也称为工作电极（working electrode，WE）。研究电极的电极过程是实验研究的对象。

R 代表参比电极（reference electrode，RE），是电极电势的比较标准，用来确定研究电极的电势。

C 代表辅助电极（auxiliary electrode），也称为对电极（counter electrode，CE），用来通过极化电流，实现对研究电极的极化。

P 代表极化电源，为研究电极提供极化电流；mA 代表电流表，用于测量电流；V 为测量或控制电极电势的仪器。

P、mA 和辅助电极、研究电极构成了左侧的回路，称为极化回路。在极化回路中有极化电流流过，可对极化电流进行测量和控制。

V、参比电极和研究电极构成了右侧的回路，称为测量控制回路。在测量控制回路中，对研究电极的电势进行测量和控制，由于回路中没有极化电流流过，只有极小的测量电流，所以不会对研究电极的极化状态、参比电极的稳定性造成干扰。

可见，在电化学测量中采用三电极体系，既可使研究电极的界面上通过极化电流，又不妨碍研究电极的电极电势的控制和测量，可以同时实现对电流和电势的控制和测量。因此在绝大多数情况下，总是要采用三电极体系进行测量。

但是，在某些情况下，可以采用两电极体系。例如，使用超微电极作为研究电极的情况。由于超微电极的表面积很小，只要通过很小的极化电流，就可产生足够大的电流密度，使电极实现一定程度的极化。而辅助电极的表面积要大得多，同样的极化电流在辅助电极上只能产生极小的电流密度，因而辅助电极几乎不发生极化，可同时作为参比电极使用。同时，由于极化电流很小，辅助电极和研究电极之间的溶液欧姆压降也非常小，不会导致电极电势的测量和控制误差。因此，在使用超微电极作为研究电极时，可采用两电极体系。

3.2.2　极化时电极电势测量和控制的主要误差来源

由图 3-2-1 可见，在三电极体系电路中同时属于极化回路和测量控制回路的公共部分除研究电极外，还有参比电极的鲁金毛细管管口至研究电极表面之间的溶液，这部分溶液的欧姆电阻用 R_u 表示。在测量回路中，由于 $i_{测}$ 很小（$i_{测} \leqslant 10^{-7}$ A），由测量回路的电流造成的压降 $i_{测}R_u$ 很小，完全可以忽略不计。在极化回路中，极化电流 i 将会在这一溶液电阻 R_u 上产生一个可观的电压降 iR_u，我们称为溶液欧姆压降（有时也写为 iR 降）。由于这一压降位于参比电极和研究电极之间，所以被附加在测量或控制的电极电势上，成为了测量或控制电极电势的主要误差。

$$iR_u = j\frac{l}{\kappa} \tag{3-2-1}$$

式中，j 为极化电流密度，$A \cdot cm^{-2}$；l 为鲁金毛细管管口距电极表面的距离，cm；κ 为溶液电导率，$\Omega^{-1} \cdot cm^{-1}$。

例如，在中等极化电流密度下，$j=50mA \cdot cm^{-2}$，鲁金毛细管管口距电极表面的距离为 $l=0.5cm$，溶液电导率为 $\kappa=0.1\Omega^{-1} \cdot cm^{-1}$，则溶液欧姆压降高达 250mV，可见误差是相当大的，对于电极电势的控制和测量是不能容许的。

图 3-2-2 是金属的阳极钝化曲线，由于溶液欧姆压降的存在引起了极化曲线的歪曲（虚线），可以看出电流越大，偏差越大。所以在精确测量和控制电极电势的实验中，必须尽可能地减小溶液欧姆压降。

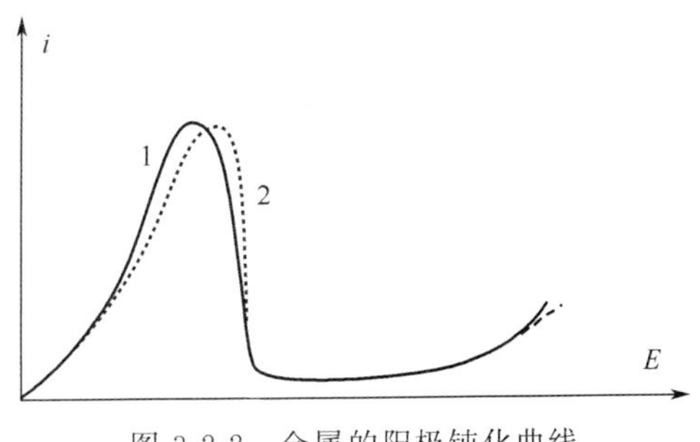

图 3-2-2 金属的阳极钝化曲线

1—真实的；2—被溶液欧姆压降歪曲的

在电化学测量中，可以采取以下几种措施来消除或降低溶液欧姆压降 iR_u，从而提高电极电势测量和控制的精度。

① 加入支持电解质，以改善溶液的导电性。从式(3-2-1) 可知，$iR_u \propto l/\kappa$，所以 κ 增大，iR_u减小。

② 使用鲁金（Luggin）毛细管。

Luggin 毛细管通常用玻璃管或塑料管制成，其一端拉得很细，测量电极电势时该端靠近电极表面，管的另一端与参比电极或连接参比电极的盐桥相连。

由式（3-2-1）可知，Luggin 毛细管管口到研究电极表面的距离 l 越短，溶液欧姆压降 iR_u越小；但是，当 Luggin 毛细管管口过于靠近研究电极表面时，毛细管对于研究电极表面的电力线有屏蔽作用，改变了电极上电流和电势的分布。因此毛细管接近电极表面一端必须非常细（如 0.01cm），以减小对电极的屏蔽，并且不能完全紧贴在电极表面。溶液电阻使测得的电势极化比真实情况更大，而屏蔽效应则使电极电势的极化更小。综合两方面的因素，管口离电极表面的距离为毛细管外径的 2 倍时，效果最好。

此时，对于平板电极，由于对电力线的屏蔽作用，式(3-2-1) 应修正为

$$iR_u = j\,\frac{\delta}{\kappa} \tag{3-2-2}$$

式中，δ 为有效距离，$\delta = \frac{5}{3}d$。

例如，采用很细的 Luggin 毛细管，其外径为 $d=0.01\text{cm}$，则 Luggin 毛细管可以非常靠近研究电极表面，距离为 $l=0.02\text{cm}$，相应的有效距离为 $\delta=\frac{5}{3}d=0.017\text{cm}$，若溶液电导率仍为 $\kappa=0.1\Omega^{-1}\cdot\text{cm}^{-1}$，且仍以中等极化电流密度 $j=50\text{mA}\cdot\text{cm}^{-2}$ 进行极化，根据式(3-2-2)可算得溶液欧姆压降 iR_u为 8.5mV，比 $l=0.5\text{cm}$ 时大大降低。

溶液欧姆压降 iR_u的校正除依赖于 Luggin 毛细管的外径外，还依赖于电极的形状。使用相同的 Luggin 毛细管，管口距电极表面相同距离时，球形电极的溶液欧姆压降 iR_u最小，圆柱形电极的其次，平板电极的最大。

球形电极的溶液欧姆压降可由下式确定

$$iR_u = j\,\frac{\delta}{\kappa}\,\frac{r_0}{r_0+\delta} \tag{3-2-3}$$

式中，r_0为球形电极的半径。

球形电极的溶液电阻随着距离的减小而减小，随后趋于恒定，此时 Luggin 毛细管管口距电极表面的距离不再重要。所以，为了得到最佳的效果，最好使用小的球形电极，用细的 Luggin 毛细管接近电极表面。

在控制电势阶跃暂态测量时，Luggin 毛细管管口过于接近研究电极表面会造成电流振

荡。另外，过细的 Luggin 毛细管会增大参比电极的电阻，还会导致毛细管内外溶液间的杂散电容，从而在暂态测量时降低电解池的响应速率，甚至引起振荡。最佳设计的 Luggin 毛细管应在管口一端足够细并使用薄壁材料以避免对电极的屏蔽，而管体加粗并使用粗壁材料。

③ 控制电流极化时，采用桥式补偿电路进行补偿。

④ 采用恒电势仪正反馈补偿法。

⑤ 采用断电流法消除溶液欧姆压降的影响。

如果研究电极本身导电性差、表面上存在高阻膜或者材料接触不良，极化时也会产生欧姆压降，对电极电势的测量和控制造成误差。对于这一类的欧姆压降，只能采用上述后三种方法，即以电子补偿的方法来加以校正。对于这三种方法，我们将在后面陆续加以介绍。

3.3 电流的测量和控制

极化电流的测量和控制主要包括两种不同的方式。

① 在极化回路中串联电流表，适当选择电流表的量程和精度测量电流。这种方法适用于稳态体系的间断测量，不适合进行快速、连续的测量。

② 使用电流取样电阻或电流-电压转换电路，将极化电流信号转变成电压信号，然后使用测量、控制电压的仪器进行测量或控制。这种方法适用于极化电流的快速、连续、自动的测量和控制。

另外，还可能对极化电流进行一定的处理后，再进行测量。例如，采用对数转换电路，将电流转换成对数形式再进行测量，这种方式常用于测定半对数极化曲线。再如，采用积分电路，将电流积分后再进行测量，从而直接测得电量。

3.4 参比电极

参比电极的性能直接影响着电极电势测量或控制的稳定性、重现性和准确性。不同场合对参比电极的要求不尽相同，应根据具体对象合理选择参比电极。但是，参比电极的选择还是存在一些共性的要求。

3.4.1 参比电极的一般性要求

① 参比电极应为可逆电极，电化学反应处于平衡状态，可用 Nernst 方程计算不同浓度时的电势值。

② 参比电极应该不易极化，以保证电极电势比较标准的恒定。具体而言，当交换电流密度 j^0 较大，电极面积较大时，不易发生极化。一般要求 j^0 大于 $10^{-5}\,A \cdot cm^{-2}$，则当流过电极的电流密度小于 $10^{-7}\,A \cdot cm^{-2}$（通常电极电势测量回路的电流均小于 $10^{-7}\,A \cdot cm^{-2}$）时，电极不发生极化。例如，在 $0.5mol \cdot L^{-1}\,H_2SO_4$ 溶液中，反应 $2H^+ + 2e^- \rightleftharpoons H_2$ 在铂上的交换电流密度为 $8\times10^{-4}\,A \cdot cm^{-2}$，而在其它金属上的交换电流密度要小得多，因此作为参比电极的氢电极一般选择铂作为电极材料。而且，通常在铂上镀有铂黑，以增加铂电极的真实表面积和活性。一般镀有铂黑后其面积可增加近千倍，当有电流流过电极时，极化可减小很多，使氢电极电势更加稳定。

另外，交换电流密度 j^0 大还可防止体系中存在的杂质对参比电极电势的干扰。如果，电解池体系中存在另外的氧化还原电对能够在参比电极上反应，那么参比电极的电极电势是参比电极主反应电对和该杂质电对共同决定的混合电势。若主反应的交换电流密度远大于杂质电对的交换电流密度，则参比电极的电势就基本决定于主反应，而不受杂质的干扰。

③ 参比电极应具有好的恢复特性。当有电流突然流过，或温度突然变化时，参比电极的电极电势都会随之发生变化。当断电或温度恢复原值后，电极电势应能够很快回复到原电势值，不发生滞后。

④ 参比电极应具有良好的稳定性。具体而言，温度系数要小，电势随时间的变化要小。

⑤ 参比电极应具有好的重现性。不同次、不同人制作的电极，其电势应相同。例如，银-氯化银电极和甘汞电极的重现性可达到 0.02mV，它们能适用于热力学体系的研究。不过，参比电极的电势重现性也应视具体情况而定，在一般的动力学测量中，重现性不超过 1mV 也就可以了。

⑥ 快速的暂态测量时参比电极要具有低电阻，以减少干扰，避免振荡，提高系统的响应速率。

⑦ 某些参比电极是第二类电极，即由金属和金属难溶盐或金属氧化物组成的电极，如银-氯化银电极和汞-氧化汞电极等。要求这类金属的盐或氧化物在溶液中的溶解度很小，从而保持电极电势的长期稳定性，并减少对被测体系溶液的污染可能性。

⑧ 在具体选用参比电极时，应考虑使用的溶液体系的影响。例如，是否存在液接界电势，是否会引起研究电极体系和参比电极体系间溶液的相互作用和相互污染。一般采用同种离子溶液的参比电极，如在氯离子的溶液中采用甘汞电极；在硫酸根离子的溶液中采用汞-硫酸亚汞电极；在碱性溶液中采用汞-氧化汞电极。

3.4.2 常用的水溶液体系参比电极

(1) 可逆氢电极（reversible hydrogen electrode，RHE），Pt，$H_2|H^+$

氢电极的电极反应如下

酸性溶液：

$$2H^+ + 2e^- \rightleftharpoons H_2 \tag{3-4-1}$$

碱性溶液：

$$2H_2O + 2e^- \rightleftharpoons H_2 + 2OH^- \tag{3-4-2}$$

任何温度下，氢电极的标准电极电势均为零，即 $E_{H_2}^{\ominus}=0$。

氢电极的电势同溶液的 pH 值、氢气压力有关

$$E_{H_2} = \frac{RT}{F}\ln\frac{a_{H^+}}{p_{H_2}^{1/2}} \tag{3-4-3}$$

式中，a_{H^+} 为 H^+ 离子的活度；p_{H_2} 为氢气的压力（p_{H_2} = 大气压 − 水的饱和蒸汽压）。如果氢气的压力是 1 标准大气压，在 25℃时氢电极的电极电势是

$$E_{H_2} = -0.05916\text{pH}$$

常用的氢电极可做成如图 3-4-1 所示的结构，其中所采用的电极材料通常是铂片。此铂片可剪取适当大小（如 1cm×1cm），然后与一根铂丝相焊接，将铂丝严密地封入到玻璃管中，再在铂片上镀上铂黑。

在镀铂黑前，铂片电极可先放在王水中浸洗一下。然后在浓 HNO_3 中浸洗，再用蒸馏水洗净。为了除去 Pt 表面的氧化物，在电镀前可把电极在 0.005mol·L^{-1} H_2SO_4 中阴极极化 5min，再用蒸馏水洗净。

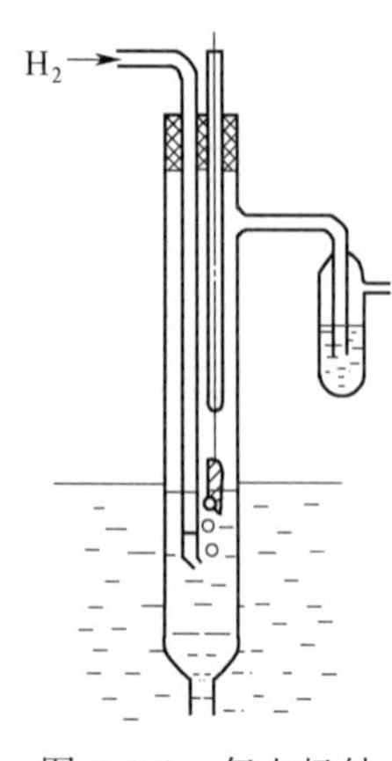

图 3-4-1 氢电极结构示意图

镀铂黑的溶液有两种。一种是3%氯铂酸溶液，电镀的电流密度约为 $20mA \cdot cm^{-2}$，时间约为5min，镀出的铂黑呈灰黑色；另一种是在3.5%氯铂酸溶液中添加0.02%的醋酸铅，电镀的电流密度约为 $30mA \cdot cm^{-2}$，时间约为10min，镀出的铂黑呈黑绒状。电镀时应避免电极上有明显的氢气析出。为了增加铂黑的活性，可以在 $0.1mol \cdot L^{-1}$ H_2SO_4 溶液中以 $0.5A \cdot cm^{-2}$ 的电流密度阳极、阴极极化各5次，每次约15s。电镀好的铂黑电极必须保存在蒸馏水或稀 H_2SO_4 溶液中。第一种镀铂黑溶液镀出的铂黑活性较强，H_2 和 H^+ 离子在其上建立平衡较快，但使用寿命较短；第二种添加醋酸铅的电镀液，所得铂黑不易中毒，使用寿命较长，缺点是吸附能力强，如果是在稀溶液中使用，它容易吸附溶质而改变溶液组成，此外，因有少量醋酸铅夹杂在铂黑中，可能会污染测试溶液。

一般在氢电极中铂片的上部需露出液面，处在 H_2 气氛中，从而产生气、液、固三相界面，有利于氢电极迅速达到平衡。溶液中应通过稳定的氢气流，一般每秒钟为1～2个气泡。在通气后0.5h内电极应达到平衡。而在氢气饱和的溶液中，数分钟内即可与平衡电势相差不大于1mV。否则应将铂黑用王水洗去后重镀，并应考虑提高溶液的纯度。

如需长时间连续使用氢电极，应注意由氢气携带水蒸气而使溶液浓度变化的问题，为此，可先将氢气通入与氢电极相同的溶液，将氢气预湿后再通入氢电极。

在使用氢电极时应注意氢电极的中毒问题。中毒后的氢电极电势发生变化，从而影响电极电势的测量。氢电极的中毒可有下述三种情况。

① 溶液中含有氧化性物质，如 Fe^{3+}、$CrO_4{}^{2-}$ 或氢气中含有的氧等。这些物质能在氢电极上被还原，和氢气的氧化构成共轭反应，从而使电极电势向正方向移动。

② 溶液中含有易被还原的金属离子，如 Cu^{2+}、Ag^+、Pb^{2+} 等。这些离子在电极表面被还原成金属，沉积在铂电极表面，从而使铂黑电极的催化活性下降，使氢电极中毒。

③ 由于铂黑具有强烈的吸附能力，溶液中某些物质被吸附到铂黑表面，使铂的催化活性区被覆盖，从而使氢电极中毒。这类有害物质主要有砷化物、H_2S、其它硫化物以及胶体杂质等。

一个优良的氢电极，其电势应能长时期稳定，不受氢气泡速度增加的影响，能很快达到稳定，且不易极化。

由于铂黑氢电极需要使用高纯氢气，使用维护不甚方便。如果测量时间不长，可以用微型钯-氢电极代替。金属钯吸收氢的能力很强，每一体积的钯可以吸收30体积的氢，如果利用吸收了氢气的钯丝做成参比电极，电势可在一段时间内维持不变，因使用时不需通入氢气，故使用方便，并可应用在密封的电解池中。由于金属内的氢活度较低，钯-氢电极的电极电势要比同溶液的铂黑氢电极高出约50mV。

制作微型钯-氢电极时，先把一段细钯丝与铂丝焊在一起，将铂丝封在软玻璃管中，钯丝露在外面，然后将该钯电极放在 H_2SO_4 溶液中电解。电解时辅助电极用铂片，它离钯电极较远，用 $100mA \cdot cm^{-2}$ 的电流对钯丝反复进行阳极和阴极极化多次，每次都使氧或氢在电极表面明显逸出。最后一次应是阴极极化，使氢气保持很快逸出，计下吸收氢过程的时间。然后使电流反向，直至约1/4的吸附氢量被消除掉。将电极从 H_2SO_4 溶液中取出后用蒸馏水洗净，待干燥后在钯丝的侧面涂上一层聚氨酯清漆，唯独露出丝的末端平面。这种钯-氢电极的面积十分小（约 $10^{-4}cm^2$），所以可称为微型钯-氢电极。其电势可保持稳定一段时间，如变更，则需重做。由于所用钯丝很细，它对电极的遮蔽作用很小，采用这种微型钯-氢电极测量电极电势时，可以不用 Luggin 毛细管而直接把钯-氢电极靠近研究电极表面，简化了实验装置。

钯-氢电极在使用时应注意不能对钯电极通阴极电流，否则其电势将逐渐变化趋向于零。另外，在含氧的体系中钯-氢电极的电势将不稳定。

(2) 甘汞电极 (calomel electrode)，$Hg|Hg_2Cl_2(固)|Cl^-$

甘汞电极由于方便、耐用，可购得商品电极，因此是最常用的参比电极。其电极反应为

$$Hg_2Cl_2 + 2e^- \rightleftharpoons 2Hg + 2Cl^- \tag{3-4-4}$$

其电极电势为

$$E = E^{\ominus} - \frac{RT}{F}\ln a_{Cl^-} \tag{3-4-5}$$

图 3-4-2 给出了甘汞电极的几种结构形式。图 3-4-2(a) 和(b) 是两种市售的甘汞电极。在电极 (a) 的内部有一根小玻璃管，管内的上部放置汞，它通过封在玻璃管内的铂丝与外部的导线相通；汞的下面放汞和甘汞的糊状物。为了防止它们下落，在小玻璃管的下部用脱脂棉花塞住，小玻璃管浸在 KCl 溶液内。这种甘汞电极的下端用多孔性陶瓷封口，以减缓溶液的流出速度。在使用时可把上部的橡皮塞打开，这样可使电极管内的溶液很慢地流出，以阻抑外界溶液渗进电极管内部。由于甘汞电极采用 KCl 溶液，所以它的液接界电势较小。电极 (b) 是由电极 (a) 增加一根过渡玻璃套管构成的，该玻璃套管作为盐桥使用，测量时该玻璃管中可注加阴、阳离子电导接近，并且对被测溶液无影响的电解液，或注入研究体系的溶液。由于该管下端也有多孔性陶瓷封口，因此流速也很慢，这样就可以减少甘汞电极溶液中的 Cl^- 离子对研究体系溶液的污染。

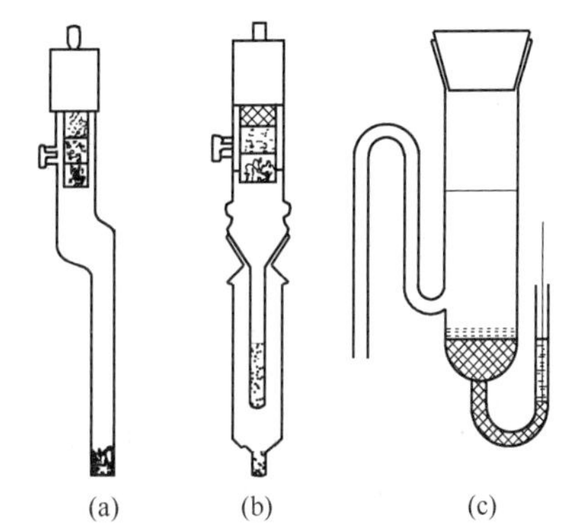

图 3-4-2 甘汞电极的几种结构示意图

制作电极 (c) 时，先在电极管的底部封一段铂丝，使内外导电。然后在电极管内加一定量的纯汞，再在汞的表面上铺一薄层汞和甘汞的糊状物。该糊状物的制作方法为：在清洁的研钵中放一些 Hg_2Cl_2 细粉，加几滴汞仔细进行干研磨，有时可再加几滴 KCl 溶液进行研磨，最后可研磨成灰色糊状物。应注意电极管内所铺糊状物层不能太厚。待铺好后，在电极管内加注所需的 KCl 溶液。电极的导电采用汞把铂丝和导电铜丝连接的方法。

通常甘汞电极内的溶液采用饱和 KCl 溶液，这种电极称为饱和甘汞电极。其溶液配制较为方便，但它的温度系数较大。此外，温度改变后，KCl 达到新的饱和溶解度需要时间，电势的改变会发生滞后现象。采用 $1mol \cdot L^{-1}$ 或 $0.1mol \cdot L^{-1}$ KCl 溶液的甘汞电极也比较常用，它们的温度系数较小，特别是 $0.1mol \cdot L^{-1}$ KCl 的最小。由于 Hg_2Cl_2 在高温时不稳定，所以甘汞电极一般适用于 70℃ 以下的测量。在 25℃ 下，饱和甘汞电极的电极电势为 0.2412V，$1mol \cdot L^{-1}$ KCl 的甘汞电极的电极电势为 0.2801V，而 $0.1mol \cdot L^{-1}$ KCl 的甘汞电极的电极电势为 0.3337V。

(3) 汞-氧化汞电极，$Hg|HgO(固)|OH^-$

汞-氧化汞电极是碱性溶液体系中常用的参比电极。其电极反应为

$$HgO + H_2O + 2e^- \rightleftharpoons Hg + 2OH^- \tag{3-4-6}$$

汞-氧化汞电极的电极电势为

$$E=E^{\ominus}-\frac{RT}{F}\ln a_{OH^-} \tag{3-4-7}$$

在 25℃下，汞-氧化汞电极的标准电极电势为 $E^{\ominus}=0.098V$。

汞-氧化汞电极可采用图 3-4-2(c) 所示的甘汞电极的结构形式，并且其制作方法也与甘汞电极完全相同，只不过将甘汞糊换成氧化汞糊。

除此之外，也可制作一种简易形式的汞-氧化汞电极，如图 3-4-3 所示。它使用一根聚乙烯管，其一头加热后用钳子把它封死，或使用一根玻璃管，在其中铺上一层汞，汞上放一层汞-氧化汞糊状物。氧化汞有红色和黄色氧化汞两种，制作汞-氧化汞电极时应采用红色氧化汞，原因是红色氧化汞制成的电极能较快地达到平衡。汞-氧化汞糊状物的制作方法为：在研钵中放一些红色氧化汞，并滴加几滴汞，充分研磨均匀，使其颜色比原氧化汞的颜色更深些，然后加几滴所用的碱液，进一步研磨。注意所加碱液不能太多，磨成后的糊状物应是比较“干”的。然后加到电极管中，铺在汞的表面，在电极管中加 KOH 或 NaOH 溶液后，糊状物能充分吸收碱液。电极用铂丝作为引线，也可用封在玻璃管中的铂丝作为导线。在电极管的壁上开两个小孔，并塞上石棉绳，以连通内外溶液。

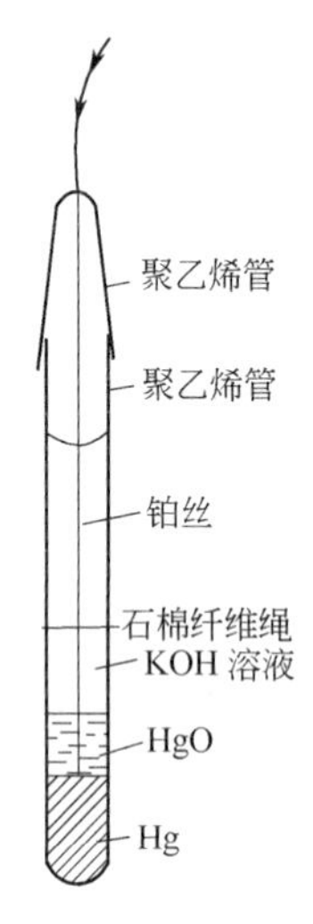

图 3-4-3 一种简易的汞-氧化汞电极的结构示意图

氧化汞电极只适用于碱性溶液，原因是氧化汞能溶于酸性溶液中。另外，在碱性不太强的溶液（pH<8）中会引起以下反应

$$Hg+Hg^{2+} = Hg_2^{2+}$$

因而会形成黑色的氧化亚汞并消耗汞。在碱性较强的溶液（pH>8）中反应不会发生。应注意，溶液中有氯离子存在会加速此过程而形成甘汞。当溶液中氯离子浓度等于 10^{-12} mol·L^{-1}时，此电极只能在 pH>9 的情况下使用；当氯离子浓度为 10^{-1}mol·L^{-1}时，只能在 pH>11 的条件下使用。

（4）汞-硫酸亚汞电极，$Hg|Hg_2SO_4(固)|SO_4^{2-}$

汞-硫酸亚汞电极常用作硫酸溶液体系中的参比电极，如铅酸蓄电池中、硫酸介质中的金属腐蚀研究等。其电极反应为

$$Hg_2SO_4+2e^- \rightleftharpoons 2Hg+SO_4^{2-} \tag{3-4-8}$$

汞-硫酸亚汞电极的电极电势为

$$E=E^{\ominus}-\frac{RT}{2F}\ln a_{SO_4^{2-}} \tag{3-4-9}$$

在 25℃下，汞-硫酸亚汞电极的标准电极电势为 $E^{\ominus}=0.616V$；当使用饱和 K_2SO_4 溶液作为电解液时，汞-硫酸亚汞电极的电极电势为 0.64V；当使用 0.5mol·L^{-1} H_2SO_4 溶液作为电解液时，汞-硫酸亚汞电极的电极电势为 0.68V。

汞-硫酸亚汞电极可采用图 3-4-2(c) 所示的甘汞电极的结构形式，并且其制作方法也与甘汞电极完全相同，只不过将甘汞糊换成硫酸亚汞糊。

Hg_2SO_4 在水溶液中容易水解，而且其溶解度也较大（$pK_{sp}=6.0$），所以其稳定性较差。

（5）银-氯化银电极，$Ag|AgCl|Cl^-$

银-氯化银电极具有非常好的电势重现性，是一种常用的参比电极，也有市售商品可得。其电极反应为

$$AgCl + e^- \rightleftharpoons Ag + Cl^- \tag{3-4-10}$$

银-氯化银电极的电极电势为

$$E = E^{\ominus} - \frac{RT}{F}\ln a_{Cl^-} \tag{3-4-11}$$

在25℃下，银-氯化银电极的标准电极电势为$E^{\ominus}=0.222V$；当使用饱和KCl溶液作为电解液时，银-氯化银电极的电极电势为0.197V。

银-氯化银电极的主要部分是一根覆盖有AgCl的银丝浸在含有Cl^-离子的溶液中。常用的银-氯化银电极结构如图3-4-4所示。

AgCl在水中的溶解度是很小的，但是如果在较浓的KCl溶液中，由于AgCl和Cl^-离子能生成络合离子$AgCl_2^-$，会使AgCl的溶解度显著增加。因此，为保持电极电势的稳定，所用KCl溶液需预先用AgCl饱和，特别是在饱和KCl溶液中。此外如果把Ag｜AgCl｜饱和KCl电极插放在稀溶液中，在液接界处，KCl溶液将被稀释。这时一部分原先溶解的$AgCl_2^-$离子将会分解，而析出AgCl沉淀，这些AgCl沉淀容易堵塞参比电极管的多孔性封口。

另外，AgCl见光会发生分解，因此应尽量避免电极直接受到阳光的照射。

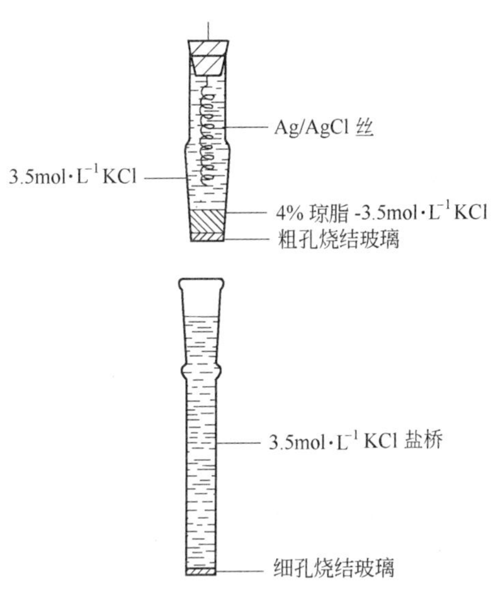

图3-4-4　银-氯化银电极的结构示意图

（6）自制参比电极质量的评定

上述几种参比电极，包括甘汞电极、汞-氧化汞电极、汞-硫酸亚汞电极和银-氯化银电极均可自制，有时需要评定自制的参比电极的质量。由于这几种参比电极的电极电势均只同一种阴离子的活度有关，并且当阴离子的浓度较低时可用浓度代替活度，所以其电极电势基本上同阴离子的浓度的对数成正比，即$E \propto \ln[\text{anion}]$。将自制参比电极浸入到含不同浓度（$0.001 \sim 0.1 mol \cdot L^{-1}$）阴离子的溶液中，测量其电极电势，用$E$-ln[anion]作图，则应为一条直线，从直线的截距可得该参比电极的标准电极电势$E^{\ominus}$，用该实验值同已知的$E^{\ominus}$值比较可判断该参比电极的质量。

3.4.3 双参比电极

在暂态测量方法中，常常需要电极电势在很短的时间内发生变化，要求体系有很短的响应时间。在精确的测量中，希望能测定在几微秒中电极电势和电流的变化情况。首先要求恒电势仪本身有良好的响应时间，同时参比电极的阻抗特性对测量的响应时间也有明显的影响。

常用参比电极具有良好的电极电势稳定性，但是有一些参比电极由于存在多孔烧结陶瓷或烧结玻璃封口，它们的电阻较大。与恒电势仪配合使用时，往往使测量的响应时间变慢，而且增加了50周市电的干扰，甚至引起振荡，严重影响实验的进行。

采用金属丝直接插到研究体系的溶液中可以制得低电阻的参比电极。为了避免金属的溶解，常采用铂丝作参比电极。但是铂丝电极电势的具体数值不很确定，依赖于溶液的组成，而且也不很稳定。为了得到电极电势同时又不影响实验响应时间的参比电极，可把普通参比电极与铂丝电极按图3-4-5相连接，组成一只双参比电极。这种双参比电极的电势由普通参比电极所决定，它能保持良好的电极电势稳定性；而且使用双参比电极时，50周市电干扰可由电容 C 滤去，从而减少了干扰。并且这种双参比电极能改善时间响应性能。图 3-4-6 给出了采用双参比电极后，进行电势阶跃时，阶跃速度的改善情况。图中曲线 A、B 分别为单独使用普通参比电极和铂丝时的情况，显然单独用普通参比电极时电极电势的响应时间较长。曲线 C 是由这两种电极组成双参比电极后的使用情况，其响应时间明显地缩短了。

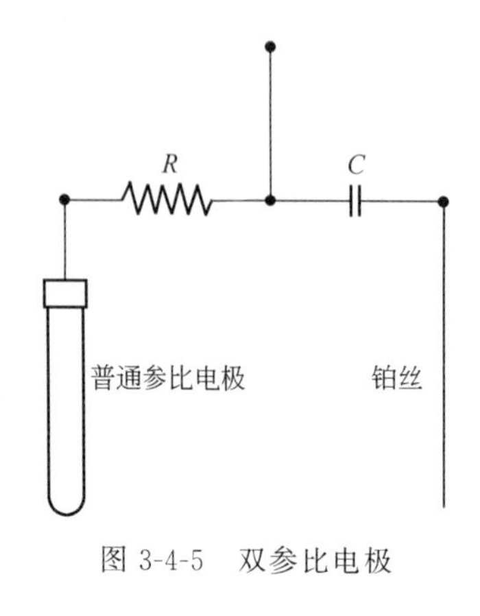

图 3-4-5　双参比电极

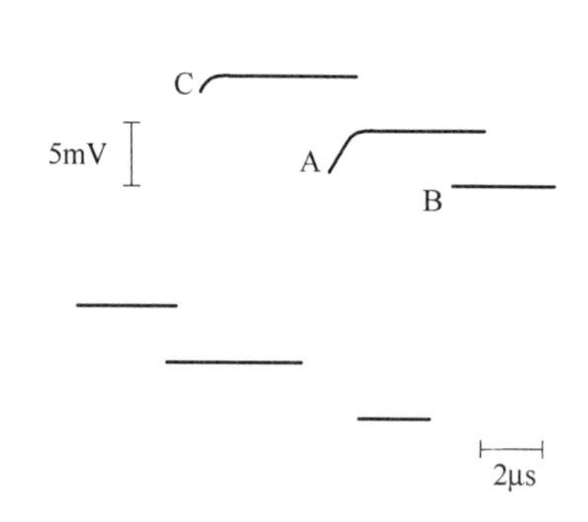

图 3-4-6　采用不同参比电极时，电势阶跃的响应情况

A—汞-硫酸亚汞电极；B—铂丝参比电极；C—由汞-硫酸亚汞电极和铂丝构成的双参比电极

3.4.4　准参比电极

在进行电池电极的极化测量时，有时可以采用和电池负极相同材质的金属电极直接插入电池溶液中作为参比电极来使用，这种参比电极被称为准参比电极（quasi-reference electrode）。这种准参比电极的使用具有如下特点。

① 不需要测得研究电极准确的电极电势值，而只需要知道其极化值即可。如果研究电极是电池的负极，由于研究电极和准参比电极是相同材质的同种金属，并且处于同一溶液之中，因此它们的开路电势是相同的。在极化后，研究电极相对于准参比电极的电极电势就是其极化值；如果研究电极是电池的正极，那么极化前后其电极电势之差也可反映出其极化值的大小。

② 由于准参比电极是和负极相同材质的金属，因此不会存在液接界电势和溶液污染的问题。

③ 由于准参比电极是金属电极，具有低的电阻，因此保证了电极电势测量的准确性和稳定性，并具有快的响应速率。

④ 由于常常选用可逆性好的金属作为电池的负极材料，因此采用同种金属的准参比电极也具有好的可逆性，能够满足参比电极的一般性要求，具有比较稳定的电极电势值，例如锌、锂等材料。

另外一种准参比电极应用在电化学扫描探针显微镜的微电解池中，由于空间所限，往往使用铂丝或银丝作为准参比电极。这种准参比电极的电极电势不够稳定和确定，往往要在实验前后用常规参比电极（如饱和甘汞电极或银-氯化银电极）进行标定。

3.5　盐　桥

当被测电极体系的溶液与参比电极的溶液不同时，常用盐桥把参比电极和研究电极连接起来。在测量电极电势时，盐桥连接了研究、参比电极体系，使它们之间形成离子导电通路。盐桥的作用有两个：一是减小液接界电势；二是防止或减少研究、参比溶液之间的相互污染。

3.5.1 液接界电势（liquid junction potential）

当两种不同溶液相互接触时，在它们之间会产生一个接界面。在接界面的两侧，由于溶液的组成或浓度不同，造成离子相对方向扩散。例如，参比电极内的溶液是 $0.1 mol \cdot L^{-1}$ KCl，被测体系溶液是 $0.1 mol \cdot L^{-1}$ NaOH 溶液。在 KCl 溶液和 NaOH 溶液的接界面上，K^+、Cl^- 离子向 NaOH 溶液扩散，而 Na^+、OH^- 离子则向 KCl 溶液扩散。各种离子在溶液中的扩散能力是不同的。K^+ 和 Cl^- 离子的离子淌度相差不大，而 OH^- 离子比 Na^+ 离子的离子淌度要大得多。因此 OH^- 离子比 Na^+ 离子向 KCl 溶液的扩散速率大。这使得接界面的 KCl 溶液一侧带负电荷，NaOH 溶液一侧带正电荷，在接界面产生了电势差。但是 Na^+ 和 OH^- 扩散速率的差异不会一直保持下去，因为液接界面的电势差将抑制 OH^- 离子向 KCl 溶液的扩散，而加快 Na^+ 离子向 KCl 溶液的扩散。最后达到稳定，在液接界面上产生一稳定的电势差，即液接界电势（图 3-5-1）。

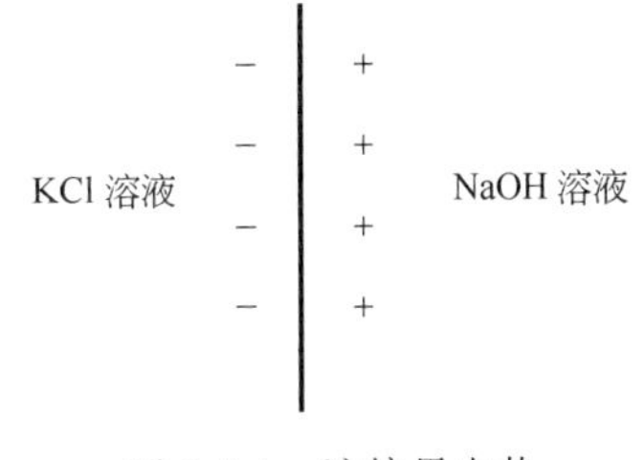

图 3-5-1 液接界电势

液接界电势至今尚无法精确测量和计算。但在稀溶液中使用 Henderson 公式，可符合一般的要求。

Henderson 公式为

$$E_j = \frac{RT}{F} \frac{(u_1 - V_1) - (u_2 - V_2)}{(u_1' + V_1') - (u_2' + V_2')} \ln \frac{u_1' + V_1'}{u_2' + V_2'} \tag{3-5-1}$$

式中，$u = \sum C_+ \lambda_+$；$V = \sum C_- \lambda_-$；$u' = \sum C_+ \lambda_+ z_+$；$V' = \sum C_- \lambda_- z_-$。

C_+ 和 C_- 分别为阳、阴离子的浓度（$mol \cdot L^{-1}$），λ_+ 和 λ_- 分别为阳、阴离子的当量电导，z_+ 和 z_- 分别为阳、阴离子的价数，下标“1”和“2”分别表示相互接触的溶液 1 和 2。式(3-5-1) 中 E_j 的正负号即为溶液 2 表面所带电荷的正负号。

从式(3-5-1) 可知，若溶液 1 和 2 均有 $\sum C_+ \lambda_+ = \sum C_- \lambda_-$，则 $E_j = 0$。例如，在 25℃，K^+ 的 λ_+ 为 73.50，NO_3^- 的 λ_- 为 71.42，Cl^- 的 λ_- 为 76.3，它们的 λ 相近。因此，如将 KNO_3 溶液与 KCl 溶液相接触，可推测 E_j 是较小的。若这两种溶液浓度相同，则按式(3-5-1) 可得其 E_j 为 8.5×10^{-4} V。

因 H^+ 离子和 OH^- 离子的扩散系数和当量电导均要比其它的离子大得多，故酸（或碱）与盐溶液间的 E_j 往往要比盐溶液间的大。

在水溶液体系中，两种不同溶液的 E_j 一般小于 50mV。例如 $1 mol \cdot L^{-1}$ NaOH 与 $0.1 mol \cdot L^{-1}$ KCl 溶液间的 E_j 按式(3-5-1) 计算为 45mV。但如果是电解质水溶液和有机溶剂电解质溶液相接界，它的液接界电势要大得多。例如饱和甘汞电极所用饱和 KCl 水溶液和以乙腈作溶剂的有机电解质稀溶液（如含 $0.01 mol \cdot L^{-1}$ Ag^+）间的液接界电势竟达 0.25V。因此，在测量电极电势时必须注意怎样尽量减小液接界电势。通常采取的方法是在研究、参比溶液间使用盐桥。

3.5.2 盐桥的设计

常见的“盐桥”是一种充满盐溶液的玻璃管，管的两端分别与两种溶液相连接。通常盐桥做成 U 形状，充满盐溶液后把它倒置于两溶液间，使两溶液间离子导通。为了减缓盐桥两边的溶液通过盐桥的流动，通常需要采用一定的盐桥封结方式。

最简单的一种盐桥封结方式是在盐桥内充满凝胶状电解液，从而抑制两边溶液的流动。

所用的凝胶物质有琼脂、硅胶等，一般常用琼脂。制作时先在热水中加4%琼脂，待其溶解后加入所需数量的盐。趁热把溶液注入盐桥玻璃管内，冷却后管内电解液即呈冻胶状。这种盐桥电阻较小，但琼脂在水中有一定的溶解度，若琼脂扩散到电极表面，有时对电极过程会有一定的影响。此外，琼脂遇到强酸或强碱后不稳定，因此若研究溶液为强酸或强碱，则不宜用含琼脂的盐桥。在有机电解液中，由于琼脂能溶解，因此也不宜用它作为盐桥物质。

另一种常用的盐桥封结方式是用多孔烧结陶瓷、多孔烧结玻璃或石棉纤维封住盐桥管口，它们可以直接烧结在玻璃管内。这要求多孔性物质的孔径很小，通常孔径不超过几个微米。连接时可采用直接火上熔接，或用聚四氟乙烯或聚乙烯管套接。图3-5-2给出了两种盐桥和盐桥管口的封结形式。

制作盐桥时应注意盐桥的内阻，如果内阻太大，则容易造成测量误差。在应用恒电势仪时还容易引起振荡，增加50周市电干扰和增加响应时间。

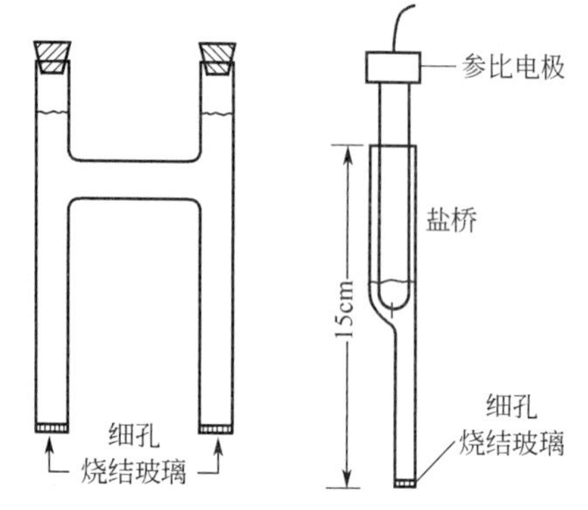

图3-5-2　盐桥和盐桥管口的封结形式

选择盐桥内的溶液应注意下述几点。

① 溶液内阴、阳离子的当量电导应尽量接近，并且尽量使用高浓度溶液。采用盐桥后，原来的一个液接界面变为由盐桥溶液与两边溶液组成的两个液接界面，而两个界面上的扩散情况都由高浓度的盐桥溶液决定。因盐桥溶液的阴、阳离子当量电导十分接近，两个液接界面的液接界电势都很小，而且盐桥两端液接界电势符号恰好相反，使得两个液接界电势可以抵消一部分，这样进一步减小了液接界电势。

在水溶液体系中，盐桥溶液通常采用KCl或NH_4NO_3溶液。在有机电解质溶液中则可采用苦味酸四乙基铵溶液，在很多溶剂中其正负离子的迁移数几乎相同。如果KCl、NH_4NO_3在该有机溶剂中能溶解，则也可采用KCl、

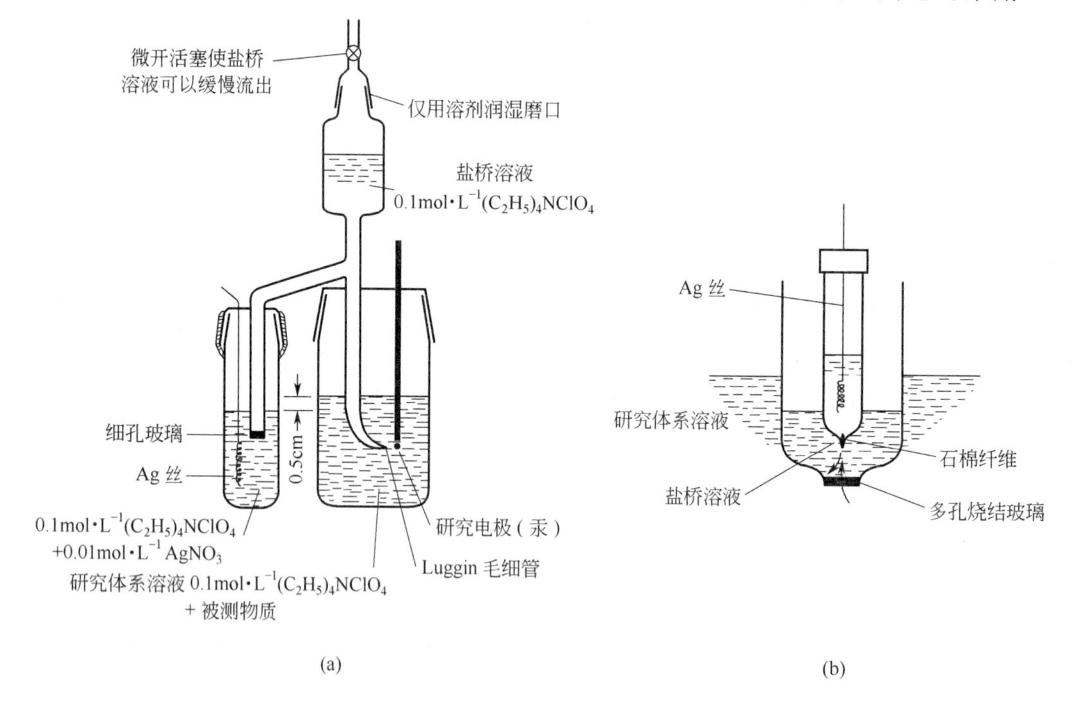

图3-5-3　利用液位差减缓盐桥对研究体系溶液或参比电极溶液的污染

NH_4NO_3 溶液。也常使用高氯酸季铵盐溶液。

② 盐桥溶液内的离子必须不与两端的溶液相互作用，也不应干扰被测电极过程。如对于 $AgNO_3$ 溶液体系就不能采用 KCl 盐桥溶液，因为 Cl^- 离子会与 Ag^+ 离子生成 AgCl 沉淀，这时一般可采用 NH_4NO_3 盐桥溶液。又如在研究金属腐蚀的电化学过程中，微量的 Cl^- 离子对某些金属的阳极过程会有明显的影响，这时应避免使用 KCl 盐桥溶液，或尽量设法避免 Cl^- 离子扩散进入研究体系。

③ 利用液位差使电解液朝一定方向流动，可以减缓盐桥溶液扩散进入研究体系溶液或参比电极的溶液内。图 3-5-3(a) 是在有机电化学中利用银参比电极（Ag^+/Ag）测量电极电势时，参比电极、盐桥和研究体系液面的相对关系示意图。其中盐桥采用 0.1mol·L^{-1} $(C_2H_5)_4NClO_4$ 溶液，由于研究体系的液面略高于参比电极，所以液流方向是从研究电极到参比电极，减缓了 Ag^+ 离子通过盐桥进入研究体系。但由于烧结玻璃的作用，研究体系溶液向参比电极流动的速度很慢，而且研究体系溶液内并不含 Ag^+ 离子，这对银参比电极的电极电势影响较小。有时为了避免研究电极体系的溶液向参比电极的流动，可按图 3-5-3(b) 设置液面。由于研究电极体系和参比电极内的液面均比盐桥液面高，两者都向盐桥内流动（如图中箭头方向所示），从而抑制了研究体系和参比电极体系溶液间的相互污染。

3.6 电解池

电解池的结构和安装对电化学测量影响较大，尤其在恒电势极化中，电解池构成了恒电势仪中运算放大器的反馈回路。因此，正确设计和安装电解池体系是十分重要的。这里讨论的电解池是指在实验室中进行电化学测量时使用的小型电解池。

3.6.1 材料

电解池的各个部件需要由具有各种不同性能的材料制成，对于材料的选择要依据具体的使用环境。特别重要的性质是电解池材料的稳定性，要避免使用时材料分解产生杂质，干扰被测的电极过程。

最常用的电解池材料是玻璃，一般采用硬质玻璃。玻璃具有很宽的使用温度范围，能在火焰中加工成各种形状。玻璃在有机溶液中十分稳定，在大多数无机溶液中也很稳定。但在 HF 溶液、浓碱及碱性熔盐中不稳定。

聚四氟乙烯（polytetrafluorethylene，PTFE），也称特氟隆（teflon），具有极佳的化学稳定性，在王水、浓碱中均不发生变化，也不溶于任何有机溶剂。PTFE 具有较宽的使用温度范围，为－195～＋250℃。PTFE 是较软的固体，在压力下容易发生变形，因此适合于封装固体电极，而且 PTFE 具有强烈的憎水性，电解液不易渗入 PTFE 和电极之间，因而具有良好的密封性。PTFE 也可用做电解池各部件之间的密封材料。

聚三氟氯乙烯（Kel-F）的化学稳定性较 PTFE 稍差，在高温下可与发烟硫酸、NaOH 等作用。使用温度为－200～＋200℃。聚三氟氯乙烯的硬度比 PTFE 高，便于精密的机械加工，因此常作为电解池的容器外壳和电极的封装材料。

有机玻璃，化学名为聚甲基丙烯酸甲酯（polymethylmethacrylate，PMMA）。PMMA 具有良好的透光性，易于机械加工。在稀溶液中稳定，浓氧化性酸和浓碱中不稳定，在丙酮、氯仿、二氯乙烷、乙醚、四氯化碳、醋酸乙酯及醋酸等很多有机溶剂中可溶。作为电解池材料，PMMA 只能用于低于 70℃ 的场合。

聚乙烯（polyethylene，PE）能耐一般的酸、碱，但浓硫酸和高氯酸可与之发生作用，它可溶于四氢呋喃中。聚乙烯具有良好的热塑性，可将聚乙烯管一端加热软化后拉细做成 Luggin 毛细管。但因其易软化，使用温度须在 60℃以下。

环氧树脂（epoxy resin）是制造电解池和封装电极时常用的黏结剂。由多元胺交联固化的环氧树脂化学稳定性较好，在一般的酸、碱、有机溶液中保持稳定。耐热性可达 200℃。

橡胶（rubber），尤其是硅橡胶（silicone rubber）因具有良好的弹性和稳定性，常用做电解池和电极管的塞子和密封圈，起到密封的作用。

其它常用的电解池材料还有尼龙（nylon）、聚苯乙烯（polystyrene）等。

3.6.2 设计要求

① 电解池的体积要适当，同时要选择适当的研究电极面积和溶液体积之比。在多数的电化学测量中，需要保证溶液本体浓度不随反应的进行而改变，这时就要采用小的研究电极面积和溶液体积之比；在某些测量中，如电解分析中，为了在尽可能短的时间内使溶液中的反应物电解反应完毕，则应使用足够大的研究电极面积和溶液体积之比。根据具体情况，确定溶液体积，从而选择适当的电解池体积。

② 研究电极体系和辅助电极体系之间可用磨口活塞或烧结玻璃隔开，以防止辅助电极产物对被测体系的影响；当研究体系和辅助体系的溶液不同时，也应采用适当的隔离措施。但是，这些措施会增大电解池的电阻，增高电解池的电压。

③ 电化学测量常常需要在一定的气氛中进行，如通入惰性气体以除去溶解在溶液中的氧气，或者氢电极、氧电极的测量需通入氢气和氧气。此时，电解池须设有进气管和出气管。进气管的管口通常设在电解池底部，并可接有烧结玻璃板，使通入的气体易于分散，在溶液中达到饱和；出气管口常可接有水封装置，以防止空气进入。

有时溶液需要充分的搅动，可采用电磁搅拌，也可靠通入的气体进行搅拌。

④ Luggin 毛细管的位置应选择得当，既尽量接近研究电极表面，又避免对电极造成屏蔽，以保证电极电势的正确测量和控制。

⑤ 应正确选择辅助电极的形状、大小和位置，以保证研究电极表面的电流分布均匀。

在图 3-6-1 中，辅助电极是一个很小的铂球，放置在大面积铂片研究电极的一端，从而造成了研究电极上电流分布极不均匀。尽管所控制的电极电势是－0.628V，但研究电极表面不同位置处测得的电极电势均不同，图中还画出了研究电极附近溶液中的等电势线。造成这种现象的根本原因是研究电极表面电力线分布不均匀，各处的溶液欧姆压降不同。这是辅助电极形状、大小、位置的设置极不合理的一个例子。

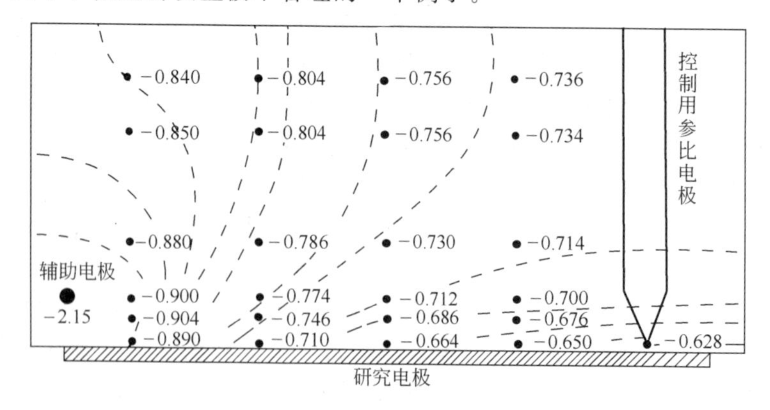

图 3-6-1 不正确的辅助电极设置造成的溶液中等电势线的分布

一般来讲，辅助电极的面积应大于研究电极，形状应与研究电极的形状相吻合，放置在与研究电极相对称的位置上。这样才能保证研究电极表面各处电力线均匀分布。

若平板研究电极的两面都暴露出来进行电化学反应，则应在其两侧各放置一个辅助电极，以保证均匀的电流分布；辅助电极离开研究电极表面的距离增大，可以改善电流分布的均匀性；辅助电极与研究电极间用磨口活塞或烧结玻璃隔开，也可获得比较均匀的电流分布。

⑥ 快速暂态测量时，还应考虑响应速率和稳定性的问题。

对于快速暂态测量的电解池，要求其时间响应速率较快，这时应采用低电阻的盐桥和参比电极，并尽量减小参比电极和研究电极或辅助电极间的杂散电容。Luggin 毛细管的位置也应正确设置。如其管口离研究电极表面太远，会增加电势测量误差；但若靠得太近，则会造成测量不稳定，甚至引起振荡。

3.6.3 几种常用的电解池

图 3-6-2 是一类常用的电解池，称为 H 型电解池。研究电极、辅助电极和参比电极各自处于一个电极管中，所以也称为三池电解池。研究电极和辅助电极间用多孔烧结玻璃板隔开，参比电极通过 Luggin 毛细管同研究体系相连，毛细管管口靠近研究电极表面。三个电极管的位置可做成以研究电极管为中心的直角，这样有利于电流的均匀分布和进行电势测

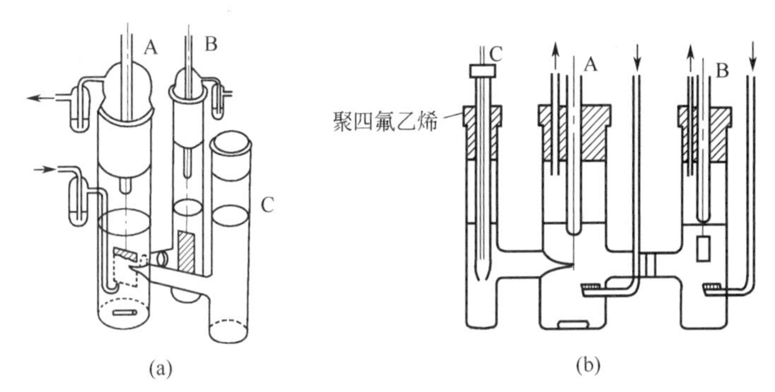

图 3-6-2 H 型电解池

A—研究电极；B—辅助电极；C—参比电极

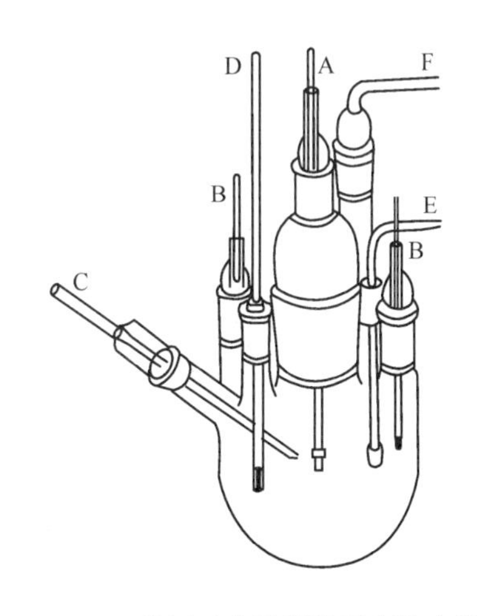

图 3-6-3 一种用于金属腐蚀研究的电解池

A—研究电极；B—辅助电极；C—盐桥；D—温度计；E—进气管；F—出气管

量，并且也可以把电解池稳妥地放置。如果研究电极采用平板状电极，则其背面必须绝缘，这样才能保证表面电流的均匀分布。研究电极和辅助电极的塞子可用磨口玻璃塞［图 3-6-2(a)］或橡胶塞、PTFE 塞［图 3-6-2(b)］。

图 3-6-3 是一种适用于腐蚀研究的电解池，由美国材料试验协会（ASTM）推荐使用。它是圆瓶状的，有两个对称的辅助电极，以利于电流的均匀分布。电解池配有带 Luggin 毛细管的盐桥，通过它与外部的参比电极相连通。

3.7 研究电极

研究电极作为电化学测量的主体，其选用的材料、结构形式、表面状态对于电极上发生的电化学反应影响很大。这不仅仅是因为不同的电极材料具有不同的热力学电极电势，更为重要的是电极材料、结构形式以及表面状态的变化，有可能改变电极反应的历程和电极过程动力学的特点，从而获得丰富的电化学测量信息。研究电极的种类极为丰富，发展日新月异。为了实现不同的测量目的，选择适当的研究电极，探索新的研究电极十分重要，成为电化学测量的一个重要组成部分。本节对于不同种类的研究电极分别加以介绍。

3.7.1 汞电极

汞是许多年来电化学测量中常用的电极材料。汞电极包括滴汞电极（dropping mercury electrode，DME)、静汞电极（static mercury drop electrode，SMDE)、悬汞电极（hanging mercury drop electrode，HMDE)、汞池电极（mercury pool electrode)、汞齐电极（amalgam electrode)、汞膜电极（mercury film electrode）等。其中有代表性的是滴汞电极。

(1) 滴汞电极的特点和应用

① 由于滴汞电极是液态金属电极，因此同固体电极相比，其表面均匀、光洁、可重现，可认为真实表面积就是其表观面积。也就是说，滴汞电极具有可重复产生的性质确定的表面状态。

相比之下，绝大多数的固体电极的表面状态难以重现，性质较难确定，情况要复杂得多。其原因如下。

首先，固体电极的真实表面积不易控制。一般固体电极的真实表面积可比其表观面积大数倍至数十倍。镀了铂黑的铂电极，真实表面积要比其表观面积大几千倍，即使是仔细抛光的电极，真实表面积也要比其表观面积大 2～4 倍。表面状态最为确定的单晶表面，由于表面缺陷（如台阶、位错等）的存在，在常规电极的宏观尺度（即 mm^2 数量级）上，其真实表面积仍比表观面积大 20%～50%。由此可见，多次制作的同种固体电极，难以保证具有完全相同的真实表面积。当然，也正是因为如此，固体电极可以有意做成高度分散的形式，产生大的比表面积，从而获得高度的电催化活性或大的表面电容，在化学电源、燃料电池、传感器、超级电容器中得到广泛的应用。但是，在这种电极上获得准确的电极反应机理的信息较为困难。

其次，固体电极表面大多是不均一的。对于电极反应来说，这就意味着表面上各点的反应能力不同，在电极表面上往往存在着一些“活化中心”，在这些“活化中心”上电极反应的活化能比其它表面部位低得多。

② 滴汞电极除了具有一般汞电极的特点外，还具有表面不断更新的特点。因此同固体电极相比，滴汞电极还具有以下一些重要性质。

首先，由于吸附污染，绝大多数的固体电极表面是“不清洁”的。简单的计算表明，如果吸附粒子的线性尺度为 5Å，则只需不到 10^{-9}mol 的表面活性物质即可在 $1cm^2$ 表面上形成单分子吸附层。如果研究电极的真实表面积为 $1cm^2$，溶液体积为 100ml，那么可在电极表面上形成单分子吸附层的表面活性物质的浓度只需 $10^{-8}mol \cdot L^{-1}$。也就是说，如此低浓度的表面活性物质，即可大大影响电极反应进行的速率。如果考虑到只要少数电极活化中心被掩蔽，即足以严重影响电极反应的进行，那么影响电极反应速率的杂质浓度的下限可能低至 $10^{-9} \sim 10^{-8}mol \cdot L^{-1}$。这意味着，固体电极体系对于清洁条件的要求是很严格的。

相比之下，对于滴汞电极而言，由于每一汞滴的“寿命”不超过几秒钟，因而低浓度的杂质因扩散速率限制不可能在电极表面上大量吸附。计算表明，若汞滴寿命为 10s，则当杂质浓度低至 $10^{-5}mol \cdot L^{-1}$以下时，就不可能在电极上引起可观的吸附覆盖，这就意味着对被研究溶液的纯度要求降低 4～5 个数量级，因而大大有利于提高实验数据的重现性。

其次，当电极反应进行时，固体电极表面及附近溶液中的情况可能不断发生变化，如反应物及产物的浓差极化，电极表面的生长或破坏，膜生成与消失等，就使问题更复杂了。

相比之下，对于滴汞电极而言，由于汞滴不断落下，其表面也不断更新，故不致发生长时间内累积性的表面状况变化，这对提高表面的重现性也是十分有利的。

③ 滴汞电极属于微小电极（最大表面积不超过百分之几平方厘米），因而具有微小电极的一些特点。通过电解池的极化电流往往很小（一般为 $10^{-4} \sim 10^{-8}$A），因而除非电解时间特别长，或溶液体积特别小，一般都可以不考虑因电解而引起的电极活性物质总体浓度的改变。此外，由于滴汞电极的表面积往往比辅助电极的面极小得多，电解时几乎只在滴汞电极上产生极化，同时，若溶液较浓以致溶液 iR 降很小时，则可认为槽电压的变化近似等于滴汞电极电势的变化。也就是说，在这种情况下，辅助电极可同时用作参比电极，使用两电极体系的电解池。

④ 汞的化学稳定性较高，在汞电极上氢的超电势也比较高，所以汞可以在较宽的电势范围内当作惰性电极使用，尤其是在较负的电势区间，因此常在汞电极上进行许多阴极还原反应的研究。

由于滴汞电极具有上述种种特点，因此在电化学研究中得到了广泛的应用。早期很多有关电极表面双电层结构及表面吸附的精确数据是在滴汞电极上测出的；许多有关电极反应机理的知识是首先在滴汞电极上得到的。例如，由于汞可以和很多金属形成合金（即汞齐），就可以使用滴汞电极单独研究金属离子的阴极还原过程，而避免随后发生的结晶过程的干扰。此外，滴汞电极还用于普通极谱和示波极谱中，进行溶液成分的定量分析。

滴汞电极的应用也存在着许多局限性。首先，在极谱测量中，被测物质的浓度有一定的限制。若组分浓度太低（$<10^{-5}mol \cdot L^{-1}$），就会由于双层充电电流过大的干扰而无法精确测定；若组分浓度太高（$>0.1mol \cdot L^{-1}$），又会由于电流太大而使汞滴不能正常滴落。其次，能够在汞电极上研究的电极过程是有限的，而很多重要的电极过程，如氢的吸附、电结晶过程以及一些在较正电势区域发生的电极过程（在电极电势正于+0.5V vs. SCE 时，汞将发生阳极溶解）就不能用滴汞电极进行研究。更为重要的是，如果汞不是实际电化学过程中所采用的电极材料，就不能用汞电极上得到的实验结论直接指导实际问题。更多的情况是，滴汞电极作为表面状态确定的理想电极，进行理论性的研究。

（2）滴汞电极装置

图 3-7-1 是简易的滴汞电极装置，主要由玻璃毛细管、汞柱和贮汞瓶组成。玻璃毛细管长度一般为 5～10cm，外径为 6～7mm，内径为 0.05～0.08cm。升降贮汞瓶可调节汞柱高

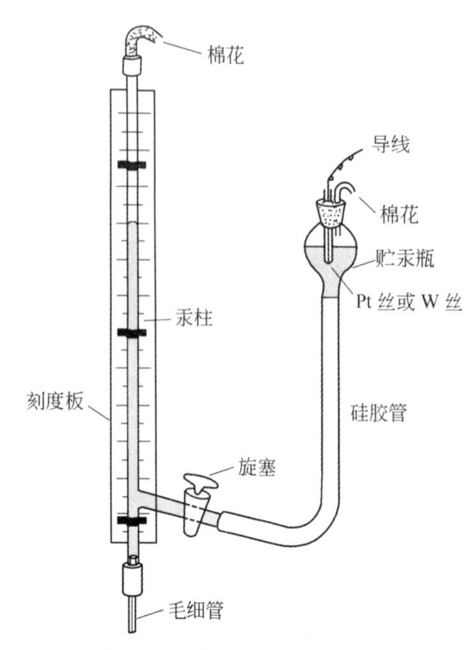

图 3-7-1　简易的滴汞电极装置

度，从而调节流汞速度。

进行滴汞电极实验时应遵循以下注意事项。

① 贮汞瓶中的汞必须纯净。

② 毛细管管径很小，极易堵塞，实验中应防止电解液吸入毛细管中。开始实验前，应先升高贮汞瓶，待汞从毛细管中滴落后，再将滴汞电极置于电解池中。实验完毕后，先取出毛细管，用蒸馏水洗净，并用滤纸吸干后，再降低贮汞瓶。

③ 若毛细管已堵塞，可用一手捏住硅胶管的上端，另一手轻轻挤压下端，使脏物挤出（注意不可用力太猛使汞从接头处挤出，溅落地上）。若无效，可将贮汞瓶升高，并将毛细管管口一端置于 1∶1 的硝酸溶液中浸泡一段时间，脏物可被溶解洗出。若仍无效，则可将此沾污的管端锯掉。

④ 装置滴汞电极时，勿使管路中存有气泡，否则电路不通。

⑤ 因汞为剧毒物质，且易挥发，所以所有汞面上方均应覆盖纯水进行水封，以防汞蒸气挥发。若汞不慎溅落，应立即用吸管或一段汞齐化的铜丝吸起。

(3) 滴汞电极的表面积

滴汞电极的特性参数应控制在如下范围：毛细管内径 $d=50\sim80\mu m$，毛细管长度 $l=5\sim15cm$，汞柱高度 $h=30\sim80cm$，流汞速度 $m=1\sim2mg\cdot s^{-1}$，滴下时间 $t_{滴}=2\sim6s$。所谓滴下时间是指汞滴从毛细管管口开始形成、长大直到脱落所经历的时间，也就是滴汞周期，由于仅为几秒，所形成的汞滴尺寸是很小的，一般不超过 1mm，因此可把汞滴看成圆形。因此，汞滴的表面积为 $A=4\pi r^2$，体积为 $V=\frac{4}{3}\pi r^3$，其中 r 为汞滴的半径。消去 r，则有

$$A=\sqrt[3]{36\pi V^2} \tag{3-7-1}$$

考虑流汞速度恒定，则在任一时刻汞滴的体积为

$$V=\frac{mt}{\gamma_{Hg}} \tag{3-7-2}$$

式中，γ_{Hg} 为汞的密度，在 25℃下，$\gamma_{Hg}=13.53g\cdot cm^{-3}$。将式(3-7-2) 代入到式(3-7-1) 中，则可得到任一时刻汞滴的表面积

$$A=0.00852m^{2/3}t^{2/3} \tag{3-7-3}$$

式中，A 为汞滴的表面积，cm^2；m 为流汞速度，$mg\cdot s^{-1}$；t 为时间，s。

3.7.2 常规固体电极

3.7.2.1 常规固体电极体系的准备过程

由于固体电极表面状态的复杂性，因而电极体系的准备过程会极大地影响电化学测量的结果。为了得到有意义的尽可能重现的测量结果，应该高度重视电极体系的准备过程，包括电极材料的制备、电极的绝缘封装、电极表面预处理和溶液的净化等。

(1) 电极材料的制备

金属材料的电化学性质，随着制造、热处理工艺的不同而有很大的差异。金属材料的成

型工艺（铸、锻、车、钳、铣等）以及除去表面氧化皮的机械方法（刨、磨等）会引起冷作硬化，微观上产生不均匀的结晶构造和不同的晶粒取向，因而影响材料的电化学性质，如金属的晶界腐蚀。另外，晶格中还会出现各种不均匀的缺陷和位错，一般在这些缺陷和位错处具有更高的电化学活性，因此还要采用热处理的方法减少晶格缺陷。通常的金属电极材料准备过程是，在经过成型和切削后，用研磨的方法把划痕、标记、覆盖物等除去，然后依次用220目、320目、400目和600目的碳化硅砂纸打磨，以便得到打磨光亮的表面，粗糙度可达17μm，然后进行退火处理，以得到标准和重现的原子晶格结构和适当均匀的化学结构。例如，在退火的金属材料中，位错密度仅为$10^8 cm^{-2}$；而在冷作的金属材料中，位错可达$10^{12} cm^{-2}$。

（2）电极的绝缘封装技术

固体电极试样必须要和导线连接，才能接通外电路。而简单地将导线和电极试样一同浸入到溶液中进行测试是不行的，这是因为导线的导电性较好，会把电流集中在导线上，因而无法保证电流在整个电极上的均匀分布，电极的性质和面积都不确定，而且还会引起两种金属间的接触电偶腐蚀。如果避开导线而只将电极试样的一部分浸入溶液进行测试也是不行的，因为和溶液接触的电极面积决定于表面张力，而表面张力会随着电极电势的变化而变化，当电极发生极化时，表面张力的变化导致毛细作用，参与反应的电极面积就会改变。因此必须对电极进行适当的绝缘封装后才能进入溶液进行测试。

经常使用的Pt丝和Pt环电极可通过直接封入玻璃管中而制得，封装过程如图3-7-2所示。先在铂丝上套上一段软玻璃毛细管，用喷灯加热熔化，在铂丝上形成一个玻璃珠，再嵌入到一段玻璃管的管口，使玻璃熔接后即制成铂丝电极，如图3-7-2(a)所示；铂环电极的制作与此类似，只是在熔化玻璃珠前先将铂丝弯成环形，如图3-7-2(b)所示；在制成铂丝电极后，可剪去玻璃管外的铂丝，并将端面磨平，即可制成铂盘电极。

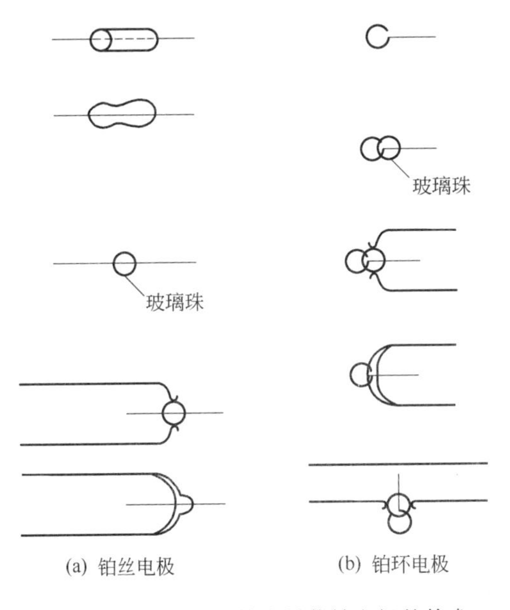

图3-7-2　在软玻璃管中封装铂电极的技术

另外一种封装技术是在固体圆片状电极试样的背面焊上铜丝作为导线，非工作表面（包括焊接了导线的一面）用环氧树脂密封绝缘，只有片状试样的一个截面暴露出来作为工作面，导线可用环氧树脂封入玻璃管中，如图3-7-3所示。由于凝固后的环氧树脂脆性较大，树脂和电极试样之间容易出现微缝隙，在浸入溶液中后，尤其是在阳极极化后，会发生缝隙腐蚀，使缝隙变宽，从而带来实验误差。

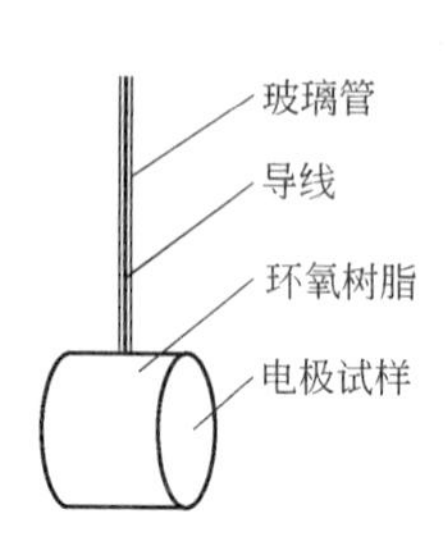

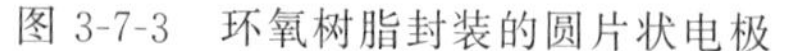

图 3-7-3　环氧树脂封装的圆片状电极

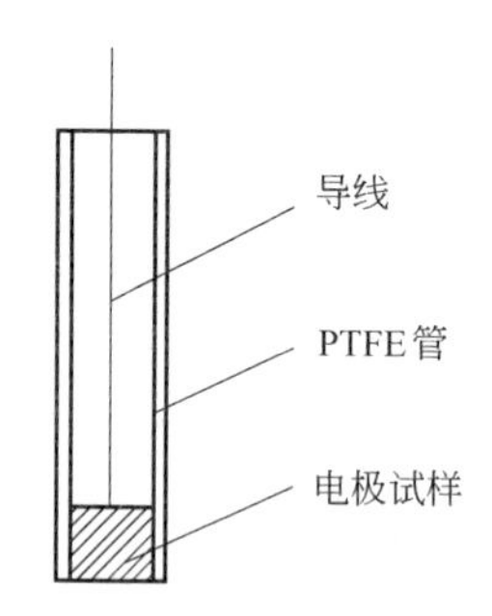

图 3-7-4　聚四氟乙烯套管封装的圆片状电极

另一种较好的封装方式是将圆片状电极试样紧紧压入内径略小于试样外径的聚四氟乙烯（PTFE）套管中；或者使用热收缩聚四氟乙烯管，当套入电极试样后，加热使聚四氟乙烯管收缩，紧紧裹住电极试样，如图 3-7-4 所示。由于聚四氟乙烯具有强烈的憎水性，溶液难以进入到 PTFE 管和试样之间，不易发生缝隙腐蚀，因而具有良好的封装效果。

还可使用上、下两个 PTFE 管，二者之间用螺纹连接，当螺纹拧紧时可将圆片状电极试样压紧在下部 PTFE 管的管口处，管口处暴露出来的电极表面为工作表面，如图 3-7-5 所示。这种封装方式的好处是可先对电极表面进行机械抛光等预处理后再进行电极装配，从而避免连同封装的 PTFE 管一起抛光时抛光下来的 PTFE 材料污染电极表面。

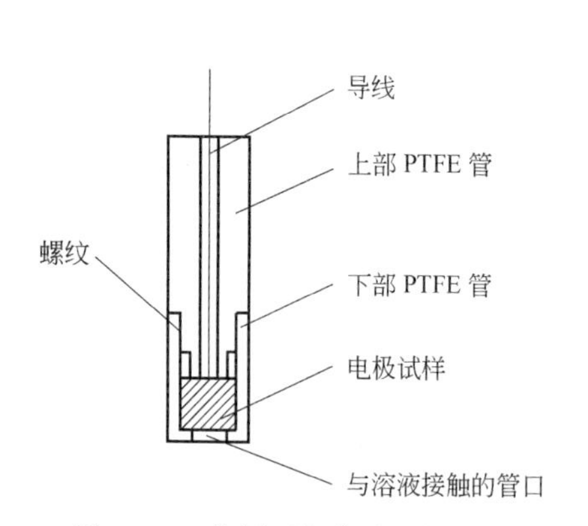

图 3-7-5　使用两部分聚四氟乙烯管封装的圆片状电极

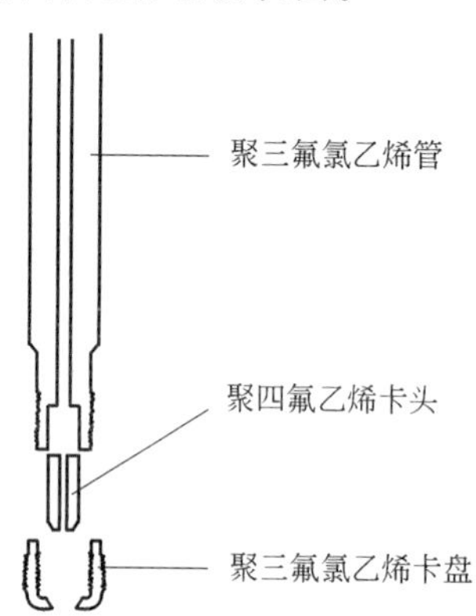

图 3-7-6　柔软或易碎电极试样的绝缘封装装置

当电极试样的材料过于柔软或易碎时，很难塞入聚四氟乙烯套管中，这时可使用图 3-7-6 中所示的电极封装装置。先将电极试样插入聚四氟乙烯卡头中，再将聚三氟氯乙烯卡盘和聚三氟氯乙烯管之间的螺纹拧紧，从而将聚四氟乙烯卡头塞入到聚三氟氯乙烯管的管口内，获得紧密的封装。

（3）电极表面预处理

固体电极表面会有很多杂质的吸附污染，因此在电化学测量前，需要进行表面清洁。同时还要对电极表面进行抛光处理，以便得到光滑平整、尽可能重现的活性电极表面。这些都属于电极表面的预处理。下面分别以铂电极和金电极为例，介绍电极的预处理方法。

许多有机物会在铂电极上吸附，特别是荷电的、不饱和的以及含有氧、硫基团的有机物。在浓的氧化性酸（如硫酸、硝酸）中浸蘸，或在王水中快速浸蘸，可以去除这些吸附有机物。但是在这样的强氧化性环境中，很可能使电极表面形成一层氧化物—— PtO_2，若浸泡时间较长，氧化层可能厚达 0.4μm。而且这种化学方法也不大可能去除一些无机吸附物。

另外一种去除有机吸附物的方法是用喷灯灼烧铂电极表面，这时也会在铂表面形成一层铂氧化物—— PtO_2。

这样形成的铂氧化物层—— PtO_2 很薄，仅用肉眼观察铂电极表面仍然是光亮的。但是，PtO_2 的存在会带来许多问题。铂氧化物的导电性比铂差，因此伏安曲线可能会表现出不可逆性。另外，伏安曲线中还可能出现 PtO_2 的还原电流峰。

因此，通常采用的铂电极表面预处理方法为以下三种。

① 浸入有机溶剂，如甲醇中。尽管此法可用于清除有机吸附物，但是效果不很理想，而且多数无机吸附物不能溶于有机溶剂中。

② 机械抛光。例如可用市售的金刚石抛光膏或氧化铝抛光膏，按照粒度由粗到细依次抛光（最常用的粒度为 1μm、0.3μm 和 0.05μm），每次更换不同粒度的抛光膏前须用甲醇淋洗，最后放入纯水中进行超声波清洗。这样不仅清除了电极表面的有机、无机吸附物质，得到清洁、新鲜的铂金属表面，而且保证了较高的表面光洁度。

③ 电化学抛光。对于难以进行机械抛光的铂电极，如铂丝电极和铂环电极，常常采用电化学抛光。通常将两个铂电极浸入到稀酸（如硫酸）之中，进行极化，阳极极化到产生氧的电势，阴极极化到产生氢的电势，产生的原子氢可将表面氧化物还原。为了得到最好的效果，电极极化应反复多个循环，并保证最后一个循环为阴极还原。至于极化波形可有多种选择，如阴、阳极方波极化、线性扫描极化等。电化学抛光也是较常用的铂电极预处理方法，其优点是去除表面氧化层的同时，可将有机、无机吸附物一起清除。

金电极表面不易形成氧化层，其主要的表面污染物是含硫化合物，如硫脲、硫醇，甚至是硫化氢。

金易溶于王水，因此不适合用化学浸蚀的方法进行表面清洁。最佳的方法是机械抛光。具体的机械抛光方法同上述铂电极的机械抛光方法相同。有时也采用灼烧的方法清除有机污染物，这种方法不会形成表面氧化层。

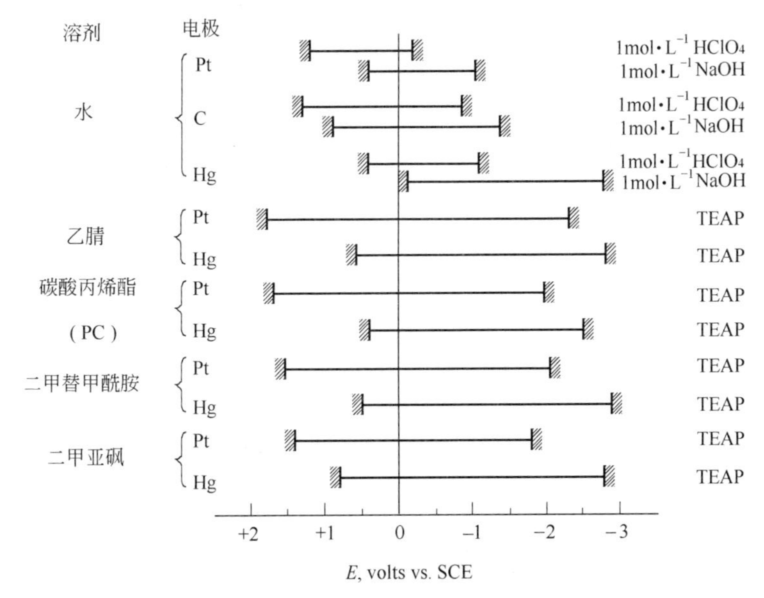

图 3-7-7 几种不同的电极材料在不同溶剂中的电势窗范围

TEAP＝四乙基高氯酸铵

（4）溶液的净化

溶液的纯度应当尽可能提高，以避免污染和毒化电极表面，因此在配制溶液时常常需要使用高纯度的试剂和超纯水，目前常用的超纯水为电阻率不低于 18MΩ·cm 的纯水。即便如此，溶液中仍有可能存在污染物，吸附在电极表面上后会影响电极的电化学行为。因此，有时还要采用预电解法来净化溶液。为了把溶解在溶液中的氧除掉，常常在溶液中通入纯净的惰性气体（如纯净的氮气、氩气）。

3.7.2.2 电极材料的选择

按照电极材料来分类，固体电极通常可分为两大类，即惰性电极和氧化还原电极。常用的惰性电极有铂、金、碳电极等；常用的氧化还原电极有铜、铅、镁等。

电极材料的选择依据包括背景电流、电势窗范围、表面活性、导电性、重现性和稳定性以及表面吸附性能等。

几种不同的电极材料在不同溶剂中的电势窗范围如图 3-7-7 所示。

另外，几种碳电极材料在水溶液中的电势窗范围分别列于表 3-7-1 中。

表 3-7-2 则给出了几种电极材料的本体电阻率。

表 3-7-1 几种碳电极材料在水溶液中的电势窗范围

电 极	电 解 液	电势窗范围
热解石墨（基平面）	0.1mol·L^{-1}HCl	1.0～−0.8
光谱石墨	0.1mol·L^{-1}HCl	1.19～−0.46
浸蜡石墨	0.1mol·L^{-1}HCl	1.0～−1.3
	磷酸盐缓冲溶液（pH7.02）	1.35～−1.38
碳膏电极（医用润滑油）	1mol·L^{-1}HCl	1.0～−0.9
碳膏电极（液体石蜡）	0.1mol·L^{-1} H_2SO_4	1.7～−1.2
玻碳电极	0.1mol·L^{-1}HCl	1.05～−0.8
	0.05mol·L^{-1} H_2SO_4	1.32～−0.8

表 3-7-2 几种电极材料的本体电阻率

电 极 材 料	电阻率 ρ/Ω·cm
铂	1.1×10^{-5}
铜	1.7×10^{-6}
高定向热解石墨，a 轴	4×10^{-5}
高定向热解石墨，c 轴	0.17
热解石墨，a 轴	2.5×10^{-4}
热解石墨，c 轴	0.3
光谱石墨	1×10^{-3}
玻碳	4×10^{-3}
碳纤维	7.5×10^{-4}

3.7.2.3 碳电极

碳是最常用的电极材料之一，其优越性表现在多个方面。首先，碳电极具有多种不同的形式，因而可获得各种不同的电极性能，通常价格都比较便宜。其次，碳电极氧化缓慢，因而具有较宽的电势窗范围，特别是在正电势方向。这一点优于铂电极和汞电极，后者则具有明显的阳极背景电流。第三，碳电极可发生丰富的表面化学反应，特别是在石墨和玻碳表面可进行表面化学修饰，从而改变电极的表面活性。最后，碳电极表面不同的电子转移动力学和吸附行为也有助于对某些特殊电极过程的研究。总之，只要能够掌握碳材料性质、表面制备方式和电化学行为之间的关系，碳电极的这些特点可被充分利用。

碳电极材料种类繁多，性能各异，并且还处在不断的发展之中，选择何种碳电极材料取决于对电极性能的具体要求，现将不同的碳电极材料分别介绍如下。

碳电极材料基本上可分为六大类：热解石墨（pyrolytic graphite，PG）和高定向热解石墨（highly ordered pyrolytic graphite，HOPG）电极，多晶石墨（polycrystalline graphite）电极，玻碳（glassy carbon，GC 或 vitreous carbon，VC）电极，碳纤维（carbon fiber）电

极，富勒烯（fullerene）及其衍生物和碳纳米管（carbon nanotube，CNT）电极，硼掺杂金刚石（boron doped diamond，BDD）电极。

（1）热解石墨（pyrolytic graphite，PG）和高定向热解石墨（highly ordered pyrolytic graphite，HOPG）电极

PG由烃类热分解制得。首先烃类在800℃左右碳化，随后在大于2000℃的高温下处理，此时碳发生石墨化，sp^2平面互相平行定位，层间距为3.354Å。石墨化期间，晶粒尺寸逐渐增大，最终产物由几百埃的微晶构成。HOPG是PG在高压下3000℃左右退火制成的，层间距仍保持为3.354Å，但微晶尺寸增长到1μm以上。因此，HOPG的基平面看起来光滑闪亮，相比之下，PG则更加斑驳暗淡。这是因为前者的微晶尺寸更大，因而基平面上缺陷更少之故。

PG和HOPG的主要结构特点是各向异性，有基平面（basal plane）和边平面（edge plane）之分，表现出石墨层结构的长程有序性。二者的区别在于PG的长程有序性较低。HOPG的基平面可看做是具有原子级平滑的表面，其结构示意图如图3-7-8所示。

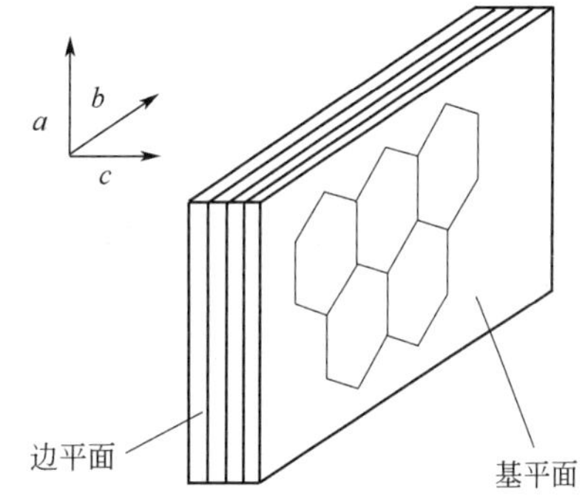

图 3-7-8　HOPG的结构示意图

由表3-7-2可知，PG和HOPG具有很低的a轴电阻率，而c轴电阻率则高得多，但是仍然低到在电化学测量时不致引起可观的本体iR压降。HOPG的基平面近似原子级平滑，粗糙度接近于1；相比之下，PG则粗糙得多，但仍比多晶石墨平滑。HOPG和PG的边平面在性质上与基平面大为不同，并且更加粗糙。同通常的多晶石墨不同，PG和HOPG是致密非多孔的，溶剂不能进入到本体材料中。

理想石墨晶体是一种半金属，某些性质类似于半导体。其能级中并没有禁带，但在Fermi能级附近电子态密度较低，因此存在一个小的空间电荷区电容（$<3\mu F \cdot cm^{-2}$），总的界面电容是该空间电荷区电容和双电层电容的串联。由于两电容串联的总电容小于这两个电容中的任意一个，所以理想石墨晶体总的界面电容由小的空间电荷区电容所决定。HOPG的基平面有序度很高，电子性质接近于理想石墨晶体，因此表现出的界面电容仅为$1 \sim 3\mu F \cdot cm^{-2}$，这同其它电极材料相比是很不寻常的。这个性质只限于HOPG的基平面，HOPG和PG的边平面电容均在$50\mu F \cdot cm^{-2}$以上。其它的碳电极材料也不具备这一性质。

由于HOPG和PG具有各向异性的结构，其电极组装方法不同于其它种类碳电极。因为石墨层间的作用力很弱，所以可用手工剥离的方法暴露出HOPG和PG新鲜的基平面。通常采用的方法是用胶带粘住HOPG的基平面并向上剥离，即可剥除几个石墨层，而暴露出来的新鲜表面则可用图3-7-5所示的两部分PTFE套管进行封装。由于边平面上的缺陷位具有远高于基平面的电化学活性，因此剥离后基平面上残存的缺陷位会极大地影响其电化学性质。所以对于严格要求应用HOPG基平面的实验，表面缺陷的检测是很必要的。界面电容是一个半定量的检测参数，若表面电容低于$2\mu F \cdot cm^{-2}$则说明了较少的表面缺陷。如果允许使用较无序的表面，则可应用PG的基平面，其优点是重现性要较HOPG更好。

也可将PG或HOPG的边平面暴露出来作为电极的工作表面，应用前面介绍过的封装方式进行电极组装，边平面可采用抛光的方式进行表面处理。HOPG的边平面较少使用，因为人们通常不会制备一个完美的材料而去研究其不够完美的边平面。更常使用的是PG的边平面，被称为边平面热解石墨（edge plane pyrolytic graphite，EPPG）。这一电极材料的优点是既

具有边平面较高的反应活性，又具有 PG 较低的孔率。EPPG 常被用于研究吸附反应。

(2) 多晶石墨 (polycrystalline graphite) 电极

多晶石墨是指由自由定向的石墨微晶组成的石墨材料，通常包括粉状石墨、石墨微晶自由定向的块状石墨（光谱石墨）、石墨化的炭黑和热解膜等。

多晶石墨的重要性质是其孔率。HOPG 的密度为 $2.26g \cdot cm^{-3}$，而典型的光谱石墨棒的密度为 $1.8g \cdot cm^{-3}$。由于二者的层间距是相同的，均为石墨的层间距 3.354Å，因此密度的差别来源于孔率的差别，光谱石墨棒的孔率约为 21%。任何由粉状石墨制成的多晶石墨电极都具有较高的孔率，因此溶液会进入到电极内部，产生大的电化学活性表面积，因此常被用于工业电合成领域。但是，在进行精确的电化学测量时，大的活性表面积会导致明显的背景电流出现。通常需要采取一定的措施来控制多晶石墨的孔率。

碳膏电极 (carbon paste electrode，CPE) 是多晶石墨电极的一种，是由惰性的液态重烃和粉状石墨（典型的占 70% 的质量）均匀混合而成的膏状电极，封装在聚四氟乙烯浅槽中（典型的深度为 2～5mm）。液态重烃填充了石墨中的孔隙，降低了孔率。所选择的液态重烃应具有反应惰性、在所用溶剂中低溶解性和低挥发性。较重的烃可产生更稳定的电极，但电极动力学相对缓慢；较轻的烃（如正己烷）产生更活性的表面，但使用寿命较短。反应活性的差别来自于覆盖在石墨颗粒表面的烃的厚度，较轻的烃形成较薄的覆盖膜。由液体石蜡构成的碳膏电极可广泛兼容于电化学测量中使用的各种溶剂体系。碳膏电极的一个主要优点是电极表面非常易于更新，具有很好的表面和活性的重现性。另外一个重要的优点是非常适合电极的表面修饰，只需将修饰剂同石墨粉、液态烃均匀混合即可形成修饰碳膏电极。

光谱石墨电极 (spectroscopic graphite electrode) 也属于多晶石墨电极，是一种具有特定形状（如棒状）的固体石墨电极，因其较低的金属杂质含量而得名（用于发射光谱时需保证低的金属杂质含量）。光谱石墨通常要在真空条件下浸入液体石蜡，以控制电极的孔率，这样形成的电极称为浸蜡石墨电极 (wax-impregnated graphite electrode，WIGE)。WIGE 同 CPE 具有相似的组成和相近的电化学行为，但 CPE 因为制备和使用的方便性而更为常用。

另外一种多晶石墨电极是石墨复合电极 (graphite composite electrode)，是将石墨粉同适当的填料混合后，经物理或化学黏合形成的导电固体复合电极。例如，聚三氟氯乙烯石墨电极是将聚三氟氯乙烯 (Kel-F) 粉末同石墨粉混合均匀后热压成型，在较高温度、压力下，Kel-F 呈流体状，填充了石墨粉间的孔隙。这种石墨电极具有很宽的溶剂兼容性和很低的背景电流。另外一种碳复合电极是由一种聚合物同石墨粉或炭黑粉混合后交联制成，有时也在电极中加入某种修饰物质以影响电极的活性。

(3) 玻碳 (glassy carbon，GC 或 vitreous carbon，VC) 电极

在过去的一二十年内，玻碳电极在电化学研究中被广泛应用。由于具有非多孔性，液体、气体不可透过；并且易于装配，简单的机械抛光即可更新表面，同所有常用溶剂兼容。所有这些优点使玻碳电极成为了最常使用的碳电极材料。

玻碳由高分子量❶的含碳聚合物（如聚丙烯腈、酚醛树脂）热分解制成。首先将高聚物加热到 600～800℃，此时大部分非碳元素挥发，而碳骨架不发生分解。在此热处理阶段，六角形的 sp^2 碳区域形成，但由于聚合物骨架未发生断裂而不能形成大范围的石墨化区域。此后，在加压条件下缓慢加热到 1000℃（所得材料称为 GC-10）、2000℃（所得材料称为 GC-20）

❶ 分子量即相对分子质量。

或 3000℃（所得材料称为 GC-30）。即使在 3000℃下，材料中也仅有小的石墨化区域（50～100Å）形成，结构上类似于缠绕成团的带状石墨，如图 3-7-9 所示。玻碳坚硬，在 100Å 以上的尺度上各向同性，电导率约为 HOPG 的 a 轴电阻率的 1%。玻碳的密度为 1.5g·cm^{-3}，表明材料中存在约 33%的孔隙空间，但是这些孔隙非常小且不互相连接，因此防止了液体或气体的透入。玻碳的层间距约为 3.48Å，略大于 HOPG 的 3.354Å。这种差距虽然很小，但足以扰乱材料的电子行为，玻碳的无序性破坏了在 HOPG 上观察到的半金属特性。一般而言，在组成、结合方式和导电性方面，玻碳同多晶石墨相类似，而在孔率、硬度和力学性能方面同多晶石墨有很大不同，这些都是由不同的结构所导致的。

图 3-7-9　玻碳具有的缠绕成团的带状石墨结构

电极的表面粗糙度依赖于电极表面的预处理方式，对于良好抛光的玻碳表面，粗糙度大致在 1.3～3.5 之间。对于表面抛光平滑、经过热处理的玻碳电极，界面电容可低到 10～20μF·cm^{-2}，而对于大多数抛光的玻碳电极，界面电容大致在 30～70μF·cm^{-2}之间。由于玻碳电极表面全部为活性表面，玻碳电极的背景电流通常大于石墨复合电极。尽管玻碳电极的界面电容大于铂的界面电容，但是碳的氧化动力学缓慢，因此玻碳可使用的阳极电势极限明显正于铂电极。这一性质使得玻碳电极成为研究氧化，特别是在水溶液中研究氧化反应的合适的电极材料。

另外一种特殊的玻碳材料是网状玻璃碳材料（reticulated vitreous carbon，RVC）。它在化学性质上类似于常规的玻碳，也是由类似的方法制得，但是是高度多孔的，典型的 RVC 孔率可达 90%以上，并且有多种不同的孔径和孔率可供选择。通常其孔径大到电解质溶液可容易地流过 RVC。RVC 通常用于需要高表面积的场合。

（4）碳纤维（carbon fiber）电极

碳纤维电极电化学的研究起源于生物活体（in vivo）研究，如在某些脑组织或神经组织的电化学研究中的成功应用。通常碳纤维的直径为几微米到几十微米，典型的在 5～15μm 之间。

多数碳纤维是由石油沥青或聚丙烯腈（PAN）热解制得，其热处理过程类似于玻碳，而在固化阶段碳材料被抽拉成纤维状，并使石墨的 a 轴沿纤维轴方向定向。由 PAN 制得的碳纤维同玻碳性质相近，这是因为它们的热处理过程是类似的。但是在固化阶段 a 轴沿纤维轴方向的定向使得碳纤维具备了一定程度的各向异性特征，这是玻碳所不具备的。由石油沥青制备的碳纤维或近期发展的化学蒸镀沉积碳纤维，其结构定向程度更高，纤维圆柱外表面非常接近 HOPG 基平面，具有低的界面电容和较低的电子转移活性。尽管不同的碳纤维结构各异，但基本上介于两种极限情况之间，如图 3-7-10 所示。一种极限情况是如图 3-7-10(a) 所示的“洋葱型”碳纤维，高度定向的纤维圆柱外表面是 HOPG 状的表面，而纤维端平面则主要是石墨的边平面区，化学蒸镀沉积的碳纤维通常具有这种高度有序的结构。这种有序碳纤维具有高的抗拉强度和模量，因此被称为高模量碳纤维。另一种极限情况是如图 3-7-10(b) 所示的“自由型”碳纤维，这种碳纤维具有更低的抗拉强度，纤维外表面存在更多的缺陷，沿纤维轴向的 a 轴定向度更低。由 PAN 制得的碳纤维即属于这一类纤维。粗略来讲，高模量碳纤维更接近 HOPG 的结构，而低模量碳纤维更接近于玻碳的结构。

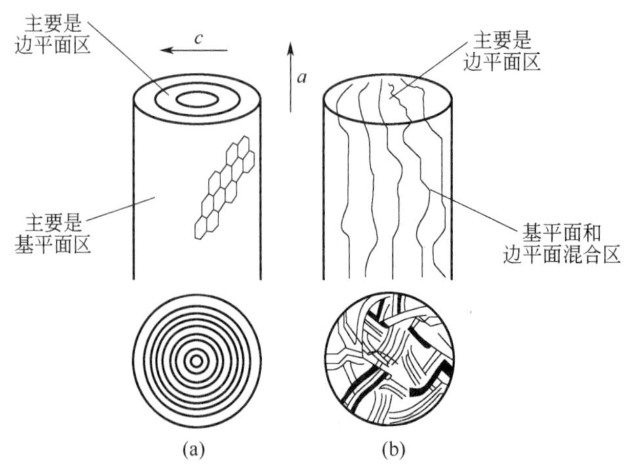

图 3-7-10　碳纤维结构示意图

（a）有序的“洋葱型”碳纤维；（b）无序的“自由型”碳纤维

（5）富勒烯（fullerene）及其衍生物和碳纳米管（carbon nanotube，CNT）电极

富勒烯（fullerene）是指 C_{60}、C_{70}、C_{20} 等具有封闭笼型结构的碳团簇。其中最典型的是 C_{60}，是由 60 个碳原子构成的球形 32 面体，其中有 20 个六边形和 12 个五边形，每个碳原子以 sp^2 杂化轨道与相邻的 3 个碳原子相连，剩余的 p 轨道在 C_{60} 球壳的外围和内腔形成球面 π 键，因而具有芳香性。C_{60} 的直径为 0.7nm。C_{60} 的分子结构模型如图3-7-11所示。

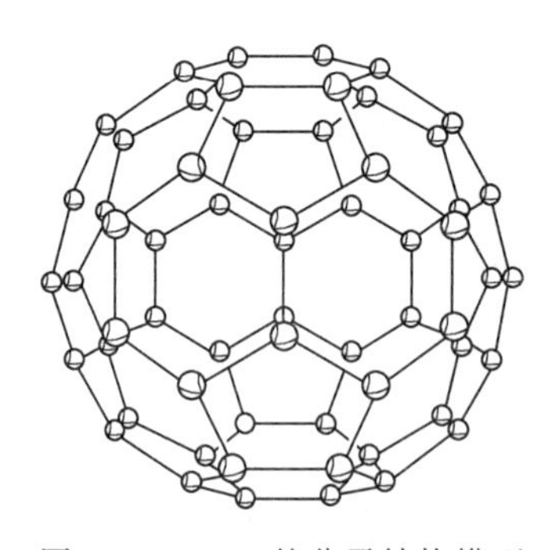

图 3-7-11　C_{60} 的分子结构模型

富勒烯的衍生物是指富勒烯的笼外、笼内和笼上的化学修饰产物。

碳纳米管有单壁碳纳米管（single-walled carbon nanotube，SWCNT）和多壁碳纳米管（multi-walled carbon nanotube，MWCNT）两种。单壁碳纳米管可看做是由石墨基平面卷绕而成，其侧面由碳原子六边形组成，长度一般为几十纳米至微米级，两端由碳原子的五边形封顶。多壁碳纳米管则由几个到几十个单壁碳纳米管同轴构成，管间距为 0.34nm 左右，这相当于石墨的｛0002｝面间距。碳纳米管的分子结构模型如图 3-7-12 所示。

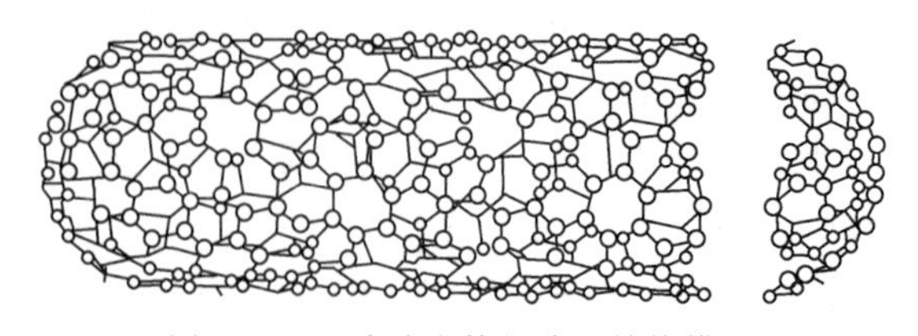

图 3-7-12　碳纳米管的分子结构模型

富勒烯和碳纳米管的结构均不同于人们熟知的两种碳的同素异形体，即层状的石墨和四面体结构的金刚石，因此它们的电化学和电催化性质也引起了人们的关注。

富勒烯及其衍生物膜电极最常用的制备方法是将其苯或甲苯的饱和溶液滴在金、玻碳或铂电极上，当溶剂蒸发后即形成了相应的膜电极。碳纳米管修饰电极有两种常用的制备方法：一种类似于富勒烯修饰电极，将碳纳米管分散到有机溶剂中，再将其滴到玻碳电极表面，待溶剂挥发后，即制得碳纳米管修饰电极；另一种制备方法是将碳纳米管放置于精密定性滤纸上，用其在 HOPG 表面轻轻摩擦，使碳纳米管附着在 HOPG 表面成为碳纳米管修饰电极。

这类电极的电化学研究还只是处于最初的探索阶段。

(6) 硼掺杂金刚石 (boron doped diamond，BDD) 电极

硼掺杂金刚石电极的制备方法是：采用化学气相沉积的方法，在导电性的硅基底上，沉积一层含硼的金刚石薄膜。硼的掺杂水平达到每立方厘米 10^{21} 个原子，电阻率为 $10^{-2}\Omega \cdot cm$。市售 BDD 电极的扫描电镜图如图 3-7-13 所示。

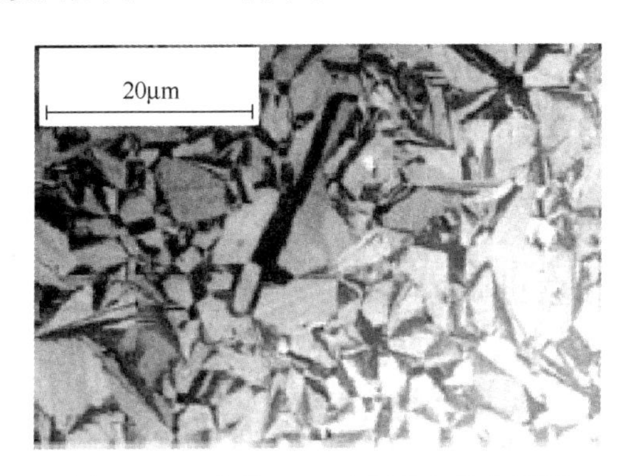

图 3-7-13　市售 BDD 电极的扫描电镜图

硼掺杂金刚石电极具有良好的化学稳定性，宽的电势窗范围（在 KCl 溶液中约为 3V），低的背景电流，坚硬耐用，不容易污染失活，具有光滑平整的表面，可进行原子力显微镜观察，因而是一种优异的新型电极材料。

碳电极的电化学行为在很大程度上依赖于碳材料的种类和表面的预处理过程，这些均会影响电极的各方面性能。在一个特定的实验中选择电极材料和表面预处理方式时，往往需要考虑电极的多方面性能，而其中某一方面的性能可能是需要优先考虑的。例如，如果重现性比快速的动力学更重要的话，碳膏电极优于玻碳电极。为方便碳电极材料和预处理方式的快速选择，将几种主要的碳材料的性质列入表 3-7-3 中。

3.7.3　超微电极

超微电极（ultramicroelectrode，UME）的应用是近 20 年来电化学领域最重要的进展之一，它已被广泛应用到生物活体检测、扫描电化学显微镜、电化学扫描隧道显微镜、电分析化学、电池电极活性材料研究、腐蚀微区测试、毛细管电泳和高效液相色谱、流动注射分析的在线检测等许多高新科学技术领域，具有重要的科学价值和广阔的发展前景。

超微电极是相对于常规尺寸电极而言的。一般来讲，超微电极是指至少一个维度的尺寸达到微米（10^{-4}cm）或纳米（10^{-7}cm）级的电极。这一维度的尺寸被称为临界尺度（critical dimension）。通常所考察的超微电极的临界尺度在 25μm～10nm 之间。

表 3-7-3　常用碳电极材料的电化学性质

碳材料	预处理方式	优点	缺点	特性	易得性
HOPG，基平面	剥离	低背景电流，原子级有序，极弱的吸附	动力学速度缓慢	强烈依赖表面缺陷	可得市售电极材料，需进行电极封装
HOPG 或 PG，边平面	抛光、激光活化或“粗化”	易于更新，强烈吸附，强吸附反应快速动力学	多种杂质，中等背景电流		可得市售电极材料，需进行电极封装
碳膏	轻轻地刮平	极低背景电流，易于更新，重现性好	某些体系动力学缓慢，有限的溶剂兼容性	广泛用于水溶液体系的氧化反应，易于修饰	可得市售完整电极
石墨复合材料	抛光	广泛的溶剂兼容性，高信噪比，易于化学修饰	黏合剂可能覆盖碳表面	选择性随化学修饰而变化	可得市售电极材料，需进行某些化学物理处理后，进行电极封装
玻碳	抛光	广泛的溶剂兼容性，易于制备	多种动力学速度、背景电流	最常用的碳电极材料	可得市售电极材料，需进行电极封装；可得市售完整电极
	热处理	广泛的溶剂兼容性，易于制备，快速动力学	更新困难		可得市售电极材料，需进行电极封装；可得市售完整电极
	激光活化	广泛的溶剂兼容性，易于制备，快速现场更新	昂贵，需使用具有光学窗的电解池	可产生快速动力学	可得市售电极材料，需进行电极封装；可得市售完整电极
	电化学预处理(ECP)	灵敏，阳离子选择性，快速动力学	高背景电流		可得市售电极材料，需进行电极封装；可得市售完整电极
碳纤维	抛光	小尺寸，最小尺寸的碳电极	多种碳微结构	重要的生物活体(in vivo)研究电极	可得市售电极材料，需进行电极封装；可得市售完整电极
	电化学预处理(ECP)	高选择性，阳离子预浓缩	缓慢的响应时间	重要的生物活体(in vivo)研究电极	可得市售电极材料，需进行电极封装；可得市售完整电极

根据超微电极的制作材料可将超微电极分为碳纤维超微电极、铂超微电极、金超微电极、银超微电极、铜超微电极、钨超微电极、铂铱超微电极、粉末超微电极等；根据超微电极的形状还可将超微电极分为球形和半球形超微电极、圆盘超微电极、圆环超微电极、圆柱超微电极、带状超微电极等。

最常用的超微电极是圆盘超微电极，其制备方法是把细金属丝或碳纤维封入玻璃毛细管或塑料树脂中，然后抛光其截面作为电极的工作表面。圆盘超微电极的临界尺度是圆盘的半径 r_0。最常见的圆盘超微电极材料是铂、金和碳纤维。圆柱超微电极的制法和圆盘超微电极类似，所不同的是露出电极丝的一部分圆柱表面作为电极工作表面。圆柱超微电极的临界尺度是其截面的半径 r_0，而圆柱长度则可达到厘米数量级。

球形超微电极可由金制成。半球形超微电极则可通过在铂、铱圆盘超微电极上沉积汞而制得。这两类超微电极的临界尺度是其曲率半径 r_0。

带状超微电极可由金属箔或镀膜密封在玻璃片或塑料树脂片间制成，抛光露出的截面作为工作表面。通常可用金、铂、碳等材料。其临界尺度为带状电极的宽度 w，而其长度 l 可大至厘米数量级。带状超微电极的几何面积同其临界尺度 w 呈线性关系，而圆盘超微电极的几何面积则同其临界尺度 r_0 的平方成正比。因此，尽管带状超微电极的宽度 w 很小，但其面积却可以很大，因而可能产生可观的电流。

同常规电极相比，超微电极具有独特的电化学特性。

① 由于电极面积很小，因而双层电容 C_d 很小，电极时间常数 RC_d 很小。因此，超微电极的响应速率很快，比常规电极更适合于快速、暂态的电化学测量方法，如方波伏安法、脉冲伏安法、电势阶跃法、快速扫描伏安法等。

② 由于双层电容 C_d 很小，所以双电层充电电流很小，并且由于时间常数小，所以双电层充电电流的衰减速率也很快。这样，法拉第电流同双电层充电电流的比值很大，因此在电分析中，可明显提高分析的灵敏度，降低检测限。超微电极适用于微量、痕量物质的测定。

③ 在超微电极上，非线性扩散起主导作用，线性扩散只起次要作用，因此扩散电流在短时间内即可达到稳态或准稳态数值，并且其稳态的物质传递系数随临界尺度的减小而增大(参见 7.3.3 节)，因此适合快速电极反应的动力学研究。

④ 尽管超微电极上的电流密度很大，但由于电极面积小，电流强度很小，一般只有 10^{-9}～10^{-12}A，因此溶液欧姆压降 iR_u 乃至整个电极的欧姆压降 iR_Ω 都很小，不会对电极电势的测量和控制造成影响。所以采用超微电极进行电化学测量时，可以采用两电极体系，支持电解质的浓度可以很低，甚至为零，这就对某些检测方法带来很大的方便，如色谱电化学检测、生物活体内的在线检测等。另外，对于有机溶剂电化学、低温电化学、熔盐电化学和固体电解质电化学研究，采用超微电极也比常规电极有更大的方便。

⑤ 由于超微电极的小尺寸特性，可用于电化学活性的空间分辨。如扫描电化学显微镜、电化学扫描隧道显微镜、生物活体细胞内外的检测和腐蚀微区分析等。

超微阵列电极是指由多个超微电极集束在一起所组成的外观单一的电极，其电流是各个单一超微电极电流的总和。这种电极既保持了原来单一超微电极的特性，又可以获得较大的电流强度，提高了电分析测量的灵敏度。超微电极阵列常用的制备方法包括微蚀刻法和模板法。

粉末超微电极的制备方法是先将铂微丝热封在玻璃毛细管中，截断后打磨端面至平滑，形成铂圆盘超微电极，然后将电极浸入热王水中腐蚀微盘表面，使形成一定深度的微凹坑，再经清洗后即可用于填充待研究的粉末材料。铂丝的半径一般在 30～250μm 之间。凹坑的深度大致与微孔直径相近，以便于清洗和牢固地填充粉末。填充粉末时先将少量粉末铺展在平玻璃板上，然后直握具有微凹坑的电极，采用与磨墨大致相同的手法在覆有粉末的表面上反复碾磨，即可使粉末紧实地嵌入微凹坑中。

粉末超微电极具有下述特点。

① 制备方法简单，粉末用量少，一般只需几微克。

② 与圆盘超微电极相比，粉末超微电极具有高得多的反应表面，因此当用做溶液中电活性物质浓度检测的电极时，具有更大的响应电流，可提高检测的灵敏度。

③ 研究粉末材料的电化学性质时，不需使用黏结剂和导电添加剂，也不需要热压和烧结等工艺，因此非常适合多种粉末材料本身电化学性质的筛选。

④ 电极厚度很薄，同时若溶液电导率较高，则在粉层内不易出现溶液欧姆压降引起的不均匀极化，因此可以保证电极内全部粉末材料同等程度地进行电化学反应。故当用于研究电池电极活性材料时，可以采用较高的体积电流密度和较快的充放电制度，可以更加快速地测试电极活性材料的循环寿命。

3.7.4 单晶电极

常规的固体电极使用的是多晶材料，由许许多多不同取向的小晶面组成，而不同的晶面其性质是不同的，所以观测到的多晶电极的电化学行为是这些不同晶面电化学行为的平均结果。即便是电极经过了严格的表面预处理，仍难保证电极表面的重现性，也难以建立起表面原子结构同电化学性质之间的对应关系。

单晶电极（single crystal electrode）具有确定的晶体结构和表面原子排布方式，因此适合于定量研究电极表面电化学过程，确定不同条件下固/液界面的原子分子行为，明确认识吸附物在电极表面上的位置以及和电极表面的键接关系，研究电极过程的微观机理。特别是适合用于电化学扫描探针显微镜的研究。

从单晶电极的材料划分，包括贵金属单晶电极，如铂、金、铑、钯、铱、银等；活泼金属单晶电极，如铜、铁、镍、钴等；半导体单晶电极，如硅、锗、砷化镓、硫化镉等。

金属单晶主要采用 Czochralski 生长方式和 Bridgman 生长方式的区域精炼方法来制备，可购买到市售产品。另外对于贵金属材料，如铂、金等还可以采用火焰熔融金属丝生长晶球的方法来制备，在晶球表面规则地排列着八个明显的（111）小晶面，在 X 射线或激光束精确定向后可沿晶体的某一特定晶面切割，从而得到该单晶表面。作为电极使用前，只需在空气中重新火焰退火（flame annealing）处理即可得到清洁新鲜的单晶表面。这种单晶电极的制备和表面处理方法是由法国电化学家 J. Clavilier 在 20 世纪 80 年代首先引入，现已被许多研究者采用，成为常用单晶电极主要的制备方式，被称为 Clavilier 法。另外一种单晶电极的制备方法是在玻璃、硅片或云母等基体表面采用物理气相沉积（PVD）或化学沉积法沉积一层金属单晶薄膜，这种单晶电极在使用前也需要进行火焰退火处理。还有，HOPG 的基平面也可看做是碳的单晶电极。

单晶电极也只有部分表面具有原子级平整的特性，这部分表面称为平台（terrace）；平台之间通常由台阶（step）分隔。平台的尺寸从几十纳米到几百纳米不等。除台阶外，单晶电极上同时还有螺旋位错等各种缺陷，因此单晶电极的真实表面积也较其表观面积更大。为了得到单晶电极的真实表面积，通常的做法是测出循环伏安曲线中典型反应所对应的电量，由此电量除以单位面积对应的电量，即可得到单晶电极的真实面积。这一方法既可纠正尺寸测量的几何误差，又可消除表面缺陷对面积计算的影响，可得到单晶电极的真实表面积。表 3-7-4 列出了部分单晶表面上单位面积的原子数以及氢单层吸附时单位面积对应的电量值。

表 3-7-4　部分单晶表面上单位面积的原子数以及氢单层吸附时单位面积对应的电量值

金属单晶电极	单位面积原子数/cm^{-2}	单位面积氢单层吸附电量/$\mu C \cdot cm^{-2}$
Au(111)	1.39×10^{15}	223
Au(110)	0.85×10^{15}	136
Au(100)	1.20×10^{15}	192
Cu(111)	1.76×10^{15}	282
Cu(110)	1.08×10^{15}	173
Cu(100)	1.52×10^{15}	244
Pt(111)	1.51×10^{15}	240
Pt(110)	0.93×10^{15}	147
Pt(100)	1.31×10^{15}	207

不同的单晶电极表面所具有的功函不同，因而其零电荷电势（potential of zero charge, PZC）也不同。表 3-7-5 给出了几种重构和非重构的金单晶电极在高氯酸溶液中的零电荷电势。

表 3-7-5　几种重构和非重构的金单晶电极在高氯酸溶液中的零电荷电势

表面结构	PZC/V(vs. SCE)	表面结构	PZC/V(vs. SCE)
Au(100)-(hex)	+0.3	Au(111)-(1×1)	+0.23
Au(100)-(1×1)	+0.08	Au(110)-(1×2)	≈−0.04
Au(111)-($\sqrt{3}$×22)	+0.32	Au(110)-(1×1)	−0.02

第4章 稳态测量方法

电化学测量方法在总体上可以分为两大类：一类是电极过程处于稳态时进行的测量，称为稳态测量方法；另一类是电极过程处于暂态时进行的测量，称为暂态测量方法。在此首先介绍稳态法。

4.1 稳态过程

4.1.1 稳态（steady state）

在指定的时间范围内，如果电化学系统的参量（如电极电势、电流密度、电极界面附近液层中粒子的浓度分布、电极界面状态等）变化甚微或基本不变，那么这种状态称为电化学稳态。

关于稳态的理解应注意以下三个方面。

① 稳态不等于平衡态，平衡态可看做是稳态的一个特例。例如当 Zn^{2+}/Zn 电极达到平衡时，$Zn \longrightarrow Zn^{2+}+2e^-$ 和 $Zn^{2+}+2e^- \longrightarrow Zn$ 正逆反应的速率相等，没有净的物质转移，也没有净的电流流过，这时的电极状态为平衡态。一般情况下稳态不是平衡态，例如 Zn^{2+}/Zn 电极的阳极溶解过程，达到稳态时 $Zn \longrightarrow Zn^{2+}+2e^-$ 和 $Zn^{2+}+2e^- \longrightarrow Zn$ 正逆反应的速率相差一个稳定的数值，表现为稳定的阳极电流。净结果是 Zn 以一定的速率溶解到电极界面区的溶液中成为 Zn^{2+}，然后 Zn^{2+} 又通过扩散、电迁移和对流作用转移到溶液内部。此时，传质的速率恰好等于溶解的速率，界面区的 Zn^{2+} 离子浓度分布维持不变，所以表现为电流不变，电势也不变，达到了稳态。可见稳态并不等于平衡态，平衡态是稳态的特例。

② 绝对不变的电极状态是不存在的。在上述 Zn^{2+}/Zn 电极阳极溶解的例子中，达到稳态时，锌电极表面还是在不断溶解，溶液中 Zn^{2+} 离子的总体浓度还是有所增加的，只不过这些变化比较不显著而已。如果采用小的电极面积和溶液体积之比，并使用小的电流密度进行极化，那么体系的变化就更不显著，电极状态更易处于稳态。

③ 稳态和暂态是相对而言的，从暂态到稳态是逐步过渡的，稳态和暂态的划分是以参量的变化显著与否为标准的，而这个标准也是相对的。例如进行上述 Zn^{2+}/Zn 电极的阳极溶解时，起初，电极界面处 Zn^{2+} 离子的转移速率小于阳极溶解速率，净结果是电极界面处 Zn^{2+} 离子浓度逐步增加，电极电势也随之向正方向移动。经过一定时间后，电极界面区 Zn^{2+} 离子浓度上升到较高值，扩散传质速率更大，当扩散速率等于溶解速率时，电极界面区 Zn^{2+} 离子浓度就基本不再上升，电极电势基本不再移动，此时达到了稳态。达到稳态前所经历的过渡状态则称为暂态。不过，用较不灵敏的仪表看不出的变化，用较灵敏的仪表可能看出显著的变化；在一秒钟内看不出的变化，在一分钟内可能看到显著变化。这就是说，

稳态与暂态的划分与所用仪表的灵敏度和观察变化的时间长短有关。所以，在确定的实验条件下，在一定时间内的变化不超过一定值的状态就可以称为稳态。一般情况下，只要电极界面处的反应物浓度发生变化或电极的表面状态发生变化都要引起电极电势和电流二者的变化，或二者之一发生变化。所以，当电极电势和电流同时稳定不变（实际上是变化速率不超过某一值）时就可认为达到稳态，按稳态系统进行处理。

不过，稳态和暂态系统服从不同的规律，分成两种情况进行讨论，有利于问题的简化，因此，明确稳态的概念是十分重要的。

4.1.2 稳态系统的特点

稳态系统的特点是由达到稳态的条件所决定的。稳态的条件是电极电势、电流密度、电极界面状态和电极界面区的浓度分布等参数基本不变。

首先，电极界面状态不变意味着界面双电层的荷电状态不变，所以用于改变界面荷电状态的双电层充电电流为零。其次，电极界面状态不变意味着电极界面的吸附覆盖状态也不变，所以吸脱附引起的双电层充电电流也为零。稳态系统既然没有上述两种充电电流，那么稳态电流就全部用于电化学反应，极化电流密度就对应着电化学反应的速率，这是稳态的第一个特点。如果电极上只有一个电极反应发生，那么稳态电流就代表这一电极反应的进行速率；如果电极上有多个反应发生，那么稳态电流就对应着多个电极反应总的进行速率。

稳态系统的另一个特点是在电极界面上的扩散层范围不再发展，扩散层厚度 δ 恒定，扩散层内反应物和产物粒子的浓度只是空间位置的函数，而和时间无关。这时，在没有对流和电迁影响下的扩散层内，反应物和产物的粒子处于稳态扩散状态，扩散层内各处的粒子浓度均不随时间改变，即 $\frac{\partial C}{\partial t}=0$，这时电极上的扩散电流 i 也为恒定值

$$i=nFAD_{\mathrm{O}}\left(\frac{\mathrm{d}C_{\mathrm{O}}}{\mathrm{d}x}\right)_{x=0}=nFAD_{\mathrm{O}}\frac{C_{\mathrm{O}}^{*}-C_{\mathrm{O}}^{\mathrm{S}}}{\delta} \tag{4-1-1}$$

式中，δ 为扩散层的有效厚度。

若反应物的表面浓度 $C_{\mathrm{O}}^{\mathrm{S}}$ 下降至零，电流达到极限，称为极限扩散电流 i_{d}。在稳态条件下，稳态极限扩散电流也为恒定值

$$i_{\mathrm{d}}=nFAD_{\mathrm{O}}\frac{C_{\mathrm{O}}^{*}}{\delta} \tag{4-1-2}$$

4.2 各种类型的极化及其影响因素

4.2.1 极化的种类

众所周知，电极过程往往是复杂的、多步骤的过程，而构成电极过程的各个单元步骤所起的作用是不同的，其中占据主导地位的控制步骤主要决定了电极过程的动力学特征和极化类型。

对于具有四个电极基本过程的简单电极反应 $\mathrm{O}+n\mathrm{e}^{-}\rightleftharpoons\mathrm{R}$ 而言，共有三种类型的极化：电化学极化（也称电荷传递极化或活化极化）、浓差极化、电阻极化（也称欧姆极化）。当然，如果电极过程中还包含其它电极基本过程，如匀相或多相化学反应过程、电结晶过程，那么就可能存在化学反应极化、电结晶极化，等等。极化的大小称为超电势。

当界面过程进行缓慢时，界面上的电荷分布状态就会发生变化，引起界面电势差的改变，从而建立起“极化”。

由于电荷传递过程迟缓造成的界面电荷分布状态的改变称为电化学极化，电化学极化超电势用 η_e 来表示；由于扩散过程迟缓造成的界面电荷分布状态的改变则为浓差极化，浓差极化超电势用 η_C 来表示。当这两个过程都进行迟缓时，则同时存在电化学极化和浓差极化，此时两种极化超电势之和称为界面超电势 $\eta_{界}$

$$\eta_{界}=\eta_e+\eta_C \tag{4-2-1}$$

电流流过电极体系上的欧姆电阻时，会在电阻上引起欧姆压降，称为电阻极化。导电性好的金属电极，其欧姆电阻常可忽略；从参比电极的 Luggin 毛细管管口到研究电极表面之间的溶液欧姆压降被附加到所测量的电极电势中，构成了电极电势的一个部分，这一溶液欧姆压降是电阻极化的主要部分。当三种极化同时存在时，总的超电势为三种极化超电势之和，即

$$\eta=\eta_{界}+\eta_R=\eta_e+\eta_C+\eta_R \tag{4-2-2}$$

4.2.2 各类极化的动力学规律

考虑具有四个电极基本过程的简单电极反应 $O+ne^- \rightleftharpoons R$，实验前反应物 O、产物 R 同时存在。因为稳态电流全部由电极反应所产生，所以 i 与反应速率 v 成正比，即

$$\begin{aligned} i&=nFv=nF(\vec{v}-\overleftarrow{v})=\vec{i}-\overleftarrow{i} \\ &=nFAk_fC_O^*-nFAk_bC_R^*=i^{\ominus}\left[\exp\left(-\frac{\alpha nF}{RT}\eta\right)-\exp\left(\frac{\beta nF}{RT}\eta\right)\right] \end{aligned} \tag{4-2-3}$$

式中，规定超电势 $\eta\equiv E-E_{eq}$，因此阴极极化超电势为负值，α 和 β 分别是正向阴极反应和逆向阳极反应的表观传递系数（apparent transfer coefficient），其具体数值决定于 n 个电荷传递过程的动力学机构；k_f 和 k_b 分别是正向阴极反应和逆向阳极反应的速率常数。

式(4-2-3) 只考虑了电化学极化，而尚未考虑浓差极化。考虑浓差极化时 $\vec{v}$ 和 $\overleftarrow{v}$ 应该分别乘以校正因子 C_O^S/C_O^* 和 C_R^S/C_R^*。C_O^S/C_O^* 可由式（4-1-1）和式（4-1-2）得到

$$\frac{C_O^S}{C_O^*}=1-\frac{i}{i_{dO}} \tag{4-2-4}$$

对于产物 R，有

$$i=nFAD_R\frac{C_R^S-C_R^*}{\delta} \tag{4-2-5}$$

$$i_{dR}=-nFAD_R\frac{C_R^*}{\delta} \tag{4-2-6}$$

式中，i_{dR} 是初始浓度为 C_R^* 的产物 R 发生 $R \longrightarrow O+ne^-$ 反应时的极限扩散电流。因为规定阴极电流为正，而 i_{dR} 是阳极反应的极限扩散电流，所以是负值。

C_R^S/C_R^* 可由式（4-2-5）和式（4-2-6）得到

$$\frac{C_R^S}{C_R^*}=1-\frac{i}{i_{dR}} \tag{4-2-7}$$

将式（4-2-4）和式（4-2-7）代入式（4-2-3），可得

$$i=i^{\ominus}\left[\left(1-\frac{i}{i_{dO}}\right)\exp\left(-\frac{\alpha nF}{RT}\eta\right)-\left(1-\frac{i}{i_{dR}}\right)\exp\left(\frac{\beta nF}{RT}\eta\right)\right] \tag{4-2-8}$$

式（4-2-8）是同时包括电化学极化和浓差极化的 i-η 关系，既适用于可逆电极，也适用于不可逆电极，对各种程度极化（平衡电势→弱极化→强极化→极限扩散电流）均适用。式

中 $i^{\ominus}$ 和 i_d 分别是代表电化学极化和浓差极化的参量。

当 $C_O = C_R = C$ 时，有

$$i^{\ominus} = nFAk^{\ominus}C \tag{4-2-9}$$

式中，$k^{\ominus}$ 为标准反应速率常数，是表征电荷传递过程快慢的参量。同时

$$i_d = \frac{nFADC}{\delta} = nFAmC \tag{4-2-10}$$

式中，$m = \frac{D}{\delta}$，称为物质传递系数（mass-transfer coefficient），是表征扩散传质过程快慢的参量。

由式（4-2-9）和式（4-2-10）可得

$$i^{\ominus} : i_d = \frac{k^{\ominus}\delta}{D} = \frac{k^{\ominus}}{m} \tag{4-2-11}$$

因此，$i^{\ominus} : i_d$ 这个比值体现了传荷过程和传质过程进行快慢的对比，同电极体系的可逆性密切相关。

① 当 $i^{\ominus} : i_d \gg 1$ 时，即 $k^{\ominus} \gg \frac{D}{\delta} = m$ 时，浓差极化比电化学极化更容易出现，电化学反应的平衡不容易被打破，电极表现为可逆体系。

此时，$i^{\ominus} \gg i_d > i$，则 $\frac{i}{i^{\ominus}} = 0$，所以式（4-2-8）中的中括号内为零，即

$$\left(1 - \frac{i}{i_{dO}}\right)\exp\left(-\frac{\alpha nF}{RT}\eta\right) - \left(1 - \frac{i}{i_{dR}}\right)\exp\left(\frac{\beta nF}{RT}\eta\right) = 0 \tag{4-2-12}$$

整理后得

$$-\eta = \frac{RT}{nF}\ln\left(1 - \frac{i}{i_{dR}}\right) - \frac{RT}{nF}\ln\left(1 - \frac{i}{i_{dO}}\right) = -\eta_C \tag{4-2-13}$$

由式（4-2-13）可见，超电势完全由浓差极化引起，表现为可逆电极。这种电极，扩散过程总是占主导地位，要想从稳态极化曲线研究电化学极化或电化学反应速率是不可能的。在自然对流情况下，稳态的扩散层厚度 $\delta = 10^{-3} \sim 10^{-2}\,\text{cm}$，$D = 10^{-5}\,\text{cm}^2 \cdot \text{s}^{-1}$，所以稳态极化曲线不适合于研究 $k^{\ominus} > 10^{-2}\,\text{cm} \cdot \text{s}^{-1}$ 的电化学反应。

② 当 $i^{\ominus} : i_d \ll 1$ 时，即 $k^{\ominus} \ll \frac{D}{\delta} = m$ 时，电化学极化比浓差极化更容易出现，电化学反应的平衡易于被打破，电极容易处于不可逆状态。这样的电极在不同的超电势范围表现出不同的极化程度。

a. 当 $-\eta > \frac{RT}{\alpha nF}$ 时，即电极电势处于阴极极化的强极化区，电极处于完全不可逆状态。式（4-2-8）中中括号内的第 2 项可略，因此

$$i = i^{\ominus}\left(1 - \frac{i}{i_{dO}}\right)\exp\left(-\frac{\alpha nF}{RT}\eta\right) \tag{4-2-14}$$

整理后得

$$-\eta = \frac{RT}{\alpha nF}\ln\frac{i}{i^{\ominus}} + \frac{RT}{\alpha nF}\ln\frac{i_{dO}}{i_{dO} - i} \tag{4-2-15}$$

式（4-2-15）中的两项分别表示电化学极化超电势和浓差极化超电势，即

$$-\eta_e = \frac{RT}{\alpha nF}\ln\frac{i}{i^{\ominus}} \tag{4-2-16}$$

$$-\eta_C=\frac{RT}{\alpha nF}\ln\frac{i_{dO}}{i_{dO}-i} \tag{4-2-17}$$

若 $i \ll i_{dO}$，则 $\eta_C=0$，$\eta=\eta_e$，在 $\lg i$-$(-\eta)$ 图上可以得到 Tafel（塔费尔）直线。

式（4-2-16）和式（4-2-17）所描述的电化学极化超电势 $-\eta_e$ 和浓差极化超电势 $-\eta_C$ 的极化曲线示意于图 4-2-1 中。由图可见，$-\eta_e$ 和 $-\eta_C$ 具有完全不同的动力学特征。由式(4-2-15)可知，在强阴极极化区，用 $(-\eta)$-$\lg\frac{ii_{dO}}{i_{dO}-i}$ 作图，可得一条直线，从直线的斜率和截距分别可以算得 αn 和 $i^{\ominus}$。

b. 当 $-\eta \ll \frac{RT}{nF}$ 时，即电势处于平衡电势附近时，电极处于阴极极化的线性极化区。式(4-2-8) 中括号内的指数项可以展开为级数，只保留级数的前两项，并略去 $i(-\eta)$ 各项[原因是 i 小，$-\eta$ 也小，$i(-\eta)$ 更小，可忽略]，整理后得

$$\frac{-\eta}{i}=\frac{RT}{nF}\left[\frac{1}{i^{\ominus}}+\frac{1}{i_{dO}}+\left(\frac{1}{-i_{dR}}\right)\right] \tag{4-2-18}$$

由式（4-2-18）可见，在平衡电势附近，$(-\eta)$-i 曲线出现直线性，直线的斜率 $\frac{d(-\eta)}{di}=\frac{-\eta}{i}$ 称为极化电阻 R_P，R_P 可视为三个电阻 $\frac{RT}{nF}\frac{1}{i^{\ominus}}$、$\frac{RT}{nF}\frac{1}{i_{dO}}$ 和 $\frac{RT}{nF}\left(\frac{1}{-i_{dR}}\right)$ 的串联。对于可逆电极，$i^{\ominus}$ 远大于 i_{dO} 和 $(-i_{dR})$，R_P 决定于后两项稳态浓差极化电阻；相反，在 $i^{\ominus}:i_d \ll 1$ 时，可以略去后两项，得到

$$R_P=\frac{-\eta}{i}=\frac{RT}{nF}\frac{1}{i^{\ominus}} \tag{4-2-19}$$

式(4-2-19) 经整理后得

$$i^{\ominus}=\frac{RT}{nF}\left(\frac{i}{-\eta}\right)=\frac{RT}{nF}\frac{1}{R_P} \tag{4-2-20}$$

利用式（4-2-20）可以从稳态极化曲线在平衡电势附近的斜率 R_P 计算交换电流密度 $i^{\ominus}$。

除了电化学极化和浓差极化外，还有欧姆极化。电极/溶液界面的两侧分别为电子导体（通常为金属）和离子导体（电解质溶液），它们都有电阻，电流通过时会产生欧姆压降，称为电阻（欧姆）极化超电势 η_R，它与电流 i 的关系符合欧姆定律，如图 4-2-1 所示。在一般情况下，溶液电阻远大于金属电阻，因此

$$\eta_R=-iR_u \tag{4-2-21}$$

式中，R_u 是未补偿溶液电阻，指参比电极的 Luggin 毛细管管口到研究电极表面之间的溶液欧姆电阻，它可由溶液的电导率及液层的截面和厚度计算得到。式中取负值是因为规定阴极电流为正，而阴极极化超电势为负。

由于 η_R 的存在，电极/溶液界面的真实超电势比测量得到的超电势 η 要小 η_R，所以电极/溶液界面的真实超电势应为 $\eta+iR_u$。考虑电阻极化时，式（4-2-8）、式（4-2-15）和式（4-2-18）分别修正如下

$$i=i^{\ominus}\left\{\left(1-\frac{i}{i_{dO}}\right)\exp\left[-\frac{\alpha nF}{RT}(\eta+iR_u)\right]-\left(1-\frac{i}{i_{dR}}\right)\exp\left[\frac{\beta nF}{RT}(\eta+iR_u)\right]\right\} \tag{4-2-22}$$

$$-\eta=-\eta_e-\eta_C-\eta_R=\frac{RT}{\alpha nF}\ln\frac{i}{i^{\ominus}}+\frac{RT}{\alpha nF}\ln\frac{i_{dO}}{i_{dO}-i}+iR_u \tag{4-2-23}$$

$$\frac{-\eta}{i}=\frac{RT}{nF}\left[\frac{1}{i^{\ominus}}+\frac{1}{i_{dO}}+\left(\frac{1}{-i_{dR}}\right)\right]+R_u \tag{4-2-24}$$

当三种极化同时存在，并且电极处于强阴极极化区时，$(-\eta)$-i 关系曲线也绘制在图4-2-1中。

如果反应物质R（或O）是不溶性的物质（如金属）或溶剂（如 H_2O），可将（$-i_{dR}$）（或 i_{dO}）看成无穷大。

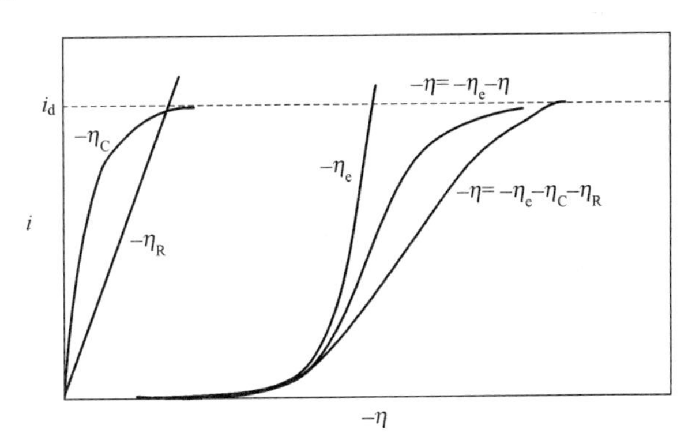

图 4-2-1 不可逆电极的阴极极化曲线

4.2.3 各种极化的特点和影响因素

从上述讨论可知，稳态电极极化是一个复杂的过程，存在着多种矛盾，表现为多种极化，其中占主要地位的极化决定着整个电极的总极化。为了改变极化状况使之有利于生产，必须进一步弄清各种极化的特点及其影响因素。

电化学极化的大小是由电化学反应速率决定的，它与电化学反应本质有关。化学反应的活化能比较高，且各种反应的活化能相差比较悬殊，因此反应速率的差别是以数量级计。温度对反应速率的影响较大。提高温度、提高催化剂的活性、增大电极真实表面积（例如采用多孔电极）等都能提高电化学反应速率，降低电化学极化。表面活性物质在电极溶液界面的吸附或成相覆盖层（如钝化膜）的出现可能大幅度地降低电化学反应速率而提高电化学极化。界面电场也影响电化学反应速率，不仅电极电势有较大影响，ψ_1 电势也有影响。因为 $-\eta_e=\dfrac{RT}{\alpha nF}\ln\dfrac{i}{i^\ominus}$，所以对于 $i^\ominus$ 很小的不可逆电极来说，很小的 i 值就可以引起较大的 $-\eta_e$，而通常当 i 值较小时，$-\eta_C$、$-\eta_R$ 是很小的，这时，$-\eta_e$ 决定了总超电势 $-\eta$。另外，搅拌基本上对电化学极化无影响。

浓差极化是由扩散速率决定的，气相扩散很自由，主要决定于分子量和分子直径。液相扩散比较不自由，但扩散的活化能也很低。因此各种物质在同种介质中的扩散系数大都在同一数量级，例如，在水溶液中一般为 $10^{-5}\,cm^2\cdot s^{-1}$ 数量级，在气相中一般在 $10^{-1}\,cm^2\cdot s^{-1}$ 数量级，在固体电解质中一般为 $10^{-9}\,cm^2\cdot s^{-1}$ 数量级。温度对 D 的影响较小（大约 $2\%℃^{-1}$）。能够大幅度地改变扩散速率的因素是扩散途径，即扩散层的厚度，例如，快速旋转的电极或溶液流速很快的情况下，扩散层厚度可比自然对流的扩散层的厚度低一两个数量级。如果扩散途中有多孔隔膜，则隔膜的厚度、孔率和曲折系数决定了扩散速率。浓差极化还有两个特点：一个是达到稳态的时间较长，一般需几秒至几十秒，甚至几百秒；另一个是可从关系式 $-\eta_C=\dfrac{RT}{\alpha nF}\ln\dfrac{i_{dO}}{i_{dO}-i}$ 来看，当 i 接近 i_{dO} 时 $-\eta_C$ 增长很快，极化曲线上表现为电流平阶。

电阻极化主要是由溶液电阻决定的，它首先与溶液电阻率有关，对于电阻率很高的系统（例如高纯水）来说，电阻极化可达到几伏至几十伏。一般工业系统使用的溶液的电阻率都较低。溶液电阻又与电极间距离有关。在有隔膜的情况下，则与隔膜的厚度、层数、孔率，孔的曲折系数有关，这些都与电解池或电池的结构密切相关。电阻极化有两个特点：一是η_R与i成正比；二是在i变化瞬间η_R紧跟着变化。

4.3 控制电流法和控制电势法

测量稳态极化曲线时，按照所控制的自变量可分为控制电流法和控制电势法。

4.3.1 控制电流法

控制电流法习惯上也叫恒电流法，就是在恒电流电路或恒电流仪的保证下，控制通过研究电极的极化电流按照人们预想的规律变化，不受电解池阻抗变化的影响，同时测量相应电极电势的方法。

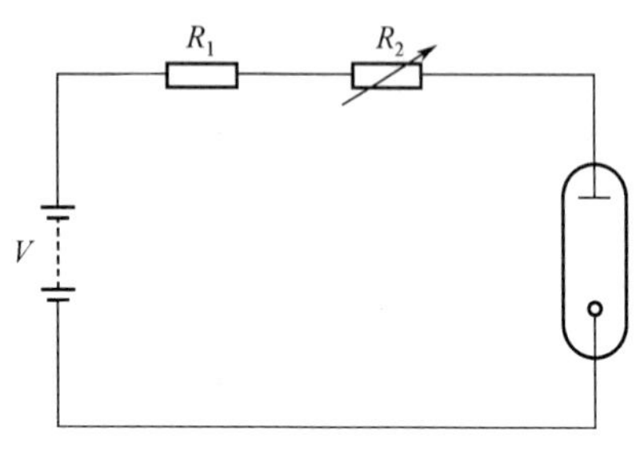

图 4-3-1 经典恒电流电路的原理图

维持电流恒定的方法有两种：一种是经典恒电流法；另一种是电子恒电流法。

经典恒电流法是利用高压大电阻控制通过电解池的电流，它的原理示于图 4-3-1 中。

图中，R_1和R_2均为大电阻，其电阻之和记为$R_{大}$，$R_{大}$远大于电解池的等效电阻$R_{池}$，即$R_{大} \gg R_{池}$。则根据$i=\dfrac{V}{R_{大}+R_{池}}$，可知$i \approx \dfrac{V}{R_{大}}$，从而起到恒电流的作用。经典恒电流法的精度取决于$R_{大}$，若$R_{大} \geqslant 1000R_{池}$时，恒流误差小于0.1%。尽管经典恒电流电路简单，恒流特性较好，但恒流范围较窄，控制电流较小，控制大的电流需要更高的电源电压，这会带来很多不便。

电子恒流法是利用电子恒流装置，调节通过研究电极的电流按人们预想的规律变化，以达到控制电流的目的。可以使用晶体管恒电流源或专用的恒电流仪（galvanostat），另外，恒电势仪通常也具有恒电流功能。

4.3.2 控制电势法

控制电势法也叫恒电势法，是在恒电势仪的保证下，控制研究电极的电势按照人们预想的规律变化，不受电极系统阻抗变化的影响，同时测量相应电流的方法。需要注意的是，这里所谓的恒电势法并非只是把电极电势控制在某一电势值之下不变，而是指控制电极电势按照一定的预定规律变化。

目前，在电化学研究中，如要进行控制电势实验，必须要使用恒电势仪（potentiostat）。恒电势仪是电化学中的专用仪器，并非电工学中常用的晶体管恒电压源。恒电势仪的工作原理是应用负反馈电路，调整流过电解池的极化电流，改变研究电极的极化状态，从而将研究电极相对于参比电极的电势控制在某一预定规律下变化。这与恒压源简单地将两点之间的电压维持恒定是完全不同的。

在电化学研究的发展历史上，恒电势仪的出现和广泛应用是经典电化学研究的一个重要的里程碑。时至今日，几乎所有的电化学研究都离不开恒电势仪。

好的恒电势仪应该具有控制精度高、输入阻抗大、频率响应快、输出功率高、温漂和时漂小等特点。通用型的恒电势仪往往能够具备较高的上述性能指标，满足一般的科研和生产应用场合。但在不同的应用领域中，这些性能指标往往各有侧重，要求也各不相同，这时可能需要选择相应的产品型号。例如，在电分析领域中，通常只需较小的输出电流和控制电流范围，如使用超微电极，还要求有测量超小电流的能力和良好的屏蔽干扰功能；相反，如果是用于电池、燃料电池的研究和开发，则要求有大电流的输出能力。总之，应该根据实验对象的具体要求选择不同性能的恒电势仪。

4.3.3 控制电流法和控制电势法的选择

控制电流法与控制电势法各有特点，要根据具体情况选用，对于单调函数的极化曲线，即一个电流密度只对应一个电势，或者一个电势只对应一个电流密度的情况，控制电流法与控制电势法可得到同样的稳态极化曲线。

对于极化曲线中有电流极大值时，只能采用恒电势法。例如，测定具有阳极钝化行为的阳极极化曲线时，由于这种极化曲线具有S形（如图4-3-2所示），对应一个电流有几个电势值。如果用恒电流法只能测得正程*ABEF*曲线，返程为*FEDA*曲线，不能测得真实完整的极化曲线。只有应用恒电势法才可测得完整的阳极极化曲线。

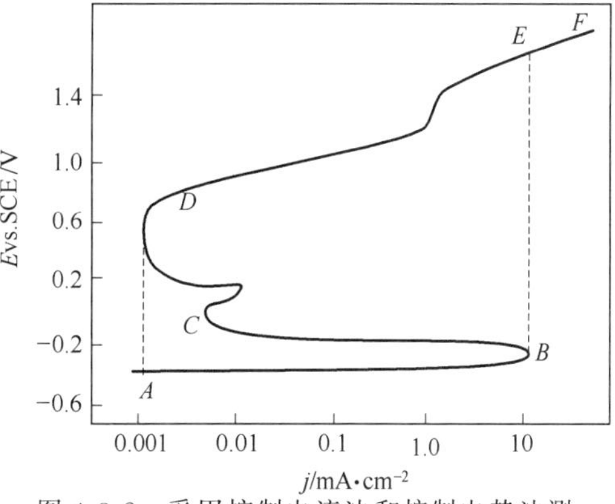

图4-3-2 采用控制电流法和控制电势法测出的金属阳极钝化曲线

反之如果极化曲线中有电势极大值，就应选用恒电流法。其实质就是选择自变量，使得在每一个自变量下，只有一个函数值。

4.4 稳态极化曲线的测定

前面已经介绍，稳态极化曲线的测量按控制的自变量可分为控制电流法和控制电势法；如果按照自变量的给定方式划分，又可分为阶跃法和慢扫描法。

4.4.1 阶跃法测定稳态极化曲线

阶跃法又分为逐点手动法和阶梯波法两种方式。采用控制电流逐点手动法测定稳态极化曲线，就是给定一个电流后，等候电势达到稳定值就记下相应的电势，然后再增加电流到一个新的给定值，测定相应的稳定电势值。最后把测得的一系列电流、电势值画成极化曲线。这种方法实现起来比较简单，但工作量较大，时间长，由于测量者对稳态的标准掌握不同，重现性较差。为了节省测量时间，提高重现性，往往人为地规定时间间隔，一般在0.5～10min选一个合适的时间间隔。同时选定合适的阶跃值，对于控制电流法，电流间隔一般在0.5～10mA之间选定；对于控制电势法，电势间隔一般在5～100mV之间选定。

上述逐点手动法可用阶梯波法代替。即用阶梯波发生器控制恒电流仪或恒电势仪从而自动测定极化曲线。阶梯波阶跃幅值的大小及时间间隔的长短应根据实验要求而定。当阶跃幅值足够小而阶梯波足够多时，测得的极化曲线就接近于慢扫描极化曲线。

图4-4-1为采用经典恒电流法测定阴极极化曲线的电路图。图中用的是45V的电池组，串联一组不同阻值的电位器（如取$R_0=1\text{k}\Omega$，$R_1=1\text{M}\Omega$，$R_2=100\text{k}\Omega$，$R_3=10\text{k}\Omega$。功率2～3kW）。调节这些电位器就可得到稳定电流。电势可用pH计测量。

图4-4-2是采用恒电势仪逐点手动测定极化曲线的电路示意图。

接线时分别将研究电极、参比电极和辅助电极接到恒电势仪的“研”、“参”和“辅”接

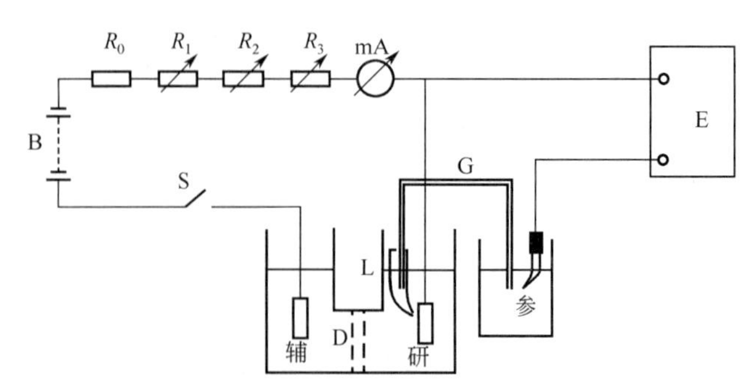

图 4-4-1 采用经典恒电流法测定阴极极化曲线的电路图

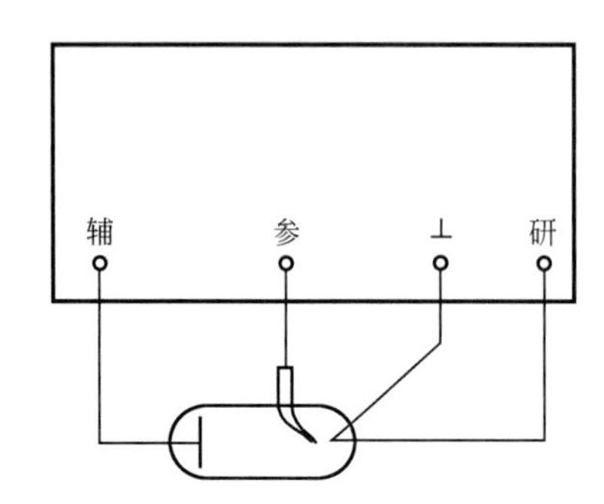

图 4-4-2 采用恒电势仪逐点手动测定极化曲线的电路示意图

线柱上，而且把研究电极接到“⊥”接线柱上。为什么研究电极分别用两根导线接到恒电势仪的“研”和“⊥”端，而不把“研”和“⊥”短接后再用一根导线接到研究电极上呢？恒电势仪的“参”和“⊥”接线柱接在仪器内部的控制测量回路中；“辅”和“研”接线柱则接在仪器内部的极化回路中。因此，研究电极与“⊥”接线柱相连的导线上没有极化电流流过，称为电势线；研究电极与“研”接线柱相连的导线上有极化电流流过，称为电流线。虽然导线的电阻较小，但如果导线很长而且极化电流很大，则此导线上的电压降也是不可忽略的。如果结点离研究电极较远，也就是说先将恒电势仪上的“研”和“⊥”端短接，再用一根导线连接到研究电极上，则此导线上极化电流引起的电压降会附加到被控制和测量的电极电势中去，从而增加了误差。为了减少误差，应使结点尽量靠近研究电极，也就是说要用两根导线分别将研究电极和恒电势仪的“研”、“⊥”两端相连。因恒电势仪的输入阻抗很高，接研究电极的电势线中的电流与接参比电极的导线中的电流一样，小于 10^{-7} A，即电势线上电压降可忽略不计，不致引起误差。

用阶梯波自动测定极化曲线电路与慢扫描法类似。

4.4.2 慢扫描法测定稳态极化曲线

慢扫描法测定稳态极化曲线就是利用慢速线性扫描信号控制恒电势仪或恒电流仪，使极化测量的自变量连续线性变化，同时自动测绘极化曲线的方法。可分为控制电势法和控制电流法，前者又称为线性电势扫描法（linear sweep voltammetry，LSV），或叫做动电势扫描法，应用更广泛。

电极稳态的建立需要一定的时间，对于不同的体系达到稳态所需的时间不同。因此，扫描速度不同，得到的结果就不一样。图 4-4-3 给出了不同扫描速度下测得的金属阳极极化曲线。从图中可明显看出，扫描速度不同，测量结果有很大差别。从图中还可看出，当测量速

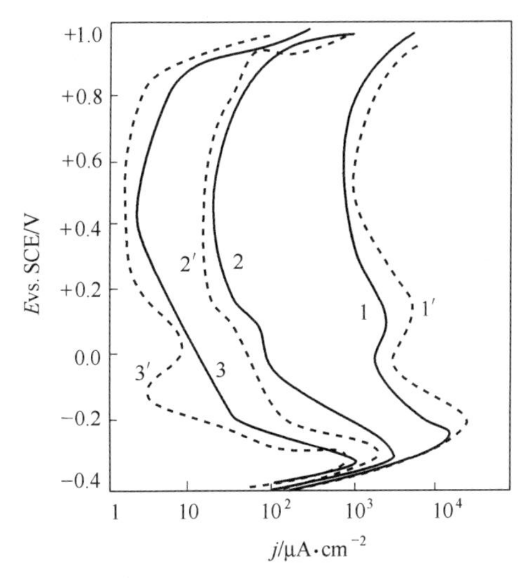

图 4-4-3　不同扫描速度下测得的金属阳极极化曲线

实线（1,2,3）—控制电势慢扫描法；虚线（1′,2′,3′）—控制电势阶梯波法扫描速度（$V \cdot h^{-1}$）：

1,1′—360；2,2′—6；3,3′—0.4

度相同时，慢扫描法与阶梯波法的测量结果是很接近的。

原则上，不能根据非稳态的极化曲线按照前面介绍的动力学方程测定动力学参数。为了测得稳态极化曲线，扫描速度必须足够慢。如何判断测得的极化曲线是否达到稳态呢？可依次减小扫描速度，测定数条极化曲线，当继续减小扫描速度而极化曲线不再明显变化时，就可以确定此速度下测得的是稳态极化曲线。

有些情况下，特别是固体电极，测量时间越长，电极表面状态及其真实表面积的变化就越严重。在这种情况下，为了比较不同体系的电化学行为，或者比较各种因素对电极过程的影响，就不一定非测稳态极化曲线不可。可选适当的扫描速度测定准稳态或非稳态极化曲线进行对比。但必须保证每次扫描速度相同。由于线性电势扫描法可自动测绘极化曲线，且扫描速度可以选定，不像手动逐点调节那样费工费时，且“稳态值”的确定因人而异。因此，扫描法具有更好的重现性，特别适用于对比实验。

尽管目前微机控制的智能型电化学工作站很常用，但这里还是要简单介绍传统的采用恒电势仪、信号发生器和 X-Y 函数记录仪组成的线性电势扫描实验电路，如图 4-4-4 所示。这个电路有利于大家理解其中的工作原理。

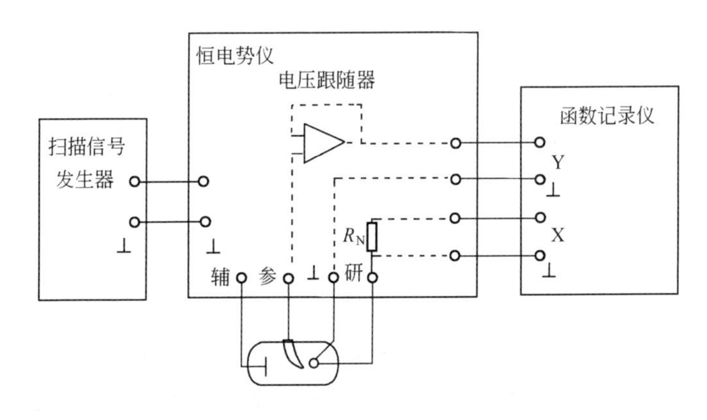

图 4-4-4　单独的模拟仪器组成的线性电势扫描实验电路

在图 4-4-4 中，恒电势仪是核心部分，它保证研究电极电势随扫描信号作线性变化。信号发生器提供预定规律的慢扫描信号。X-Y 函数记录仪自动记录极化曲线。为了减少干扰，电子仪器必须接地，在同一个电路中有几个电子仪器时，其接地端应彼此相连，而且整个电路必须只有一个公共接地端。

4.5 根据稳态极化曲线测定电极反应动力学参数的方法

4.5.1 塔费尔直线外推法测定交换电流（或腐蚀电流）

当不存在浓差极化时，Butler-Volmer 公式可写为

$$i=i^{\ominus}\left[\exp\left(-\frac{\alpha nF}{RT}\eta\right)-\exp\left(\frac{\beta nF}{RT}\eta\right)\right]$$

当 $i \gg i^{\ominus}$ 时，电化学反应的平衡受到很大的破坏，电极电势远远偏离平衡电势，电极处于强极化区，这时上式可简化为 Tafel 公式

阴极极化：
$$-\eta=-\frac{2.3RT}{\alpha nF}\lg i^{\ominus}+\frac{2.3RT}{\alpha nF}\lg i \quad (4\text{-}5\text{-}1)$$

阳极极化：
$$\eta=-\frac{2.3RT}{\beta nF}\lg i^{\ominus}+\frac{2.3RT}{\beta nF}\lg(-i) \quad (4\text{-}5\text{-}2)$$

用 η-$\lg|i|$ 作图，应呈直线关系，即 Tafel 直线。阴极极化、阳极极化 Tafel 直线的斜率分别为

$$b_{\mathrm{c}}=-\frac{2.3RT}{\alpha nF} \quad (4\text{-}5\text{-}3)$$

$$b_{\mathrm{a}}=\frac{2.3RT}{\beta nF} \quad (4\text{-}5\text{-}4)$$

根据阴极、阳极 Tafel 直线的斜率可分别求出表观传递系数 α 和 β。将两条阴极、阳极 Tafel 直线外推到交点，交点的横坐标应为 $\lg i^{\ominus}$，纵坐标应为 $\eta=0$，即对应于平衡电势 E_{eq}。这样，由交点可求出交换电流 $i^{\ominus}$，如图 4-5-1 所示。

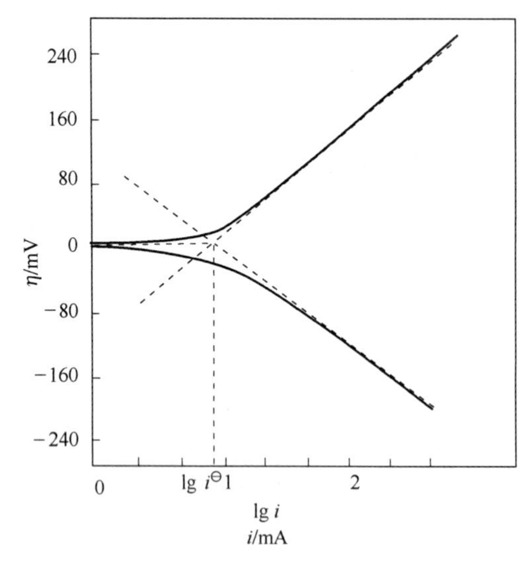

图 4-5-1 Tafel 直线外推法测定交换电流 $i^{\ominus}$ 的示意图

对于处于腐蚀介质中的腐蚀金属电极，开路时其稳定电势称为腐蚀电势（corrosion potential），用符号 E_{corr} 表示。此时，阴阳极反应的速率相等，对应的腐蚀电流（corrosion current）用符号 i_{corr} 表示。腐蚀电流 i_{corr} 同只有一对氧化还原反应的电极的交换电流 $i^{\ominus}$ 相当，代表开路状态下金属的阳极溶解反应的进行速率和腐蚀过程的阴极还原反应的进行速率，因而也就是表征腐蚀速率的参量。腐蚀电流 i_{corr} 的测定是评定电极体系腐蚀快慢的重要手段。

腐蚀电极体系处于强阴极和强阳极极化区时，动力学规律也符合式(4-5-1) 和式(4-5-2)中的 Tafel 关系，只不过需将其中的交换电流 $i^{\ominus}$ 换成腐蚀电流 i_{corr}，即

阴极极化：
$$-\Delta E=-\frac{2.3RT}{\alpha nF}\lg i_{corr}+\frac{2.3RT}{\alpha nF}\lg i \tag{4-5-5}$$

阳极极化：
$$\Delta E=-\frac{2.3RT}{\beta nF}\lg i_{corr}+\frac{2.3RT}{\beta nF}\lg(-i) \tag{4-5-6}$$

式中，ΔE 是腐蚀金属电极的极化值，$\Delta E=E-E_{corr}$。

因此，同样可以利用前面述及的 Tafel 直线外推法测定金属电极体系的腐蚀电流 i_{corr}。

这里给出一个计算 $i^{\ominus}$ 的例子。对于某电极体系，已知反应的得失电子数 n 为 1，用控制电流法测得 25℃下的稳态极化数据，如表 4-5-1 所示。

表 4-5-1　25℃下的阴阳极稳态极化数据

i/mA·cm^{-2}	η_A/mV	η_K/mV	i/mA·cm^{-2}	η_A/mV	η_K/mV
1.5	4	−4	31.1	64	−64
3.3	8	−8	37.5	73	−72
4.5	12	−12	44	81	−79
6.5	16	−16	61	96	−96
9.5	24	−24	100	120	−120
13.1	32	−32	158	144	−144
16.8	40	−40	250	168	−168
21.0	48	−48	395	192	−193
25.5	57	−56	640	216	−217

根据表 4-5-1 给出的极化数据，绘制成半对数极化曲线，如图 4-5-2 所示。

在图上，可确定半对数极化曲线的直线部分，即 Tafel 直线的斜率。阴极 Tafel 斜率为 $b_c=-120$mV，阳极 Tafel 斜率为 $b_a=120$mV。由式(4-5-3) 和式(4-5-4) 可求出传递系数$\alpha=\beta=0.5$。

将阴极、阳极极化曲线的直线部分外推得到交点，由交点的横坐标可求得交换电流密度 $j^{\ominus}=10$mA·cm^{-2}。

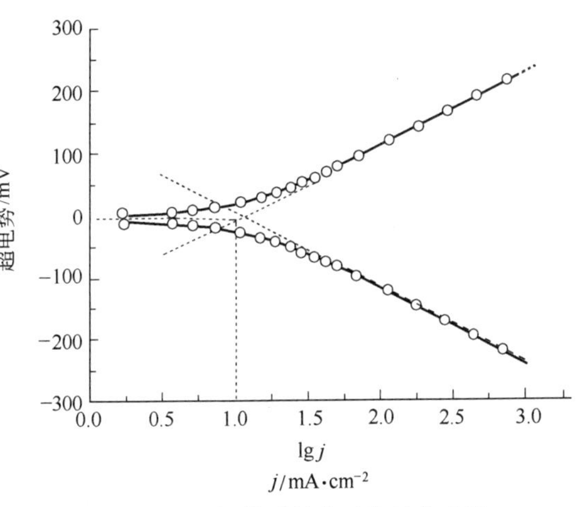

图 4-5-2　电极体系的半对数极化曲线

4.5.2　线性极化法测定极化电阻 R_P 及交换电流 $i^{\ominus}$

当不存在浓差极化，且电极处于阴极线性极化区时，Butler-Volmer 公式可简化为

$$R_P=\frac{-\eta}{i}=\frac{RT}{nF}\frac{1}{i^{\ominus}}$$

由上式可见，平衡电势附近的线性极化曲线（$-\eta$)-i 是一条直线，由直线的斜率可得极化电阻 R_P。

$$i^{\ominus}=\frac{RT}{nF}\left(\frac{i}{-\eta}\right)=\frac{RT}{nF}\frac{1}{R_P}$$

利用上式，可由极化电阻 R_P 计算出交换电流 $i^{\ominus}$。

对于腐蚀金属电极，同样可由腐蚀电势 E_{corr} 附近的线性极化曲线（$-\Delta E$）-i 的斜率得到极化电阻 R_P，然后由下式计算腐蚀电流 i_{corr}

$$i_{corr}=\frac{B}{R_P} \tag{4-5-7}$$

$$B=\left[\left(\frac{\partial \ln|i_a|}{\partial(\Delta E)}\right)_{\eta=0}-\left(\frac{\partial \ln i_c}{\partial(\Delta E)}\right)_{\eta=0}\right]^{-1} \tag{4-5-8}$$

式中，i_a 是腐蚀金属电极的阳极溶解反应电流；i_c 是腐蚀过程的阴极还原反应电流之和。

当腐蚀过程只有一个阴极还原反应，且腐蚀金属电极的阳极溶解反应和腐蚀过程的阴极还原反应在强极化区都遵循 Tafel 关系式时，参量 B 可由下式得到

$$B=\frac{b_a b_c}{2.3(b_a+b_c)} \tag{4-5-9}$$

式中，b_a 是腐蚀金属电极阳极溶解反应的 Tafel 斜率；b_c 是腐蚀过程的阴极还原反应的 Tafel 斜率。

极化电阻 R_P 有多种不同的测定方法：①从平衡电势 E_{eq}（或腐蚀电势 E_{corr}）开始进行阳极极化，利用阳极线性极化曲线测得 R_P；②从平衡电势 E_{eq}（或腐蚀电势 E_{corr}）开始进行阴极极化，利用阴极线性极化曲线测得 R_P；③从阴极极化超电势（或阴极极化极化值）为 30mV 的电势正向扫描，经过平衡电势 E_{eq}（或腐蚀电势 E_{corr}），再阳极极化到阳极极化超电势（或阳极极化极化值）为 30mV 的电势，利用双向线性极化曲线测得极化电阻 R_P。这三种方法测得的结果通常并不完全一致，可选用其中任一方式，但一般认为第三种方式较好。

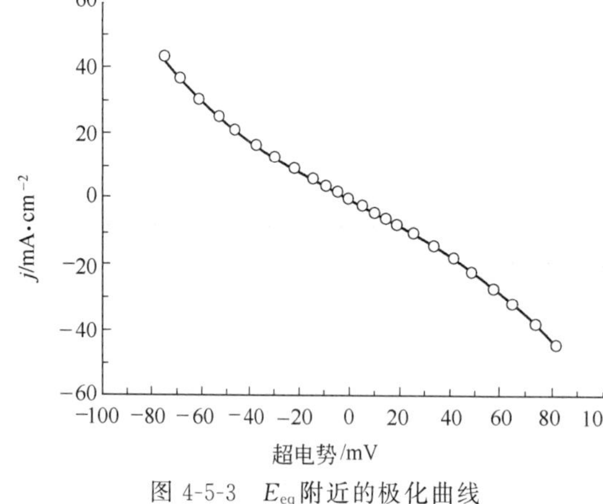

图 4-5-3　E_{eq} 附近的极化曲线

由表 4-5-1 中的极化数据绘制出极化曲线，如图 4-5-3 所示，E_{eq} 附近的曲线呈线性关系。

由图 4-5-3 中的线性极化曲线的斜率可得线性极化电阻 R_P 为 $2.5\Omega\cdot cm^2$，利用式(4-2-20）可计算出交换电流密度

$$j^{\ominus}=\frac{RT}{nF}\frac{1}{R_P}=10\text{mA}\cdot\text{cm}^{-2}$$

4.5.3　利用弱极化区测定动力学参数

在极化曲线的线性极化区与强极化区之间存在着弱极化区，对应的超电势范围大约在 $10/n\sim70/n$ mV 之间。在此范围内，电极上的氧化速率与还原速率既不接近相等，也未相差到可忽略逆反应的程度，因此不能采用 4.5.1 节和 4.5.2 节 中的两种近似方法，其动力学关系符合式(4-2-3）给出的 Butler-Volmer 公式。

$$i=i^{\ominus}\left[\exp\left(-\frac{\alpha nF}{RT}\eta\right)-\exp\left(\frac{\beta nF}{RT}\eta\right)\right]$$

利用弱极化区极化数据计算动力学参数的一个经典方法是所谓的“三点法”：在超电势

为 $\eta=-|\eta_1|$ 时测量阴极极化电流 i_{-1}，在超电势为 $\eta=|\eta_1|$ 时测量阳极极化电流 i_{+1}，在超电势为 $\eta=-2|\eta_1|$ 时测量阴极极化电流 i_{-2}。

令
$$u\equiv\exp\left(\frac{\alpha nF}{RT}|\eta_1|\right),v\equiv\exp\left(\frac{\beta nF}{RT}|\eta_1|\right) \tag{4-5-10}$$

这样根据式(4-2-3) 给出的 Butler-Volmer 公式，可以得到三个不同极化超电势下的极化电流

$$i_{-1}=i^{\ominus}(u-v^{-1}) \tag{4-5-11}$$

$$|i_{+1}|=i^{\ominus}(v-u^{-1}) \tag{4-5-12}$$

$$i_{-2}=i^{\ominus}(u^2-v^{-2}) \tag{4-5-13}$$

令 $r_-\equiv\frac{i_{-2}}{i_{-1}}$，根据式(4-5-11) 和式(4-5-13) 可得

$$r_-=\frac{i_{-2}}{i_{-1}}=u+v^{-1} \tag{4-5-14}$$

令 $r\equiv\frac{i_{-1}}{|i_{+1}|}$，根据式(4-5-11) 和式(4-5-12) 可得

$$r=\frac{i_{-1}}{|i_{+1}|}=uv^{-1} \tag{4-5-15}$$

因此有

$$r_-^2-4r=(u-v^{-1})^2 \tag{4-5-16}$$

由式(4-5-10) 可知 $u-v^{-1}>0$，所以可以令

$$S\equiv\sqrt{r_-^2-4r}=u-v^{-1} \tag{4-5-17}$$

将式(4-5-17) 代入式(4-5-11) 可得

$$i_{-1}=i^{\ominus}S \tag{4-5-18}$$

给定一系列不同的 $|\eta_1|$，测定一系列对应于不同 i_{-1} 的 S 值，用 S-i_{-1} 作图，应得一条过原点的直线，由直线的斜率可以求得 $i^{\ominus}$。

由式(4-5-14) 和式(4-5-17) 可以得到

$$u=\frac{r_-+S}{2} \tag{4-5-19}$$

$$v^{-1}=\frac{r_--S}{2} \tag{4-5-20}$$

根据式(4-5-10) 可得

$$\ln\left(\frac{r_-+S}{2}\right)=\frac{\alpha nF}{RT}|\eta_1| \tag{4-5-21}$$

$$\ln\left(\frac{r_--S}{2}\right)=-\frac{\beta nF}{RT}|\eta_1| \tag{4-5-22}$$

用 $\ln\left(\frac{r_-+S}{2}\right)$-$|\eta_1|$ 作图和用 $\ln\left(\frac{r_--S}{2}\right)$-$|\eta_1|$ 作图，分别得到两条过原点的直线，由它们的斜率可以测定 αn 和 βn。

由于强极化法对电极体系扰动太大，而线性极化法由于近似处理带来一些误差，因此弱极化法具有一定的优势，弱极化法可同时测定 $i^{\ominus}$、αn 和 βn。对于腐蚀电极体系，可用类似的方法测定 i_{corr}、αn 和 βn，既可避免强极化法的缺点，又不像线性极化法那样需要另外测得 b_a 和 b_c 值，是测定金属腐蚀速率的精确方法。

利用弱极化区的数据测定动力学参数，还可采用曲线拟合的方法。曲线拟合法的基本原

理是根据选定的动力学方程数学模型，由一系列超电势计算出相应的极化电流的计算值，以极化电流的测量值和计算值之差的平方和为目标函数。通过多次迭代运算，求取使目标函数尽可能小的动力学方程的待定参数。在曲线拟合过程中，只需使用计算机程序进行运算，因此该法方便准确。

4.6 稳态测量方法的应用

稳态极化曲线是表示电极的反应速率（即电流密度）与电极电势的关系曲线。对于同样的体系，在稳态下，在同样的电势下，将发生同样的反应，并且以相同的反应速率进行。因此，稳态极化曲线是研究电极过程动力学最重要最基本的方法，它在电化学基础研究、化学电源、电镀、电冶金、电解和金属腐蚀等领域都有广泛的应用。

在电化学基础研究方面，根据极化曲线可以判断电极过程的反应机理和控制步骤；可以查明给定体系可能发生的电极反应的最大反应速率；可从极化曲线测动力学参数，如交换电流密度、传递系数、标准速率常数和扩散系数等；可以测定 Tafel 斜率；推算反应级数进而研究反应历程；还可以利用极化曲线研究多步骤的复杂反应，研究吸附和表面覆盖度等。

在化学电源方面，可以分别测定正、负极的单电极极化曲线，判断各电极的极化占总极化的百分比，从而研究正、负极对化学电源性能的不同影响。由正、负极的极化曲线还可判断化学电源的寿命是由正极还是由负极决定；由正、负极的极化曲线还可研究不同板栅材料、不同电活性物质对化学电源性能的影响。

在电解、电镀、电冶金方面，研究主反应和副反应（如阴极析氢，阳极析氧）的极化曲线，可以测定电流效率。在合金电沉积中，研究不同成分对极化曲线的影响，可找出适当的电解液配方和工艺参数。为了使阳极正常溶解，可测量阳极的钝化曲线，找出合适的阴阳极面积比。由极化曲线还可估计电解液分散能力和电流分布。采用旋转圆盘电极可以研究电镀添加剂的整平能力。

在金属腐蚀方面，测量极化曲线可得出阴极保护电势，阳极保护的致钝电势、致钝电流、维钝电流、击穿电势和再钝化电势等。测量极化曲线，采用强极化区、线性极化区和弱极化区的方法可快速测量金属的腐蚀速率，从而快速筛选金属材料和缓蚀剂。测量阴极极化曲线和阳极极化曲线，可用于研究局部腐蚀。分别测量两种金属的极化曲线，可以推算这两种金属连接在一起时的电偶腐蚀。测量腐蚀系统的阴阳极极化曲线，可查明腐蚀的控制因素、影响因素、腐蚀机理及缓蚀剂作用类型等。

极化曲线在电化学领域中的应用是多种多样的，下面举一个简单的例子，氯离子对镍阳极钝化的影响。

镍和其它过渡金属一样，容易发生阳极钝化。对于有钝化行为的极化曲线需用恒电势法测定，而不宜用恒电流法。用恒电势法测得的镍在 $0.5\ mol \cdot L^{-1}$ 的 H_2SO_4 及不同含量 NaCl 溶液中的阳极极化曲线如图 4-6-1 所示。其中曲线 1 为不含 Cl^- 离子的曲线，整个阳极极化曲线可分为四个不同的区域。AB 段为活性区，此时金属进行正常溶解，阳极电流随电势的改变一般服从半对数关系。BC 段为过渡区，这时金属开始发生钝化，随着电势的正移，金属的溶解速率反而迅速减小，极化曲线出现“负坡度”。CD 段为钝化区，这时金属处于稳定的钝化状态，金属的溶解速率几乎与电势的变化无关。DE 段为超钝化区，这时电流再度随电极电势变正而增大。这可能是由于金属生成高价反应产物而增加了溶解速率，也可能是由于氧的析出引起的。

从这种恒电势阳极极化曲线可得到下列重要参数：临界钝化电流，临界钝化电势，稳定钝态的电势区域（*CD* 段），钝态下金属的溶解电流。这些参数对于研究金属的钝化现象和机理以及在电化学工程中都有很大的实际意义。

从图 4-6-1 中的一组阳极极化曲线可看出氯离子对金属钝化的影响，当添加 0.1%NaCl 时可使钝化电流增加一个数量级还多。当氯化钠的含量大于 0.5%时，钝化电流也就是阳极溶解速率增加三个数量级以上。这种钝态的破坏通常归因于氯离子在钝化表面上的吸附。由于这种吸附氯离子的存在，促使氧化膜的溶解，从而导致钝态的破坏。当氯离子浓度较低时，只能引起钝化膜的局部破坏，导致金属的点蚀。

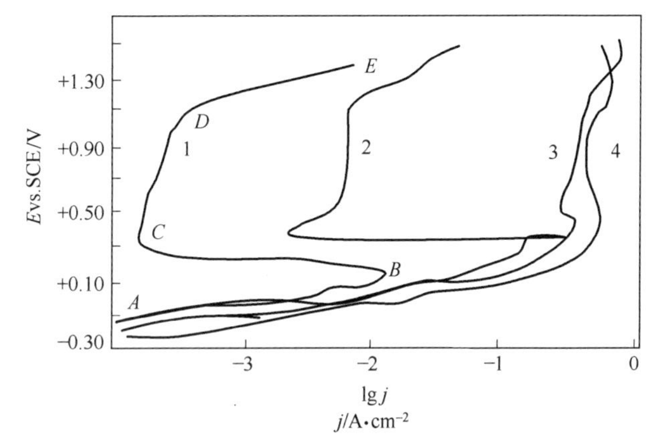

图 4-6-1 镍在含有不同浓度 NaCl 的 0.5 mol · L^{-1} 的 H_2SO_4 溶液中的阳极极化曲线

NaCl 质量分数：1—0；2—0.1%；3—0.5%；4—3.5%

4.7 流体动力学方法——强制对流技术

当电极和溶液之间发生相对运动时，反应物和产物的物质传递过程受到强制对流的影响，这一类电化学测量方法称为流体动力学方法（hydrodynamic method），也称为强制对流技术。能够实现强制对流的电化学技术主要包括两类：一类是电极处于运动状态的体系，如旋转圆盘电极、滴汞电极、振动电极；另一类是强制溶液流过静止的电极，如处于流动溶液中的网状电极和颗粒状电极（流动床电极），以及溶液在其内部流动的管道电极。

流体动力学方法的优点是可保证电极表面扩散层厚度均匀分布，并可人为地加以控制，使得液相扩散传质速率在较大范围内调制。这样，一方面可以保证电极表面上的电流密度、电极电势及传质流量比自然对流条件下更均匀、稳定；另一方面，降低物质传递过程对电荷传递动力学的影响，可以研究更快速的电极反应。此外，采用流体动力学方法，可更快地达到稳态，提高测量精度。

4.7.1 旋转圆盘电极

旋转圆盘电极（rotating disk electrode，RDE）是能够把流体动力学方程和对流-扩散方程在稳态时严格解出的少数几种对流电极体系中的一种。制备这种电极相对简单，它是把一个电极材料作为圆盘嵌入到绝缘材料做的管中。例如，一种普遍采用的形式是将铂的圆棒嵌入聚四氟乙烯、环氧树脂或其它塑料中，露出的电极底面经抛光后十分平整光滑。电极经电动机带动可按一定速度旋转。电极结构如图 4-7-1 所示。

由于溶液具有黏性，圆盘电极的旋转带动附近的溶液发生流动。溶液的流动可分解为三个方向：由于离心力的存在，溶液在径向以流速 v_r 向外流动；由于溶液的黏性，在圆盘旋转时，溶液以切向流速 v_Φ 向切向流动；在电极附近这种向外的溶液流动使得电极中心区溶液的压力下降，于是离电极表面较远的溶液向中心区补充，形成轴向流动，流速为 v_y。上述三个方向的流速与电极转速、溶液黏度有关，也与离开电极表面的轴向距离 y 有关，v_r 和 v_Φ 还与径向距离 r 值有关，r 越大其值也越大。旋转圆盘附近的液流情况示意图如图 4-7-2 所示。

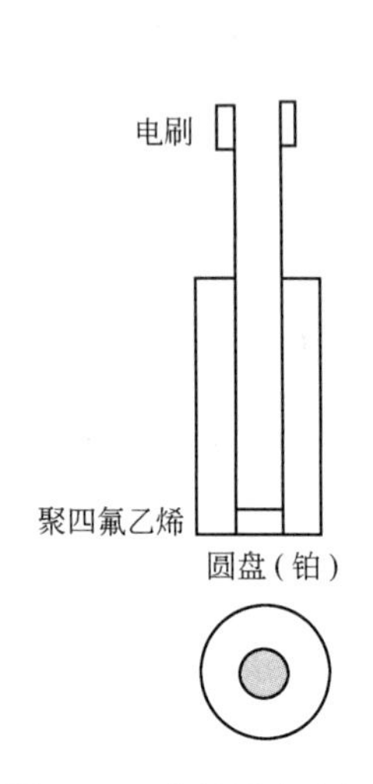

图 4-7-1　旋转圆盘电极

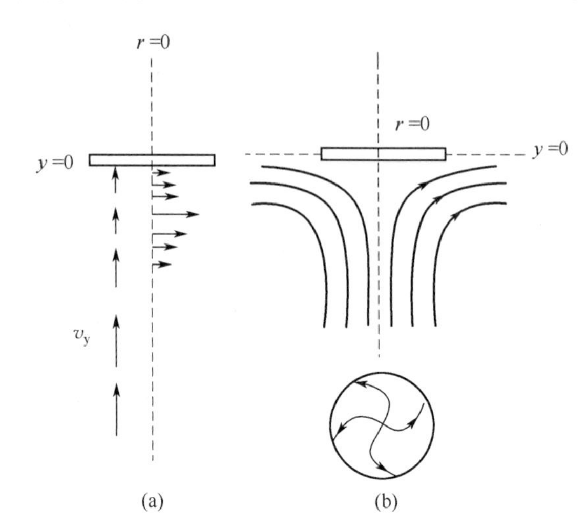

图 4-7-2 （a）旋转圆盘附近的流速的矢量表示和（b）总流线（或流动）的示意图

在到电极表面的轴向距离相同的各处，溶液的轴向流动速度是相同的，或者说电极水平表面各处的强制对流状况相同，因此可以形成整个电极表面上均匀的扩散层厚度，并且这一扩散层厚度可以通过调节转速而人为地控制。

根据流体动力学理论，可以推导出扩散层的有效厚度 δ

$$\delta=1.61D_O^{1/3}\nu^{1/6}\omega^{-1/2} \tag{4-7-1}$$

式中，D_O为反应物的扩散系数，$cm \cdot s^{-1}$；ν 为溶液的动力黏度，$cm \cdot s^{-1}$；ω 为旋转圆盘电极的旋转角速度，$rad \cdot s^{-1}$。

根据 Fick 第一定律 $i=nFAD_O\dfrac{C_O^*-C_O^S}{\delta}$可以得到扩散电流为

$$i=0.62nFAD_O^{2/3}\nu^{-1/6}(C_O^*-C_O^S)\omega^{1/2} \tag{4-7-2}$$

极限扩散电流 i_d为

$$i_d=0.62nFAD_O^{2/3}\nu^{-1/6}C_O^*\omega^{1/2} \tag{4-7-3}$$

令 $B\equiv0.62nFAD_O^{2/3}\nu^{-1/6}$，则式(4-7-2) 和式(4-7-3) 可写为

$$i=B(C_O^*-C_O^S)\omega^{1/2} \tag{4-7-4}$$

$$i_d=BC_O^*\omega^{1/2} \tag{4-7-5}$$

严格地讲，上述数学关系式只适用于一个无限薄的薄片电极在无限大的溶液中旋转的情况。但当圆盘的半径比 Prandtl 表层（是指电极表面附近由于电极的拖动使得溶液径向流速随着趋近电极表面而逐渐减小的液层）厚度大得多，而且电解液至少超过圆盘边缘几厘米以上时，上述数学关系式仍然近似成立。如果电极圆盘被嵌在绝缘物中，而且它们在同一表面

上连续平滑，则可以使边缘效应减到最小。

上述数学关系式只适用于溶液流动满足层流条件，且自然对流可以忽略的情况下。为了保证层流条件，圆盘表面的粗糙度与 δ 相比必须很小，即要求电极表面具有高光洁度，表面液流不会出现湍流；在远大于旋转电极半径范围内不得有任何障碍物，而且旋转电极应当没有偏心度；当 Luggin 毛细管很细，轴向地指向电极表面，而且尖端距离表面 1cm 以上时并不会显著干扰流体动力学性质。如果 Luggin 毛细管离电极表面太近，会引起湍流；太远，则会增大溶液欧姆压降。

为了保证层流条件，并且自然对流可以忽略，必须选择适当的转速范围。当转速在 10r/min 以下时，自然对流不可忽略；转速太高，高于 10000r/min 时，容易引起湍流。

由于旋转圆盘电极在整个电极表面上给出均匀的轴向流速 v_y，因而整个表面上的扩散层厚度是均匀的。如果辅助电极的位置放置不当，圆盘电极表面上电流密度的分布就未必均匀。为了使电流密度分布均匀，辅助电极最好也做成圆盘形状，其表面与旋转圆盘电极表面平行，而且在不违背其它条件下尽可能靠近旋转电极表面。

旋转圆盘电极性能的优劣可通过一些性质已知的体系进行校验，例如可使用 $K_3(FeCN)_6/K_4(FeCN)_6$ 体系。从式(4-7-3) 可知，在性能良好的旋转圆盘电极上测得的 i_d-$\omega^{1/2}$ 关系曲线应为通过原点的直线。

旋转圆盘电极应用很广。由式(4-7-3) 可知，若 n、D_O、ν 中任意两个参数已知，就可用旋转圆盘电极法求其余一个参数。为此，通常测定不同转速下的 i_d，然后用 i_d-$\omega^{1/2}$ 作图，应得一条直线，从直线的斜率可求出相应参数。

对于某些体系，由于浓差极化的影响，在自然对流条件下，无法用稳态极化曲线测定电极动力学参数。但如果采用旋转圆盘电极，随着转速的提高，可使本来为扩散控制或混合控制的电极过程转变为传荷过程控制，这时就可以利用稳态极化曲线测定动力学参数了。

如果提高转速后，电极过程仍然处于混合控制区，则可利用外推法消除浓差极化的影响。在混合控制条件下的强极化区，电极过程动力学关系式为

$$i=\left(1-\frac{i}{i_d}\right)i^{\ominus}\exp\left(-\frac{\alpha nF}{RT}\eta\right) \tag{4-7-6}$$

显然，$i_e=i^{\ominus}\exp\left(-\frac{\alpha nF}{RT}\eta\right)$是没有浓差极化存在时的阴极还原电流，将其代入到式(4-7-6)中，得到

$$i=\left(1-\frac{i}{i_d}\right)i_e \tag{4-7-7}$$

进一步改写为

$$\frac{1}{i}=\frac{1}{i_e}+\frac{1}{i_d} \tag{4-7-8}$$

将式(4-7-5) 代入到式(4-7-8) 中，得到

$$\frac{1}{i}=\frac{1}{i_e}+\frac{1}{BC_O^*}\omega^{-1/2} \tag{4-7-9}$$

在强阴极极化电势范围内，给定一个超电势 η_1，用$\frac{1}{i}$-$\omega^{-1/2}$作图，得到一条直线，由直线斜率可以求出扩散系数 D_O，由直线截距可得 η_1 所对应的 i_{e1}；给定一个超电势 η_2，用$\frac{1}{i}$-$\omega^{-1/2}$作图，由所得直线的截距可得 η_2 所对应的 i_{e2}；反复测量，可以得到一系列对应的 η、

i_e数据，用 η-i_e作图，就得到无浓差极化存在时的强阴极极化区稳态极化曲线，利用 Tafel 直线外推法可求出 $i^{\ominus}$ 和 α。

旋转圆盘电极还可用于测定不可逆电极反应的反应级数，而无需改变反应物的浓度，当反应物为气体时，更能体现这一方法的优越之处。在强阴极极化区，阴极电流可写为

$$i=k(C_O^S)^p \tag{4-7-10}$$

式中，k 为阴极反应的速率常数；C_O^S为反应物的表面浓度；p 为反应级数。

对于旋转圆盘电极，由式(4-7-4) 和式(4-7-5) 可得

$$C_O^S=\frac{i_d-i}{B\omega^{1/2}} \tag{4-7-11}$$

将式(4-7-11) 代入式(4-7-10)，并取对数，得

$$\lg i=\lg k-p\lg B+p\lg\left(\frac{i_d-i}{\omega^{1/2}}\right) \tag{4-7-12}$$

在强阴极极化区的某一超电势 η 下，测定不同转速 ω 下的阴极电流 i，用$\lg i$-$\lg\left(\frac{i_d-i}{\omega^{1/2}}\right)$作图，应得一条直线，直线的斜率即为该电极反应的反应级数。

此外，采用旋转圆盘电极还可以判断电化学反应的控制步骤。在某一极化超电势 η 下，若随着旋转圆盘电极转速的增加，反应的电流增加，则说明是扩散控制或混合控制。用$\frac{1}{i}$-$\omega^{-1/2}$作图，若得到过原点的直线，说明是扩散控制；用$\frac{1}{i}$-$\omega^{-1/2}$作图，若得到不过原点的直线，说明是混合控制。若 ω 改变，而 i 并不随之改变，则说明是传荷过程控制。

旋转圆盘电极在电结晶过程、添加剂和整平剂作用机理、氧化膜的形成以及金属腐蚀等方面也有广泛的应用。

4.7.2 旋转圆环圆盘电极（rotating ring-disk electrode，RRDE）

旋转圆环圆盘电极的结构如图 4-7-3 所示。整个电极可划分为三个区域：中央的圆盘Ⅰ(半径 r_1)，盘环之间的绝缘间隙Ⅱ(内半径 r_1，外半径 r_2)，环电极Ⅲ(内半径 r_2，外半径 r_3)，三个区域均具有光滑表面，且在同一平面。

旋转环-盘电极（RRDE）的盘电极的电流-电势特性不因环的存在而受到影响，盘的性质前文已讨论过。由于 RRDE 实验包括测定两个电势（盘电势 E_D和环电势 E_R）和两个电流（盘电流 i_D和环电流 i_R)，故 RRDE 实验通常用双恒电势仪来进行，它可以独立地调节 E_D和 E_R(见图 4-7-4)。

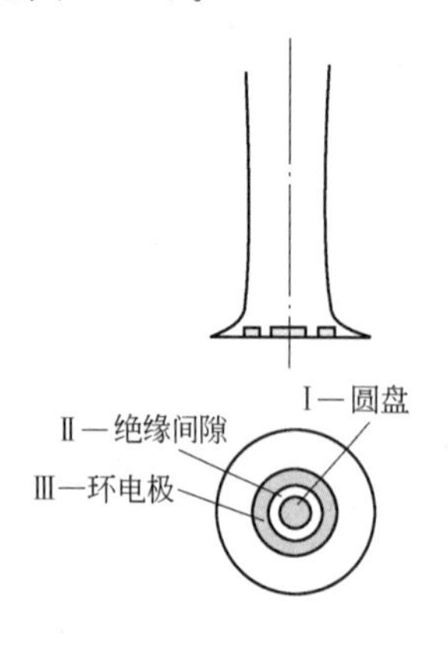

图 4-7-3　旋转圆环圆盘电极的结构示意图

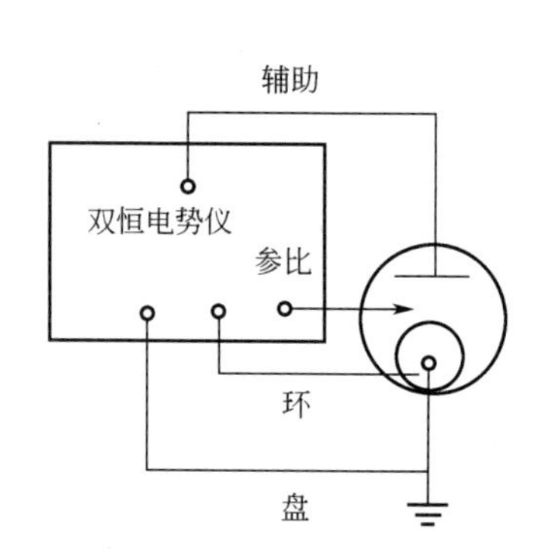

图 4-7-4　RRDE 测试装置示意图

RRDE 可工作在两种工作模式下。最常见的一种是收集模式，环电极作为一个就地检测装置，盘上产生的产物、中间产物可在环上检测到；另一种模式是屏蔽模式，即环电极上的电活性物质流量受到盘反应的干扰。

（1）收集实验

盘电极电势维持在 E_D，其上发生 $O+ne^- \rightarrow R$ 的反应，产生阴极电流 i_D；环电极维持足够正的电势 E_R，使到达环上的任何 R 都能立即被氧化，发生 $R \rightarrow O+ne^-$ 的反应，并且在环表面上 R 的浓度完全为零。在此条件下，环电流 $-i_R$ 和盘电流 i_D 的比值代表了在盘上产生的 R 有多少能在环上被收集到，该比值称为收集效率（collection efficiency），用符号 N 来表示

$$N=\frac{-i_R}{i_D} \tag{4-7-13}$$

N 仅决定于 r_1、r_2 和 r_3，而与 ω、C_O^*、D_O、D_R 等参数无关，因而可由电极的几何尺寸进行计算。

对于确定的 RRDE 电极，若产物 R 稳定，则可由实验测定 $N=-\frac{i_R}{i_D}$，对于这一电极而言，N 是恒定的。例如对于 $r_1=0.187\text{cm}$，$r_2=0.200\text{cm}$ 及 $r_3=0.332\text{cm}$ 的 RRDE，$N=0.555$，即在环上可收集 55.5%的盘上产物。当绝缘层厚度（r_2-r_1）减小，环尺寸（r_3-r_2）增大时，N 值增大。

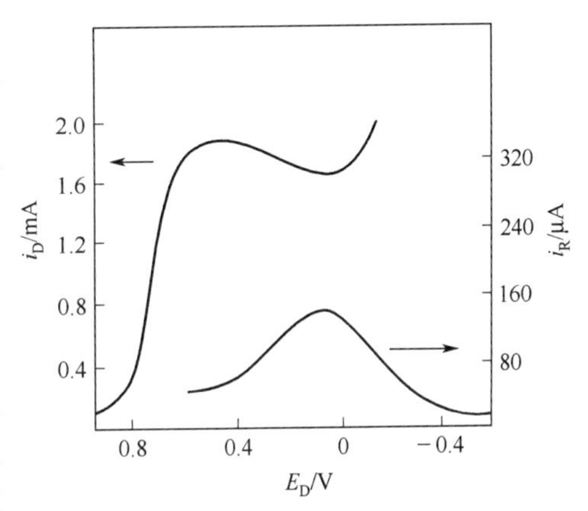

图 4-7-5　0.0125mol·L^{-1} KOH 中氧在旋转铂环-盘电极上的极化曲线

例如，在稀碱溶液中，采用旋转的铂环-盘电极研究氧还原的中间产物 H_2O_2。氧在盘电极上还原的同时，在环电极上加上能使 H_2O_2 氧化但不至于使水分子氧化的正电势。用这种电极研究氧的还原过程，其极化曲线如图 4-7-5 所示。图中电极电势在 0.5～−0.1V 之间，盘电极电流 i_D 出现极小值，而环电极电流 i_R 出现极大值。表明在这个电势范围内，中间产物 H_2O_2 能在圆盘电极邻近液层内积累到较高浓度，部分中间产物 H_2O_2 离开圆盘到达圆环电极后被还原，从而使盘电极电流 i_D 下降，环电极电流 i_R 上升。

（2）屏蔽实验

在盘电极处于开路时，O 还原为 R 的环电极极限扩散电流 $i_{Rd}^{\ominus}$ 为

$$i_{Rd}^{\ominus}=0.62nF\pi(r_3^3-r_2^3)^{2/3}D_O^{2/3}\nu^{-1/6}C_O^*\omega^{1/2} \tag{4-7-14}$$

O 还原为 R 的盘电极极限扩散电流 i_{Dd} 为

$$i_{Dd}=0.62nF\pi r_1^2 D_O^{2/3}\nu^{-1/6}C_O^*\omega^{1/2} \tag{4-7-15}$$

令 $\beta\equiv\frac{r_3^3-r_2^3}{r_1^3}$，则

$$\frac{i_{Rd}^{\ominus}}{i_{Dd}}=\left(\frac{r_3^3-r_2^3}{r_1^3}\right)^{2/3}=\beta^{2/3} \tag{4-7-16}$$

当盘电流 i_D 不为零时，流到环上的反应物 O 的流量将会减少，减少值应当同收集实验中盘电极产物 R 流到环上的流量 Ni_D 相同。此时，环电极的极限扩散电流 i_{Rd} 将会比 $i_{Rd}^{\ominus}$ 更小

$$i_{Rd}=i_{Rd}^{\ominus}-Ni_D \tag{4-7-17}$$

当盘电流为极限扩散电流 i_{Dd}时，根据式(4-7-17) 可得相应的环电极极限扩散电流

$$i_{Rd}=i_{Rd}^{\ominus}-Ni_{Dd} \tag{4-7-18}$$

将式(4-7-16) 代入到式(4-7-18) 中，可得

$$i_{Rd}=i_{Rd}^{\ominus}(1-N\beta^{-2/3}) \tag{4-7-19}$$

式(4-7-19) 说明，当盘电流为其极限值 i_{Dd}时，环电流要减小一个因子$(1-N\beta^{-2/3})$，该因子总是小于 1，称为屏蔽因子 (shielding factor)。

第5章 暂态测量方法总论

5.1 暂态过程

5.1.1 暂态（transient state）

从上一章的内容我们知道，稳态是在指定的时间范围内，电化学系统的参量基本不变的状态。

暂态是相对稳态而言的。当极化条件改变时，电极会从一个稳态向另一个稳态转变，其间要经历一个不稳定的、变化的过渡阶段，这一阶段称为暂态。

我们知道，电极过程是由许多基本过程所组成的。在电极由一个稳态向另一个稳态转变的过渡阶段中，任意一个电极基本过程没有达到新的稳态，都会使整个电极过程处于暂态过程之中，如双电层充电过程、电化学反应过程、扩散传质过程。某一个基本过程没有达到稳态时，表现出来的结果就是这个过程的参量处于变化之中。例如，处于暂态过程时，界面双电层的电荷分布状态、电极界面的吸附覆盖状态、扩散层中的浓度分布、电极电势和极化电流都可能处在变化之中，至少其中之一处于变化之中。

总之，当电极极化条件改变时，电极会从一个稳态向另一个稳态转变，其间所经历的不稳定的、电化学参量显著变化的阶段就称为暂态过程。

5.1.2 暂态过程的特点

① 暂态过程具有暂态电流，即双电层充电电流 i_C。

在暂态过程中，极化电流包括两个部分：一部分电流用于双电层充电，称为双电层充电电流（double-layer charging current）i_C，或者称为电容电流（capacitive current），或非法拉第电流（non-faradaic current）；另一部分用于进行电化学反应，称为法拉第电流（faradaic current）i_f，或者电化学反应电流（electrochemical reaction current）。这样，总电流 $i=i_C+i_f$。

双电层充电电流 i_C 为

$$i_C=\frac{dq}{dt}=\frac{d[-C_d(E-E_Z)]}{dt}=-C_d\frac{dE}{dt}+(E_Z-E)\frac{dC_d}{dt} \tag{5-1-1}$$

式中，取负号是因为规定阴极电流为正；C_d 为双电层的电容；E 为电极电势；E_Z 为零电荷电势（potential of zero charge，PZC）。

式(5-1-1) 中等号右侧的第一项 $-C_d\frac{dE}{dt}$ 是电极电势发生改变时对双电层充电的充电电流。发生电化学反应时，若电极过程进行迟缓，电极电势将偏离原来的平衡值，即出现极化现象。例如，电荷传递过程进行迟缓时，将在电极界面上建立起电化学极化；当扩散过程进行迟缓时，将在电极界面上建立起浓差极化。如要改变电极电势，必须改变电极/溶液界面的电荷分布状态，这就需要对电极界面双电层进行充电，这一双电层充电电流即为式(5-1-1)

中等号右侧的第一项$-C_d\frac{dE}{dt}$。

存在着这种双电层充电电流的暂态过程由图 5-1-1 给出示意性的描述，图中控制的极化条件是恒电流极化。在图 5-1-1(a) 中所示的时刻，电极处于平衡状态，双电层荷电状态保持稳定。当通电后，在图 5-1-1(b) 中所示的时刻，由于反应进行迟缓，被恒定的电流驱使到达电极界面的三对正电荷和电子中，只有一对相结合发生还原反应，另外两对排布在电极界面两侧，改变了双电层的荷电状态，增大了电极的极化。这一时刻，总电流中的 2/3 为双电层充电电流，电极处于暂态过程。在图 5-1-1(c) 中所示的时刻，电极极化已经增大，电化学反应可在更高的速度下进行，被恒定的电流驱使到达电极界面的三对正电荷和电子中，可有两对相结合发生还原反应，另外一对排布在电极界面两侧，进一步改变了双电层的荷电状态，增大了电极的极化。这一时刻，总电流中的 1/3 为双电层充电电流，电极仍处于暂态过程。在图 5-1-1(d) 中所示的时刻，更大的电极极化可使三对正电荷和电子均互相结合发生还原反应，全部电流都用于电化学反应，双电层充电电流下降为零，电极达到稳态。

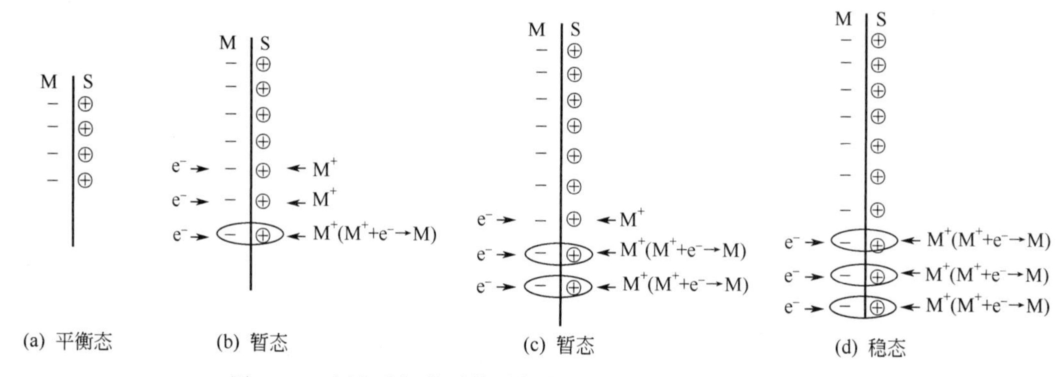

图 5-1-1　恒电流极化时伴随暂态过程的界面双电层充电情况

式(5-1-1) 中等号右侧的第二项 $(E_Z-E)\frac{dC_d}{dt}$是双电层电容 C_d改变时对双电层充电的充电电流。当电极表面上有表面活性物质吸脱附时，双电层电容发生急剧变化，这时$(E_Z-E)\frac{dC_d}{dt}$可达很大数值。通常情况下，没有表面活性物质吸脱附时，双电层电容 C_d随时间变化不大，此项可忽略。

当电极过程达到稳态时，电化学参量均不再变化，E 和 C_d也不再变化。很明显，式(5-1-1) 中等号右侧的两项都为零，即 i_C为零。也就是说，当电极过程处于暂态时，存在双电层的充电过程；而一旦达到稳态时，i_C为零，不再有双电层充电过程。

再有一个问题。有人可能会问：电极过程是不是一定要由暂态发展为稳态，或者说经过一定时间之后，电极过程是不是一定要达到稳态阶段？

实际上，电极过程不一定总是要达到稳态，这和我们所控制的极化条件有关。后面我们就会学习到，当进行恒电流阶跃或恒电势阶跃极化时，会达到稳态；如果进行线性电位扫描或交流阻抗实验时，我们控制电势不断变化，这时就不会达到稳态。

② 当扩散传质过程处于暂态时，电极/溶液界面附近的扩散层内反应物和产物粒子的浓度，不仅是空间位置的函数，而且是时间的函数，$C=C(x, t)$。

图 5-1-2 和图 5-1-3 分别是控制电势阶跃极化条件下和控制电流阶跃极化条件下的平板电极表面液层中反应物浓度分布的发展示意图。

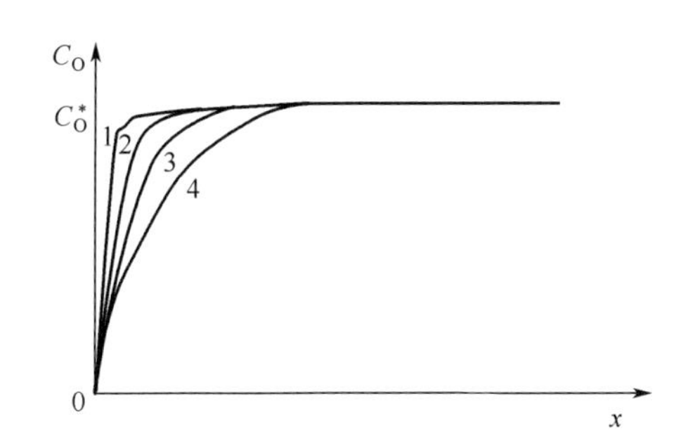

图 5-1-2 控制电势阶跃极化条件下的平板电极表面液层中反应物浓度分布的发展

1—$t=0.01$s；2—$t=0.02$s；3—$t=0.03$s；4—$t=0.04$s

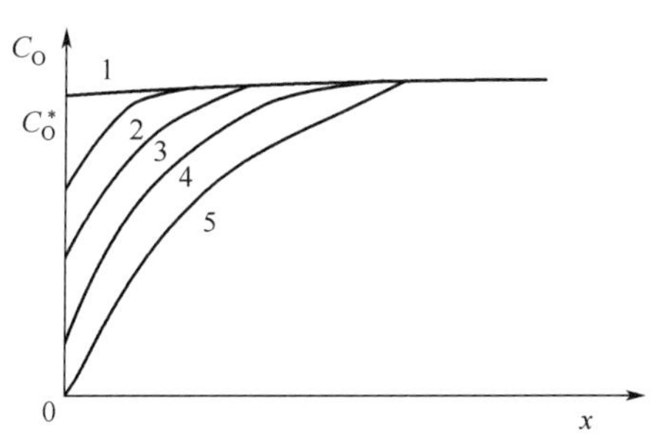

图 5-1-3 控制电流阶跃极化条件下的平板电极表面液层中反应物浓度分布的发展

1—$t=0$；2—$t=\frac{\tau}{16}$；3—$t=\frac{\tau}{4}$；4—$t=\frac{9}{16}\tau$；5—$t=\tau$

从上面两图中可以看出，在同一时刻，浓度随离开电极表面的距离而变化；在离电极表面同一距离处，浓度又随时间的变化而变化；随着时间的推移，扩散层的厚度越来越大，扩散层向溶液内部发展，当达到对流区时，建立起稳态的扩散，这时的扩散层厚度达到最大，扩散层内粒子浓度不再随时间而变化。可见，非稳态扩散过程比稳态扩散过程多了时间这个影响因素。因此，可以通过控制极化时间来控制浓差极化。通过缩短极化时间，减小或消除了浓差极化，突出了电化学极化。当进行控制电势阶跃极化时，暂态扩散层厚度 $\delta=\sqrt{\pi D_O t}$。若 $t=10^{-5}$s，$D_O=10^{-5}\ \mathrm{cm^2\cdot s^{-1}}$，则暂态扩散层厚度 $\delta=1.77\times10^{-5}$cm；而在自然对流状态下，稳态时的扩散层厚度 δ 约为 10^{-2}cm。

可见，若缩短极化时间至 10^{-5}s，那么暂态的扩散电流要比自然对流条件下稳态的大得多。这样，对于快速的电化学反应，仍然以电化学极化为主，排除了浓差极化的干扰，因此可以研究快速电化学反应的动力学参数。

5.2 暂态过程的等效电路

由于暂态系统是随时间而变化的，因而相当复杂。因此常常将电极过程用等效电路来描述，每个电极基本过程对应一个等效电路的元件。如果我们得到了等效电路中某个元件的数值，也就知道了这个元件所对应的电极基本过程的动力学参数。这样，我们就将对电极过程的研究转化为对等效电路的研究。或者说，我们把抽象的电化学反应，用熟悉的电子电路来模拟，只要研究通电时的电子学问题就可以了，那么这样就可以利用许多已知的电子学知识来解决问题。然后利用各电极基本过程对时间的不同响应，可以使复杂的等效电路得以简化或进行解析，从而简化问题的分析和计算。

通常，需要根据各个电极基本过程的电流、电势关系，来确定它们的等效电路以及等效电路之间的关系。

5.2.1 传荷过程控制下的界面等效电路

我们知道，在电极界面上规则地排布着异种电荷，形成了界面双电层，这一双电层非常类似于一个平板电容器，因此可以等效成一个双电层电容，用符号 C_d 来表示；同时，电极界面上还在进行着电荷传递过程，电荷传递的速度由法拉第电流来描述，由于电荷传递过程的迟缓性，法拉第电流引起了电化学极化超电势，这一电流、电势关系非常类似于一个电阻上的电流、电压关系，因此电荷传递过程可等效成一个电阻，称为电荷传递电阻（简称为传荷电阻），或称为电化学反应电阻，用符号 R_{ct} 来表示。

在暂态过程中，总的极化电流等于流过双电层电容 C_d 的双电层充电电流 i_C 和流过传荷电阻 R_{ct} 的法拉第电流 i_f 之和，即 $i=i_C+i_f$。而且，传荷电阻 R_{ct} 两端的电压（即电化学极化超电势）正是通过改变双电层荷电状态建立起来的，就等于双电层电容 C_d 两端的电压。综合考虑 C_d 和 R_{ct} 之间的电流、电势关系，可知 C_d 和 R_{ct} 之间应该是并联关系。因此，传荷过程控制下的界面等效电路应为 C_d 和 R_{ct} 的并联电路，如图 5-2-1 所示。

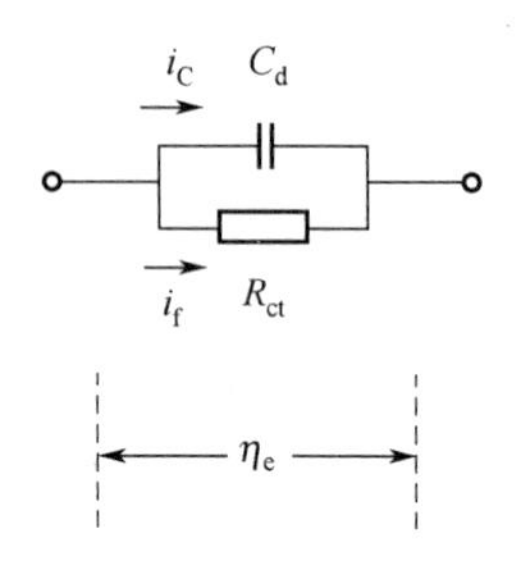

图 5-2-1　传荷过程控制下的界面等效电路

5.2.2　浓差极化不可忽略时的界面等效电路

（1）扩散过程的等效电路

当极化电流通过电极/溶液界面时，电化学反应开始发生，这样就导致了界面上反应物的消耗和产物的积累，出现了浓度差。在电极通电的初期，扩散层很薄，浓度梯度很大，扩散传质速率很快，因此没有浓差极化出现。随着时间的推移，扩散层逐步向溶液内部发展，浓度梯度下降，扩散速率减慢，浓差极化开始建立并逐渐增大。当扩散达到对流区时，电极进入稳态扩散状态，建立起稳定的浓差极化超电势。可见，浓差极化超电势的出现和增大是逐步的、滞后于电流的。这个电势、电流关系很像含有电容的电路两端的电压、电流关系。

解 Fick 第二定律的结果也表明，在小幅度暂态信号极化下，扩散过程的等效电路由电阻和电容元件组成，是一个均匀分布参数的传输线，如图 5-2-2 所示。

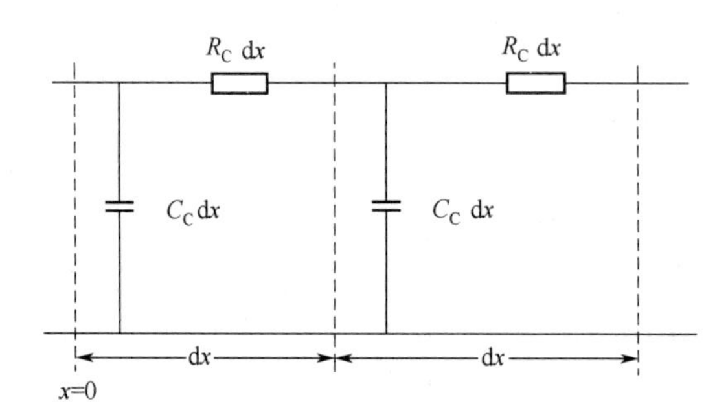

图 5-2-2　小幅度暂态信号极化下扩散过程的等效电路

在图中，$x=0$ 代表电极/溶液界面处。把扩散层分成无数个 dx 的薄层，每层的浓差极化可用一个电容 $C_C dx$ 和一个电阻 $R_C dx$ 表示。$C_C dx$ 对应着每一个 dx 薄层溶液中的物质容量；$R_C dx$ 对应着两个 dx 薄层溶液之间的扩散阻力。

当采用小幅度正弦波微扰信号进行暂态极化时，上述电路可以简化成集中参数的等效电路，如图 5-2-3 所示。并且，浓差电阻 R_W 的电阻值和浓差电容 C_W 的容抗值相等，都正比于 $\omega^{-1/2}$，因而便于分析处理。

但是当作用在电极上的微扰信号按其它规律变化时，如三角波、方波、阶跃波等，分布参数的等效电路不能简化。因而在采用这些信号的暂态测量方法中使用等效电路的方法，并不能使问题得以简化，也就失去了使用等效电路的意义。所以，除了交流阻抗法外，其它的暂态测量方法都不能使用等效电路的方法研究扩散传质过程。

为了给问题一个完整的概念，用一个半无限扩散阻抗 Z_W 来表示扩散过程的等效电路，如图 5-2-4 所示。

图 5-2-3 小幅度正弦波微扰信号极化下扩散过程的等效电路

图 5-2-4 半无限扩散阻抗 Z_W

(2) 扩散阻抗在电极等效电路中的位置

扩散传质过程和电荷传递过程是连续进行的两个电极基本过程，两个过程进行的速度是相同的，因此，两个过程的等效电路（扩散阻抗 Z_W 和传荷电阻 R_{ct}）上流过的电流均为法拉第电流 i_f；同时，界面极化超电势 $\eta_{界}$ 由浓差极化超电势和电化学极化超电势两部分组成，也就是说，扩散阻抗 Z_W 两端电压和传荷电阻 R_{ct} 两端电压之和为总的电压。很明显，由它们的电流、电势关系可以断定扩散阻抗 Z_W 和传荷电阻 R_{ct} 之间是串联关系，它们的总阻抗称为法拉第阻抗，用符号 Z_f 来表示。

总的极化电流等于流过双电层电容 C_d 的双电层充电电流 i_C 和流过法拉第阻抗 Z_f 的法拉第电流 i_f 之和，即 $i=i_C+i_f$。而且，法拉第阻抗 Z_f 两端的电压（即界面极化超电势 $\eta_{界}$）是通过改变双电层荷电状态建立起来的，就等于双电层电容 C_d 两端的电压。综合考虑 C_d 和 Z_f 之间的电流、电势关系，可知 C_d 和 Z_f 之间应该是并联关系。因此，界面等效电路应为 C_d 和 Z_f 的并联电路，如图 5-2-5 所示。

5.2.3 溶液电阻不可忽略时的等效电路

流过电极的极化电流除了流经界面，还必须流过溶液和电极。对于金属电极而言，导电性良好，其本身电阻可以忽略；但是，极化电流在从参比电极的 Luggin 毛细管管口到研究电极表面之间的溶液电阻 R_u 上产生的溶液欧姆压降（即电阻极化超电势 η_R），和界面极化超电势 $\eta_{界}$ 构成总的超电势，因此，这段溶液电阻和界面等效电路串联，构成了总的电极等效电路，如图 5-2-6 所示。

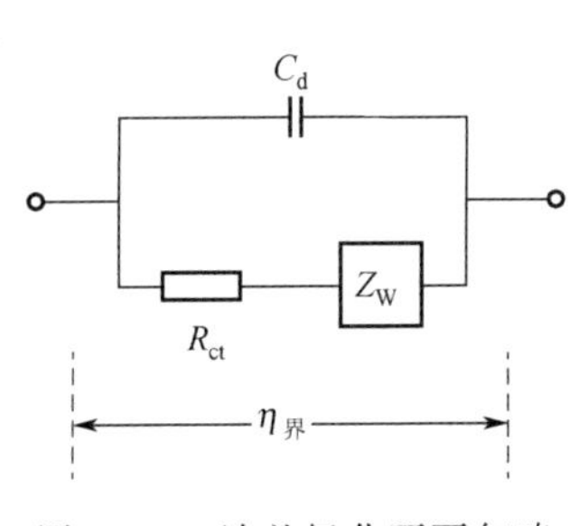

图 5-2-5 浓差极化不可忽略时的界面等效电路

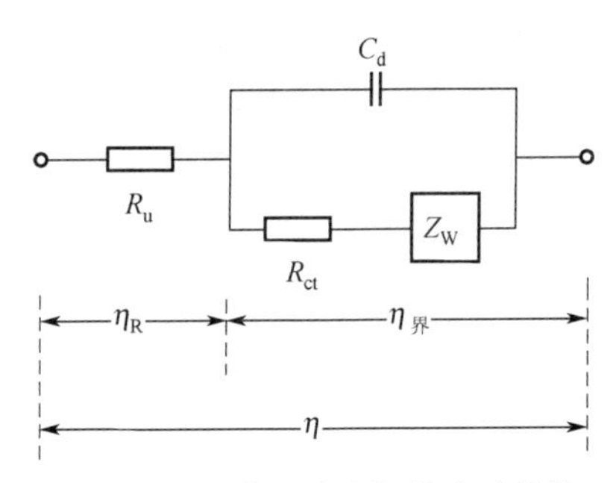

图 5-2-6 具有四个电极基本过程的简单电极过程的等效电路

这个电极等效电路是具有四个电极基本过程（双电层充电、电荷传递、扩散传质和离子导电过程）的简单电极过程的等效电路，电路中的四个元件分别对应着电极过程的四个基本过程。C_d 对应着双电层充电过程，R_{ct} 对应着电荷传递过程，Z_W 对应着扩散传质过程，而 R_u 则对应着离子导电过程。

5.3 等效电路的简化

暂态系统虽然较复杂，但暂态系统比稳态系统多考虑了时间的因素，所以可以利用各个电极基本过程对时间的不同响应，使复杂的等效电路得以简化，达到突出主要矛盾、研究电极基本过程、控制电极总过程的目的。

5.3.1 传荷过程控制下的电极等效电路

当控制如下条件时，浓差极化可以忽略不计，电极处于传荷过程控制（即电化学步骤控制）：

① 小幅度暂态测量信号（通常 $|\Delta E| \leqslant 10\text{mV}$）；

② 单向持续时间短；

③ 电极体系的 $i^{\ominus}$ 较小。

在应用等效电路的方法研究电化学反应时，往往控制上述条件，消除浓差极化的影响，以测量电化学反应的动力学参数。

此时，等效电路可简化成如图 5-3-1 所示的形式。

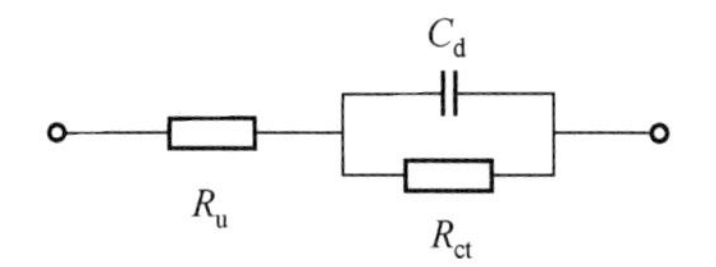

图 5-3-1　传荷过程控制下的电极等效电路

电极处于传荷过程控制时，电极的暂态过程持续时间较短，最短只有几个微秒。这取决于电极的时间常数 τ_C。

在控制电流的暂态测量中，相当于等效电路两端与恒流源相连，由于理想恒流源的内阻无穷大，因而恒流源可视为开路，这时等效电路的时间常数为 $\tau_C = R_{ct}C_d$。

在控制电势的暂态测量中，相当于等效电路两端同恒压源相连，由于理想恒压源的内阻为零，因而恒压源可视为短路，这时等效电路的时间常数为 $\tau_C = R_{/\!/}C_d$，式中 $R_{/\!/}$ 代表 R_u 与 R_{ct} 的并联电阻。

上述结论也可以从双电层电容充电过程的理论方程中得到。

① 在小幅度控制电流阶跃暂态测量中，电流阶跃幅值为 i，小幅度电流阶跃信号及其相应的超电势响应曲线如图 5-3-2 所示。则有下列关系式

$$i = i_C + i_f$$

$$i_C = -C_d \frac{d(\eta - \eta_R)}{dt}$$

$$i_f = -\frac{\eta - \eta_R}{R_{ct}}$$

$$\eta_{e\infty} = -iR_{ct}$$

$$\eta_{t=0} = -iR_u = \eta_R$$

式中，$\eta_{e\infty}$ 为传荷过程控制下，电化学反应达到稳态时的电化学极化超电势。

合并上面各式，可得

$$\frac{\eta_{e\infty}}{R_{ct}} = C_d \frac{d(\eta - \eta_R)}{dt} + \frac{\eta - \eta_R}{R_{ct}}$$

$$\frac{\mathrm{d}(\eta-\eta_{\mathrm{R}})}{-\eta+\eta_{\mathrm{e}\infty}+\eta_{\mathrm{R}}}=\frac{1}{R_{\mathrm{ct}}C_{\mathrm{d}}}\mathrm{d}t$$

$$-\int_{\eta=\eta_{\mathrm{R}}}^{\eta}\frac{\mathrm{d}(-\eta+\eta_{\mathrm{e}\infty}+\eta_{\mathrm{R}})}{(-\eta+\eta_{\mathrm{e}\infty}+\eta_{\mathrm{R}})}=\int_{0}^{t}\frac{1}{R_{\mathrm{ct}}C_{\mathrm{d}}}\mathrm{d}t$$

$$\ln\frac{-\eta+\eta_{\mathrm{e}\infty}+\eta_{\mathrm{R}}}{\eta_{\mathrm{e}\infty}}=-\frac{t}{R_{\mathrm{ct}}C_{\mathrm{d}}}$$

$$-\eta+\eta_{\mathrm{e}\infty}+\eta_{\mathrm{R}}=\eta_{\mathrm{e}\infty}\exp\left(-\frac{t}{R_{\mathrm{ct}}C_{\mathrm{d}}}\right)$$

$$\eta=\eta_{\mathrm{e}\infty}\left[1-\exp\left(-\frac{t}{R_{\mathrm{ct}}C_{\mathrm{d}}}\right)\right]+\eta_{\mathrm{R}} \tag{5-3-1}$$

上式即为小幅度控制电流阶跃暂态测量中，η-t 曲线的理论方程。由式中可见，时间常数为 $\tau_{\mathrm{C}}=R_{\mathrm{ct}}C_{\mathrm{d}}$。

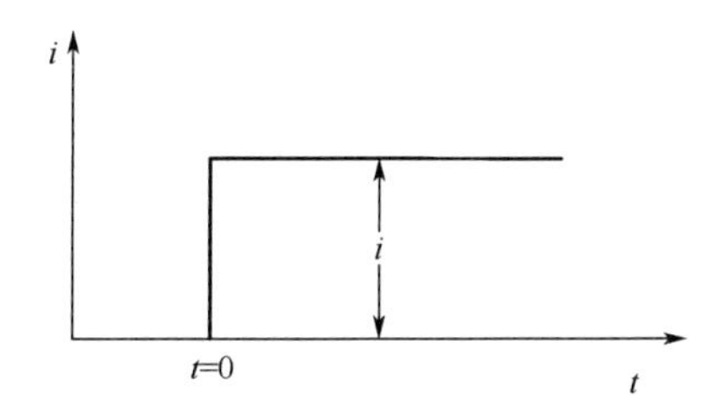

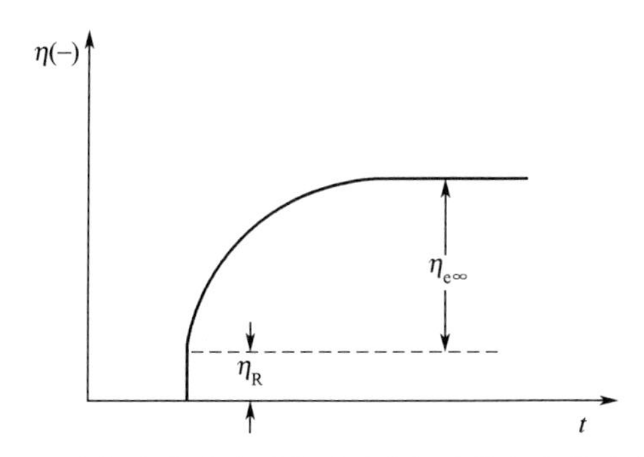

图 5-3-2　小幅度电流阶跃信号及其相应的超电势响应曲线

② 在小幅度控制电势阶跃暂态测量中，电势阶跃幅值为 η，小幅度电势阶跃信号及其相应的电流响应曲线如图 5-3-3 所示。则有下列关系式

$$i=i_{\mathrm{C}}+i_{\mathrm{f}}$$

$$i_{\mathrm{C}}=-C_{\mathrm{d}}\frac{\mathrm{d}(\eta+iR_{\mathrm{u}})}{\mathrm{d}t}$$

$$i_{\mathrm{f}}=-\frac{\eta+iR_{\mathrm{u}}}{R_{\mathrm{ct}}}$$

$$i_{\infty}=-\frac{\eta}{R_{\mathrm{u}}+R_{\mathrm{ct}}}$$

$$i_{\mathrm{t=0}}=-\frac{\eta}{R_{\mathrm{u}}}$$

式中，i_{∞} 为传荷过程控制下，电化学反应达到稳态时的法拉第电流。

$$i=-C_{\mathrm{d}}\frac{\mathrm{d}(\eta+iR_{\mathrm{u}})}{\mathrm{d}t}-\frac{\eta+iR_{\mathrm{u}}}{R_{\mathrm{ct}}}$$

$$\frac{\mathrm{d}(\eta+iR_u)}{-i(R_u+R_{ct})-\eta}=\frac{1}{R_{ct}C_d}\mathrm{d}t$$

$$\int_{i=-\eta/R_u}^{i}\frac{\mathrm{d}[-i(R_u+R_{ct})-\eta]}{-i(R_u+R_{ct})-\eta}=-\frac{R_u+R_{ct}}{R_uR_{ct}}\frac{1}{C_d}\int_0^t \mathrm{d}t$$

$$\ln[-i(R_u+R_{ct})-\eta]\Big|_{i=-\eta/R_u}^{i}=-\frac{t}{R_u/\!/R_{ct}\cdot C_d}$$

$$\frac{-i(R_u+R_{ct})-\eta}{\frac{R_{ct}}{R_u}\eta}=\exp\left[-\frac{t}{(R_u/\!/R_{ct}\cdot C_d)}\right]$$

$$-i(R_u+R_{ct})=\eta\left\{1+\frac{R_{ct}}{R_u}\exp\left[-\frac{t}{(R_u/\!/R_{ct}\cdot C_d)}\right]\right\}$$

$$i=i_\infty\left\{1+\frac{R_{ct}}{R_u}\exp\left[-\frac{t}{(R_u/\!/R_{ct}\cdot C_d)}\right]\right\} \tag{5-3-2}$$

上式即为小幅度控制电势阶跃暂态测量中，i-t 曲线的理论方程。由式中可见，时间常数为 $\tau_C=R_u/\!/R_{ct}\cdot C_d=R_{/\!/}\cdot C_d(R_u/\!/R_{ct}=R_{/\!/}$，是 R_u 与 R_{ct}的并联电阻)。

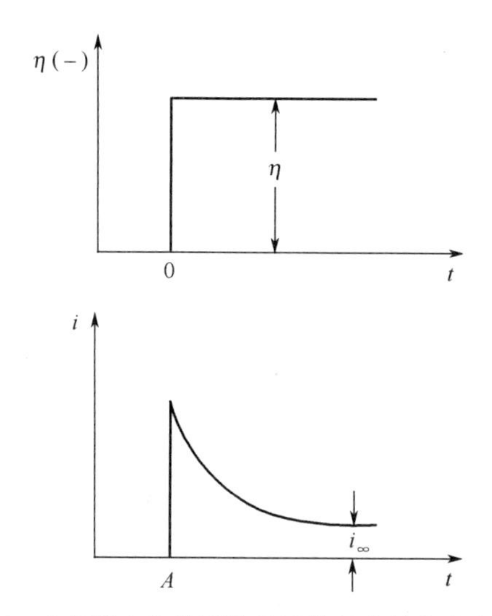

图 5-3-3　小幅度电势阶跃信号及其相应的电流响应曲线

从式(5-3-1) 和式(5-3-2) 可知，当 $t=3\tau_C$时，响应超电势（或响应电流）达到其稳态值的 95%；当 $t=5\tau_C$时，达到其稳态值的 99.3%。因此可以认为，传荷过程控制下的暂态过程持续的时间，即达到电化学稳态所需要的时间是 $(3\sim5)\tau_C$。

5.3.2　传荷过程控制下的电极等效电路的进一步简化

① 当测量信号单向极化持续时间极短时，即 $t\to0$ 时，由于通过电极的电量极少，不足以改变电极/溶液界面的荷电状态，双电层尚未开始充电。等效电路可由图 5-3-1 所示的形式进一步简化为图 5-3-4(a) 所示的形式。利用此过程可测量溶液电阻 R_u。

② 当测量信号单向极化持续时间很短时，即 $t\ll\tau_C$时，电化学反应还来不及发生，$i_f=0$，电流全部用于双电层充电。等效电路可由图 5-3-1 所示的形式进一步简化为图 5-3-4(b) 所示的形式。此时可以测量 C_d，研究电极界面信息。

③ 当 $t\gg\tau_C$时，即 $t>(3\sim5)\tau_C$时（同时 t 尚未长到引起浓差极化），电化学反应达到稳态，电流全部用于电化学反应，$i_C=0$。等效电路可由图 5-3-1 所示的形式进一步简化为图 5-3-4(c) 所示的形式。

④ 当 $t>(3\sim5)\tau_C$，且 $R_u\to0$（即消除或补偿了溶液欧姆压降）时，等效电路可由图 5-3-1 所示的形式进一步简化为图 5-3-4(d) 所示的形式。此时，可测量 R_{ct}。

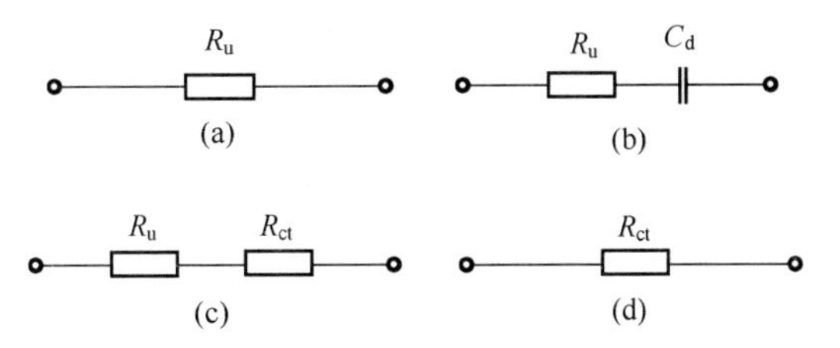

图 5-3-4　传荷过程控制下的电极等效电路的进一步简化

5.4　电荷传递电阻

电荷传递电阻 R_{ct} 是电荷传递过程的等效电路，用以描述法拉第电流 i_f 和电化学极化超电势 η_e 之间的关系，即在没有浓差极化条件下的法拉第电流 i_f 和超电势 η 之间的关系，

$$R_{ct}=-\frac{d\eta_e}{di_f}=-\left(\frac{\partial\eta}{\partial i_f}\right)_C \tag{5-4-1}$$

式中，取负号是因为规定阴极电流为正。

对于具有四个电极基本过程的简单电极反应 $O+ne^-\rightleftharpoons R$，动力学关系式为 Butler-Volmer 公式

$$i_f=\vec{i}-\overleftarrow{i}=i^{\ominus}\left(\frac{C_O^S}{C_O^*}e^{-\frac{\alpha nF}{RT}\eta}-\frac{C_R^S}{C_R^*}e^{\frac{\beta nF}{RT}\eta}\right) \tag{5-4-2}$$

式(5-4-2) 中共有三个变量，i_f、C_O^S 和 C_R^S，对其两边分别微分，可得

$$di_f=\frac{\vec{i}}{C_O^S}dC_O^S-\frac{\overleftarrow{i}}{C_R^S}dC_R^S-(\alpha\vec{i}+\beta\overleftarrow{i})\frac{nF}{RT}d\eta \tag{5-4-3}$$

将式(5-4-3) 代入到式(5-4-1) 中，可得

$$R_{ct}=\frac{RT}{nF}\frac{1}{\alpha\vec{i}+\beta\overleftarrow{i}} \tag{5-4-4}$$

上式可进一步改写为

$$\frac{1}{R_{ct}}=\frac{nF}{RT}\alpha\vec{i}+\frac{nF}{RT}\beta\overleftarrow{i}=\frac{1}{\vec{R}_{ct}}+\frac{1}{\overleftarrow{R}_{ct}} \tag{5-4-5}$$

由此可见，R_{ct} 是由 $\vec{R}_{ct}$ 和 $\overleftarrow{R}_{ct}$ 两个电阻并联而成。它并非常数，而是与电极电势有关，通常特指在某一电极电势下的传荷电阻 R_{ct}。

在平衡电势下及附近线性极化区，有 $\vec{i}\approx\overleftarrow{i}\approx i^{\ominus}$，并注意到 $\alpha+\beta=1$，由式(5-4-4) 可得

$$R_{ct}=\frac{RT}{nF}\frac{1}{i^{\ominus}} \tag{5-4-6}$$

这样，实验中只要测得了平衡电势附近的 R_{ct}，由式(5-4-6) 可计算电极反应的重要动力学参数 $i^{\ominus}$。

在强阴极极化区，即 $|\eta|>2.3\frac{RT}{nF}\overset{25℃}{=\!=\!=}\frac{118}{n}$mV，$i_f\approx\vec{i}>10\overleftarrow{i}$，因而

$$R_{ct}=\frac{RT}{\alpha nF}\frac{1}{i_f} \tag{5-4-7}$$

同样，在强阳极极化区，可得

$$R_{ct}=\frac{RT}{\beta nF}\frac{1}{|i_f|} \tag{5-4-8}$$

在强极化区利用式(5-4-7) 和式(5-4-8)，可求得 αn 和 βn。

从式(5-4-6) 至式(5-4-8) 可以发现，在平衡电势附近的 R_{ct} 与电极的可逆性关系很大，而在强极化区 R_{ct} 与 i_f 有关，与电极的可逆性无关。

上面讨论的强极化区、线性极化区指的是电极总的极化状态。而 R_{ct} 通常是使用小幅度的暂态信号（如阶跃信号、方波信号、三角波信号等）进行测量的，因此，通常应用某一直流极化电势和小幅度暂态信号叠加，测量该直流极化电势下的 R_{ct}。

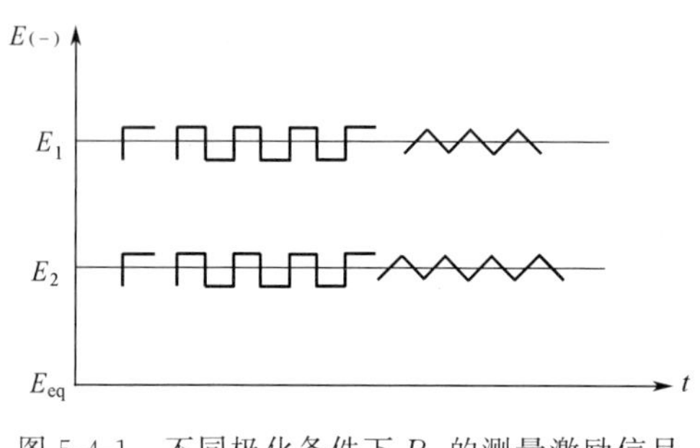

图 5-4-1 不同极化条件下 R_{ct} 的测量激励信号

若某一直流极化电势 E_1 处于强阴极极化区，即 $|E_1-E_{eq}|>\frac{118}{n}$mV 时，在 E_1 上叠加小幅度暂态信号 ΔE 测量 R_{ct}，如图 5-4-1 所示，这时测得的 R_{ct} 是 E_1 电势下的 R_{ct} 值。此时，$R_{ct}=\frac{RT}{\alpha nF}\frac{1}{i_f}$。

若某一直流极化电势 E_2 处于阴极线性极化区，即 $|E_1-E_{eq}|<\frac{10}{n}$mV 时，在 E_2 上叠加小幅度暂态信号 ΔE 测量 R_{ct}，如图 5-4-1 所示，这时测得的 R_{ct} 是 E_2 电势下的 R_{ct} 值。此时，$R_{ct}=\frac{RT}{nF}\frac{1}{i^{\ominus}}$。

5.5 暂态测量方法

5.5.1 暂态法的分类

暂态法按照控制自变量的不同，可分为控制电流方法和控制电势方法。按照极化波形的不同，可分为阶跃法、方波法、线性扫描法和交流阻抗法等。按照研究手段的不同，可分为两类：一类应用小幅度扰动信号，电极过程处于传荷过程控制，采用等效电路的研究方法；另一类应用大幅度扰动信号，浓差极化不可忽略，通常采用方程解析的研究方法，而不能采用等效电路的研究方法。

在小幅度暂态测量方法中，由于测量信号符合小幅度条件（通常 $|\Delta E|\leqslant 10$mV)，且单向极化持续时间很短，浓差极化可以忽略，电极处于传荷过程控制，可以采用等效电路的方法进行研究。同时，由于控制电极电势在一个小的范围内变化，等效电路的各个元件参数，如 R_{ct}、C_d，可视为不变，因而可求出在该电势下的等效电路元件参数值，进而得到相关的动力学参数。

在大幅度暂态测量方法中，浓差极化不能忽略，扩散过程的等效电路是一个均匀分布参数的传输线，而无法简化为集中参数的等效电路，采用这种电路研究浓差极化，不能使研究过程得到简化。另外，采用大幅度信号时，求出的等效电路元件参数 R_{ct} 和 C_d 都是该电势范围内的平均值，不具有明确的物理意义。因此，大幅度暂态法不采用等效电路的方法，而采用方程解析法。

5.5.2 暂态法的特点

由于暂态过程比稳态过程更加复杂，因而暂态测量往往能比稳态测量给出更多的信息。暂态法具有如下特点。

① 暂态法能够测量 R_{ct}，由 R_{ct}进而计算 $i^{\ominus}$、$k^{\ominus}$等动力学参数。要使测量既不受浓差极化的影响，又不受双电层充电的影响，就必须选择足够小的极化幅值和合适的极化时间。

② 暂态法还能同时测量双层电容 C_d和溶液电阻 R_u。

③ 暂态法可研究快速电化学反应。它通过缩短极化时间，代替旋转圆盘电极的快速旋转，降低浓差极化的影响。当测量时间 $t<10^{-5}$ s 时，暂态扩散电流密度高达每平方厘米几十安培，这就不至于影响快速电化学反应的研究。

④ 暂态法有利于研究表面状态变化快的体系，如电沉积和阳极溶解等过程。因为这些过程中，反应产物能在电极上积累，或者电极表面在反应时不断受到破坏，因而用稳态法很难测得重现性良好的结果。

⑤ 暂态法有利于研究电极表面的吸脱附和电极的界面结构，也有利于研究电极反应的中间产物和复杂的电极过程。这是因为，由于暂态测量的时间短，液相中的杂质粒子来不及扩散到电极表面上。

第6章 控制电流阶跃暂态测量方法

6.1 控制电流阶跃暂态过程概述

控制电流阶跃暂态测量方法，习惯上也叫做恒电流法。是指控制流过研究电极的电流按一定的具有电流突跃的波形规律变化，同时测量电极电势随时间的变化（称为计时电势法，chronopotentiometry），进而分析电极过程的机理、计算电极的有关参数或电极等效电路中各元件的数值。

6.1.1 具有电流突跃的控制电流暂态过程的特点

在控制电流阶跃暂态测量方法中，流过电极的电流的波形有很多种，但是它们都有一个共同的特点，即在某一时刻电流发生突跃，然后在一定的时间范围内恒定在某一数值上。

下面以单电流阶跃极化下的电势-时间响应曲线（E-t 曲线）为例讨论控制电流阶跃暂态过程的特点。当电极上流过一个单阶跃电流时，电流-时间曲线（i-t 曲线）及相应的电势-时间响应曲线（E-t 曲线）如图 6-1-1 所示。

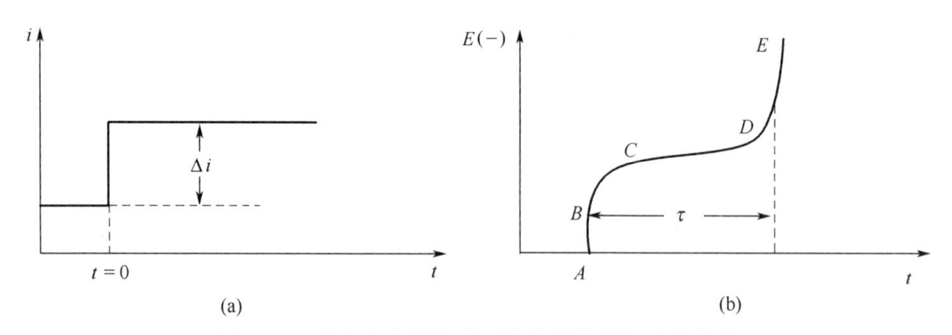

图 6-1-1 单电流阶跃极化下的控制信号和响应信号

（a）电流-时间曲线；（b）电势-时间响应曲线

电极电势随时间变化的原因可分析如下。

① AB 段。在电流突跃瞬间（即 $t=0$ 时刻），流过电极的电量极小，不足以改变界面的荷电状态，因而界面电势差来不及发生改变。或者可以认为，电极/溶液界面的双电层电容对突变电信号短路，而欧姆电阻具有电流跟随特性，其压降在电流突跃 10^{-12}s 后即可产生，因此电极等效电路可简化为只有一个溶液电阻的形式，如图 6-1-2(a) 所示。因此可以说，电势-时间响应曲线上 $t=0$ 时刻出现的电势突跃是由溶液欧姆电阻引起的，该电势突跃值即为溶液欧姆压降 $\eta_{t=0}=\eta_R=-iR_u$。

② BC 段。当电极/溶液界面上通过电流后，电化学反应开始发生。由于电荷传递过程的迟缓性，引起双电层充电，电极电势发生变化。此时引起电势初期不断变化的主要原因是电化学极化。这时相应的电极等效电路包括溶液电阻和界面上的等效电路，如图 6-1-2(b) 所示。

③ CD 段。随着电化学反应的进行，电极表面上的反应物粒子不断消耗，产物粒子不断生成，由于液相扩散传质过程的迟缓性，电极表面反应物粒子浓度开始下降，产物粒子浓度开始上升，浓差极化开始出现。并且这种浓差极化状态随着时间由电极表面向溶液本体深处不断发展，电极表面上粒子浓度持续变化。因此，这一阶段电势-时间响应曲线上电势变化的主要原因是浓差极化。此时相应的电极等效电路还包括电极界面附近的扩散阻抗，如图 6-1-2(c) 所示。

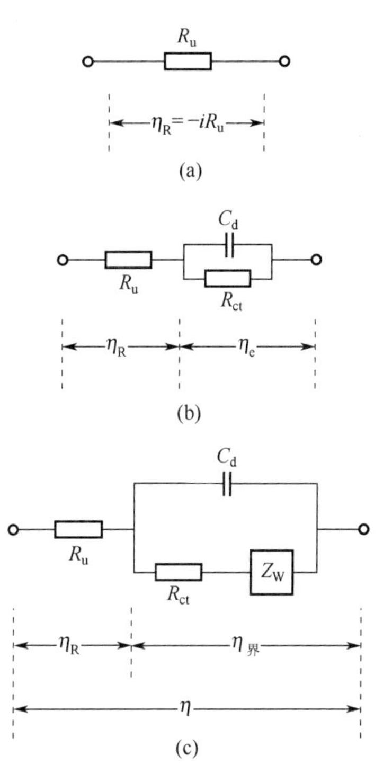

图 6-1-2 电势-时间响应曲线不同阶段所对应的电极等效电路

(a) AB 段；(b) BC 段；(c) CD 段

由上述的分析可知，电阻极化（即溶液欧姆压降）、电化学极化和浓差极化这三种极化对时间的响应各不相同。电阻极化 η_R 响应最快，电化学极化 η_e 响应较慢，浓差极化 η_c 的响应最慢。换言之，电极极化建立的顺序是：电阻极化、电化学极化和浓差极化。由于三种极化对时间的响应不同，因而可以通过控制极化时间的方法使等效电路得以简化，突出某一电极基本过程，从而对其进行研究。

④ DE 段。随着电极反应的进行，电极表面上反应物粒子的浓度不断下降，当电极反应持续一段时间后，反应物的表面浓度下降为零，即 $C_O^S = 0$，达到了完全浓差极化。此时，电极表面上已无反应物粒子可供消耗，在恒定电流的驱使下到达电极界面上的电荷不能再被电荷传递过程所消耗，因而改变了电极界面上的电荷分布状态，也就是对双电层进行快速充电，电极电势发生突变，直至达到另一个传荷过程发生的电势为止。

我们常常把从对电极进行恒电流极化到反应物表面浓度下降为零、电极电势发生突跃所经历的时间称为过渡时间，用 τ 表示。在控制电流阶跃暂态测量中 τ 是一个非常有用的量。

6.1.2 几种常用的阶跃电流波形

① 电流阶跃：在开始实验以前，电流为 0；实验开始（$t=0$）时，电流由 0 突跃到某一数值，直至实验结束。电流波形如图 6-1-3(a) 所示。

② 断电流：在开始暂态实验前，通过电极的电流为某一恒定值，当电极过程达到稳态后，实验开始（$t=0$），电极电流 i 突然切断为零。电流波形如图 6-1-3(b) 所示。在电流切断的瞬间，电极的欧姆极化消失为零。

③ 方波电流：电极电流在某一指定恒值 i_1 下持续 t_1 时间后，突然跃变为另一指定恒值 i_2，持续 t_2 时间后，又突变回 i_1 值，再持续 t_1 时间。如此反复多次，形成方波电流。当 $t_1=t_2$，$i_1=-i_2$ 时，该方波应称为对称方波，电化学实验中，采用更多的是对称方波。其波形如图 6-1-3(c) 所示。

④ 双脉冲电流：在暂态实验开始以前，电极电流为零，实验开始（$t=0$）时，电极电流突然跃变到某一较大的指定恒值 i_1，持续时间 t_1 后，电极电流突然跃变到另一较小的指定恒值 i_2（电流方向不变）直至实验结束。通常 t_1 很短（$0.5 \sim 1\mu s$），$i_1 > i_2$。电流波形如图 6-1-3(d) 所示。一般情况下双脉冲电流法可提高电化学反应速率的测量上限，这时所测的标准反应速率常数可达到 $k^{\ominus} = 10cm \cdot s^{-1}$。

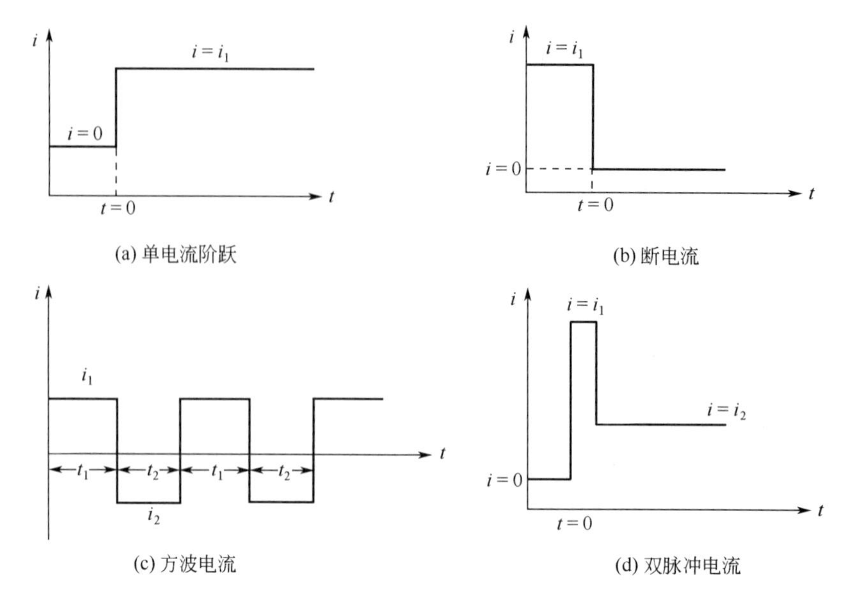

图 6-1-3　几种常用的控制电流波形

6.2　传荷过程控制下的小幅度电流阶跃暂态测量方法

若使用小幅度的电流阶跃信号，使得电极电势的改变值满足小幅度条件（通常$|\Delta E|\leqslant$ 10mV），同时单向极化持续时间较短时，浓差极化可以忽略不计，电极处于电荷传递过程控制，其等效电路可简化如图 6-2-1 所示。

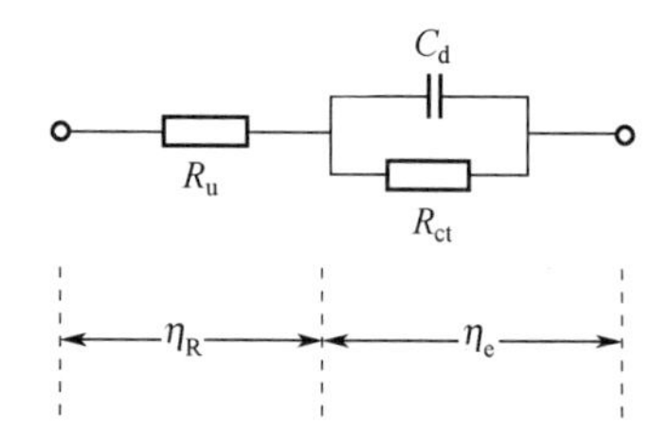

图 6-2-1　电化学步骤控制下的电极等效电路

由于采用小幅度条件，等效电路元件 R_{ct}、C_d 可视为恒定不变。

在这种情况下，可以采用等效电路的方法，测定 R_u、R_{ct}、C_d，进而计算电极反应的动力学参数。

6.2.1　单电流阶跃法

当通过电极的电流按照图 6-2-2(a) 所示波形变化时，相应的超电势-时间响应曲线如图 6-2-2(b) 所示。

在图 6-2-2 中，η_∞ 为浓差极化出现之前电化学反应达到稳态时的电极超电势；$\eta_{e\infty}$ 为浓差极化出现之前电化学反应达到稳态时的电化学极化超电势。这两项之间存在着如下的对应关系

$$\eta_\infty=\eta_R+\eta_{e\infty}$$

(1) 极限简化法

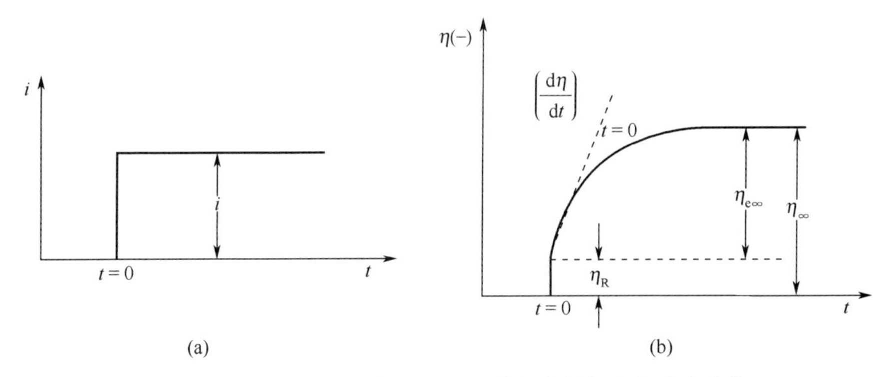

图 6-2-2 小幅度电流阶跃信号（a）及其相应的超电势响应曲线（b）

极限简化法是指通过控制极化的时间，选择暂态进程中的某一特定阶段，使得相应的电极等效电路得以简化，利用这一阶段所对应的暂态响应曲线计算等效电路中各元件参数值的方法。这一方法简单、方便、直观，在小幅度的暂态测量中经常采用。但是由于极限简化的实验条件难以严格满足，所以极限简化法是一种近似的方法。

① 在 $t=0$ 时刻，超电势响应曲线上出现一个电势突跃。

在这个极短的一瞬间内，通过电极的电量非常小，不足以改变界面的荷电状态，双电层电容来不及充电，界面上的电势差来不及改变。相当于电极等效电路的双电层电容支路被短路。而溶液欧姆压降具有电流跟随特性，会随着电流的突跃而同时出现。此时，电极等效电路简化为图 6-2-3(a) 所示的形式，响应曲线上的电势突跃就是溶液欧姆压降，故

$$\eta_{t=0}=\eta_R=-iR_u \tag{6-2-1}$$

$$R_u=\frac{(-\eta_R)}{i} \tag{6-2-2}$$

由式(6-2-2) 可求出溶液电阻 R_u。

② 在电流阶跃之后，界面双电层电容开始充电，其充电电流为 $i_C=-C_d\frac{dE}{dt}=-C_d\frac{d\eta}{dt}$；同时有电化学反应发生，电化学反应电流为 i_f。流过电极的总的电流包括这两部分，即 $i=i_C+i_f$。在双电层充电开始瞬间，全部电流都用于双电层充电。随后，随着充电过程的进行，界面电势差不断改变，即电化学极化超电势 η_e 逐渐建立，$(-\eta_e)$ 的增大促使 i_f 增大。$(-\eta_e)$ 不断增大，使得 i_f 在总电流中所占比例不断上升，直到电化学反应达到稳定状态，$(-\eta_e)$ 达到稳定值，不再变化，此时，双电层充电过程结束，即 $i_C=0$，全部电流用于电化学反应，即 $i=i_f$。在这一过程中，i_C、i_f 随时间的变化如图 6-2-4 所示。

当 $t\ll\tau_C$ 时，电极等效电路可简化为图 6-2-3(b) 所示的形式，极化电流全部用于双电层充电，即 $i_f=0$，$i=i_C=-C_d\left(\frac{d\eta}{dt}\right)_{t=0}$，则

$$C_d=-\frac{i}{\left(\frac{d\eta}{dt}\right)_{t=0}} \tag{6-2-3}$$

由式(6-2-3) 可计算双电层电容 C_d。

显然这个方法要求能够准确测量出 η-t 曲线在 $t=0$ 时刻的切线的斜率 $\left(\frac{d\eta}{dt}\right)_{t=0}$。当电极的时间常数 τ_C 较大时，暂态过程持续时间较长，η-t 曲线最初一段接近于直线，斜率

$\left(\frac{d\eta}{dt}\right)_{t=0}$易于测量准确；相反，当 τ_C 较小时，暂态过程持续时间较短，η-t 曲线迅速弯曲，很快达到水平，斜率$\left(\frac{d\eta}{dt}\right)_{t=0}$不易准确测量。因此需要测定固体电极的 C_d时，通常需要选择适当的溶液组成和电势范围，使电极接近理想极化状态，即没有电化学反应发生，此时，$R_{ct}\to\infty$，因而 τ_C 较大，$\left(\frac{d\eta}{dt}\right)_{t=0}$易于准确测量。

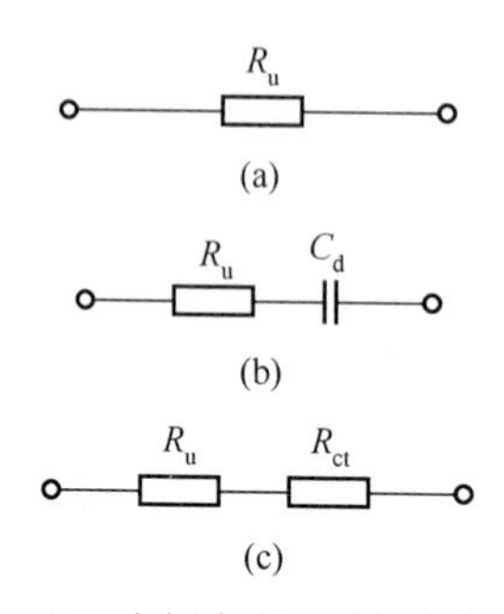

图 6-2-3　小幅度电流阶跃极化不同阶段的电极等效电路

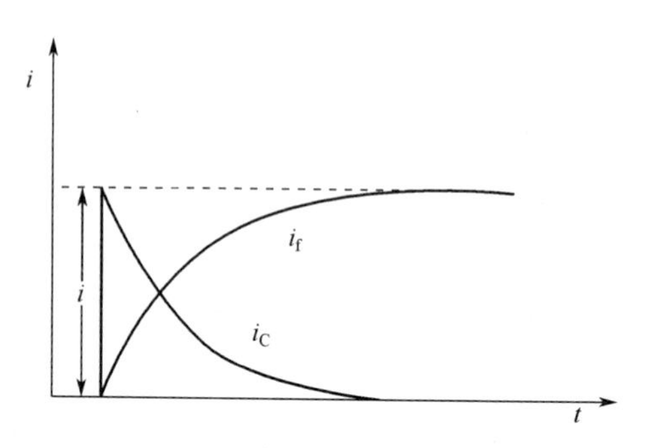

图 6-2-4　小幅度单电流阶跃极化下 i_C、i_f的消长示意图

③ 当 $t\gg\tau_C$时，通常是 $t>(3\sim5)\tau_C$时，双电层充电过程结束，电化学反应达到稳态，等效电路简化成图 6-2-3(c) 所示的形式，此时有

$$\eta_\infty=-i(R_u+R_{ct}) \tag{6-2-4}$$

$$R_{ct}=\frac{(-\eta_\infty)}{i}-R_u \tag{6-2-5}$$

式(6-2-5) 可用于计算电荷传递电阻 R_{ct}。由于满足小幅度条件，因此测量处于线性极化区，由得到的传荷电阻 R_{ct}可计算电极反应的交换电流 $i^\ominus$

$$i^\ominus=\frac{RT}{nF}\frac{1}{R_{ct}} \tag{6-2-6}$$

控制电流阶跃暂态法的 η-t 曲线理论方程为

$$\eta=\eta_{e\infty}(1-e^{-\frac{t}{\tau_C}})+\eta_R \tag{6-2-7}$$

对式(6-2-7) 进行某些特定时刻的极限简化，可得出与上述分析完全相同的结果。

a. 当 $t=0$ 时，$\eta_{t=0}=\eta_R=-iR_u$，于是 $R_u=-\frac{\eta_R}{i}$。

b. 当 $t>(3\sim5)\tau_C$时，$e^{-\frac{t}{\tau_C}}\ll1$，有 $\eta_\infty=\eta_{e\infty}+\eta_R=-i(R_u+R_{ct})$，则 $R_{ct}=\frac{(-\eta_\infty)}{i}-R_u$。

c. 对式(6-2-7) 两边分别求导，可得

$$\frac{d\eta}{dt}=-\frac{i}{C_d}e^{-\frac{t}{\tau_C}} \tag{6-2-8}$$

考虑 $t=0$ 时的式(6-2-8)，因 $e^{-\frac{t}{\tau_C}}=1$，则$\left(\frac{d\eta}{dt}\right)_{t=0}=-\frac{i}{C_d}$，此时有

$$C_d=-\frac{i}{\left(\frac{d\eta}{dt}\right)_{t=0}}$$

(2) 方程解析法

采用极限简化法测定 R_{ct}时，需要在电流阶跃后，经过远大于电极时间常数的时间后测定无浓差极化的稳态超电势 η_{∞}。实际上只要 $t>5\tau_C$，双电层充电过程已基本结束，超电势达到稳态值，其计算误差不超过1%。这一要求对于时间常数小的电极体系很容易做到，但是对于时间常数大的体系，达到稳态往往需要很长的时间，因此容易受到浓差极化和平衡电势漂移的干扰。浓差极化会使$|\eta_{\infty}|$高于 $i(R_u+R_{ct})$，并且很难达到稳态值，这些都会造成测定 R_{ct}的困难。

方程解析法是根据理论推导出的 η-t 曲线方程式，进行解析运算或作图以求得 R_{ct}、C_d等参数。用这种方法测定 R_{ct}不必测出稳态超电势，只需利用 η-t 曲线的暂态部分，也就是曲线的弯曲部分即可测定 R_{ct}，这样测量时间较短，从而避免浓差极化的干扰。

控制电流阶跃暂态法的 η-t 曲线理论方程为

$$\eta=\eta_{e\infty}(1-e^{-\frac{t}{\tau_C}})+\eta_R \qquad (6\text{-}2\text{-}7)$$

将式(6-2-7) 改写为

$$\eta=\eta_{\infty}-\eta_{e\infty}e^{-\frac{t}{\tau_C}}$$

$$|\eta_{\infty}-\eta|=|\eta_{e\infty}|e^{-\frac{t}{\tau_C}} \qquad (6\text{-}2\text{-}9)$$

对式(6-2-9) 两边取对数，可得

$$\ln|\eta_{\infty}-\eta|=\ln|\eta_{e\infty}|-\frac{t}{\tau_C} \qquad (6\text{-}2\text{-}10)$$

如果电极过程完全由电荷传递过程控制，则式(6-2-10) 应成立。用 $\lg|\eta_{\infty}-\eta|$-t 作图，应为直线关系，其斜率为$-\frac{1}{\tau_C}$。

试选 η_{∞}值，根据实验测得的 η-t 曲线的弯曲部分(暂态部分) 的数据，作 $\lg|\eta_{\infty}-\eta|$-t 的曲线，如图 6-2-5 所示。

如果 η_{∞}值选得太负，会偏离直线规律；如果 η_{∞}值选得太正，也会偏离直线规律。只有当 η_{∞}值选择适当时，才可得到一条直线。由 η_{∞}和截距 $\ln|\eta_{e\infty}|$可求出 R_{ct}和 R_u；由斜率$-\frac{1}{\tau_C}$可求出 C_d。

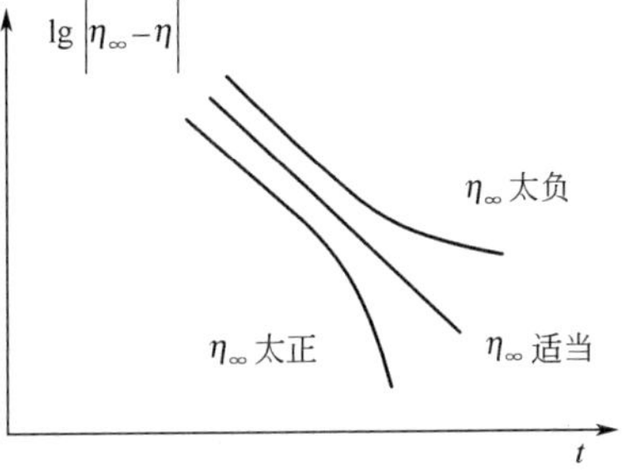

图 6-2-5 相应于式(6-2-10) 的 $\lg|\eta_{\infty}-\eta|$-t 曲线

由上述分析可知，手工试选 η_{∞}较烦琐，通常采用计算机试选。这种方程解析法也称为试选法。

6.2.2 断电流法

用恒定电流对电极极化，当电极电势达到稳定数值后，突然把电流切断，以观察电势的变化，此法称为断电流法，这是控制电流法中的一种。图 6-2-6 为断电流波形和相应的电势-时间响应曲线。

如果断电前的极化电流幅值 i 较小，使得在电流 i 极化条件下没有浓差极化出现，同时，由于极化持续时间较长，电化学反应达到了稳定状态。

① 在 $t=0$ 时刻，双电层电容 C_d来不及放电，电极等效电路如图 6-2-7(a) 所示，超电势的突降部分是溶液欧姆压降

$$\eta_R=-iR_u \Longrightarrow R_u=-\frac{\eta_R}{i} \qquad (6\text{-}2\text{-}11)$$

② 在断电以前，电化学极化达到了其稳态值 $\eta_{e\infty}$。在断电瞬间，双电层电容来不及放

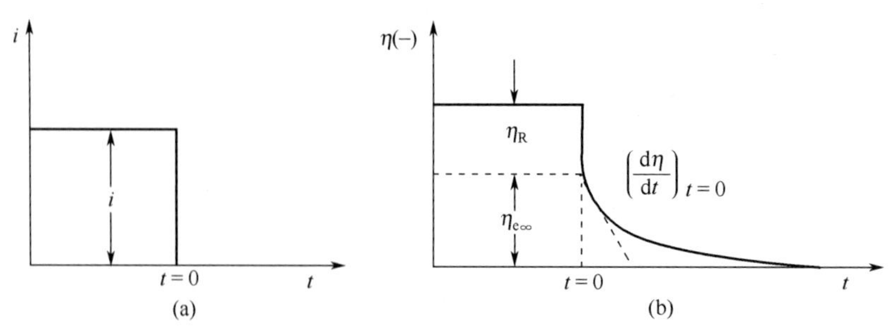

图 6-2-6　小幅度断电流信号（a）及其相应的超电势响应曲线（b）

电，因此双电层电势差在断电前的瞬间和断电后的瞬间是相同的，也就是电极上的界面电势差没有发生变化，电极的界面超电势不变，所以断电时刻电化学反应的进行速率仍未改变，即 $i_f=i$，只是此时溶液欧姆压降瞬间消失，电极超电势仅为电化学极化超电势，$\eta_{t=0}=\eta_{e\infty}$，等效电路如图 6-2-7(b) 所示。此时有

$$R_{ct}=\frac{-\eta_{e\infty}}{i}=\frac{-\eta_{t=0}}{i} \tag{6-2-12}$$

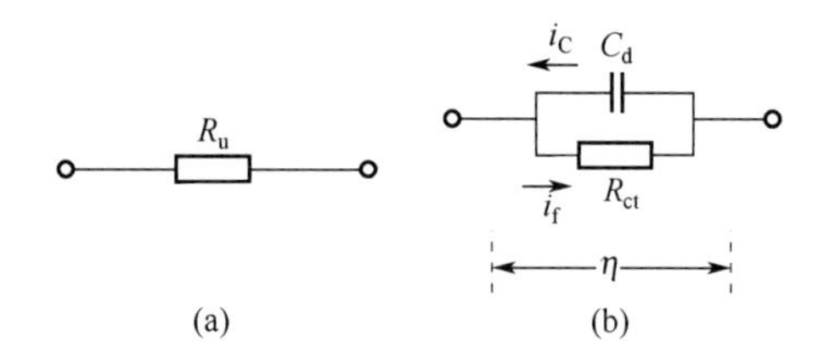

图 6-2-7　小幅度极化不同阶段的电极等效电路

③ 断电后的电极等效电路如图 6-2-7(b) 所示。断电后，双电层电容 C_d 通过电荷传递电阻 R_{ct} 放电，即 $i_C=i_f$，而 $i_C=C_d\frac{d\eta}{dt}$。

对电流关系式 $C_d\frac{d\eta}{dt}=i_C=i_f=\frac{-\eta}{R_{ct}}$ 进行积分，可解出超电势的理论衰减方程

$$\eta=\eta_{t=0}\,e^{-\frac{t}{R_{ct}C_d}} \tag{6-2-13}$$

式中，$\eta_{t=0}$ 为断电瞬间的超电势，也是电化学极化的稳态超电势 $\eta_{e\infty}$。

在断电后的瞬间，双电层的放电电流最大，$i_C=i_f=i$，这时超电势的衰减速率也最大

$$i_C=i=C_d\left(\frac{d\eta}{dt}\right)_{t=0} \tag{6-2-14}$$

$$C_d=\frac{i}{\left(\frac{d\eta}{dt}\right)_{t=0}} \tag{6-2-15}$$

采用断电流法需满足几方面条件：a. i 值较小，使达到稳态时的超电势小于 10mV，断电前极化时间较短，保证没有浓差极化出现；b. 电流 i 极化时间又要足够长，保证电化学反应达到稳态；c. 断电速度要快，否则不能准确测量 η_R、$\eta_{e\infty}$。

6.2.3 方波电流法

（1）R_u、R_{ct}、C_d 的测量

方波电流法，就是用小幅度的方波电流对电极极化。比如在某一指定恒值 i_1 下持续 t_1 时间后，突然跃变到另一恒值 i_2，持续 t_2 时间后，又突变回 i_1。如此反复多次，同时测量电极

电势随时间的变化。当 $t_1=t_2$，$i_1=-i_2$时，该方波称为对称方波，在电化学实验中，采用更多的是对称方波。其波形和相应的曲线见图 6-2-8。

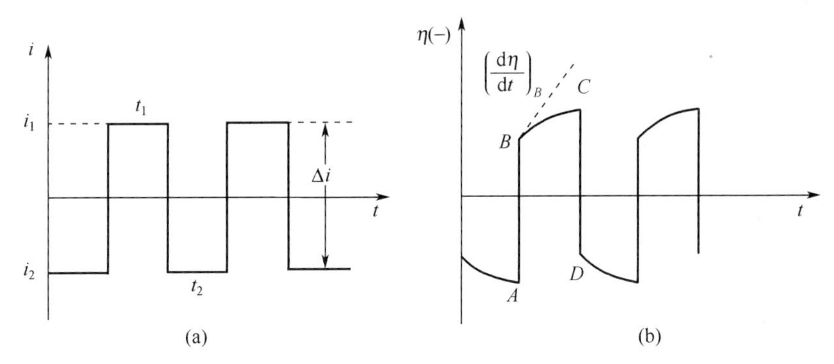

图 6-2-8 小幅度方波电流信号（a）及其相应的超电势响应曲线（b）

根据 6.2.1 和 6.2.2 部分的分析，不难得到以下关系

$$R_u=\frac{|\eta_B-\eta_A|}{\Delta i} \tag{6-2-16}$$

$$R_{ct}=\frac{|\eta_C-\eta_B|}{i} \tag{6-2-17}$$

$$C_d=-\frac{i}{\left(\frac{d\eta}{dt}\right)_B} \tag{6-2-18}$$

式中，$\Delta i=i_1-i_2$。

（2）方波电流频率的正确选择

为了准确测量等效电路的各元件参数，应正确选择方波频率，使等效电路得以简化。

测量 R_u时，应采用周期远小于时间常数的小幅度方波电流，即选择足够高的频率 f，半周期$\frac{T}{2}\rightarrow 0$。例如，测量溶液电导率时，可采用大面积的镀铂黑的铂电极的两电极体系，这样双电层电容很大，时间常数很大，通常选择 1000Hz 的方波电流即可满足要求。在这种情况下，电化学极化和浓差极化都可忽略不计，此时超电势响应曲线是一个幅值为 ΔiR_u的与电流信号同频率的方波，如图 6-2-9 所示。

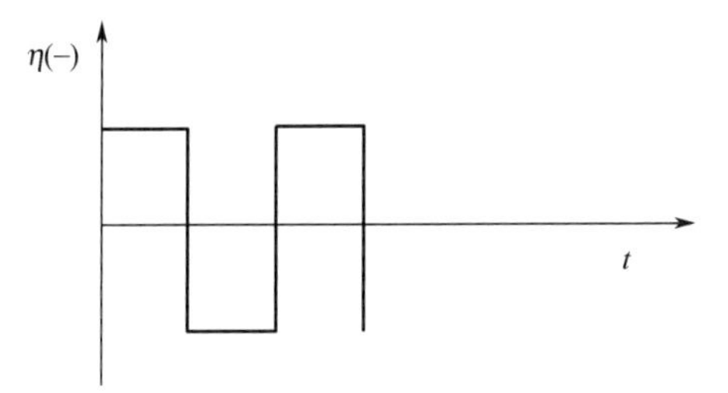

图 6-2-9 测量 R_u时的超电势响应曲线

测量 R_{ct}时，方波频率应选择适当。频率太低，浓差极化的影响增大；频率太高，双电层充电影响增大。选择正确频率的标准是方波半周期内超电势响应曲线接近水平，即达到电化学稳态，相应的超电势响应曲线（已对溶液电阻进行了补偿）如图 6-2-10 所示。这就要求$\frac{T}{2}\geqslant 5\tau_C$，即 $f\leqslant\frac{1}{10R_{ct}C_d}$。

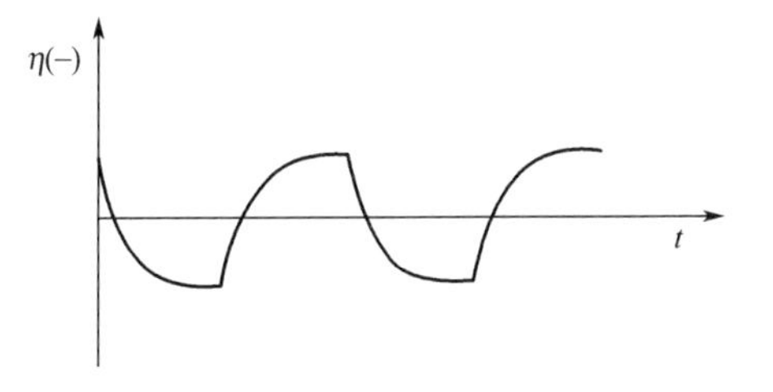

图 6-2-10 测量 R_{ct}时的超电势响应曲线

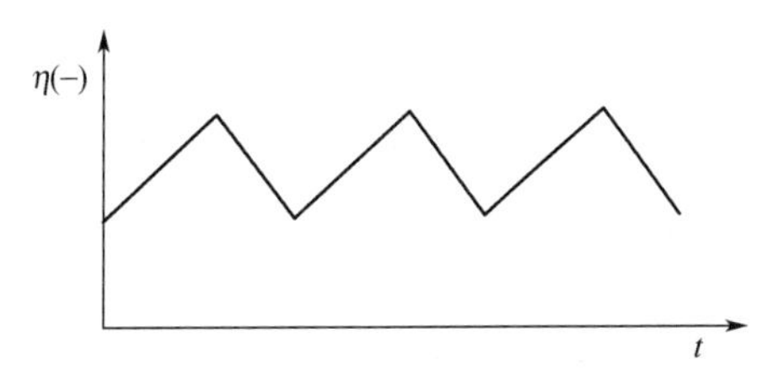

图 6-2-11 测量 C_d时的超电势响应曲线

测量 C_d时，为提高测量精度，应采用补偿的方法消除溶液电阻。同时，选择适当的溶液组成和电势范围，使电极接近理想极化状态，即没有电化学反应发生，此时 $R_{ct}\to\infty$，增大 τ_C，同时提高方波电流的频率（通常采用 1000Hz），这样就突出了双电层开始充电的阶段，使超电势响应曲线趋于折线，有利于曲线斜率$\frac{d\eta}{dt}$的测量，如图 6-2-11 所示。

6.2.4 双脉冲电流法

（1）双脉冲电流法的意义

为了研究快速反应，消除浓差极化的影响，一般采用缩短极化时间的方法。对于反应速率很快的电极反应，需要控制极短的极化时间，才能完全消除浓差极化的影响，当 t 小到一定程度（t 与 τ_C相当）时，双电层充电过程尚未结束，电化学反应没有达到稳态，双电层充电电流 i_C的存在引入了很大的测量误差，所以极化时间不能无限缩短。为了提高可研究的快速电化学反应的速率上限，提出了双脉冲电流法（galvanostatic double pulse method，GDP）。

（2）测量原理

当通过电极的电流发生阶跃后，经过一定时间（$5\tau_C$）后，电极表面的荷电状态才能达到稳定状态，双电层充电过程才能结束。而电极时间常数 $\tau_C=R_{ct}C_d$，所以对于确定的电极体系，达到稳态的时间 $5\tau_C$是固定的，与电流阶跃所使用的幅值 i 无关。这一点正如图 6-2-12 中的双电层充电电流衰减曲线所示，当使用两个不同的电流阶跃幅值 i_1 和 i_2时，各自对应的双电层充电电流 i_{C1} 和 i_{C2} 也不相同，但是达到稳态所需的时间却是相同的，均为 $5\tau_C$。不过，i 不相同，达到电化学稳态所需要的电极表面荷电量不同，如图 6-2-13 所示，因而双电层充电电量也是不同的，如图 6-2-12 所示，较大的电流 i_1 极化 t_1 时间的充电电量可能同 i_2 极化下达到稳态所需充电电量相同，即图中两个阴影部分的面积相等。这样，就可先用 i_1 在很短的时间 t_1 内对电极进行快速充电，当电流突变到 i_2 时，电极表面上的荷电量足以建立起电流 i_2 极化下的稳态超电势值，因而不再需要进行双电层的充电了。因此可以看出，采用双脉冲电流的方法可在很短的极化时间内测出 R_{ct}，从而避免浓差极化的干扰。

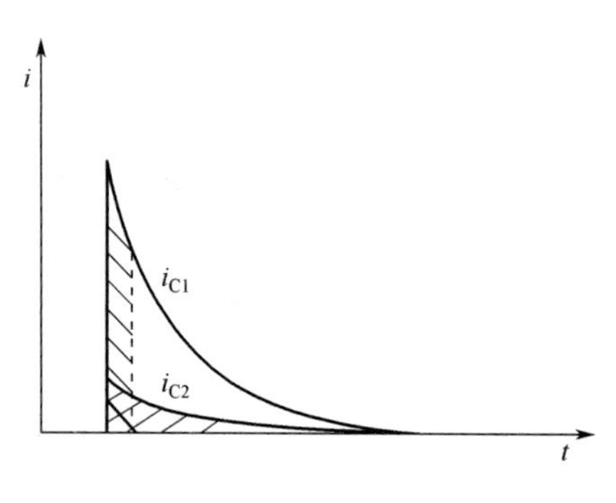

图 6-2-12 不同电流阶跃幅值时的双电层充电电流示意图

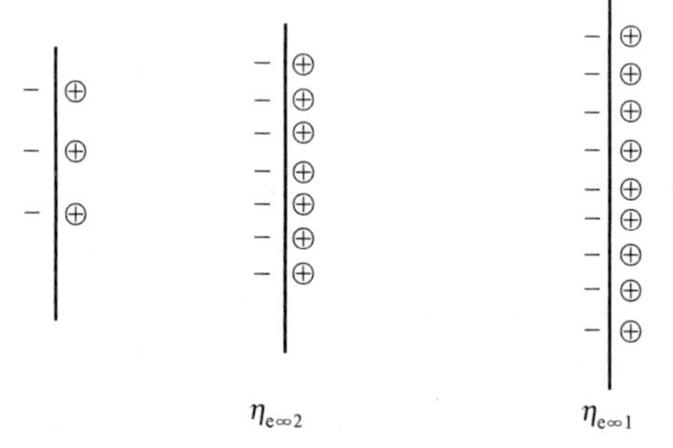

图 6-2-13 不同电流阶跃幅值时的电极表面荷电状态示意图

（3）测量方法

在暂态实验开始以前，电极电流为零。实验开始（$t=0$）时，电极电流突然跃变到某一较大恒值 i_1，持续很短的时间 t_1（通常 t_1仅为 0.5～1μs）后，电极电流突然跃变到另一较小恒值 i_2（电流方向不变），直至实验结束。

调节两个电流脉冲的高度比$\left(\frac{i_1}{i_2}\right)$和第一个脉冲的持续时间 t_1，使第二个脉冲到来时，超电势响应曲线出现平台 DE，如图 6-2-14 所示。由于 t_1时间很短，可以认为电流 i_1 全部用于双电层充电，其充电电量 $i_1 t_1$恰好使得双电层电荷分布刚好等于 i_2作用下达到电化学稳定状态时的荷电状况。此时，第二个脉冲电流全部用于电化学反应，而无需用于双电层充电，即第二个脉冲电流就等于电化学反应的稳态电流，可由其计算传荷电阻 R_{ct}。如果第一个脉冲充入的电量 $i_1 t_1$ 小了，双电层充电尚未完成，在第一个脉冲结束时，需要继续充电，超电势仍保持上升。如果第一个脉冲充入的电量 $i_1 t_1$ 大了，则出现过充，在第一个脉冲结束时，双电层需要放电，超电势发生缓慢下降。

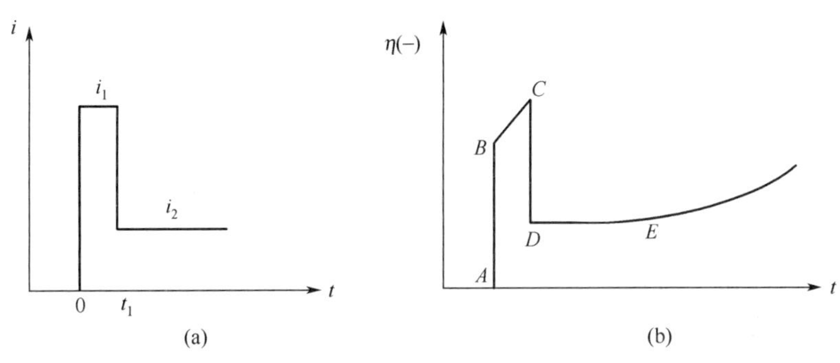

图 6-2-14　双脉冲电流信号（a）及其相应的超电势响应曲线（b）

当电流脉冲调整合适时，可由下面各式计算等效电路的元件参数

$$R_{\mathrm{u}}=\frac{|\eta_B-\eta_A|}{i_1}\quad 或 \quad R_{\mathrm{u}}=\frac{|\eta_C-\eta_D|}{i_1-i_2} \tag{6-2-19}$$

$$R_{\mathrm{ct}}=\frac{|\eta_D-\eta_A|}{i_2}-R_{\mathrm{u}} \tag{6-2-20}$$

$$C_{\mathrm{d}}=\frac{i_1(t_C-t_B)}{|\eta_C-\eta_B|} \tag{6-2-21}$$

6.2.5　小幅度控制电流阶跃法测量等效电路元件参数的注意事项及适用范围

① 使用小幅度的电流阶跃信号，使得电极电势的改变值满足小幅度条件（通常$|\Delta E|\leqslant$ 10mV），同时单向极化持续时间较短，浓差极化可以忽略不计，电极处于电荷传递过程控制。

② 测量 R_{u}时，要尽量测出突跃一瞬间的电势改变值。

③ 测量 C_{d} 时，通常需要选择适当的溶液组成和电势范围，使电极接近理想极化状态，即没有电化学反应发生，此时，$R_{\mathrm{ct}}\rightarrow\infty$，因而 τ_{C}较大，$\left(\frac{\mathrm{d}\eta}{\mathrm{d}t}\right)_{t=0}$易于准确测量。

④ 测量 C_{d} 时，不适用于多孔电极。

多孔电极的每个孔道中都可发生电化学反应，多个孔道互相并联，其等效电路如图 6-2-15 所示，可见多孔电极表面各处的阻抗分布不均匀。控制电流阶跃法测量微分电容时，需要使用 $t\ll\tau_{\mathrm{C}}$时的曲线斜率，在这种情况下，如果某一个孔道的溶液电阻 R_2'较大，电流走捷径，流经 C_2的电流就很小，好像这一路的电容不存在一样，因此导致这一电容充电不充分，使得测量的等效电容偏小。因此说控

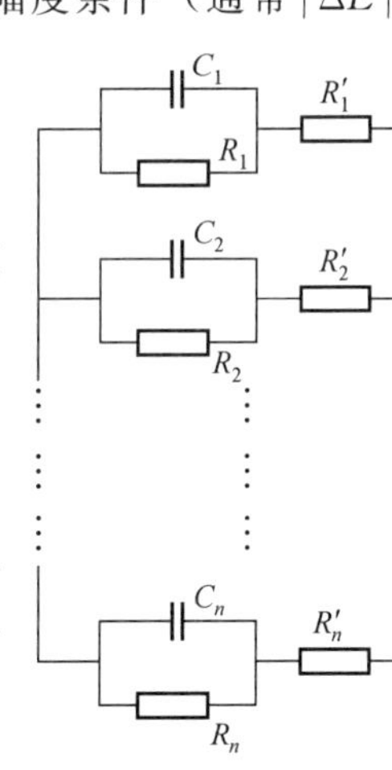

图 6-2-15　多孔电极的等效电路

制电流阶跃法不适于测量多孔电极的微分电容，测量多孔电极的微分电容应采用控制电势暂态法，因为测量 C_d 时，控制电流暂态法要求 $t \ll \tau_C$，而控制电势暂态法不要求 $t \ll \tau_C$。

C_1、…、C_n 为孔内的双电层电容，R_1、…、R_n 为孔内的极化电阻，R'_1、…、R'_n 为孔内的溶液电阻。

⑤ 测量 R_{ct} 时，要求 $t \gg \tau_C$，通常选择 $t > (3 \sim 5)\tau_C$。当 $t > 5\tau_C$ 时，误差不超过 0.7%。或者采用方程解析法，利用 η-t 曲线的暂态部分计算 R_{ct}。

6.3 浓差极化存在时的控制电流阶跃暂态测量方法

对于具有四个电极基本过程的简单电极反应 $O + ne^- \rightleftharpoons R$，采用大幅度的电流阶跃信号对电极进行极化（即所谓的大幅度运用），且极化持续时间较长，使得反应物、产物粒子流向电极表面或离开电极表面的扩散速率不足以补偿电极表面上的消耗或积累时，电极表面和电极附近的粒子浓度就会发生变化，导致相应的电极电势变化，也就是有浓差极化存在。在这种情况下，为了确定电极电势的响应曲线，必须首先确定粒子的浓度分布函数。

6.3.1 电流阶跃极化下的粒子浓度分布函数

考虑具有四个电极基本过程的简单电极反应 $O + ne^- \rightleftharpoons R$，并且产物的初始浓度为零，即 $C_R^* = 0$。

对于反应物和产物，其浓度函数 $C_O(x, t)$ 和 $C_R(x, t)$ 均符合 Fick 第二定律，即扩散方程

$$\begin{cases} \dfrac{\partial C_O(x,t)}{\partial t} = D_O \dfrac{\partial^2 C_O(x,t)}{\partial x^2} \\ \dfrac{\partial C_R(x,t)}{\partial t} = D_R \dfrac{\partial^2 C_R(x,t)}{\partial x^2} \end{cases} \tag{6-3-1}$$

式(6-3-1) 中两个扩散方程的定解条件如下

① 初始条件为 $C_O(x,0) = C_O^*$，$C_R(x,0) = 0$ (6-3-2)

② 半无限线性扩散条件为 $C_O(\infty,t) = C_O^*$，$C_R(\infty,t) = 0$ (6-3-3)

③ 具体的极化条件为 $i(t) = i \qquad (t \geqslant 0)$ (6-3-4)

根据式(2-2-17) 和式(2-2-10) 可知，解式(6-3-1) 中的两个扩散方程可得到反应物、产物浓度函数的象函数

$$\overline{C}_O(x,s) = \frac{C_O^*}{s} - \left[\frac{C_O^*}{s} - \overline{C}_O(0,s)\right] e^{-\sqrt{\frac{s}{D_O}}x} \tag{6-3-5}$$

$$\overline{C}_R(x,s) = \overline{C}_R(0,s) e^{-\sqrt{\frac{s}{D_R}}x} \tag{6-3-6}$$

根据式(2-2-20) 和式(2-2-21) 可知，反应物、产物的表面浓度函数的象函数为

$$\overline{C}_O(0,s) = \frac{C_O^*}{s} - \frac{1}{nFA\sqrt{D_O}} \frac{\overline{i}(s)}{\sqrt{s}} \tag{6-3-7}$$

$$\overline{C}_R(0,s) = \frac{1}{nFA\sqrt{D_R}} \frac{\overline{i}(s)}{\sqrt{s}} \tag{6-3-8}$$

将式(6-3-7) 和式(6-3-8) 分别代入到式(6-3-5) 和式(6-3-6) 中，得到

$$\overline{C}_O(x,s) = \frac{C_O^*}{s} - \frac{1}{nFA\sqrt{D_O}} \frac{\overline{i}(s)}{\sqrt{s}} e^{-\sqrt{\frac{s}{D_O}}x} \tag{6-3-9}$$

$$\overline{C}_R(x,s)=\frac{1}{nFA\sqrt{D_R}}\frac{\overline{i}(s)}{\sqrt{s}}e^{-\sqrt{\frac{s}{D_R}}x} \tag{6-3-10}$$

由式(6-3-4) 可知，$\overline{i}(s)=\frac{i}{s}$，将其代入到式(6-3-9) 和式(6-3-10) 中，得到

$$\overline{C}_O(x,s)=\frac{C_O^*}{s}-\frac{1}{nFA\sqrt{D_O}}\frac{i}{s\sqrt{s}}e^{-\sqrt{\frac{s}{D_O}}x} \tag{6-3-11}$$

$$\overline{C}_R(x,s)=\frac{1}{nFA\sqrt{D_R}}\frac{i}{s\sqrt{s}}e^{-\sqrt{\frac{s}{D_R}}x} \tag{6-3-12}$$

将式(6-3-11) 和式(6-3-12) 进行 Laplace 逆变换，得到反应物、产物粒子浓度函数的表达式

$$C_O(x,t)=C_O^*-\frac{i}{nFAD_O}\left[2\sqrt{\frac{D_O t}{\pi}}\exp\left(-\frac{x^2}{4D_O t}\right)-x\,\mathrm{erfc}\left(\frac{x}{2\sqrt{D_O t}}\right)\right] \tag{6-3-13}$$

$$C_R(x,t)=\frac{i}{nFAD_R}\left[2\sqrt{\frac{D_R t}{\pi}}\exp\left(-\frac{x^2}{4D_R t}\right)-x\,\mathrm{erfc}\left(\frac{x}{2\sqrt{D_R t}}\right)\right] \tag{6-3-14}$$

根据式(6-3-13) 可绘出反应物粒子在扩散层中的浓度分布曲线，如图 6-3-1 所示。从图中可以看出，电极附近扩散层中反应物的浓度随着到电极表面的距离不同而不同，即反应物按照一定的规律在扩散层中分布；同时，反应物的浓度还是时间的函数，随着时间的延长扩散层逐渐向溶液内部延伸，扩散层内任一点处的反应物浓度都随时间而下降。但是，可以看到，电极表面上的反应物的浓度梯度，即 $x=0$ 处浓度分布曲线切线的斜率不随时间而变化，这是由于控制了电流恒定的缘故。

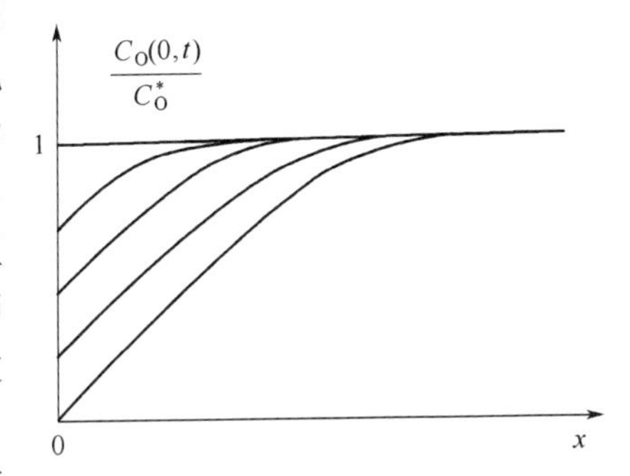

图 6-3-1 控制电流阶跃极化条件下不同时刻的反应物浓度分布示意图

由于反应物、产物的表面浓度同电极反应速率有关，因此我们更想得到反应物、产物的表面浓度。将 $x=0$ 代入到式(6-3-13) 和式(6-3-14) 中，或将式(6-3-7) 和式(6-3-8) 进行 Laplace 逆变换，可得到反应物、产物粒子表面浓度的表达式

$$C_O(0,t)=C_O^*-\frac{2i}{nFA\sqrt{\pi D_O}}\sqrt{t} \tag{6-3-15}$$

$$C_R(0,t)=\frac{2i}{nFA\sqrt{\pi D_R}}\sqrt{t} \tag{6-3-16}$$

6.3.2 过渡时间

当反应物的表面浓度下降为零，即 $C_O(0,t)=0$ 时所对应的时间为过渡时间 τ，因此可得过渡时间 τ 为

$$\sqrt{\tau}=\frac{nFAC_O^*\sqrt{\pi D_O}}{2i} \tag{6-3-17}$$

式(6-3-17) 称为桑德方程 (Sand equation)。

由 Sand 方程可以看出，不论传荷过程的可逆性如何，$\frac{i\sqrt{\tau}}{C_O^*}$总为常数，仅决定于扩散过程的参数 D_O。对于确定的 C_O^*，$\sqrt{\tau}$与 i 成反比关系，即电流阶跃幅值 i 越大，过渡时间 τ 越短。这种$\sqrt{\tau}$与 i 的反比关系正是反应物来源于溶液，通过扩散过程到达电极表面的特征。

根据实验中测得的过渡时间 τ，在已知 n 和 C_O^* 的情况下，可以测定扩散系数 D_O。另外，也可利用$\sqrt{\tau} \propto C_O^*$进行反应物浓度的定量分析。

过渡时间 τ 是指从电流阶跃极化开始到反应物表面浓度下降为零、恒定的电流导致双电层迅速充电、电极电势发生突变所经历的时间。由于双电层充电所需要的电量远小于反应物表面浓度下降至零所需要的电量，所以同平阶阶段的电势-时间曲线相比，电极电势突跃阶段的曲线近乎垂直于时间轴。这样，只需在曲线斜率最大处作切线，与时间轴的交点即可确定为过渡时间 τ，如图 6-3-2 所示。

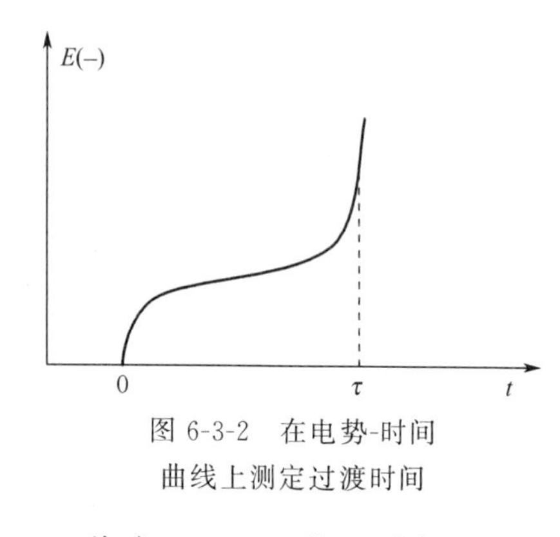

图 6-3-2　在电势-时间曲线上测定过渡时间

过渡时间 τ 的测定容易受到溶液中杂质的干扰。当溶液中存在具有电化学活性的杂质时，如果杂质比研究物质先进行电化学反应，该杂质也会消耗一定的电量，使得测得的过渡时间 τ 偏大。当存在非电化学活性的吸附杂质时，杂质在电极表面上的吸附会使 C_d发生变化，从而使 E-t 曲线出现畸变，影响过渡时间 τ 的准确测定。为此必须严格纯化溶液。

将式(6-3-17) 代入到式(6-3-15) 和式(6-3-16) 中，可以得到

$$\frac{C_O(0,t)}{C_O^*}=1-\sqrt{\frac{t}{\tau}} \tag{6-3-18}$$

$$\frac{C_R(0,t)}{C_R^*}=\xi\sqrt{\frac{t}{\tau}} \tag{6-3-19}$$

式中，$\xi \equiv \frac{\sqrt{D_O}}{\sqrt{D_R}}$。

6.3.3 可逆电极体系的电势-时间曲线

对于可逆电极体系，电极表面上发生的传荷过程的平衡基本上未受到破坏，Nernst 方程仍然适用

$$E=E^{\ominus\prime}+\frac{RT}{nF}\ln\frac{C_O(0,t)}{C_R(0,t)}$$

将式(6-3-18) 和式(6-3-19) 代入到上式中，可得

$$E=E^{\ominus\prime}+\frac{RT}{nF}\ln\frac{\sqrt{D_R}}{\sqrt{D_O}}+\frac{RT}{nF}\ln\frac{\sqrt{\tau}-\sqrt{t}}{\sqrt{t}} \tag{6-3-20}$$

进一步可将式(6-3-20) 改写为

$$E=E_{1/2}+\frac{RT}{nF}\ln\frac{\sqrt{\tau}-\sqrt{t}}{\sqrt{t}} \tag{6-3-21}$$

式中，$E_{1/2}$为稳态极化曲线的半波电势。

$$E_{1/2}\equiv E^{\ominus\prime}+\frac{RT}{nF}\ln\frac{\sqrt{D_R}}{\sqrt{D_O}} \tag{6-3-22}$$

当 $t=\frac{\tau}{4}$时，所对应的电势为 $E_{\tau/4}=E_{1/2}$，称为四分之一电势。可以看出，$E_{\tau/4}$同电流阶跃幅值 i 无关，这是可逆电极体系的特征。

根据实验测得的 E-t 曲线，用 E-$\lg\frac{\sqrt{\tau}-\sqrt{t}}{\sqrt{t}}$作图，可得到一条直线。由直线截距可求出

$E_{1/2}$，进而得到 $E^{\ominus\prime}$的近似值；由斜率可求出得失电子数 n；还可根据直线斜率来判断电极反应的可逆性，即对于可逆反应，斜率应为 $2.303RT/(nF)$，或（$59.1/n$）mV（在 25℃下）；另一个判据是 $|E_{\tau/4}-E_{3\tau/4}|$，对于可逆体系而言，$|E_{\tau/4}-E_{3\tau/4}|=47.9/n$ mV（在 25℃下）。

6.3.4 完全不可逆电极体系的电势-时间曲线

考虑完全不可逆的具有四个电极基本过程的单步骤单电子的简单电极反应 $O+e^- \rightarrow R$，且 $C_R^*=0$ 的情况。

对于完全不可逆的单电子、单步骤电极反应，电流动力学表达式为

$$i=FAk^{\ominus}C_O(0,t)\exp\left[-\frac{\alpha F}{RT}(E-E^{\ominus\prime})\right] \tag{6-3-23}$$

将式(6-3-18) 代入到上式中，可得

$$i=FAk^{\ominus}C_O^*\left(1-\sqrt{\frac{t}{\tau}}\right)\exp\left[-\frac{\alpha F}{RT}(E-E^{\ominus\prime})\right] \tag{6-3-24}$$

进一步将式(6-3-24) 写为

$$E=E^{\ominus\prime}+\frac{RT}{\alpha F}\ln\frac{FAk^{\ominus}C_O^*}{i\sqrt{\tau}}+\frac{RT}{\alpha F}\ln(\sqrt{\tau}-\sqrt{t}) \tag{6-3-25}$$

将式(6-3-17) 代入到上式中，可得

$$E=E^{\ominus\prime}+\frac{RT}{\alpha F}\ln\frac{2k^{\ominus}}{\sqrt{\pi D_O}}+\frac{RT}{\alpha F}\ln(\sqrt{\tau}-\sqrt{t}) \tag{6-3-26}$$

根据实验测得的 E-t 曲线，用 E-$\lg(\sqrt{\tau}-\sqrt{t})$ 作图，可得到一条直线。由直线斜率可求出传递系数 α；由直线截距可求出 $k^{\ominus}$（需要已知 $E^{\ominus\prime}$）；对于完全不可逆体系而言，$|E_{\tau/4}-E_{3\tau/4}|=33.8/\alpha$ mV（在 25℃下）。

由式(6-3-25) 可以看出，随着电流阶跃幅值 i 的增大，整个 E-t 曲线向更负的方向移动。i 每增大 10 倍，E 向负方向移动（$59.1/\alpha$）mV（在 25℃下）。

如果 $C_R^*\neq 0$，则在电流阶跃极化前，体系处于由 C_O^* 和 C_R^* 所决定的平衡电势 E_{eq}下，电极上正向反应和逆向反应的速率均正比于电极的交换电流 $i^{\ominus}$，并且有

$$i^{\ominus}=FAk^{\ominus}C_O^*\exp\left[-\frac{\alpha F}{RT}(E_{eq}-E^{\ominus\prime})\right] \tag{6-3-27}$$

在这种情况下，式(6-3-24) 可被改写为

$$i=FAk^{\ominus}C_O^*\exp\left[-\frac{\alpha F}{RT}(E_{eq}-E^{\ominus\prime})\right]\left(1-\sqrt{\frac{t}{\tau}}\right)\exp\left[-\frac{\alpha F}{RT}(E-E_{eq})\right]$$

将式(6-3-27) 代入到上式中，可得

$$i=i^{\ominus}\left(1-\sqrt{\frac{t}{\tau}}\right)\exp\left(-\frac{\alpha F}{RT}\eta\right) \tag{6-3-28}$$

式中，超电势 $\eta=E-E_{eq}$。

由式(6-3-28) 可得

$$\eta=\frac{RT}{\alpha F}\ln\frac{i^{\ominus}}{i}+\frac{RT}{\alpha F}\ln\frac{\sqrt{\tau}-\sqrt{t}}{\sqrt{\tau}} \tag{6-3-29}$$

式中，等号右边的第一项$\frac{RT}{\alpha F}\ln\frac{i^{\ominus}}{i}$是传荷过程所对应的电化学极化超电势。

根据实验测得的 E-t 曲线，用 η-$\lg\frac{\sqrt{\tau}-\sqrt{t}}{\sqrt{\tau}}$作图，可得到一条直线。由直线斜率可求出传

递系数 α；由直线截距可求出 $i^{\ominus}$。

6.3.5 准可逆电极体系的电势-时间曲线

考虑准可逆的具有四个电极基本过程的单步骤单电子的简单电极反应 $O+e^{-} \rightleftharpoons R$，且 $C_R^* \neq 0$ 的情况。

对于准可逆的单电子、单步骤电极反应，电流、电势的动力学关系相当复杂，难以进行处理，因此通常控制在小幅度条件下进行测量。当施加小幅度的电流阶跃极化时，可对电流-超电势公式进行线性化处理，按照式(2-3-3)，有

$$\frac{i}{i^{\ominus}}=\frac{C_O(0,t)}{C_O^*}-\frac{C_R(0,t)}{C_R^*}-\frac{F}{RT}\eta \tag{6-3-30}$$

对于 $C_R^* \neq 0$ 的情况，由式(2-2-17) 可知

$$\overline{C}_R(x,s)=\frac{C_R^*}{s}-\left[\frac{C_R^*}{s}-\overline{C}_R(0,s)\right]e^{-\sqrt{\frac{s}{D_R}}x} \tag{6-3-31}$$

根据 Fick 第一定律，有

$$-D_R\left.\frac{\partial \overline{C}_R(x,s)}{\partial x}\right|_{x=0}=\frac{\overline{i}(s)}{FA} \tag{6-3-32}$$

将式(6-3-31) 代入到式(6-3-32) 中，可得

$$\overline{C}_R(0,s)=\frac{C_R^*}{s}+\frac{1}{FA\sqrt{D_R}}\frac{\overline{i}(s)}{\sqrt{s}} \tag{6-3-33}$$

将上式进行 Laplace 逆变换，可得产物 R 的表面浓度函数表达式

$$C_R(0,t)=C_R^*+\frac{2i}{FA\sqrt{\pi D_R}}\sqrt{t} \tag{6-3-34}$$

同时，根据前面推导出的式(6-3-15)，可得反应物 O 的表面浓度函数表达式

$$C_O(0,t)=C_O^*-\frac{2i}{FA\sqrt{\pi D_O}}\sqrt{t} \tag{6-3-35}$$

将式(6-3-34) 和式(6-3-35) 代入到式(6-3-30) 中，可得

$$-\frac{i}{i^{\ominus}}=\frac{2i\sqrt{t}}{FA\sqrt{\pi}}\left(\frac{1}{C_O^*\sqrt{D_O}}+\frac{1}{C_R^*\sqrt{D_R}}\right)+\frac{F}{RT}\eta$$

将上式进一步改写为

$$-\eta=\frac{RT}{F}i\left[\frac{2\sqrt{t}}{FA\sqrt{\pi}}\right]\left(\frac{1}{C_O^*\sqrt{D_O}}+\frac{1}{C_R^*\sqrt{D_R}}\right)+\frac{1}{i^{\ominus}} \tag{6-3-36}$$

用 $-\eta$-$\sqrt{t}$ 作图，可得到一条直线。由直线截距可求 $i^{\ominus}$。

对于可逆体系、完全不可逆体系和准可逆体系的三种情况，其电势-时间曲线示意于图 6-3-3 中。

6.3.6 影响因素

在前面的讨论中，我们直接把所控制的电流 i 当作 Faraday 电流 i_f 来处理，完全没有考虑界面双电层的充电电流 i_C。但是，实际上在电势-时间响应曲线的测量过程中，电极电势是一直随着时间而变化的。而电极电势的变化必然要通过对界面双电层进行充电从而改变界面荷电状态来建立起来。因此，可以说在整个测量过程中，双层充电电流是一直存在的，$i_C=C_d\frac{dE}{dt}$。双电层充电电流是控制电流阶跃实验的测量中引起误差的主要因素。

在电流阶跃后的较短时间内，电极电势变化明显，因而双电层充电电流较大。而在电

势-时间响应曲线的后部，即接近于过渡时间的阶段，电极电势变化缓慢，双电层充电电流较小。考虑到双电层充电电流的数学处理相当复杂，因此，在接近于过渡时间的阶段，忽略双电层充电电流的影响，而把所控制的电流当作 Faraday 电流来进行处理，这种处理方式还是可以接受的。

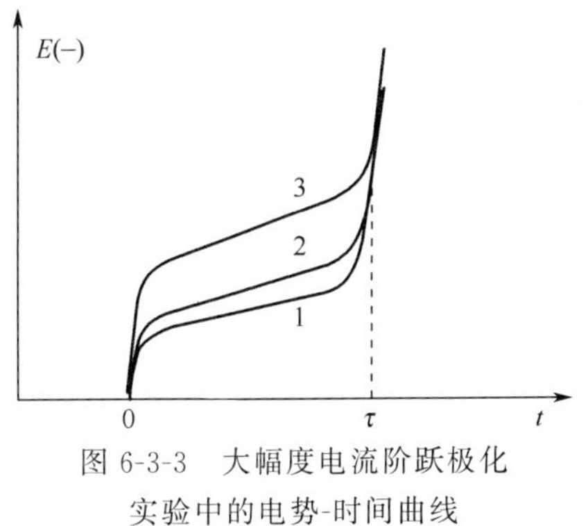

图 6-3-3 大幅度电流阶跃极化实验中的电势-时间曲线
1—可逆体系；2—准可逆体系；3—完全不可逆体系

从这一节的讨论中可以看出，采用控制电流阶跃法可以在浓差极化存在的情况下解析出电荷传递过程的动力学参数，如标准反应速率常数 $k^{\ominus}$ 和交换电流 $i^{\ominus}$，但是这种方法所能够研究的电极过程也存在一个速率上限。如果电极反应速率不是太快，即标准反应速率常数 $k^{\ominus}$ 较小，则使用较小的电流阶跃幅值 i 即可使电极产生适当的极化，由于过渡时间 $\tau\propto\frac{1}{i^2}$，所以 τ 较大，保证 $\tau\gg\tau_C$，这样双电层充电电流就比较小，导致的测量误差较小。相反，如果测量一个很快速的电极过程，即标准反应速率常数 $k^{\ominus}$ 很大，则需使用很大的电流阶跃幅值 i 才能使其适当极化，这时，τ 就很小，如果 τ 接近于 τ_C，那么双电层充电电流引起的误差就会很大了。通常，控制电流阶跃法所能够测量的电极反应的速率上限为 $k^{\ominus}\leqslant 1\ \mathrm{cm\cdot s^{-1}}$。

另外，选择的电流阶跃幅值 i 也不能太小，否则过渡时间 τ 太大，扩散层向溶液本体延伸过长，容易进入对流区，受到对流传质的干扰。

6.4 控制电流阶跃法研究电极表面覆盖层

前面讨论的是只具有四个电极基本过程的简单电极反应，不涉及反应物、产物在电极表面的吸脱附过程，也不涉及产物在电极表面的转化过程以及液相中的化学转化过程。本节将介绍控制电流阶跃法在电极表面覆盖层的研究中的应用。电极表面覆盖层有吸附的，也有成相的，它们的生成和消失都是通过电化学反应来实现的，需要的电量符合法拉第定律。

6.4.1 测量电极表面覆盖层

覆盖层在电极表面上的消长，消耗了外加电流的绝大部分，所以在控制电流阶跃极化时，由于覆盖层的消长，双电层充电电流大为降低，电极电势的变化率也大为降低，在超电势-时间曲线上出现一个“超电势平阶”，如图 6-4-1 所示。以平阶的过渡时间 τ_θ 乘以外加的电流阶跃幅值 i，即为用于覆盖层消长的电量 Q_θ

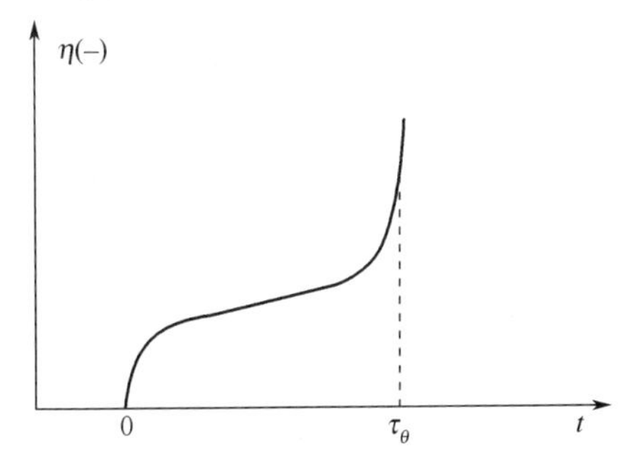

图 6-4-1 控制电流阶跃实验中出现电极表面覆盖层时的超电势-时间曲线

$$Q_\theta = i\tau_\theta \tag{6-4-1}$$

根据电量 Q_θ 可以计算吸附层的表面覆盖度或成相层的厚度。

吸附层表面覆盖度 θ 的计算公式为

$$\theta=\frac{Q_\theta}{nqNA} \tag{6-4-2}$$

式中，Q_θ为用于吸附层消长的电量；n 为电极反应的得失电子数；q 为电子电荷，$q=1.60\times10^{-19}$C；N 为单位电极表面上的原子数目，可由电极表面的晶型和晶格常数计算得到，在此假设每个电极原子为一个吸附空位；A 为电极的真实表面积。

成相层厚度 δ 的计算公式为

$$\delta=\frac{Q_\theta M}{nF\rho A} \tag{6-4-3}$$

式中，Q_θ为用于成相层消长的电量；n 为电极反应的得失电子数；M 为成相层物质的摩尔质量；ρ 为成相层物质的密度；A 为电极的真实表面积。

式(6-4-2) 中的分母表示电极表面完全吸附（$\theta=100\%$）时所需的电量。而式(6-4-3) 实质上就是法拉第定律的变形。

恒电流阳极溶解法测定金属镀层的厚度（电解法测厚度）以及恒电流阴极还原法测定金属腐蚀产物的厚度，都是依据式(6-4-3) 的原理进行的。

6.4.2 判断反应物的来源

如果反应物来源于溶液，通过扩散过程到达电极表面参与电化学反应，在控制电流阶跃实验中，过渡时间 τ 内所消耗的电量为 $Q=i\tau=\frac{n^2F^2\pi D_O C_O^{*2}}{4i}$。可见，$Q$ 反比于电流阶跃幅值 i，即 i 越小，过渡时间内所消耗的电量越大。这是因为溶液中的反应物可以源源不断地补充到电极表面上来的缘故。

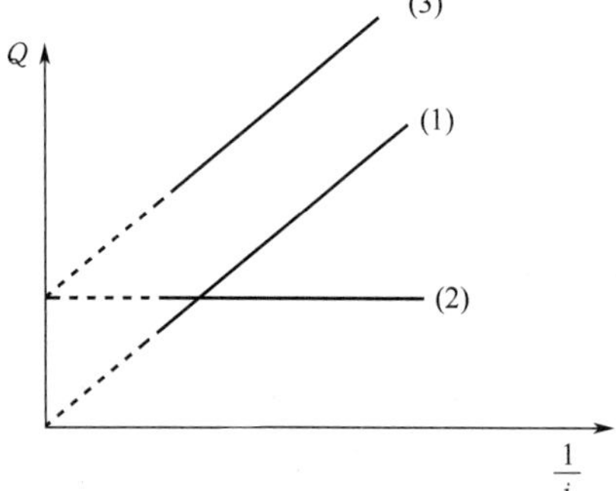

图 6-4-2 控制电流阶跃实验中 Q-$\frac{1}{i}$关系曲线

如果用不同的 i 值进行控制电流阶跃实验，则可得到一系列的 Q 值。用 Q-$\frac{1}{i}$作图，可得到一条通过原点的直线，如图 6-4-2 中的直线（1）所示，其斜率为

$$\frac{dQ}{d\left(\frac{1}{i}\right)}=\frac{1}{4}n^2F^2\pi D_O C_O^{*2} \tag{6-4-4}$$

由直线的斜率及 n、D_O，可求得 C_O^*。

上述关系式与电极反应的可逆性及机理无关，只要反应物来源于溶液，就有 $Q\propto\frac{1}{i}$关系。

如果反应物不是来自于溶液深处，而是预先吸附在电极上或者是以异相膜形式存在于电极表面，则这些反应物消耗至零所需的电量 Q_θ为一常数，与 i 无关。用 Q-$\frac{1}{i}$作图，应为一条平行于横轴的直线，如图 6-4-2 中的直线（2）所示。利用 Q-$\frac{1}{i}$曲线的不同特征，可以判断反应物的来源。

对于反应物既有来源于溶液深处又有来源于电极表面的情况，则有

$$Q=\frac{n^2F^2\pi D_O C_O^{*2}}{4i}+Q_\theta \tag{6-4-5}$$

此时，用 Q-$\frac{1}{i}$作图，应为一条不过原点的直线，如图 6-4-2 中的直线（3）所示。

6.5 控制电流阶跃暂态法的应用

6.5.1 恒电流暂态研究氢在铂电极上的析出机理

关于氢的析出机理已进行了大量的研究。在不同的金属上氢的析出机理不同。按氢析出超电势的不同，金属大致可分为三类：①高析氢超电势金属，如 Hg、Zn、Pb、Sn 等，这些金属的 $a=1.0\sim1.5\,\text{V}$；②中析氢超电势金属，如 Fe、Co、Ni、Cu 等，这些金属的 $a=0.5\sim0.7\,\text{V}$；③低析氢超电势金属，如 Pt、Pd、Ru 等，这些金属的 $a=0.1\sim0.3\,\text{V}$。

不同金属上氢的析出机理可用控制电流暂态法来研究。

（1）析出机理分析

氢的析出反应历程中可能出现的表面步骤主要有下列方程：

① 电化学步骤　　$H^+ + e^- \longrightarrow MH$

② 复合脱附步骤　　$MH + MH \longrightarrow H_2$

③ 电化学脱附步骤　　$H^+ + MH + e^- \longrightarrow H_2$

若电化学步骤是控制步骤，则电极表面吸附氢原子的浓度应很小，氢原子的吸附覆盖度 θ_H 应远小于 0.01，此时符合“迟缓放电机理”。如果复合脱附步骤或电化学脱附步骤是控制步骤，则应有 $0.1<\theta_H<1$，即氢原子的吸附覆盖度比较大，此时符合“复合机理”。

（2）实验

用电流换向阶跃法测量铂电极上氢原子的吸附覆盖度 θ_H 的电路如图 6-5-1 所示。

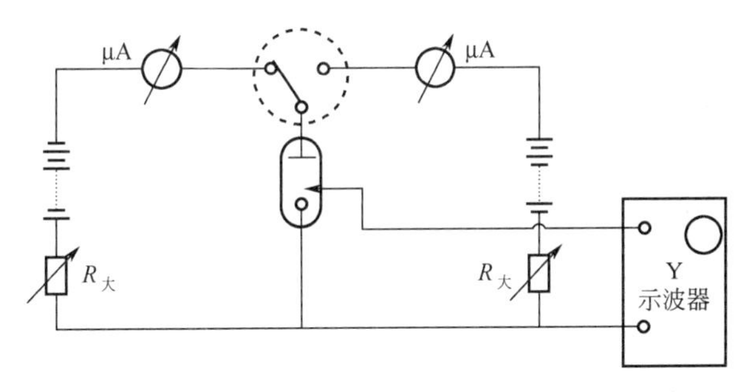

图 6-5-1　电流换向阶跃法测量铂电极上氢原子的吸附覆盖度的电路

实验中先以 $1\text{mA}\cdot\text{cm}^{-2}$ 的电流密度对铂电极进行阴极极化，也就是铂电极以 $1\text{mA}\cdot\text{cm}^{-2}$ 的速度发生氢原子的吸附反应。当反应达到稳态时，用快速电子开关把电极从稳态阴极极化换向到阳极极化，阳极极化电流密度为 $40\text{mA}\cdot\text{cm}^{-2}$。换向时间很短（不超过 10^{-6}s），以保证电流换向时间内表面氢原子浓度来不及发生明显变化，与此同时，记录下电势随时间变化的波形，如图 6-5-2 所示。

图 6-5-2(b) 中，*AB* 段表示电极由阴极极化向阳极极化转变后的溶液欧姆压降和双电层充电过程引起的界面超电势改变值。*BC* 段表示，在阳极极化下，随着反应 $MH \rightarrow H^+ + e^-$ 的进行，吸附氢原子被溶解。*BC* 段电势几乎不变，也就是说，氢的离子化反应把电子交给电极的速度，和外电路把电子拉走的速度相等，并达到稳态。*CD* 段表示当吸附氢原子被溶解完之后，双电层中的电子继续被外电路拉走，因而电势开始迅速变正。从图 6-5-2(b) 上可以测出过渡时间为

$$\tau = 5\times10^{-3}\,\text{s}$$

因此，单位电极面积上吸附氢原子溶解所消耗的电量为

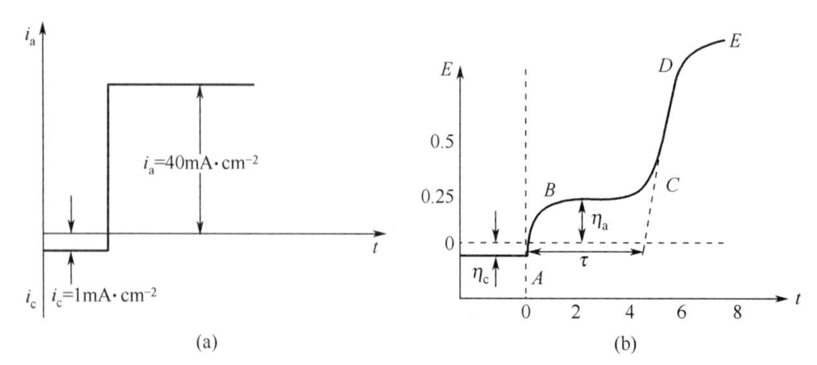

图 6-5-2 电流换向阶跃实验中电流信号（a）及相应的电势-时间响应曲线（b）

$$Q_\theta = i\tau = 40\text{mA} \cdot \text{cm}^{-2} \times 5 \times 10^{-3}\text{s} = 0.2\text{mC} \cdot \text{cm}^{-2} = 2\text{C} \cdot \text{m}^{-2}$$

用 X 射线测得铂的晶格常数为 3.942Å，又由于铂为面心立方结构，其密排面为（111）晶面，（111）晶面的原子排列示意图如图 6-5-3 所示。

图 6-5-3 铂的密排面（111）晶面排列示意图

在密排面上等边三角形的边长为$\sqrt{2}\times3.942$Å，在一个等边三角形内有 2 个原子。它的面积为

$$S = \frac{1}{2}(\sqrt{2}\times3.942\times10^{-10})\left(\frac{\sqrt{3}}{2}\times\sqrt{2}\times3.942\times10^{-10}\right) = 13.46\times10^{-20}(\text{m}^2)$$

所以，单位面积上的铂原子数目为

$$N = \frac{1}{13.46\times10^{-20}}\times2 = 1.5\times10^{19}(\text{m}^{-2})$$

假设每个铂原子是一个氢的吸附位，则根据式(6-4-2)，有

$$\theta = \frac{Q_\theta}{nqN} = \frac{2}{1\times(1.60\times10^{-19})\times(1.5\times10^{19})} = 0.83$$

由于$\theta > 0.1$，说明在铂电极上，析氢反应的机理是复合机理，复合脱附步骤 $MH + MH \rightarrow H_2$或电化学脱附步骤 $H^+ + MH + e^- \rightarrow H_2$是速率控制步骤。

6.5.2 方波电流法测定电池欧姆内阻

电池的内阻是评价电池质量的重要指标之一。如果电池内阻很大，在电池工作时，电池内部就会消耗大量的电能并放出大量的热，同时电池的工作电压也会下降，致使电池无法继续工作或失去使用价值。因此我们总是希望电池的内阻越小越好。一个直流电通过电池时所显示出来的内阻称为电池的全内阻。在生产干电池的企业里，一般都是采用一个直流电流表，直接测量电池的短路电流，再经换算便得到了电池的全内阻。电池的全内阻包含两个部分，欧姆内阻和极化内阻。电池的欧姆内阻包括电池的引线、正负极电极材料、电解液、隔膜等的本体电阻及各部分间的接触电阻，其大小与电池所用材料的性质和电池装配工艺等因素有关，而与电池工作时的电流密度无关，此电阻完全服从欧姆定律。电池的极化内阻是有电流通过时电池的正负极极化（包括电化学极化和浓差极化）所对应的等效电阻，此电阻不服从欧姆定律。

将欧姆内阻和极化内阻分别测出具有重要的意义，可帮助生产企业找出存在问题的根源。通常欧姆电阻的测量可采用控制电流阶跃的方法和交流阻抗的方法，而控制电流阶跃的方法因仪器简单、廉价，易于使用，适合在电池企业中应用。采用控制电流阶跃的方法时，由于欧姆电阻具有电流跟随特性，其压降在通电后 10^{-12}s 的时间内即可建立，因而通过缩短测量时间，电池两端电压的变化就简化为电池欧姆内阻的电压降。通常使用的是方波电流法，这时应选择足够高的测量频率 f，使得只有欧姆内阻作出响应，此时电池电压是一个和电流同频率的方波。

实验采用如图 6-5-4 所示的电路图，图中的方波信号发生器在使用时，其输出电压一般要求不低于数十伏，其输出电流由 R_1和 R_2组成的可调大电阻调节，并且该大电阻应取较高数值以使输出方波电流的幅值不受被测电池的影响。

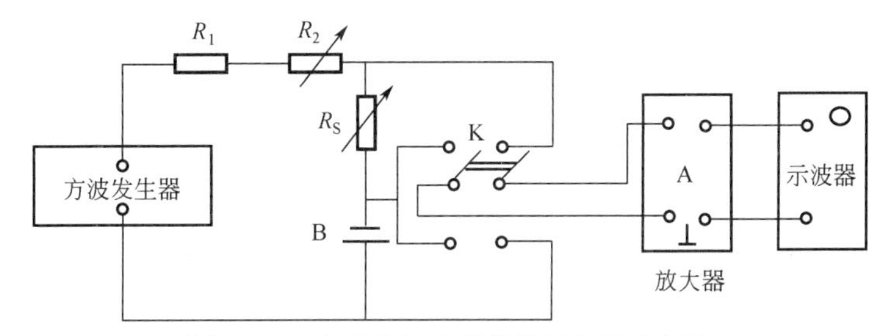

图 6-5-4　电池欧姆内阻的测量电路示意图

当图中的开关 K 打到被测电池 B 一方时，观察到的是电池两端电压的变化；而 K 打到标准电阻 R_S一方时，则可以观察到 R_S上的电压变化。选择足够高的方波电流频率，这时电池内部的极化电阻可以忽略，电池可以等效成一个欧姆电阻。此时观察到的被测电池 B 和标准电阻 R_S两端的电压均按方波规律变化，如图 6-5-5 所示。保持实验条件不变，则比较电池 B 和电阻 R_S上方波电压的幅值，就可求得电池的欧姆电阻

$$R_\Omega=\frac{h_B}{h_S}R_S$$

式中，h_S为标准电阻上的方波电压幅值；h_B为电池两端的方波电压幅值。

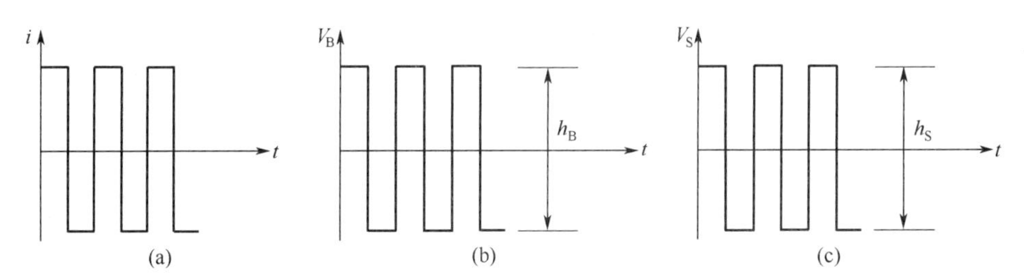

图 6-5-5　方波电流波形（a）和电池电压波形（b）、标准电阻电压波形（c）

6.6　控制电流阶跃暂态实验技术

6.6.1　经典恒电流电路

最简单的控制电流阶跃实验电路如图 6-6-1 所示。如果对于一个处于平衡电势的电极进

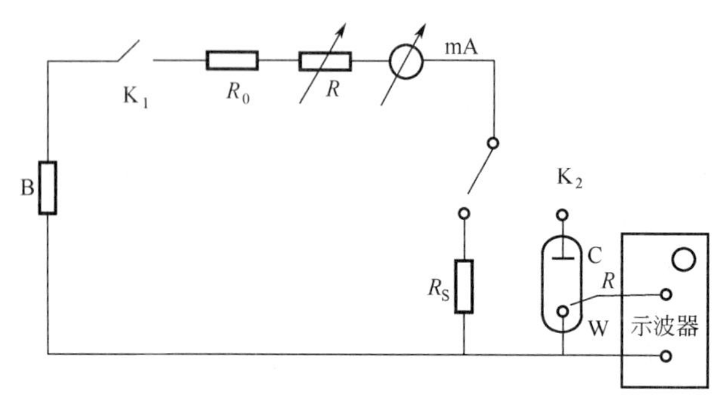

图 6-6-1 经典恒电流电路示意图

行控制电流阶跃暂态实验，就可利用这一电路。为了得到恒定的电流，采用高电压（如 90 V）的直流电源 B，回路中串联大阻值的电阻 R_0 和 R，由于其阻值远远大于电解池的阻抗，因此电路中的电流仅决定于大电阻的阻值和电源的输出电压值，不受电解池阻抗变化的影响。恒定电流的大小由可变电阻 R 调节，通常电流的可调范围在几十毫安以内。控制开关 K_2，使电路接通标准电阻 R_S，调节电流大小，然后将开关 K_2 打到电解池一侧，对电极进行极化。

如果不需考察电极的暂态行为，可使用手动机械开关或电磁继电器来实现电流阶跃；若要求测出短时间内的暂态响应，则需采用快速的电子开关来实现电流的切换，其切换时间可小于微秒级。

如果电源使用高输出电压的信号发生器，则可输出不同波形的电流，如方波或正弦波等。同电流阶跃的情况相似，电流波形的幅值也仅决定于大电阻的阻值和电源输出电压波形的幅值，不受电解池阻抗变化的影响。

6.6.2 桥式补偿电路

图 6-6-2 是可以消除欧姆压降的具有桥式补偿功能的恒流暂态实验电路。图中 G 为具有高输出电压的信号发生器（如可输出 90V 的阶跃波或方波），在电解池支路中串联了大电阻 R_1，这样可使恒定幅值的电流信号通过电解池，这一部分电路和经典恒电流电路相当。

电桥由 R_1、R_2、R_3 和电解池四个比例臂组成，通常选择 $R_1=R_2\gg R_3$、$R_池$，这样电桥两支路中通过的电流相等，决定于大电阻 R_1 和 R_2 的阻值。A 为差分放大器。差分放大器的特点是对共模信号（两个输入信号中的相同部分）进行抑制，而对差模信号（两个输入信号中的不同部分）进行放大。差分放大器 A 的一个输入端的输入信号为电极界面电势差和溶液欧姆压降之和，而另一个输入端的输入信号为 R_3 滑线触头同 D 点之间的电压。由于两支路的电流相等，如果适当调节电阻 R_3 滑线触头的位置，使滑线触头同 D 点之间的电阻等于

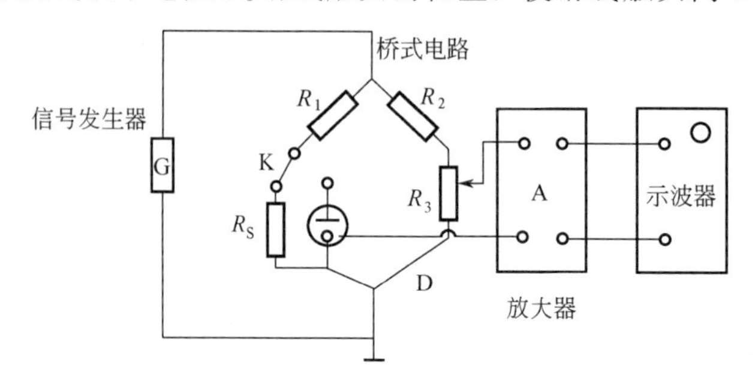

图 6-6-2 控制电流阶跃实验中使用的桥式补偿电路

溶液电阻 R_u，则经 A 放大后，R_3 滑线触头同 D 点之间的电压和溶液欧姆压降将作为共模信号而被抑制，从而实现对溶液欧姆压降的补偿。此时，示波器上显示的 η-t 响应曲线中 $t=0$ 时的电势突跃刚刚消失，说明此时溶液欧姆压降得到了补偿。

由于研究电极（D 点）已接在信号发生器的地端，因此电桥的两输出端均非地端，所以示波器必须使用浮地的差分输入式示波器，任一输入端均不接地。如果只有单端输入式示波器，则可在输入端之前加上一级浮地的差分输入式放大器，如图中的 A。

由于 A 具有最大共模输入电压的限制，如果溶液欧姆电阻很大，溶液欧姆压降就会使差分放大器饱和。这就限制了在极低电导溶液中的应用，或者说，这一指标决定了可补偿的溶液欧姆压降的上限。对于溶液欧姆压降很大的体系，可用断电流法予以消除。

6.6.3 由运算放大器组成的实验电路

图 6-6-3 是由运算放大器组成的控制电流阶跃实验电路的示意图。其中，运算放大器 A_1 构成了恒电流仪。运算放大器 A_1 具有很高的开环放大倍数，因而迫使 A 点为“虚地”。又由于 A_1 的输入阻抗很高，输入电流为零，所以流过电阻 R 上的电流 i 全部流过电解池。由于 A 点电势等于地电势，故 $i=-\dfrac{V}{R}$，只受 V、R 决定，而不受电解池阻抗变化的影响，从而起到恒电流的作用。

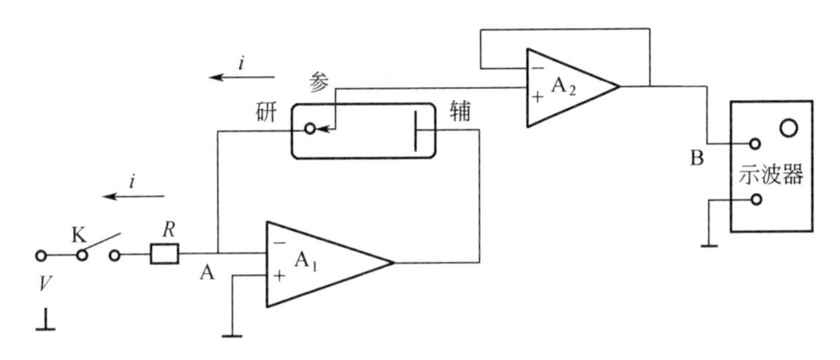

图 6-6-3 由运算放大器组成的控制电流阶跃实验电路示意图

A_2 构成电压跟随器，使得 B 点电势即为参比电极相对于研究电极的电势，同时还起到了增大示波器输入阻抗的作用。

第7章 控制电势阶跃暂态测量方法

7.1 控制电势阶跃暂态过程概述

控制电势阶跃暂态测量方法，习惯上也叫做恒电势法。是指控制电极电势按照一定的具有电势突跃的波形规律变化，同时测量电流随时间的变化（称为计时电流法），或者测量电量随时间的变化（称为计时电量法），进而分析电极过程的机理、计算电极的有关参数或电极等效电路中各元件的数值。

7.1.1 具有电势突跃的控制电势暂态过程的特点

（1）电极界面电势差的变化过程

当电极上施加一个电势突跃信号 η（η 为负值）进行阴极极化的时候，虽然对电极体系加上了一个电势差，但是电极溶液界面上的电势差（即界面超电势）$\eta_{界}$ 并不能立即发生突跃。这里有两个原因。原因之一是溶液欧姆电阻的存在。电势突变的瞬间，发生突变的是溶液欧姆压降 η_R，而界面电势差来不及变化，瞬间电流达到 $-\eta/R_u$，接着双电层充电，界面电势差的绝对值逐渐增大，溶液欧姆压降的绝对值逐渐减小，在这段时间内界面电势差为体系总的超电势同溶液欧姆压降之差，并且逐渐逼近所控制的总的超电势。各部分超电势的变化趋势见图 7-1-1。另一个原因是恒电势仪的输出能力有限。如果界面电势差可以在瞬间突跃到预定值，即 $-\frac{dE}{dt}\rightarrow\infty$，而 $i_C=-C_d\frac{dE}{dt}$，那么必然有 $i_C\rightarrow\infty$，由于恒电势仪的输出电流是一个有限值，不可能提供无穷大的双层充电电流，所以这是不可能的。也就是说，改变界面电势差所需要的双电层充电过程需要一定的时间，不可能在瞬间完成，这样界面电势差的改变也不可能在瞬间完成。因此，从极化开始到界面上稳定的电极电势的建立，必然要经历一个过渡的阶段。

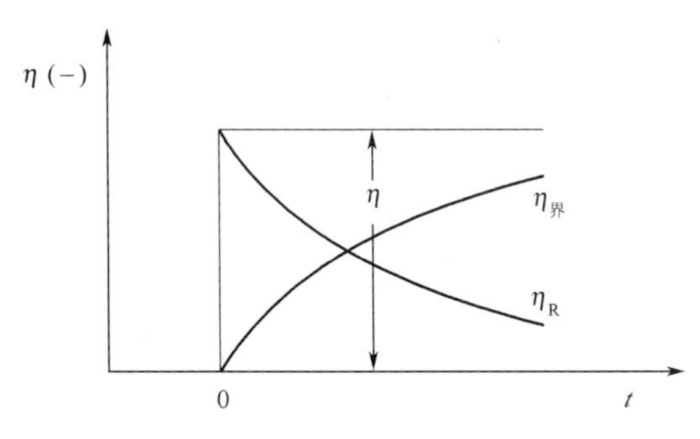

图 7-1-1 控制电势阶跃极化时电极体系各部分超电势的变化趋势（$\eta=\eta_{界}+\eta_R$）

（2）电流的变化过程

在电势突跃的瞬间，发生突变的不是界面电势差（界面超电势），而是研究电极与参比电极间的溶液欧姆压降，瞬间电流达到 $-\eta/R_u$。接着，双电层被此电流充电而发生电势变化，界面超电势开始建立，其绝对值不断增大。因为控制的总超电势 η 是不变的，所以随着 $-\eta_{界}$ 的增大，$-\eta_R$ 不断减小，各部分超电势之间的关系见图 7-1-2。通过电极的总电流 i 随着 $-\eta_R$ 的减小而不断减小。因为 $-\eta_{界}$ 不断增大，电化学反应的电流 i_f 就不断增大，而总电流 i 是不断减小的，由 $i=i_C+i_f$ 可知，双电层充电电流 i_C 必然是不断减小的。电极界面上逐步建立的超电势 $\eta_{界}$ 包括电化学极化超电势，随时间的延长还可能逐步建立起浓差极化超电势。当电极过程达到稳态时，双电层充电过程结束，$i_C=0$，$i=i_f$。在此过程中总的电流通常是不断减小的，如图 7-1-3 所示。

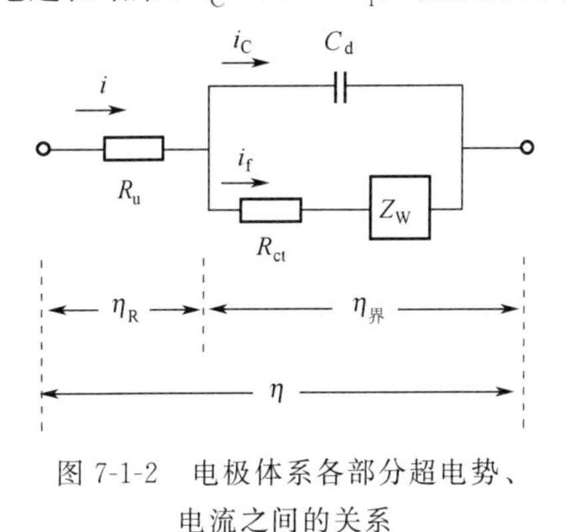

图 7-1-2　电极体系各部分超电势、电流之间的关系

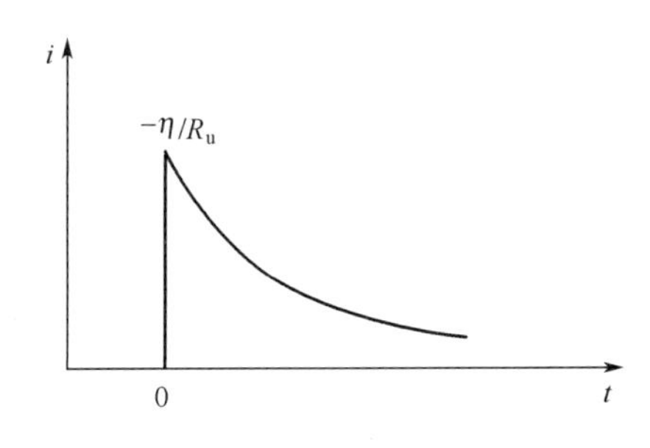

图 7-1-3　控制电势阶跃极化时电极体系的响应电流曲线

7.1.2　几种常用的阶跃电势波形

按照控制电势阶跃的波形可分为以下几类（图 7-1-4）。

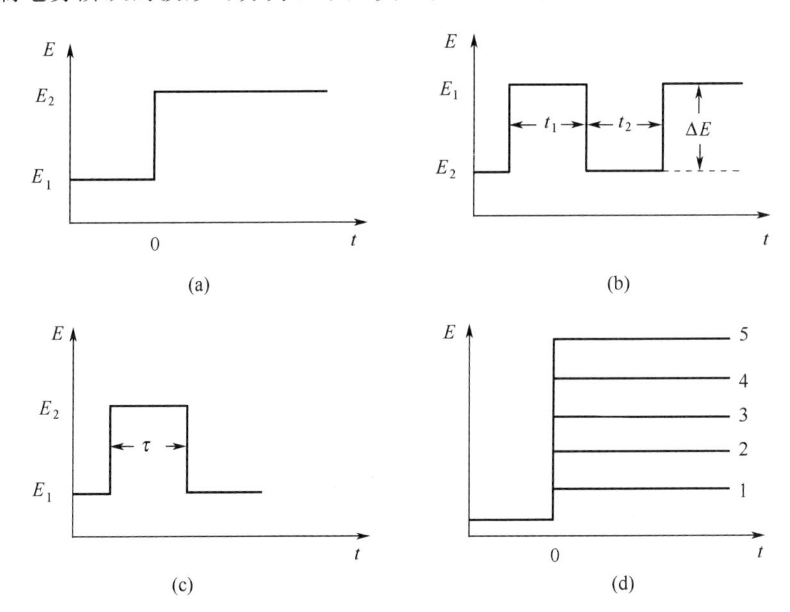

图 7-1-4　控制电势阶跃极化波形

（a）电势阶跃；（b）方波电势阶跃；（c）双电势阶跃；（d）系列实验中的电势阶跃

在控制电势阶跃实验中，通常记录响应电流同时间的关系曲线，该方法称为计时安培法（chronoamperometry）或计时电流法；但有时也记录电流对时间的积分随时间变化的关系曲线，由于该积分表示通过的电量，故这类方法称为库仑法（coulometry）。库仑法中，最基本的是计时库仑法（或称计时电量法）(chronocoulometry)，以及双电势阶跃计时库仑法（或称双电势阶跃计时电量法）(double potential step chronocoulometry)。

7.2　传荷过程控制下的小幅度电势阶跃暂态测量方法

若使用小幅度的电势阶跃信号（通常 $|\Delta E|\leqslant 10\text{mV}$），且单向极化持续时间很短时，浓

差极化可以忽略不计，电极处于电荷传递过程控制，其等效电路可简化如图 7-2-1。

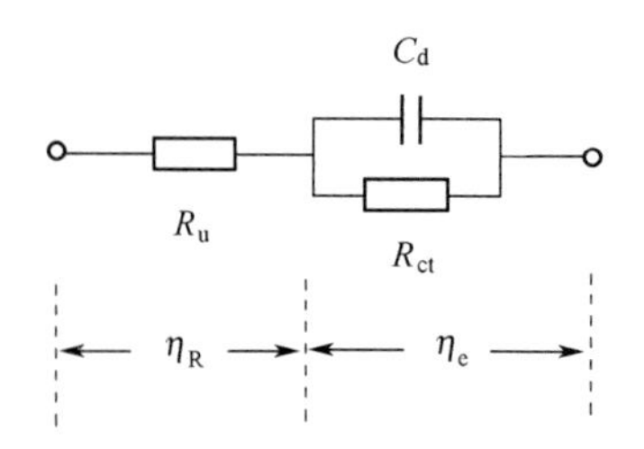

图 7-2-1　传荷过程控制下的电极等效电路

由于采用小幅度条件，等效电路元件 R_{ct}、C_d 可视为恒定不变。

在这种情况下，可以采用等效电路的方法，测定 R_u、R_{ct}、C_d，进而计算电极反应的动力学参数。

7.2.1　电势阶跃法

小幅度电势阶跃信号和电流响应信号的波形如图 7-2-2 所示。

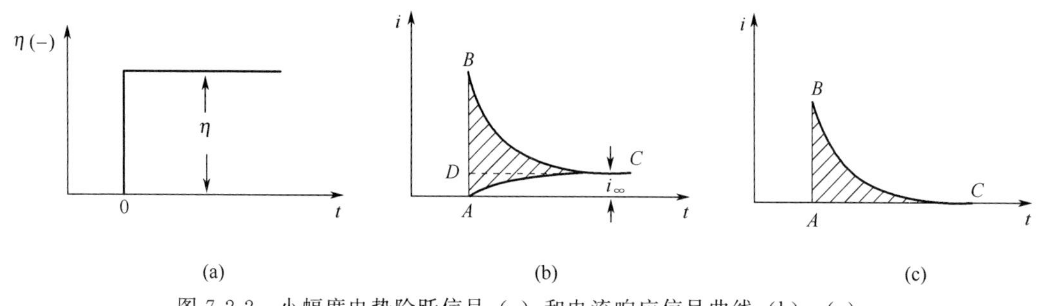

图 7-2-2　小幅度电势阶跃信号（a）和电流响应信号曲线（b）、（c）

在 $t=0$ 时刻，对电极施加 η（η 为负值）的电势差，同时记录电流随时间的变化，就得到电流响应曲线。

当电势阶跃加到电极上之后，虽然对电极体系施加了一个 η 的电势差，但是界面电势差（即双电层电势差）并未发生突跃。由于溶液电阻 R_u 的存在及恒电势仪输出电流的限制，使得在电势阶跃瞬间双电层充电电流 $i_C=-C_d\dfrac{dE}{dt}$不可能达到无穷大，也就是说界面电势差的改变不可能瞬间完成，而要经历一定的时间。这就是说，虽然加在电极体系上的电压瞬间改变了 η，但是能够影响反应速率的界面电势差（即电化学极化超电势）还未来得及改变，电势阶跃瞬间所发生的电势突跃，不是双电层电势差的跃变，而是溶液欧姆压降的跃变，瞬间电流达到 $-\eta/R_u$，双电层就是以此电流开始充电的。之后，随着双电层不断充电，双电层电势差变化增大，即电化学极化超电势的绝对值增大，使得电极反应速率增大，电化学反应电流 i_f 增大；由于总的超电势被维持在恒定数值 η，电化学超电势的绝对值 $-\eta_e$ 不断增大，溶液欧姆压降的绝对值 $-\eta_R$ 就不断减小，因此流过体系的总电流 $i=\dfrac{-\eta_R}{R_u}$ 就不断减小。我们知道，$i=i_C+i_f$，由于 i_f 增大，i 减小，所以双电层充电电流 i_C 减小。一直到 i_C 减小到零，双电层充电过程结束，电化学极化超电势达到稳态值，电化学反应达到稳态，反应电流达到稳态值 i_∞。

在电流-时间曲线上，A 至 B 的电流突跃是通过 R_u 向双电层 C_d 充电的瞬间充电电流。由 B 至 C，电流按照指数规律减小，这是由于双电层充电电流随着双电层电势差的增加而逐渐减小的缘故。这一段电流衰减的快慢取决于电极的时间常数。当电流衰减到水平段，双电层充电结束，得到的稳定电流就是净的电化学反应电流，用 i_∞ 表示。

（1）极限简化法测 R_u、R_{ct}、C_d

① 当 $t=0$ 时，$\eta=-i_{t=0}R_u \Longrightarrow R_u=\frac{-\eta}{i_{t=0}}$ (7-2-1)

② 当 $t>(3\sim5)\tau_C$ 时，$\eta=-i_\infty(R_u+R_{ct}) \Longrightarrow R_{ct}=\frac{-\eta}{i_\infty}-R_u$ (7-2-2)

当 R_u 很小或被补偿时，$R_{ct}=\frac{-\eta}{i_\infty}$ (7-2-3)

③ 根据双电层充电电量可以计算双层电容 C_d。图 7-2-2（b）中阴影部分的面积 ABC 所表示的电量就是双电层充电电量 Q。双电层充电电量 Q 与双电层电势差 η_e 之比就是双电层电容

$$C=-\frac{Q}{\eta_e}$$

当溶液电阻很小或被补偿，即 $R_u \to 0$ 时，充电结束时双电层的电势差 η_e 就等于电极上所维持的电势阶跃值 η。因此利用此公式可以计算出 η 电势范围内的电容平均值

$$C=-\frac{Q}{\eta}$$

由于 η 符合小幅度条件（$|\eta|\leqslant 10\text{mV}$），计算出来的电容 C 就近似等于该电势下的微分电容 C_d

$$C_d=-\frac{Q}{\eta}$$

在双电层充电过程中，总的电流包括两个部分，$i=i_C+i_f$，测量双电层充电电量 Q 时会受到 i_f 的干扰。在 i-t 曲线中，如果假定 i_f 从极化开始时就等于 i_∞，以 DBC 代替 ABC 的面积作为双电层充电电量 Q，则会引入误差。

为了精确地测定 C_d，需要选择合适的溶液和电势范围，使在该电势范围内电极接近于理想极化电极，即 $R_{ct}\to\infty$，电化学反应忽略不计，$i_f\to 0$。此时的 i-t 曲线如图 7-2-2(c) 所示。图中 i-t 曲线由 B 到 C 积分，即为双电层充电电量 Q。

$$C_d=-\frac{1}{\eta}\int_B^C i\,dt \tag{7-2-4}$$

（2）方程解析法

用极限简化法测量 R_{ct}、C_d 时，需等到电化学稳态。对于 τ_C 很大的体系，需要等较长的时间才能测量，这样可能会受到浓差极化的干扰，或者电极表面状态发生变化，电极电势发生漂移，从而影响准确测量。

因此，可以仅用 i-t 曲线的暂态部分，应用方程解析法测定等效电路的元件参数。

小幅度控制电势阶跃暂态测量中，i-t 曲线的理论方程为

$$i=i_\infty\left[1+\frac{R_{ct}}{R_u}\exp\left(-\frac{t}{R_{/\!/}C_d}\right)\right] \tag{7-2-5}$$

式中，$i_\infty=-\frac{\eta}{R_u+R_{ct}}$ 为达到电化学稳态时，净的法拉第电流。

$$\frac{1}{R_{/\!/}}=\frac{1}{R_u}+\frac{1}{R_{ct}}$$

当 $t=0$ 时，$i_{t=0}=-\frac{\eta}{R_u}$

当 $t \gg \tau_C$ 时，$i_\infty = -\dfrac{\eta}{R_u + R_{ct}}$

令 $A \equiv i_{t=0} - i_\infty = -\dfrac{\eta}{R_u} + \dfrac{\eta}{R_u + R_{ct}} = -\dfrac{R_{ct}\eta}{R_u(R_u + R_{ct})} = i_\infty \dfrac{R_{ct}}{R_u}$

将 A 代入式(7-2-5) 中，整理得

$$i = i_\infty + A\exp\left(-\frac{t}{R_{/\!/}C_d}\right)$$

$$\lg(i - i_\infty) = \lg A - \frac{1}{2.3R_{/\!/}C_d}t \tag{7-2-6}$$

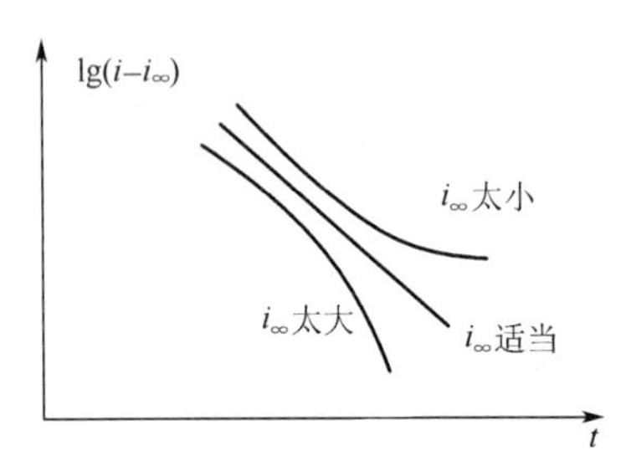

图 7-2-3　相应于式(7-2-6) 的 $\lg(i - i_\infty)$-t 曲线

试选 i_∞ 值，根据实验测得的 i-t 曲线的弯曲部分（暂态部分）的数据，作 $\lg(i - i_\infty)$-t 的曲线，如图 7-2-3 所示。

如果 i_∞ 值选得太小，会引起正偏差，偏离直线规律；如果 i_∞ 值选得太大，则会引起负偏差。只有当 i_∞ 值选择适当时，才可得到一条直线。当 R_u 为已知时，由 i_∞ 和斜率 $-\dfrac{1}{2.3R_{/\!/}C_d}$ 可求出 R_{ct} 和 C_d。

$$R_{ct} = \frac{-\eta}{i_\infty} - R_u$$

$$C_d = \frac{1}{2.3|斜率|}\left(\frac{1}{R_u} + \frac{1}{R_{ct}}\right) \tag{7-2-7}$$

7.2.2　方波电势法

控制电极电势在某一电势 E_1 下持续 t_1 时间后，突变为另一电势 E_2，持续 t_2 时间后，又突变回 E_1 电势，如此反复多次。若 $t_1 = t_2$，则称为对称方波电势法。

电流响应曲线中 A 至 B 的电流突跃是通过 R_u 对 C_d 充电的电流。B 至 C 段，电流按指数规律逐渐衰减，衰减速度决定于电极的时间常数。当电流衰减到水平段，就达到稳态反应电流 i_∞。

① 当 $t=0$ 时，$|\Delta E| = (i_B - i_A)R_\Omega \Longrightarrow R_u = \dfrac{|\Delta E|}{i_B - i_A}$　　(7-2-8)

② 当 $t > (3 \sim 5)\tau_C$ 时，$|\Delta E| = \Delta i_\infty(R_u + R_{ct}) \Longrightarrow R_{ct} = \dfrac{|\Delta E|}{i_\infty} - R_u$　　(7-2-9)

当 R_u 很小或被补偿时，$R_{ct} = \dfrac{|\Delta E|}{\Delta i_\infty}$　　(7-2-10)

式中，$\Delta E = E_1 - E_2$；Δi_∞ 是在 E_1 和 E_2 两个电势下达到稳态时的电化学反应电流之差。因此需要选择合适的方波频率，使半周期接近结束时双电层充电电流下降至零，电化学反应达到稳态。

$$\frac{T}{2} \geqslant 5R_{/\!/}C_d$$

$$f \leqslant \frac{1}{10R_{/\!/}C_d}$$

因此，方波频率的选择取决于电极体系的性质，包括 R_u、R_{ct}、C_d。

③ 若选择合适的溶液和电势范围，使在该电势范围内电极接近于理想极化电极，$R_{ct} \to \infty$，$i_f \to 0$，$i = i_C$，同时保证 $R_u \to 0$，则双电层充电电量 Q 可由 i-t 曲线的积分［即图 7-2-4(c) 中 ABC 的面积］得到

$$Q=\int_{B}^{C} i\,\mathrm{d}t$$

由双电层充电电量 Q 除以 ΔE 即可求得 C_d

$$C_d=\frac{1}{|\Delta E|}\int_{B}^{C} i\,\mathrm{d}t \tag{7-2-11}$$

对于对称方波电势，i-t 曲线的理论方程如下

$$i=\frac{|\Delta E|}{2(R_u+R_{ct})}\left[1+\frac{R_{ct}}{R_u}\frac{2\exp\left(-\frac{t}{R_{/\!/}C_d}\right)}{1+\exp\left(-\frac{T}{2R_{/\!/}C_d}\right)}\right] \tag{7-2-12}$$

式中，T 为方波周期。

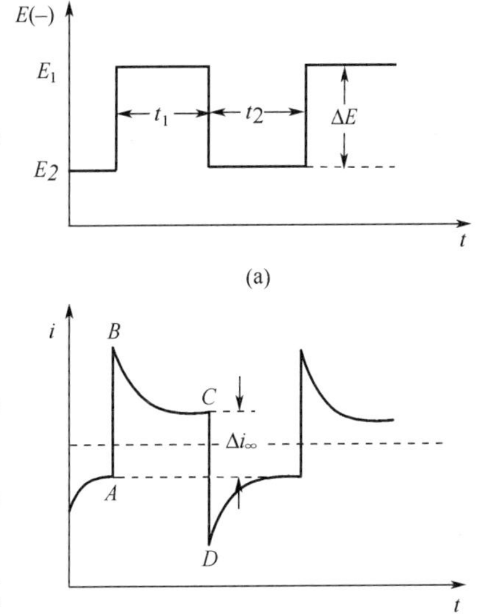

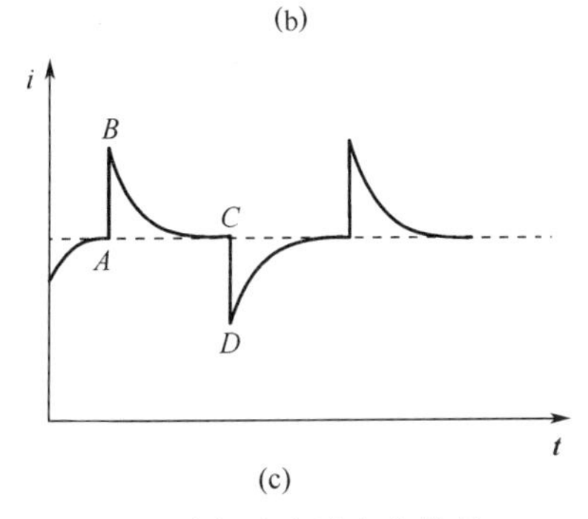

图 7-2-4　小幅度方波电势信号（a）和电流响应信号曲线（b）、（c）

7.2.3　小幅度控制电势阶跃法测量等效电路元件参数的注意事项及适用范围

① 使用小幅度的电势阶跃信号（通常 $|\Delta E|\leqslant$ 10mV），且单向极化持续时间短，从而浓差极化可以忽略不计，电极处于传荷过程控制。

② 该方法不适于测量 R_u。

阶跃瞬间的电流突跃值通常很大，而恒电势仪的输出电流有一定限制，常常会超出仪器的输出能力范围。而且实际测量时，开始极化后电流上升需要一定时间，不像理论预测的那样瞬间达到最大值，主要是由恒电势仪及测量电路的“时间常数”引起的。所以这时电流突跃测量值有很大偏差，一般不能使用。

③ 测量 C_d 时，要求 $R_{ct}\rightarrow\infty$，$R_u\rightarrow 0$。

④ 测量 C_d 时，该方法适用于各种类型的电极，包括平板电极和多孔电极。

⑤ 测量 R_{ct}时，要求 $t\gg\tau_C$，通常选择 $t>(3\sim5)\tau_C$。当 $t>5\tau_C$ 时，误差不超过 0.7%。或者采用方程解析法，利用 i-t 曲线的暂态部分计算 R_{ct}。

7.3　极限扩散控制下的电势阶跃技术

对于具有四个电极基本过程的简单电极反应 $O+ne^-\rightleftharpoons R$，采用大幅度电势阶跃信号，使得电极处于极限扩散控制条件下。

控制电极电势从 E_1 突跃到 E_2，然后维持在 E_2 电势下不变。如果 E_1 选择在不能发生电化学反应的电势下，此时电极附近反应物的浓度不发生变化。如果 E_2 选择在该电极反应可以充分进行的电极电势下，使电极表面的反应物浓度突降为零，达到了极限扩散状态。从理论上来讲，无论电化学传荷过程的动力学是快还是慢，只要采用足够大的极化超电势，总能够使反应物的表面浓度下降为零，电极过程处于极限扩散控制条件下（除非在该极化下电解介质优先发生反应）。

采用以下方法进行测量时，必须保证溶液电阻很小，或可被补偿。

7.3.1 平板电极

$$\frac{\partial C_O(x,t)}{\partial t}=D_O\frac{\partial^2 C_O(x,t)}{\partial x^2} \quad \text{(Fick 第二定律)}$$

其定解条件如下：

① D_O 不随浓度的变化而变化；

② 初始条件，$C_O(x,0)=C_O^*$；

③ 第一个边界条件，$C_O(\infty,t)=C_O^*$，半无限线性扩散条件；

④ 第二个边界条件，$C_O(0,t)=0 \quad (t>0)$，具体的极化条件。

根据式(2-2-17) 可知，解上面的扩散方程得到反应物的浓度函数的象函数为

$$\overline{C}_O(x,s)=\frac{C_O^*}{s}-\left[\frac{C_O^*}{s}-\overline{C}_O(0,s)\right]e^{-\sqrt{\frac{s}{D_O}}x}$$

由第二个边界条件 $C_O(0,t)=0 \ (t>0)$ 可知，$\overline{C}_O(0,s)=0$，则有

$$\overline{C}_O(x,s)=\frac{C_O^*}{s}-\frac{C_O^*}{s}e^{-\sqrt{\frac{s}{D_O}}x} \tag{7-3-1}$$

查 Laplace 变换对照表可得

$$C_O(x,t)=C_O^*\,\mathrm{erf}\left(\frac{x}{2\sqrt{D_Ot}}\right) \tag{7-3-2}$$

由 Fick 第一定律可知极限扩散电流为

$$i_d(t)=nFAD_O\left.\frac{\partial C_O(x,t)}{\partial x}\right|_{x=0}$$

对上式进行 Laplace 变换，可得

$$\bar{i}_d(s)=nFAD_O\left.\frac{\partial \overline{C}_O(x,s)}{\partial x}\right|_{x=0}$$

将式(7-3-1) 代入上式并整理后得

$$\bar{i}_d(s)=nFA\sqrt{D_O}C_O^*\frac{1}{\sqrt{s}}$$

Laplace 逆变换后可得

$$i_d(t)=\frac{nFA\sqrt{D_O}C_O^*}{\sqrt{\pi t}} \tag{7-3-3}$$

式(7-3-2) 给出了极限扩散控制条件下反应物的浓度分布函数，而式(7-3-3) 则给出了暂态极限扩散电流函数的表达式，该式也称为 Cottrell 方程，它是计时安培法（chrono-amperometry）中的基本公式。

(1) 浓度分布曲线

根据式(7-3-2)，图 7-3-1 绘出了不同时刻的浓度分布曲线。可以看出，任一时刻电极界面液层中反应物粒子浓度的分布曲线与误差函数曲线具有完全相同的形式。

由图 7-3-1 和式(7-3-2) 可知，随着时间的延长，扩散层逐步向溶液内部发展，扩散层厚度不断增大，扩散层内的浓度梯度不断下降，因此极限扩散电流随之下降。

在 $x=0$ 处，$\frac{x}{2\sqrt{D_Ot}}=0$，则 $C_O(0,t)=C_O^*\,\mathrm{erf}(0)=0$，即反应物粒子的表面浓度为零，这是由电极上所维持的大幅度的电势阶跃信号所决定的。

当$\frac{x}{2\sqrt{D_Ot}}\geqslant 2$ 时，即在 $x\geqslant 4\sqrt{D_Ot}$处，$\mathrm{erf}\left(\frac{x}{2\sqrt{D_Ot}}\right)\approx 1$，$C_O(x,t)\approx C_O^*$，即在 t 时刻，

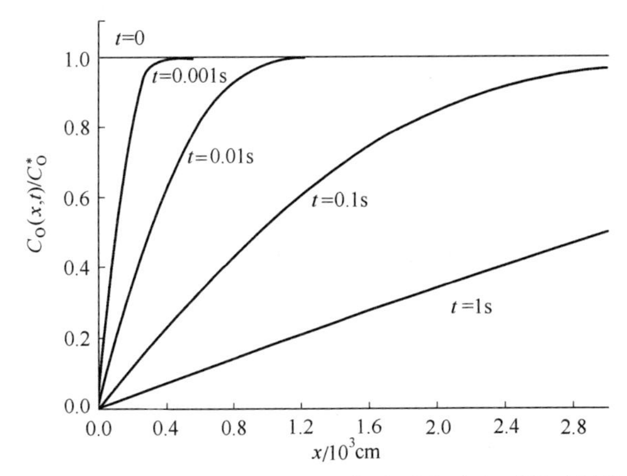

图 7-3-1　极限扩散控制下的电势阶跃实验中不同时刻的反应物浓度分布曲线（$D_O=1\times10^{-5}cm^2\cdot s^{-1}$）

扩散层的总厚度为

$$\delta_{总}=4\sqrt{D_O t} \tag{7-3-4}$$

准确地说，在 $x=4\sqrt{D_O t}$ 处，$\dfrac{C_O(x,t)}{C_O^*}=0.995$。

由于 $\dfrac{\partial}{\partial x}\left[\mathrm{erf}\left(\dfrac{x}{2\sqrt{D_O t}}\right)\right]_{x=0}=\left[\dfrac{2}{\sqrt{\pi}}e^{-\frac{x^2}{4D_O t}}\dfrac{1}{2\sqrt{D_O t}}\right]_{x=0}=\dfrac{1}{\sqrt{\pi D_O t}}$，所以浓度函数 $\dfrac{C_O(x,t)}{C_O^*}$ 在 $x=0$ 处的切线的方程为

$$\frac{C_O(x,t)}{C_O^*}=\frac{1}{\sqrt{\pi D_O t}}x$$

该切线同水平线 $\dfrac{C_O(x,t)}{C_O^*}=1$ 的交点处的 x 值即为扩散层的有效厚度，联立两个方程可得到扩散层的有效厚度为

$$\delta=\sqrt{\pi D_O t} \tag{7-3-5}$$

由式(7-3-4)和式(7-3-5)可见，暂态的扩散层厚度是依赖于时间的，其同时间之间的关系为 $\delta\propto t^{1/2}$。

由上述可知，随着暂态扩散层向溶液内部发展，扩散层内任一位置处的反应物浓度均随时间的延长而不断下降。当时间足够长时，扩散层内任一位置处的反应物浓度都会趋向于零，扩散层不断向溶液内部扩展。这说明在平面电极上单纯依靠扩散作用是不能建立起稳态扩散过程的。但是，实际情况是，在溶液中总是存在着对流作用的。一旦暂态扩散层的厚度接近或达到对流区时，由于对流作用显著的传质能力，对流区内反应物浓度不再变化，暂态扩散层不再进一步发展，从而达到了稳态的扩散过程。

在自然对流条件下，非对流区的静止液层的厚度大约为 10^{-2}cm 数量级，暂态扩散层达到这种厚度大约需要几秒钟的时间。如果采用搅拌等强制对流措施，稳态扩散层厚度更薄，暂态扩散过程的持续时间更短。

(2) 极限扩散电流-时间曲线

从 Cottrell 方程可知，$i_d(t)\propto t^{-1/2}$，这种依赖关系是反应物来源于溶液，通过扩散作用到达电极界面参与传荷反应的体系的特征。

用 $i_d(t)$-$t^{-1/2}$ 作图，得到一条直线，在 A、C_O^* 已知的情况下，根据直线的斜率可以求出反应物的扩散系数 D_O。

由于 $i_d(t) \propto C_O^*$，因此取某一时刻 $t=\tau$ 的极限扩散电流 $i_d(\tau)$，可用于反应物浓度的定量分析。

(3) 双电层充电电流的影响

在 Cottrell 方程的推导过程中，我们未曾考虑双电层充电电流的影响。而实际上，要使电极电势发生阶跃，必然有一部分电流用于双电层充电，以改变电极界面的电荷分布状态，改变电极电势。因此，实验测量的总电流 $i(t)$ 应该包括两个部分

$$i(t)=i_d(t)+i_C(t) \tag{7-3-6}$$

双电层充电电流 $i_C(t)$ 是以 $R_{//}C_d$ 为时间常数随时间按照指数规律衰减，而 $i_d(t)$ 则是反比于 $t^{1/2}$。为此可以利用这种衰减时间上的差别，采用后期采集实验数据的方法来减小双电层充电电流的影响，从而提高信噪比。

7.3.2 球形电极

对于球形电极（如悬汞电极），必须考虑球形扩散场，这时的 Fick 第二定律为

$$\frac{\partial C_O(r,t)}{\partial t}=D_O\left[\frac{\partial^2 C_O(r,t)}{\partial r^2}+\frac{2}{r}\frac{\partial C_O(r,t)}{\partial r}\right]$$

式中，r 为距电极球心的径向距离。

其定解条件如下：

初始条件，$C_O(r,0)=C_O^*$；

第一个边界条件，$C_O(\infty,t)=C_O^*$，半无限扩散条件；

第二个边界条件，$C_O(r_0,t)=0$ ($t>0$)，具体的极化条件。

式中 r_0 为球形电极的半径。

采用变量替换的方法，令

$$u(r,t)\equiv r[C_O^*-C_O(r,t)] \tag{7-3-7}$$

将式(7-3-7) 代入到扩散方程中，得到

$$\frac{\partial u(r,t)}{\partial t}=D_O\frac{\partial^2 u(r,t)}{\partial r^2} \tag{7-3-8}$$

初始条件变换为

$$u(r,0)=0$$

第一个边界条件变换为

$$u(\infty,t)=0$$

第二个边界条件变换为

$$u(r_0,t)=r_0C_O^* \qquad (t>0) \tag{7-3-9}$$

根据式(2-2-9) 可知，式(7-3-8) 进行 Laplace 变换得到 $u(r,t)$ 的象函数为

$$\bar{u}(r,s)=A\mathrm{e}^{-\sqrt{\frac{s}{D_O}}r}$$

取 $r=r_0$ 可得 $A=\bar{u}(r_0,s)\cdot\mathrm{e}^{\sqrt{\frac{s}{D_O}}r_0}$，代入到上式中可得

$$\bar{u}(r,s)=\bar{u}(r_0,s)\mathrm{e}^{-\sqrt{\frac{s}{D_O}}(r-r_0)} \tag{7-3-10}$$

对式(7-3-9) 进行 Laplace 变换可得

$$\bar{u}(r_0,s)=\frac{r_0C_O^*}{s} \tag{7-3-11}$$

将式(7-3-11)代入到式(7-3-10)可得

$$\overline{u}(r,s)=\frac{r_0 C_O^*}{s}e^{-\sqrt{\frac{s}{D_O}}(r-r_0)} \tag{7-3-12}$$

对式(7-3-7)进行 Laplace 变换可得

$$\overline{C}_O(r,s)=\frac{C_O^*}{s}-\frac{\overline{u}(r,s)}{r} \tag{7-3-13}$$

将式(7-3-12)代入到式(7-3-13)中得到

$$\overline{C}_O(r,s)=\frac{C_O^*}{s}-\frac{r_0}{r}\frac{C_O^*}{s}e^{-\sqrt{\frac{s}{D_O}}(r-r_0)} \tag{7-3-14}$$

对式(7-3-14)进行 Laplace 逆变换得到

$$C_O(r,t)=C_O^*\left[1-\frac{r_0}{r}\operatorname{erfc}\left(\frac{r-r_0}{2\sqrt{D_O t}}\right)\right] \tag{7-3-15}$$

由 Fick 第一定律可知极限扩散电流为

$$i_d(t)=nFAD_O\frac{\partial C_O(r,t)}{\partial r}\bigg|_{r=r_0}$$

对上式进行 Laplace 变换，可得

$$\overline{i}_d(s)=nFAD_O\frac{\partial \overline{C}_O(r,s)}{\partial r}\bigg|_{r=r_0}$$

将式(7-3-14)代入上式并整理后得

$$\overline{i}_d(s)=nFAD_OC_O^*\left(\frac{1}{\sqrt{D_O s}}+\frac{1}{r_0}\frac{1}{s}\right)$$

进行 Laplace 逆变换后得到

$$i_d(t)=nFAD_OC_O^*\left(\frac{1}{\sqrt{\pi D_O t}}+\frac{1}{r_0}\right) \tag{7-3-16}$$

(1) 浓度分布

式(7-3-15)所示的浓度分布函数同平板电极线性扩散条件下的浓度分布函数［见式(7-3-2)］形式非常相似，差别只在于式中误差余函数前多了一个系数$\frac{r_0}{r}$。如果球形电极半径很大，远大于扩散层厚度，则 $r\approx r_0$，式(7-3-15)就可简化为式(7-3-2)，此时球形电极可作为平板电极来处理，这同日常生活中人们感觉不到地球是球形的是同样道理。

另外一种情况是，当球形电极半径非常小时，如球形超微电极的情况，在 t 较大的时间范围内，扩散层厚度远大于电极半径，以至于在距电极表面较近处有 $r-r_0\ll 2\sqrt{D_O t}$，此时误差余函数 $\operatorname{erfc}\left(\frac{r-r_0}{2\sqrt{D_O t}}\right)$趋近于 1，则式(7-3-15)可简化为线性形式

$$C_O(r,t)=C_O^*\left(1-\frac{r_0}{r}\right) \tag{7-3-17}$$

这也就是说，在电势阶跃极化较长时间后，在距电极表面较近处反应物的浓度不再随时间而变化，而只是空间位置 r 的函数。这说明，在距电极表面较近处达到了一个稳态的扩散过程，电极表面上的浓度梯度维持恒定不变，因此扩散流量必然恒定，扩散电流保持恒定，达到了一个稳态的极限扩散电流。电极表面浓度梯度能够维持恒定的原因在于，尽管扩散层厚度不断增加，但是球形扩散场的外表面也不断扩大，可以获得更多的反应物供应，从而维持了电极表面上反应物浓度梯度的恒定。

对式(7-3-17) 在 $r=r_0$ 处求导，可获得浓度函数在电极表面处的斜率，即电极表面上的浓度梯度，如下

$$\left[\frac{\partial C_O(r,t)}{\partial r}\right]_{r=r_0}=\frac{C_O^*}{r_0} \tag{7-3-18}$$

Fick 第一定律为

$$i_d(t)=nFAD_O\left[\frac{\partial C_O(r,t)}{\partial r}\right]_{r=r_0} \tag{7-3-19}$$

将式(7-3-18) 代入式(7-3-19) 可得稳态的极限扩散电流

$$i_d(t)=i_{SS}=\frac{nFAD_OC_O^*}{r_0} \tag{7-3-20}$$

(2) 极限扩散电流

式(7-3-16) 中的极限扩散电流包括两项，可改写为如下形式

$$i_d(\text{球形})=i_d(\text{线性})+\frac{nFAD_OC_O^*}{r_0} \tag{7-3-21}$$

式中，$i_d(\text{线性})=\dfrac{nFA\sqrt{D_O}C_O^*}{\sqrt{\pi t}}$，即为 Cottrell 方程所描述的平板电极的线性极限扩散电流。

式(7-3-21) 说明球形电极的极限扩散电流就是平板电极的极限扩散电流同一个常数之和。

当 $t\to\infty$时，平板电极的极限扩散电流趋向于零，即

$$\lim_{t\to\infty} i_d(\text{平板})=0$$

当 $t\to\infty$时，球形电极的极限扩散电流则有非零的极限，即

$$\lim_{t\to\infty} i_d(\text{球形})=\frac{nFAD_OC_O^*}{r_0}$$

上式中的电流就是式(7-3-20) 中所描述的稳态极限扩散电流。对于半径为 25μm 或更小的超微球形电极，可以很容易地实现稳态扩散，这种研究稳态扩散的能力是超微电极的主要优点之一。

7.3.3 超微电极

(1) 球形及半球形超微电极

前面已经得到球形超微电极的极限扩散电流，如下

$$i_d(t)=\frac{nFA\sqrt{D_O}C_O^*}{\sqrt{\pi t}}+\frac{nFAD_OC_O^*}{r_0} \tag{7-3-22}$$

第一项在短时间域占优，这时扩散层厚度和 r_0 相比较小；第二项在长时间域占优，此时扩散层厚度已增长到大于 r_0 的程度。第一项就是 Cottrell 电流；第二项则描述了实验后期达到的稳态电流。在超微电极上，通常扩散层厚度达到 100μm 甚至更小就可以满足稳态条件，很容易达到，所以超微电极的很多应用都是基于稳态电流的。

球形超微电极稳态电流为

$$i_{SS}=\frac{nFAD_OC_O^*}{r_0} \tag{7-3-23a}$$

或者将电极面积 $A=4\pi r_0^2$ 代入，得到

$$i_{SS}=4\pi nFD_OC_O^*r_0 \tag{7-3-23b}$$

半球形超微电极的电流也由式(7-3-22)中的两项所组成，其稳态电流同样可使用式(7-3-23a)。由于半球形超微电极的面积是球形超微电极的一半，因此其稳态电流只有球形超微电极的一半。

(2) 圆盘超微电极

圆盘超微电极的电流也可近似地表示为 Cottrell 电流和稳态电流之和

$$i=\frac{nFA\sqrt{D_O}C_O^*}{\sqrt{\pi t}}+4nFD_OC_O^*r_0 \tag{7-3-24}$$

当时间足够长时，圆盘超微电极的稳态电流为

$$i_{SS}=\frac{4nFAD_OC_O^*}{\pi r_0}=4nFD_OC_O^*r_0 \tag{7-3-25}$$

(3) 圆柱状超微电极

在短时间域，圆柱状超微电极的电流近似于 Cottrell 电流。

在长时间域，圆柱状超微电极达到准稳态 (quasi-steady state) 电流

$$i_{qss}=\frac{2nFAD_OC_O^*}{r_0\ln\tau} \tag{7-3-26}$$

式中，$\tau=\frac{4D_Ot}{r_0^2}$。

(4) 带状超微电极

在短时间域，带状超微电极的电流近似于 Cottrell 电流。

在长时间域，带状超微电极达到准稳态电流

$$i_{qss}=\frac{2\pi nFAD_OC_O^*}{w\ln\left(\frac{64D_Ot}{w^2}\right)} \tag{7-3-27}$$

式中，w 是带状超微电极的宽度。

7.4 可逆电极反应的取样电流伏安法

考虑具有四个电极基本过程的简单电极反应 $O+ne^-\rightleftharpoons R$，电极为可逆体系，实验前溶液中只有反应物 O 存在，而没有产物 R 存在。采用任意幅度的电势阶跃，初始电势 E_1 选择在不能发生电化学反应的电势下，此时电极附近反应物的浓度不发生变化。在 $t=0$ 时刻，电势瞬间改变到电极反应可以进行的电势 E_2。

7.4.1 平板电极上基于线性扩散的伏安法

根据反应物、产物的扩散方程、初始条件以及半无限线性扩散条件，利用式(2-2-17)和式(2-2-10)提供的通式，得到反应物、产物浓度函数的象函数如下

$$\overline{C}_O(x,s)=\frac{C_O^*}{s}-\left[\frac{C_O^*}{s}-\overline{C}_O(0,s)\right]e^{-\sqrt{\frac{s}{D_O}}x} \tag{7-4-1}$$

$$\overline{C}_R(x,s)=\overline{C}_R(0,s)e^{-\sqrt{\frac{s}{D_R}}x} \tag{7-4-2}$$

对于传荷过程迅速的可逆电极体系，电极电势仍然满足 Nernst 方程

$$E=E^{\ominus\prime}+\frac{RT}{nF}\ln\left[\frac{C_O(0,t)}{C_R(0,t)}\right]$$

Nernst 方程作为求解扩散方程的一个边界条件，将其改写为

$$\frac{C_O(0,t)}{C_R(0,t)}=\exp\left[\frac{nF}{RT}(E-E^{\ominus\prime})\right]\equiv\theta \tag{7-4-3}$$

由于阶跃电势 E 不随时间而改变，所以 θ 也不随时间而改变，则进行 Laplace 变换可得

$$\overline{C}_O(0,s)=\theta\overline{C}_R(0,s) \tag{7-4-4}$$

根据流量平衡条件，有

$$D_O\frac{\partial C_O(x,t)}{\partial x}\bigg|_{x=0}=-D_R\frac{\partial C_R(x,t)}{\partial x}\bigg|_{x=0}=\frac{i(t)}{nFA}$$

上式是求解扩散方程的又一个边界条件。利用式(2-2-20) 和式(2-2-21) 提供的通式，可得反应物、产物粒子表面浓度函数的象函数

$$\overline{C}_O(0,s)=\frac{C_O^*}{s}-\frac{1}{nFA\sqrt{D_O}}\frac{\overline{i}(s)}{\sqrt{s}} \tag{7-4-5}$$

$$\overline{C}_R(0,s)=\frac{1}{nFA\sqrt{D_R}}\frac{\overline{i}(s)}{\sqrt{s}} \tag{7-4-6}$$

将式(7-4-5) 和式(7-4-6) 代入式(7-4-4)，得到

$$\overline{i}(s)=\frac{nFA\sqrt{D_O}C_O^*}{1+\xi\theta}\frac{1}{\sqrt{s}} \tag{7-4-7}$$

式中，$\xi=\frac{\sqrt{D_O}}{\sqrt{D_R}}$。

上式进行 Laplace 逆变换得

$$i(t)=\frac{nFA\sqrt{D_O}C_O^*}{(1+\xi\theta)\sqrt{\pi t}} \tag{7-4-8}$$

Cottrell 方程中的极限扩散电流为

$$i_d(t)=\frac{nFA\sqrt{D_O}C_O^*}{\sqrt{\pi t}}$$

将其代入式(7-4-8) 中，可得

$$i(t)=\frac{i_d(t)}{1+\xi\theta} \tag{7-4-9}$$

将式(7-4-7) 分别代入到式(7-4-5) 和式(7-4-6) 中，消去 $\overline{i}(s)$，可解出

$$\overline{C}_O(0,s)=\frac{\xi\theta}{1+\xi\theta}\frac{C_O^*}{s}$$

$$\overline{C}_R(0,s)=\frac{\xi}{1+\xi\theta}\frac{C_O^*}{s}$$

将以上两式代入式(7-4-1) 和式(7-4-2)，可得

$$\overline{C}_O(x,s)=\frac{C_O^*}{s}-\frac{1}{1+\xi\theta}\frac{C_O^*}{s}e^{-\sqrt{\frac{s}{D_O}}x}$$

$$\overline{C}_R(x,s)=\frac{\xi}{1+\xi\theta}\frac{C_O^*}{s}e^{-\sqrt{\frac{s}{D_O}}x}$$

对以上两式进行 Laplace 逆变换，得到

$$C_O(x,t)=C_O^*-\frac{C_O^*}{1+\xi\theta}\mathrm{erfc}\left(\frac{x}{2\sqrt{D_Ot}}\right) \tag{7-4-10}$$

$$C_R(x,t)=\frac{\xi C_O^*}{1+\xi\theta}\text{erfc}\left(\frac{x}{2\sqrt{D_R t}}\right) \tag{7-4-11}$$

(1) 浓度分布

从式(7-4-10) 和式(7-4-11) 可得反应物、产物的表面浓度

$$\frac{C_O(0,t)}{C_O^*}=\frac{\xi\theta}{1+\xi\theta} \tag{7-4-12}$$

$$\frac{C_R(0,t)}{C_O^*}=\frac{\xi}{1+\xi\theta} \tag{7-4-13}$$

从式(7-4-12) 和式(7-4-13) 可知，反应物、产物的表面浓度 $C_O(0,t)$、$C_R(0,t)$ 不随时间 t 而变化，而只决定于电极上所维持的阶跃电势 E。根据式(7-4-3) 知道，依赖于阶跃电势 E 的不同，θ 有不同的取值，反应物的表面浓度 $C_O(0,t)$ 也就有不同的取值。当阶跃电势 E 足够负时，$\theta\approx 0$，则 $C_O(0,t)\approx 0$，电极处于极限扩散控制。当电势阶跃幅度较小时，反应物的表面浓度 $C_O(0,t)$ 为非零恒定值。此时扩散层中反应物粒子的浓度分布如图 7-4-1 所示，曲线形状同极限扩散控制情况类似，而只是表面浓度为决定于 E 的非零恒定值。

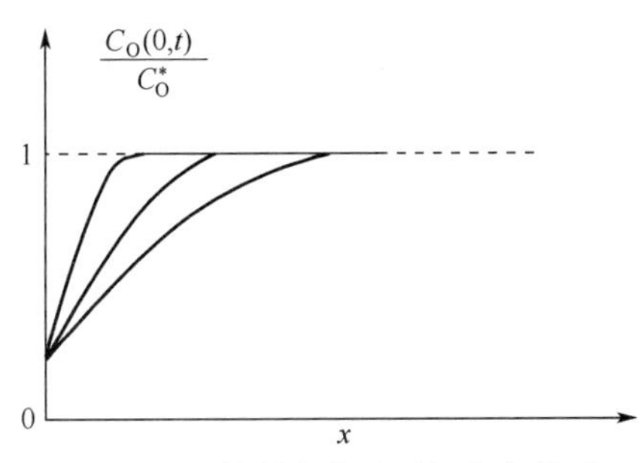

图 7-4-1 控制电势阶跃极化条件下不同时刻的反应物浓度分布示意图

根据式(7-4-9)，可将式(7-4-12) 和式(7-4-13) 改写为

$$C_O(0,t)=C_O^*\left[1-\frac{i(t)}{i_d(t)}\right] \tag{7-4-14}$$

$$C_R(0,t)=\xi C_O^*\ \frac{i(t)}{i_d(t)} \tag{7-4-15}$$

(2) 时间电流函数

从式(7-4-8) 和式(7-4-9) 可知，电流 $i(t)$ 同 Cottrell 电流 $i_d(t)$ 只相差一个由阶跃电势 E 决定的因子 $1/(1+\xi\theta)$。当阶跃电势 E 相对于 $E^{\ominus\prime}$ 足够负时，即 $E-E^{\ominus\prime}\ll\frac{-4RT}{nF}$ 时，那么 $\theta\approx 0$，则 $i(t)\approx i_d(t)$，即电极处于极限扩散控制的情况；当阶跃电势 E 相对于 $E^{\ominus\prime}$ 足够正时，即 $E-E^{\ominus\prime}\gg\frac{4RT}{nF}$ 时，那么 $\theta\rightarrow\infty$，则 $i(t)\rightarrow 0$，这相当于电极处于反应不能发生的电势下。这两种极限情况的物理意义是很明确的，这里更主要的是给出了衡量各种情况互相转化的定量标准。也就是说，对于可逆情况，要应用多大的阶跃电势可使反应处于极限扩散控制，应用多大的阶跃电势可以认为电极反应不能发生。这些都取决于系数 θ 的大小，因而取决于阶跃电势 E 的大小。随着阶跃电势 E 的不同，$i(t)$ 将在 $0\sim i_d(t)$ 之间变化。

(3) 取样电流伏安曲线

取样电流伏安法就是通过以下三步得到电流-电势关系曲线：①进行一系列不同电势阶跃幅值 E 的电势阶跃实验；②在每次阶跃后某一固定时刻 τ 对电流取样；③画出 $i(\tau)$-E 关系曲线。

对于可逆体系的情况，根据式(7-4-9)，且当 $t=\tau$ 时，有

$$\frac{i(\tau)}{i_d(\tau)}=\frac{1}{1+\xi\theta}$$

将 ξ 和 θ 的关系式代入后，整理得

$$E=E^{\ominus\prime}+\frac{RT}{nF}\ln\sqrt{\frac{D_R}{D_O}}+\frac{RT}{nF}\ln\left[\frac{i_d(\tau)-i(\tau)}{i(\tau)}\right] \tag{7-4-16}$$

当 $i(\tau)=\frac{i_d(\tau)}{2}$时，相应的电势定义为半波电势（half-wave potential）

$$E_{1/2}\equiv E^{\ominus\prime}+\frac{RT}{nF}\ln\sqrt{\frac{D_R}{D_O}} \tag{7-4-17}$$

式(7-4-16) 可改写为

$$E=E_{1/2}+\frac{RT}{nF}\ln\left[\frac{i_d(\tau)-i(\tau)}{i(\tau)}\right] \tag{7-4-18}$$

上述公式描述了半无限线性扩散条件下，可逆体系的取样电流伏安曲线的特征。可以看出，同稳态极化曲线方程具有完全一致的形式。因此，曲线应为和稳态极化曲线完全相同的具有极限扩散电流平台的 S 形曲线。

用 $E\text{-}\lg\left[\frac{i_d(\tau)-i(\tau)}{i(\tau)}\right]$作图，可得到一条直线。由直线截距可求出 $E_{1/2}$，进而得到 $E^{\ominus\prime}$ 的近似值；由直线斜率可求出得失电子数 n；还可根据直线斜率来判断电极反应的可逆性，即对于可逆反应，斜率应为 $2.303RT/(nF)$，或$\left(\frac{59.1}{n}\right)$mV(在 25℃下)。

7.4.2 超微电极上的稳态伏安法

考虑球形超微电极的情况。

其扩散方程及定解条件如下：

$$\frac{\partial C_O(r,t)}{\partial t}=D_O\left[\frac{\partial^2 C_O(r,t)}{\partial r^2}+\frac{2}{r}\frac{\partial C_O(r,t)}{\partial r}\right]$$

$$\frac{\partial C_R(r,t)}{\partial t}=D_R\left[\frac{\partial^2 C_R(r,t)}{\partial r^2}+\frac{2}{r}\frac{\partial C_R(r,t)}{\partial r}\right]$$

$$C_O(r,0)=C_O^*,\ C_R(r,0)=0$$

$$C_O(\infty,t)=C_O^*,\ C_R(\infty,t)=0$$

$$D_O\frac{\partial C_O(r,t)}{\partial r}\bigg|_{r=r_0}=-D_R\frac{\partial C_R(r,t)}{\partial r}\bigg|_{r=r_0}=\frac{i(t)}{nFA}$$

$$\theta=\frac{C_O(r_0,t)}{C_R(r_0,t)}=\exp\left[\frac{nF}{RT}(E-E^{\ominus\prime})\right]$$

采用 Laplace 变换，可以解出电流函数的象函数为

$$\bar{i}(s)=\frac{nFAD_OC_O^*}{1+\xi^2\gamma\theta}\left[\frac{1+r_0\left(\frac{s}{D_O}\right)^{1/2}}{r_0 s}\right] \tag{7-4-19}$$

式中，$\gamma=\frac{1+r_0\left(\frac{s}{D_O}\right)^{1/2}}{1+r_0\left(\frac{s}{D_R}\right)^{1/2}}$。

当 $r_0\left(\frac{s}{D_O}\right)^{1/2}\gg 1$ 时，扩散层和 r_0 相比较薄，体系处于暂态区，线性扩散条件适用。式(7-4-19) 等号右侧中括号中可简化为 $s^{-1/2}D_O^{-1/2}$，且 $\gamma\rightarrow 1/\xi$，则有

$$\bar{i}(s)=\frac{nFAD_O^{1/2}C_O^*}{(1+\xi\theta)s^{1/2}}$$

该式进行 Laplace 逆变换后即得平板电极的电流公式

$$i(t)=\frac{nFA\ \sqrt{D_O}C_O^*}{(1+\xi\theta)\sqrt{\pi t}}$$

当 $r_0\left(\frac{s}{D_O}\right)^{1/2}\ll 1$ 时，扩散层厚度远大于 r_0，体系处于稳态区。式(7-4-19) 等号右侧中括号中可简化为 $1/(r_0 s)$，且 $\gamma\longrightarrow 1$，则有

$$\bar{i}(s)=\frac{nFAD_OC_O^*}{(1+\xi^2\theta)r_0 s}$$

进行 Laplace 逆变换后可得

$$i(t)=\frac{nFAD_OC_O^*}{(1+\xi^2\theta)r_0} \tag{7-4-20}$$

式(7-4-20) 是球形超微电极可逆体系在任意阶跃电势下的稳态电流函数。当电势阶跃幅值 E 足够大时，$\theta\longrightarrow 0$，体系处于极限扩散控制条件下，式(7-4-20) 可简化为

$$i_d(t)=\frac{nFAD_OC_O^*}{r_0}$$

将上式代入到式(7-4-20) 中，可得

$$i(t)=\frac{i_d(t)}{1+\xi^2\theta} \tag{7-4-21}$$

当电势阶跃幅值 E 取不同值时，系数 $1/(1+\xi^2\theta)$ 的值在 0 和 1 之间，$i(t)$ 将在 $0\sim i_d(t)$ 之间变化。

(1) 稳态取样电流伏安曲线

将 ξ 和 θ 的关系式代入式(7-4-21) 后，整理得

$$E=E^{\ominus\prime}+\frac{RT}{nF}\ln\left(\frac{D_R}{D_O}\right)+\frac{RT}{nF}\ln\left[\frac{i_d(\tau)-i(\tau)}{i(\tau)}\right] \tag{7-4-22}$$

当 $i(\tau)=\frac{i_d(\tau)}{2}$ 时，相应的电势定义为半波电势 (half-wave potential)

$$E_{1/2}=E^{\ominus\prime}+\frac{RT}{nF}\ln\left(\frac{D_R}{D_O}\right) \tag{7-4-23}$$

式(7-4-22) 可改写为

$$E=E_{1/2}+\frac{RT}{nF}\ln\left[\frac{i_d(\tau)-i(\tau)}{i(\tau)}\right] \tag{7-4-24}$$

(2) 圆盘超微电极的稳态伏安行为

圆盘超微电极上可逆电极体系的稳态伏安行为，也可使用式(7-4-23) 和式(7-4-24)，稳态极限扩散电流可按式(7-3-25) 处理。

7.5 准可逆与完全不可逆电极反应的取样电流伏安法

考虑具有四个电极基本过程的单步骤单电子的简单电极反应 $O+e^-\longrightarrow R$，电极为准可逆体系，即界面电荷传递动力学不很快，传荷过程和传质过程共同控制总的电极过程，并且逆反应的速率不可忽略。实验前溶液中只有反应物 O 存在，而没有产物 R 存在。采用任意幅度的电势阶跃，初始电势 E_1 选择在不能发生电化学反应的电势下，此时电极附近反应物的浓度不发生变化。在 $t=0$ 时刻，电势瞬间改变到电极反应可以进行的电势 E_2。

7.5.1 平板电极上基于线性扩散的伏安法

根据反应物、产物的扩散方程、初始条件以及半无限线性扩散条件，利用式(2-2-17)和式(2-2-10)提供的通式，得到反应物、产物浓度函数的象函数如下

$$\overline{C}_{\mathrm{O}}(x,s)=\frac{C_{\mathrm{O}}^{*}}{s}-\left[\frac{C_{\mathrm{O}}^{*}}{s}-\overline{C}_{\mathrm{O}}(0,s)\right]\mathrm{e}^{-\sqrt{\frac{s}{D_{\mathrm{O}}}}x} \tag{7-5-1}$$

$$\overline{C}_{\mathrm{R}}(x,s)=\overline{C}_{\mathrm{R}}(0,s)\mathrm{e}^{-\sqrt{\frac{s}{D_{\mathrm{R}}}}x} \tag{7-5-2}$$

根据流量平衡有

$$D_{\mathrm{O}}\frac{\partial C_{\mathrm{O}}(x,t)}{\partial x}\bigg|_{x=0}=-D_{\mathrm{R}}\frac{\partial C_{\mathrm{R}}(x,t)}{\partial x}\bigg|_{x=0}=\frac{i(t)}{FA}$$

上式是求解扩散方程的一个边界条件。利用式(2-2-20)和式(2-2-21)提供的通式，可得反应物、产物粒子表面浓度函数的象函数

$$\overline{C}_{\mathrm{O}}(0,s)=\frac{C_{\mathrm{O}}^{*}}{s}-\frac{1}{FA\sqrt{D_{\mathrm{O}}}}\frac{\bar{i}(s)}{\sqrt{s}} \tag{7-5-3}$$

$$\overline{C}_{\mathrm{R}}(0,s)=\frac{1}{FA\sqrt{D_{\mathrm{R}}}}\frac{\bar{i}(s)}{\sqrt{s}} \tag{7-5-4}$$

对于准可逆的单电子、单步骤电极反应，电流动力学表达式为

$$i(t)=FAk^{\ominus}C_{\mathrm{O}}(0,t)\mathrm{e}^{-\frac{\alpha F}{RT}(E-E^{\ominus\prime})}-FAk^{\ominus}C_{\mathrm{R}}(0,t)\mathrm{e}^{\frac{\beta F}{RT}(E-E^{\ominus\prime})}$$

式中，$k^{\ominus}$是形式电势$E^{\ominus\prime}$下的标准反应速率常数。

上式是求解扩散方程的又一个边界条件。由于阶跃电势 E 是常数，为了书写简便，分别定义

$$k_{\mathrm{f}}\equiv k^{\ominus}\mathrm{e}^{-\frac{\alpha F}{RT}(E-E^{\ominus\prime})},\quad k_{\mathrm{b}}\equiv k^{\ominus}\mathrm{e}^{\frac{\beta F}{RT}(E-E^{\ominus\prime})}$$

从而可得

$$i(t)=FAk_{\mathrm{f}}C_{\mathrm{O}}(0,t)-FAk_{\mathrm{b}}C_{\mathrm{R}}(0,t)$$

进行 Laplace 变换可得

$$\bar{i}(s)=FAk_{\mathrm{f}}\overline{C}_{\mathrm{O}}(0,s)-FAk_{\mathrm{b}}\overline{C}_{\mathrm{R}}(0,s)$$

将式(7-5-3)和式(7-5-4)代入上式，整理后得

$$\bar{i}(s)=\frac{FAk_{\mathrm{f}}C_{\mathrm{O}}^{*}}{\sqrt{s}(\sqrt{s}+H)} \tag{7-5-5}$$

式中，$H\equiv\dfrac{k_{\mathrm{f}}}{\sqrt{D_{\mathrm{O}}}}+\dfrac{k_{\mathrm{b}}}{\sqrt{D_{\mathrm{R}}}}$ (7-5-6)

根据 Laplace 变换对照表，对式(7-5-5)进行 Laplace 逆变换，可得

$$i(t)=FAk_{\mathrm{f}}C_{\mathrm{O}}^{*}\exp(H^{2}t)\mathrm{erfc}(H\sqrt{t}) \tag{7-5-7}$$

若初始时有 R 存在，且其浓度为 C_{R}^{*}，则可推导出

$$i(t)=FA(k_{\mathrm{f}}C_{\mathrm{O}}^{*}-k_{\mathrm{b}}C_{\mathrm{R}}^{*})\exp(H^{2}t)\mathrm{erfc}(H\sqrt{t}) \tag{7-5-8}$$

对于完全不可逆反应，则有

$$i(t)=FAk_{\mathrm{f}}C_{\mathrm{O}}^{*}\exp(H^{2}t)\mathrm{erfc}(H\sqrt{t}) \tag{7-5-9}$$

式中，$H\equiv\dfrac{k_{\mathrm{f}}}{\sqrt{D_{\mathrm{O}}}}$。 (7-5-10)

从以上三式可以看出时间电流函数主要决定于 $\exp(H^{2}t)$ $\mathrm{erfc}(H\sqrt{t})$，而前面几项实质

上是不考虑浓差情况的电流，以 i_{NC}表示。因此电流函数可写成

$$i(t)=i_{NC}\exp(H^2t)\mathrm{erfc}(H\sqrt{t}) \tag{7-5-11}$$

(1) 电流-时间曲线

对于确定的电势阶跃幅值 E，k_f、k_b 和 H 是确定的常数。$\exp(x^2)\mathrm{erfc}(x)$ 在 $x=0$ 时为 1，随着 x 的增大，$\exp(x^2)\mathrm{erfc}(x)$ 单调减小趋向于 0。由式(7-5-11) 可知，电流随时间不断衰减，i-t 曲线如图 7-5-1 所示。在 $t=0$ 处，$i_{t=0}=i_{NC}$。但是在实际测量时，由于双电层充电电流的干扰，测出的 $i_{t=0}$实验值不能正确反映理论预期值 i_{NC}。所以实际上，不得不根据双层充电电流衰减后的数据外推回 $t=0$ 处来得到 i_{NC}。

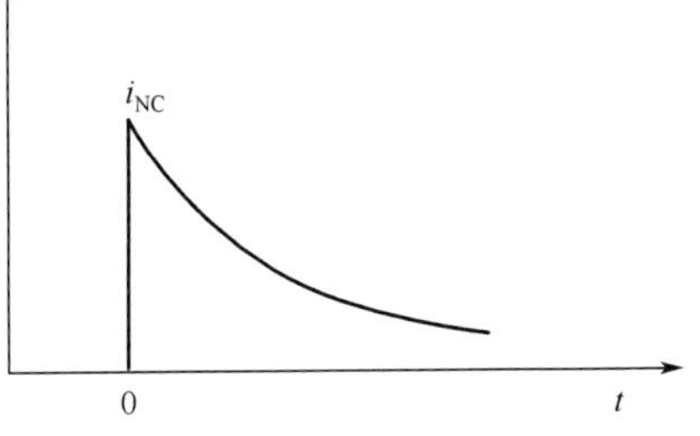

图 7-5-1　控制电势阶跃实验中的电流-时间响应曲线

(2) 线性近似的电流-时间曲线

当 t 足够小，以至于 $H\sqrt{t}<0.1$ 时，有

$$\exp(H^2t)\approx 1-H^2t\approx 1$$

$$\mathrm{erfc}(H\sqrt{t})=1-\mathrm{erf}(H\sqrt{t})\approx 1-\frac{2H}{\sqrt{\pi}}\sqrt{t}$$

此时式(7-5-11)可简化为

$$i(t)=i_{NC}\left(1-\frac{2H}{\sqrt{\pi}}\sqrt{t}\right) \tag{7-5-12}$$

从式(7-5-12) 可知，$i(t)$-$\sqrt{t}$有线性关系。用 $i(t)$-$\sqrt{t}$作图，得一条直线。由直线截距可求出 i_{NC}。若做不同阶跃电势的实验，则可获得 E 与 i_{NC}之间的关系，由此可求出动力学参数 $i^{\ominus}$ 和 α。

特别需要指出，对于初始溶液中有 R 存在的体系

$$i_{NC}=FA(k_fC_O^*-k_bC_R^*)=FAk^{\ominus}\left[C_O^*\,\mathrm{e}^{-\frac{\alpha F}{RT}(E-E^{\ominus\prime})}-C_R^*\,\mathrm{e}^{\frac{\beta F}{RT}(E-E^{\ominus\prime})}\right]$$

$$i_{NC}=i^{\ominus}\left(\mathrm{e}^{-\frac{\alpha F}{RT}\eta}-\mathrm{e}^{\frac{\beta F}{RT}\eta}\right) \tag{7-5-13}$$

式中，$\eta=E-E_{eq}$；$i^{\ominus}=FAk^{\ominus}C_O^*\,\mathrm{e}^{-\frac{\alpha F}{RT}(E_{eq}-E^{\ominus\prime})}=FAk^{\ominus}C_R^*\,\mathrm{e}^{\frac{\beta F}{RT}(E_{eq}-E^{\ominus\prime})}$。

若控制 $|\eta|\ll\dfrac{RT}{\alpha F}$，则有

$$i_{NC}=\frac{i^{\ominus}F}{RT}\eta \tag{7-5-14}$$

从式(7-5-14) 可知，利用上述方法获得 i_{NC}，就可直接求出 $i^{\ominus}$。

(3) 取样电流伏安法

对于初始溶液中没有产物 R 存在的情况，考虑到$\dfrac{k_b}{k_f}=\theta=\exp\left[\dfrac{F}{RT}(E-E^{\ominus\prime})\right]$，所以有

$$H=\frac{k_f}{\sqrt{D_O}}(1+\xi\theta)$$

$$i(t)=\frac{FA\sqrt{D_O}C_O^*}{\sqrt{\pi t}(1+\xi\theta)}\left[\sqrt{\pi}H\sqrt{t}\exp(H^2t)\mathrm{erfc}(H\sqrt{t})\right]$$

将 Cottrell 电流代入上式，可得

$$i(t)=\frac{i_d(t)}{(1+\xi\theta)}F_1(\lambda) \tag{7-5-15}$$

式中

$$F_1(\lambda)=\sqrt{\pi}\lambda\exp(\lambda^2)\mathrm{erfc}(\lambda) \tag{7-5-16}$$

$$\lambda=H\sqrt{t}=\frac{k_f\sqrt{t}}{\sqrt{D_O}}(1+\xi\theta) \tag{7-5-17}$$

对于确定的取样时刻 τ，λ 变为 $(k_f\sqrt{\tau}/\sqrt{D_O})(1+\xi\theta)$，这时它只是电势变量的函数，所以式(7-5-15) 也可看作是取样电流伏安法的电流-电势曲线方程。在相对于 $E^{\ominus}{}'$很正的电势下，θ 很大，所以 $i=0$；而在很负的电势下，$\theta\to0$，k_f 很大，λ 很大，$F_1(\lambda)$ 趋近于 1，所以有$i\approx i_d$。因此在取样电流伏安曲线上，随着阶跃电势 E 由正向负变化，电流 i 由 0 向 i_d 变化，与前面讨论的可逆体系相类似，取样电流伏安曲线也是 S 形。

7.5.2 超微电极上的稳态伏安法

对于初始溶液中产物 R 不存在的情况，球形电极上任意电势阶跃幅值的响应电流函数的象函数为

$$\bar{i}(s)=\frac{FAD_OC_O^*}{r_0 s}\left[\frac{\delta+1}{\left(\frac{\delta+1}{\kappa}\right)+(1+\xi^2\gamma\theta)}\right] \tag{7-5-18}$$

式中

$$\delta=r_0\left(\frac{s}{D_O}\right)^{1/2}$$

$$\kappa=\frac{r_0k_f}{D_O}$$

$$\gamma=\frac{1+r_0\left(\frac{s}{D_O}\right)^{1/2}}{1+r_0\left(\frac{s}{D_R}\right)^{1/2}}=\frac{\delta+1}{\xi\delta+1}$$

当 $\delta\ll1$ 时，扩散层远大于 r_0，处于稳态区，同时有 $\gamma\to1$，简化式(7-5-18) 得到

$$\bar{i}(s)=\frac{FAD_OC_O^*}{r_0 s}\left[\frac{1}{\left(\frac{1}{\kappa}\right)+(1+\xi^2\theta)}\right] \tag{7-5-19}$$

对上式进行 Laplace 逆变换，得到

$$i(t)=\frac{FAD_OC_O^*}{r_0}\left[\frac{\kappa}{1+\kappa(1+\xi^2\theta)}\right] \tag{7-5-20}$$

在相对于 $E^{\ominus}{}'$很负的电势下，$\theta\to0$，κ 很大，简化上式得到极限扩散电流

$$i_d(t)=\frac{FAD_OC_O^*}{r_0} \tag{7-5-21}$$

式(7-5-20) 和式(7-5-21) 相除得到

$$\frac{i(t)}{i_d(t)}=\frac{\kappa}{1+\kappa(1+\xi^2\theta)} \tag{7-5-22}$$

式(7-5-20) 和式(7-5-22) 描述了球形或半球形超微电极上准可逆电极体系的稳态电流。当阶跃电势 E 从远比 $E^{\ominus}{}'$正的电势变化到远比 $E^{\ominus}{}'$负的电势时，电流 i 由 0 向 i_d 变化，取样电流伏安曲线也表现为 S 形曲线。

7.6 计时安培（电流）反向技术

在施加单步电势阶跃后，可以继续施加新的阶跃，通常是与第一步阶跃反方向的电势阶跃，从而检测在第一步阶跃中生成的物种。这种方法也称为双电势阶跃计时安培（电流）法。

双电势阶跃法的电势波形和电流响应波形如图 7-6-1 所示。

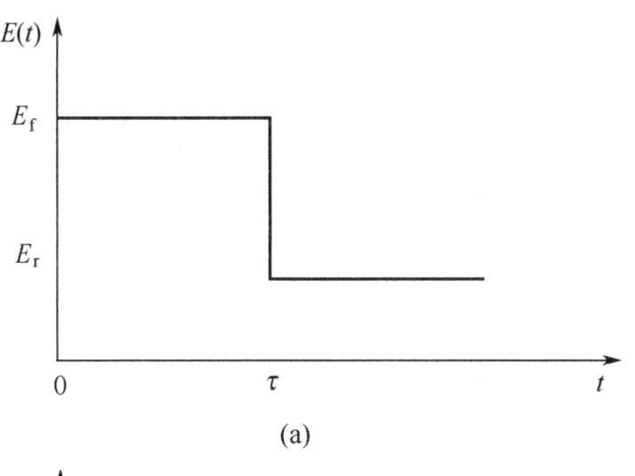

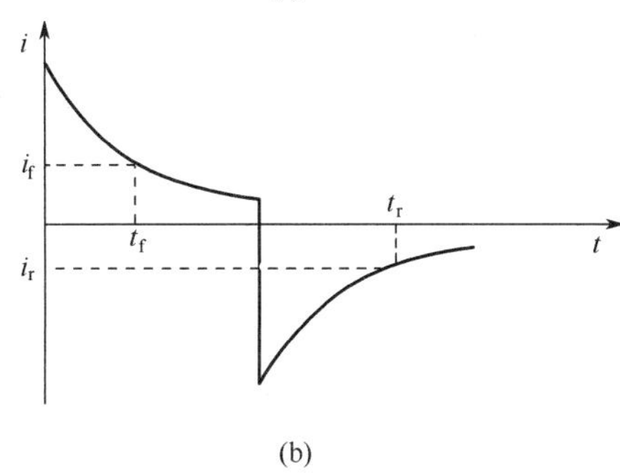

图 7-6-1 双电势阶跃法的电势波形和电流响应波形

考虑具有四个电极基本过程的简单电极反应 $O+ne^- \rightleftharpoons R$。这里只考虑大幅度双电势阶跃的情况。在 E_f 电势下，反应物 O 的表面浓度为零。当 $t=\tau$ 时，电势从 E_f 阶跃到 E_r，此时产物 R 的表面浓度为零。在 $t<\tau$ 阶段，还原反应 $O+ne^- \longrightarrow R$ 处于极限扩散控制；在 $t>\tau$ 阶段，氧化反应 $R \longrightarrow O+ne^-$ 也处于极限扩散控制条件下。

电势函数可写为

$$E(t)=E_f+(E_r-E_f)u(t-\tau) \tag{7-6-1}$$

边界条件为

$$C_O(0,t<\tau)=0, C_R(0,t>\tau)=0 \tag{7-6-2}$$

根据式（2-2-20）和式（2-2-21）提供的通式，有

$$\overline{C}_O(0,s)=\frac{C_O^*}{s}-\frac{1}{nFA\sqrt{D_O}}\frac{\overline{i}_d(s)}{\sqrt{s}} \tag{7-6-3}$$

$$\overline{C}_R(0,s)=\frac{1}{nFA\sqrt{D_R}}\frac{\overline{i}_d(s)}{\sqrt{s}} \tag{7-6-4}$$

由以上两式相加，可得

$$\overline{C}_O(0,s)+\frac{1}{\xi}\overline{C}_R(0,s)=\frac{C_O^*}{s}$$

进行 Laplace 逆变换，得到

$$C_O(0,t)+\frac{1}{\xi}C_R(0,t)=C_O^* \tag{7-6-5}$$

综合式(7-6-2) 和式(7-6-5)，得到完整的边界条件为

$$C_O(0,t)=C_O^* u(t-\tau), C_R(0,t)=\xi C_O^* - \xi C_O^* u(t-\tau) \tag{7-6-6}$$

进行 Laplace 变换，得到

$$\overline{C}_O(0,s)=\frac{C_O^*}{s}e^{-s\tau}$$

将上式代入式(7-6-3)，整理得

$$\overline{i}_d(s)=nFAC_O^*\sqrt{D_O}\left(\frac{1}{\sqrt{s}}-\frac{e^{-s\tau}}{\sqrt{s}}\right) \tag{7-6-7}$$

进行 Laplace 逆变换，得到

$$i_d(t)=\frac{nFAC_O^*\sqrt{D_O}}{\sqrt{\pi}}\left[\frac{1}{\sqrt{t}}-\frac{1}{\sqrt{t-\tau}}u(t-\tau)\right] \tag{7-6-8}$$

或者可写成

$$i_{\mathrm{d}}(t)=\begin{cases}\dfrac{nFAC_{\mathrm{O}}^{*}\sqrt{D_{\mathrm{O}}}}{\sqrt{\pi t}} & (t<\tau)\\[2ex] \dfrac{nFAC_{\mathrm{O}}^{*}\sqrt{D_{\mathrm{O}}}}{\sqrt{\pi}}\left(\dfrac{1}{\sqrt{t}}-\dfrac{1}{\sqrt{t-\tau}}\right) & (t>\tau)\end{cases} \tag{7-6-9}$$

相应的极限电流-时间曲线见图 7-6-1(b)。由图 7-6-1(b) 及式(7-6-8) 和式(7-6-9) 可见，在 $t<\tau$ 阶段，曲线同单电势阶跃完全相同，因此只需讨论 $t>\tau$ 阶段的情况，以及与 $t<\tau$ 阶段的关系。

由式(7-6-9) 可以看到，在 $t>\tau$ 阶段的电流为负值，这是发生了逆向反应的结果。当 $t=\tau$ 时，式中第二项为无穷大，而第一项是有限值，所以瞬间电流是向负无穷大跃变。之后随着 t 的增大，第二项逐渐减小，电流逐渐向正方向变化。当 $t\gg\tau$，以至于式中 τ 值可忽略时，第一项与第二项近似相等，电流由负值逐渐趋向于零。

在 $t<\tau$ 区间任意取一时刻 t_{f}，相应电流为 i_{f}。然后在 $t>\tau$ 区间再取一时刻 t_{r}，要求 $t_{\mathrm{r}}=\tau+t_{\mathrm{f}}$，此时相应电流的绝对值为 $-i_{\mathrm{r}}$，则有

$$\frac{-i_{\mathrm{r}}}{i_{\mathrm{f}}}=\frac{-\dfrac{1}{\sqrt{t_{\mathrm{r}}}}+\dfrac{1}{\sqrt{t_{\mathrm{r}}-\tau}}}{\dfrac{1}{\sqrt{t_{\mathrm{f}}}}}=1-\sqrt{\frac{t_{\mathrm{f}}}{t_{\mathrm{r}}}}$$

进一步整理得到

$$\frac{-i_{\mathrm{r}}}{i_{\mathrm{f}}}=1-\sqrt{1-\frac{\tau}{t_{\mathrm{r}}}} \tag{7-6-10}$$

由式(7-6-10) 所绘制的工作曲线见图 7-6-2，可以利用该工作曲线判断产物是否稳定。对于反应产物 R 稳定的体系，实验数据应和图中的工作曲线相吻合；相反，若产物不稳定，而以一定的速率分解，则 $-i_{\mathrm{r}}$ 要比式(7-6-10) 所预期的要小，实验数据偏离工作曲线。特别是可以使用 $\dfrac{-i_{\mathrm{r}}(2\tau)}{i_{\mathrm{f}}(\tau)}=0.293$ 作为方便快捷的判断参考点。

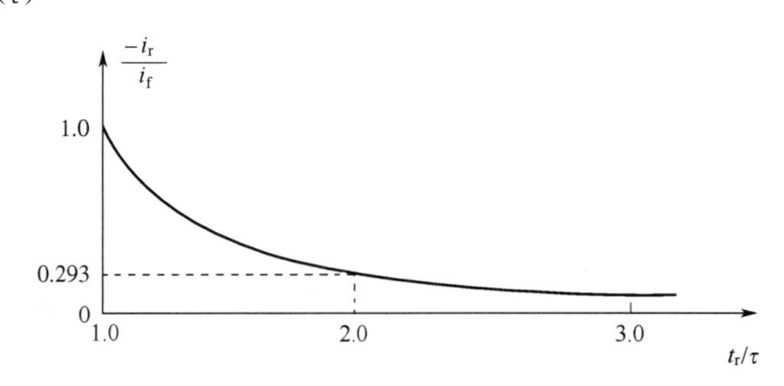

图 7-6-2 当 $t_{\mathrm{r}}=\tau+t_{\mathrm{f}}$ 时，$-i_{\mathrm{r}}(t_{\mathrm{r}})/i_{\mathrm{f}}(t_{\mathrm{f}})$ 的工作曲线

（两个方向的阶跃均为极限扩散控制，实验期间 O 和 R 均能稳定存在）

7.7 计时库仑（电量）法

电势阶跃计时库仑法仍然基于计时安培法，只不过它记录的不是电流，而是记录电流的积分，即电量随时间的变化关系，有

$$Q(t)=\int_0^t i(t)\mathrm{d}t \tag{7-7-1}$$

它同计时安培法相比有以下三个优点：①为了避免双电层充电的干扰应采用后期取值的方法，但是电流是随时间增加而下降的，后期电流已衰减到较小的数值，而电量则通常随时间增加而增大，因此测量电量有更好的信噪比；②积分对于暂态电流中的随机噪声有平滑作用，因此计时库仑曲线比计时安培曲线更加光滑；③在计时库仑法中，双电层充电电量、用于吸附物质的电极反应的电量可以同用于扩散反应物的电极反应的电量区分开来，而在计时安培法中，这几个过程所对应的电流则难于区分开来。

考虑简单电极反应 $O+ne^- \rightleftharpoons R$。在此仅讨论极限扩散控制的情况，即采用大幅度的电势阶跃，使电极反应处于极限扩散控制条件下。

对于单电势阶跃的情况，可以对 Cottrell 方程直接积分，得到扩散反应物法拉第过程的电量

$$Q_d(t)=\frac{2nFAC_O^*\sqrt{D_O}}{\sqrt{\pi}}\sqrt{t} \tag{7-7-2}$$

对于双电势阶跃的情况，对式(7-7-1) 进行 Laplace 变换，得到

$$\overline{Q}_d(s)=\frac{\overline{i}_d(s)}{s}$$

将式(7-6-7) 代入上式，得到

$$\overline{Q}_d(s)=nFAC_O^*\sqrt{D_O}\left(\frac{1}{s\sqrt{s}}-\frac{e^{-s\tau}}{s\sqrt{s}}\right)$$

进行 Laplace 逆变换，得到

$$Q_d(t)=\frac{2nFAC_O^*\sqrt{D_O}}{\sqrt{\pi}}\left[\sqrt{t}-\sqrt{t-\tau}u(t-\tau)\right] \tag{7-7-3}$$

或者可写为

$$Q_d(t)=\begin{cases}\dfrac{2nFAC_O^*\sqrt{D_O}}{\sqrt{\pi}}\sqrt{t} & (t<\tau)\\[2ex] \dfrac{2nFAC_O^*\sqrt{D_O}}{\sqrt{\pi}}(\sqrt{t}-\sqrt{t-\tau}) & (t>\tau)\end{cases} \tag{7-7-4}$$

由于单电势阶跃同双电势阶跃的 $t<\tau$ 阶段完全相同，下面不再单独讨论。

根据式(7-7-3) 或式(7-7-4)，可知计时库仑曲线如图 7-7-1 所示。

从图 7-7-1 可知 $Q(t<\tau)$ 是增函数，这是由于电量累积的结果。但是从溶液内部向电极表面扩散传质的速率随时间减小，因此电量的累积增量也逐渐减小。所以 $Q(t<\tau)$ 并不正

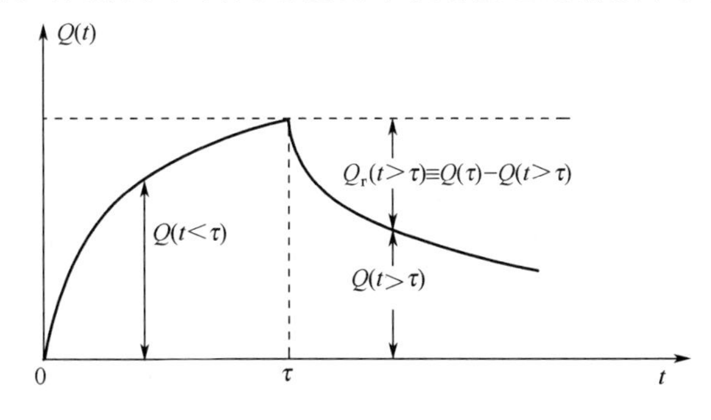

图 7-7-1　双电势阶跃计时库仑曲线

比于时间 t，而是正比于 $t^{1/2}$。在 $t>\tau$ 阶段，由于反向电流的作用，累积电量逐渐减小，$Q(t>\tau)$是减函数。$Q_r(t>\tau)\equiv Q(\tau)-Q(t>\tau)$ 表示因反向电流而抽出的电量，它是增函数。因此有如下关系式

$$Q(t<\tau)=\frac{2nFAC_O^*\sqrt{D_O}}{\sqrt{\pi}}\sqrt{t} \tag{7-7-5}$$

$$Q_r(t>\tau)=\frac{2nFAC_O^*\sqrt{D_O}}{\sqrt{\pi}}(\sqrt{\tau}-\sqrt{t}+\sqrt{t-\tau}) \tag{7-7-6}$$

式(7-7-5) 表明，$t=0$ 时，扩散反应物的法拉第过程消耗的电量为零。然而利用实验数据作 $Q(t<\tau)$-$\sqrt{t}$直线时却发现它是一个不过原点的直线。直线存在截距说明，$t=0$ 时电极消耗电量，该电量来自于两个方面。一是由于电极电势发生阶跃，需要向电极表面补充电量，用以改变电极表面的电荷分布状态，从而改变电极电势。这一部分电量即为双电层充电电量 Q_{dl}，其值约为 $C_d(E_f-E_r)$。另一个来源则是吸附在电极表面上的反应物的法拉第过程消耗的电量，其值为 $nFA\Gamma_O$，其中 Γ_O 表示反应物 O 的表面吸附量（$mol\cdot cm^{-2}$）。由于这两部分电量只在电势阶跃的最初阶段出现，因此可把它们视为与时间无关的两个附加项添加到电量公式中

$$Q(t<\tau)=Q_{dl}+nFA\Gamma_O+\frac{2nFAC_O^*\sqrt{D_O}}{\sqrt{\pi}}\sqrt{t} \tag{7-7-7}$$

因此，$Q(t<\tau)$-$\sqrt{t}$直线的截距即为 $Q_{dl}+nFA\Gamma_O$。计时库仑法常被用于测定吸附反应物 O 的表面吸附量，为此需要把 $Q(t<\tau)$-$\sqrt{t}$直线截距 $Q_{dl}+nFA\Gamma_O$ 中的两部分分开。一种简便近似的方法是用不含反应物 O 的空白溶液做计时库仑法实验，由其 $Q(t<\tau)$-$\sqrt{t}$直线截距确定 Q_{dl}，再和含反应物溶液的 $Q(t<\tau)$-$\sqrt{t}$直线截距 $Q_{dl}+nFA\Gamma_O$ 相比较，确定 $nFA\Gamma_O$。但要注意，双电层电容受吸附的影响，因此用底液的 Q_{dl}代替含反应物体系的 Q_{dl}只是一种简单的近似。

另外一种常用的方法是使用双电势阶跃计时库仑法。

由于 $Q(t>\tau)$ 仍然是从 $t=0$ 开始计算的累积电量，在 $t=\tau$ 时电势又阶跃回原来的电势，无净的电势变化，所以双电层充电电量的净结果为零。或者说，在 $t<\tau$ 阶段双电层充进电量，而在 $t>\tau$ 阶段，因反向电势跃迁，又反向充入相同电量，总结果是没有净的双电层充电电量。而且表面吸附反应物的法拉第过程消耗的电量也仍被计入到 $Q(t>\tau)$ 中。因此

$$Q(t>\tau)=nFA\Gamma_O+\frac{2nFAC_O^*\sqrt{D_O}}{\sqrt{\pi}}(\sqrt{t}-\sqrt{t-\tau}) \tag{7-7-8}$$

因此根据 $Q_r(t>\tau)\equiv Q(\tau)-Q(t>\tau)$，利用式(7-7-7) 和式(7-7-8) 可得到 $Q_r(t>\tau)$

$$Q_r(t>\tau)=Q_{dl}+\frac{2nFAC_O^*\sqrt{D_O}}{\sqrt{\pi}}(\sqrt{\tau}-\sqrt{t}+\sqrt{t-\tau}) \tag{7-7-9}$$

令 $\theta\equiv\sqrt{\tau}-\sqrt{t}+\sqrt{t-\tau}$。作 $Q(t<\tau)$-$\sqrt{t}$和 $Q_r(t>\tau)$-θ 两条直线，如图 7-7-2 所示，该图被称为 Anson 图。两条直线的截距之差就是 $nFA\Gamma_O$。这样就排除了 Q_{dl}的干扰，得到了吸附反应物的法拉第电量 $nFA\Gamma_O$。

但是应当注意的是，上述讨论是基于第二阶跃开始后浓度分布符合简单的 Cottrell 方程的假设，也就是说，浓度分布不因可能在电极上吸脱附的扩散物质的增减而改变。实际实验

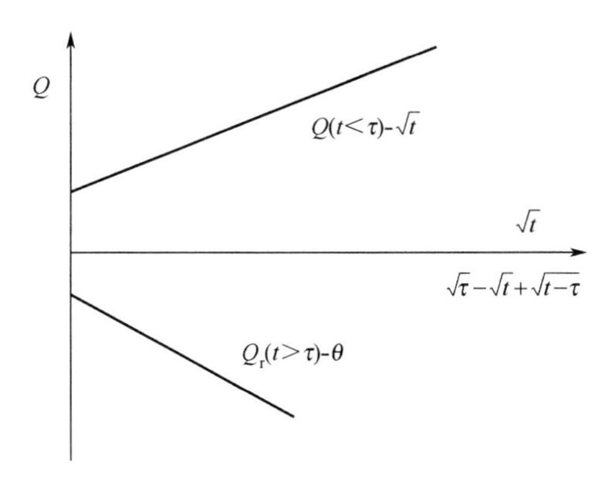

图 7-7-2　双电势阶跃计时电量线性关系图

中，这个假设是不能严格满足的，因此这一方法也是近似的。

双电势阶跃计时电量法的另一个重要的应用是判断产物的稳定性。如果反应物、产物都是稳定不吸附的，且不考虑 Q_{dl}，则电量符合式(7-7-4)，应有

$$\frac{Q_d(t<\tau)}{Q_d(\tau)}=\sqrt{\frac{t}{\tau}} \tag{7-7-10}$$

$$\frac{Q_d(t>\tau)}{Q_d(\tau)}=\sqrt{\frac{t}{\tau}}-\sqrt{\frac{t}{\tau}-1} \tag{7-7-11}$$

以上两式左端的比值是实验可测的，它们与具体的实验参数 n、C_O^*、D_O、A 均无关，只与 t/τ 有关。这两个公式清楚地描述了稳定体系计时库仑响应的本质特征。其理论曲线如图 7-7-3 所示。

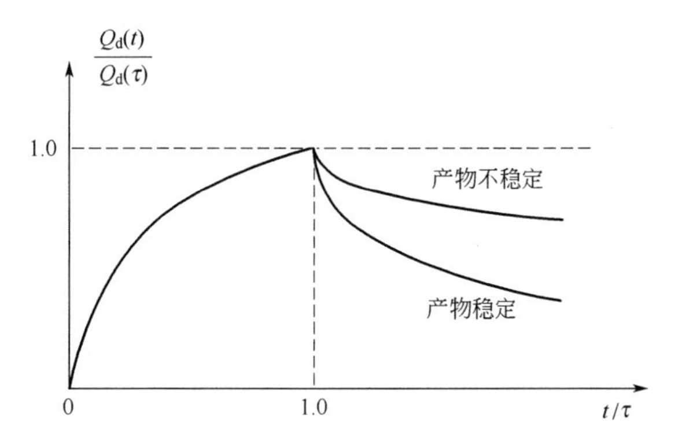

图 7-7-3　产物稳定和不稳定体系的双电势阶跃计时库仑曲线

如果产物 R 不稳定，在溶液中分解成为非电活性物质，那么对于 $t<\tau$ 阶段的电量-时间曲线并无影响，但在 $t>\tau$ 阶段，因产物发生分解而只有一部分被重新氧化，所以同产物稳定体系相比，曲线中电量下降速度明显减慢，如图 7-7-3 所示。在极端的情况下，若产物 R 全部发生分解，那么反向电流为零，则在整个 $t>\tau$ 阶段均有$\frac{Q_d(t>\tau)}{Q_d(\tau)}=1$。特别是可以选用 $Q_d(2\tau)/Q_d(\tau)$ 或$[Q_d(\tau)-Q_d(2\tau)]/Q_d(\tau)$来快速判断产物的稳定性，由式(7-7-11) 可知，若为产物稳定体系，这两个比值分别是 0.414 和 0.586。

第8章 线性电势扫描伏安法

8.1 线性电势扫描过程概述

控制电极电势以恒定的速率变化，即连续线性变化，同时测量通过电极的响应电流，这种方法叫做线性电势扫描伏安法（linear sweep voltammetry，LSV）。电极电势的变化率称为扫描速率，为一常数，即 $v=\left|\frac{\mathrm{d}E}{\mathrm{d}t}\right|=\mathrm{const}$（常数）。测量结果常以 i-t 或 i-E 曲线表示，其中 i-E 曲线也叫做伏安曲线（voltammogram）。

8.1.1 线性电势扫描过程中响应电流的特点

线性电势扫描伏安法是暂态测量方法的一种，并且属于控制电势的暂态测量方法。第7章讨论的是具有电势突跃的情况，而线性电势扫描伏安法则是电势连续线性变化的情况。

在一般的情况下，线性电势扫描过程中的响应电流为电化学反应电流 i_f 和双电层充电电流 i_C 之和，即

$$i=i_C+i_f \tag{8-1-1}$$

根据式(5-1-1) 可知，双电层充电电流 i_C 为

$$i_C=\frac{\mathrm{d}q}{\mathrm{d}t}=\frac{\mathrm{d}[-C_d(E-E_Z)]}{\mathrm{d}t}=-C_d\frac{\mathrm{d}E}{\mathrm{d}t}+(E_Z-E)\frac{\mathrm{d}C_d}{\mathrm{d}t} \tag{8-1-2}$$

式中，C_d 为双电层的微分电容；E 为电极电势；E_Z 为零电荷电势（potential of zero charge，PZC）。

由式(8-1-2) 可知，双电层充电电流 i_C 包括两个部分：一个是电极电势改变时，需要对双电层充电，以改变界面的荷电状态的双电层充电电流，即 $-C_d\frac{\mathrm{d}E}{\mathrm{d}t}$；另一个是双电层电容改变时，所引起的双电层充电电流，即 $(E_Z-E)\frac{\mathrm{d}C_d}{\mathrm{d}t}$。由于在线性电势扫描过程中电极电势始终在以恒定的速率变化，$-C_d\frac{\mathrm{d}E}{\mathrm{d}t}$ 一项总不为零，因此，在扫描过程中自始至终存在着双电层充电电流 i_C。而且一般而言，双电层充电电流 i_C 在扫描过程中并非常数，而是随着 C_d 的变化而变化的。

当电极表面上发生表面活性物质的吸脱附时，双电层电容 C_d 会随之急剧变化，$(E_Z-E)\frac{\mathrm{d}C_d}{\mathrm{d}t}$ 一项很大，i-E 曲线上出现伴随吸脱附过程的电流峰，称为吸脱附峰。

当电极表面上不存在表面活性物质的吸脱附，并且进行小幅度电势扫描时，在小的电势范围内双电层电容 C_d 可近似认为保持不变，$(E_Z-E)\frac{\mathrm{d}C_d}{\mathrm{d}t}$ 一项可被忽略，同时，由于扫描速度 $v=\left|\frac{\mathrm{d}E}{\mathrm{d}t}\right|$ 恒定，所以此时双电层充电电流恒定不变，即 $i_C=-C_d\frac{\mathrm{d}E}{\mathrm{d}t}=\mathrm{const}$。在很多大幅

度电势扫描的情况下，也经常近似地认为双电层电容 C_d 保持不变，因而双电层充电电流 i_C 保持不变。

扫描速率的大小对 i-E 曲线影响较大。由式(8-1-2)可知，双电层充电电流 i_C 随着扫描速率$\left(v=\left|\frac{dE}{dt}\right|\right)$的增大而线性增大。由后面 8.3 节的讨论可知，用于电化学反应的法拉第电流 i_f 也随着扫描速率 v 的增大而增大，但并不是和 v 成正比例的关系。当扫描速率 v 增大时，i_C 比 i_f 增大得更多，i_C 在总电流中所占的比例增加。相反，当扫描速率 v 足够慢时，i_C 在总电流中所占比例极低，可以忽略不计，这时得到的 i-E 曲线即为稳态极化曲线。

当进行大幅度线性电势扫描时，对于反应物来源于溶液的具有四个电极基本过程的简单电极反应 $O+ne^- \rightleftharpoons R$，典型的伏安曲线如图 8-1-1 所示。当电势从没有还原反应发生的较正电势开始向电势负方向线性扫描时，还原电流先是逐渐上升，到达峰值后又逐渐下降。

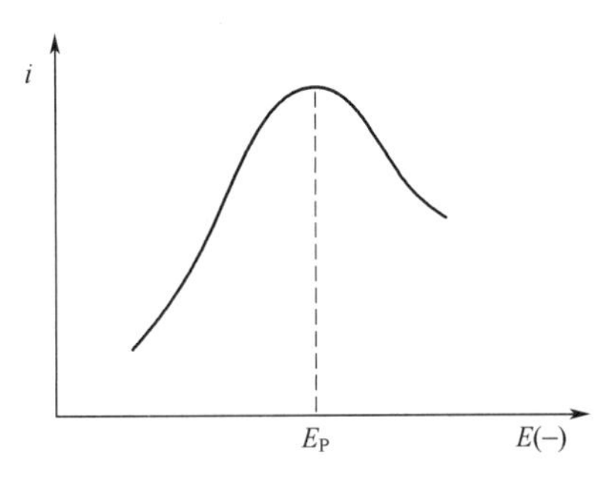

图 8-1-1　线性电势扫描伏安曲线

实际上，线性电势扫描伏安曲线和第 7 章所介绍的取样电流伏安曲线有相似之处，二者都是 i-E 关系曲线，但又不完全相同。取样电流伏安曲线是在一系列不同幅值的电势阶跃后相同时刻采集的电流数据绘制成的 i-E 曲线，对每个不同的电势而言，极化时间是相同的；而线性电势扫描伏安曲线则是电势连续线性变化时的电流绘制成的 i-E 曲线，即在不同电势下采集电流数据前所持续的时间是不同的，电势和时间均在变化。由于线性电势扫描伏安曲线远较取样电流伏安曲线方便易测，因而更为常用。

在电势扫描的过程中，随着电势的移动，电极的极化越来越大，电化学极化和浓差极化相继出现。随着极化的增大，反应物的表面浓度不断下降，扩散层中反应物的浓度差不断增大，导致扩散流量增加，扩散电流升高。当反应物的表面浓度下降为零时，就达到了完全浓差极化，扩散电流达到了极限扩散电流。但此时，扩散过程并未达到稳态，电势继续扫描相当于极化时间的延长，扩散层的厚度越来越大，相应的扩散流量逐渐下降，扩散电流降低。这样，在电势扫描伏安曲线上，就形成了电流峰。在越过峰值后电流的衰减符合 Cottrell 方

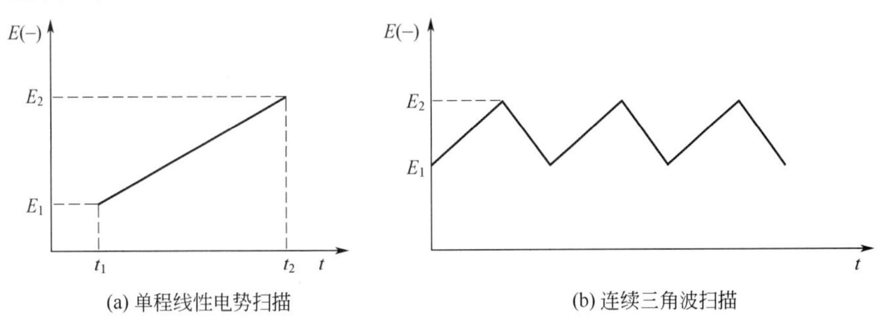

图 8-1-2　线性电势扫描伏安法中几种常用的电势波形

程［参见式(7-3-3)］，此时 i_d 正比于 $t^{-1/2}$。

8.1.2 几种常用的扫描电势波形

线性电势扫描伏安法中常用的电势扫描波形如图 8-1-2 所示。

8.2 传荷过程控制下的小幅度三角波电势扫描法

若使用小幅度的三角波电势信号（通常 $|\Delta E| \leqslant 10\text{mV}$），且三角波频率较高，即单向极化持续时间很短时，浓差极化可以忽略不计，电极处于电荷传递过程控制，其等效电路可简化如图 8-2-1 所示。

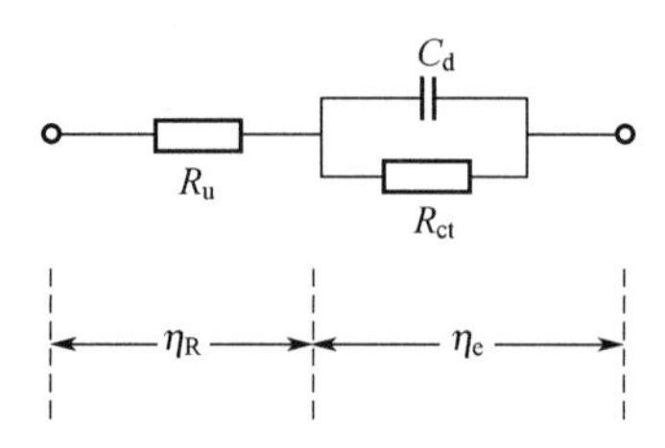

图 8-2-1 电化学步骤控制下的电极等效电路

由于采用小幅度条件，等效电路元件 R_{ct}、C_d 可视为恒定不变。

在这种情况下，可以采用等效电路的方法，测定 R_u、R_{ct}、C_d，进而计算电极反应的动力学参数。

8.2.1 电极处于理想极化状态，且溶液电阻可忽略

在扫描电势范围内没有电化学反应发生，即电极处于理想极化状态，且 R_u 可以忽略，此时电极的等效电路为只有双电层电容的形式，如图 8-2-2 所示。

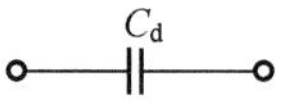

C_d

图 8-2-2 电极处于理想极化状态，且 R_u 可以忽略时的电极等效电路

此时，三角波电势控制信号和相应的响应电流曲线如图 8-2-3 所示。由于采用的是小幅度测量信号，C_d 可以看成常数，因此由式(8-1-2) 可知，在单程扫描过程中响应电流恒定不变，即 $i = i_C = -C_d \dfrac{\mathrm{d}E}{\mathrm{d}t} = \text{const}$。由于 $-\left(\dfrac{\mathrm{d}E}{\mathrm{d}t}\right)_{A\to B} = \left(\dfrac{\mathrm{d}E}{\mathrm{d}t}\right)_{B\to C} = v$，所以在 B 点电势换向瞬

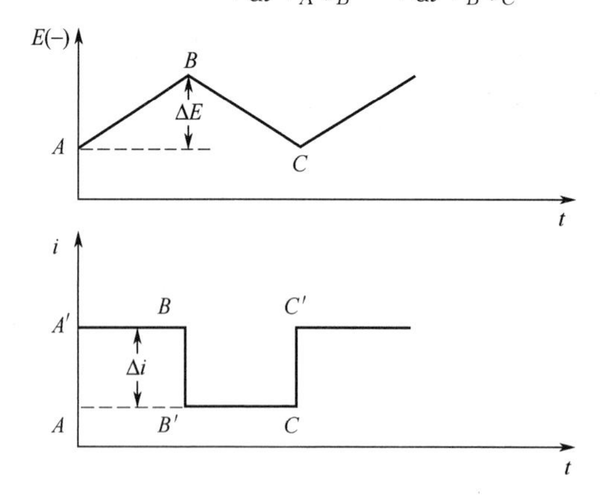

图 8-2-3 电极处于理想极化状态，且 R_u 可以忽略时的三角波电势信号和响应电流曲线

间，电流从 $C_d v$ 突变为 $-C_d v$。

所以，电势换向前后电流的突跃值 Δi 为

$$\Delta i = i_{A'} - i_A = i_B - i_{B'} = 2C_d v$$

变换上式可得

$$C_d = \frac{\Delta i}{2v} \tag{8-2-1}$$

$$C_d = \frac{\Delta i T}{4\Delta E} \tag{8-2-2}$$

式中，T 为三角波电势信号的周期；ΔE 为三角波电势信号的幅值。

实际上，这种方法是测定电化学超级电容器的电容值时所常用的方法。

8.2.2 电极上有电化学反应发生，且溶液电阻可忽略

在扫描电势范围有电化学反应发生，且溶液电阻 R_u 可以忽略，此时电极的等效电路可简化为双电层电容和传荷电阻相并联的形式，如图 8-2-4 所示。

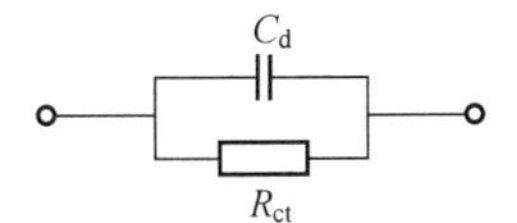

图 8-2-4 电极上有电化学反应发生，且 R_u 可以忽略时的电极等效电路

此时，三角波电势控制信号和相应的响应电流曲线如图 8-2-5 所示。由等效电路可知，总电流由双电层充电电流和法拉第电流两部分组成，即 $i = -C_d \frac{dE}{dt} + i_f$。

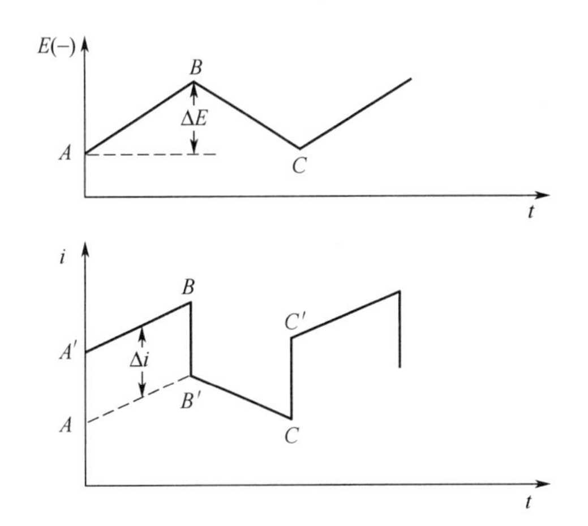

图 8-2-5 电极上有电化学反应发生，且 R_u 可以忽略时的三角波电势信号和响应电流曲线

在单程电势扫描过程中，双电层充电电流 $i_C = C_d v$ 为常数；因为电势线性变化，所以法拉第电流 i_f 也随时间线性变化，因此总的电流 i 也是线性变化的。

在电势换向的瞬间，电势值并没有发生变化，因此法拉第电流 i_f 并不改变，电流的突跃是双电层充电改变方向所引起的，此时，只需在电流响应曲线上测出电势换向瞬间的电流突跃值 Δi，即可利用式(8-2-1) 和式(8-2-2) 计算出双电层电容 C_d

$$C_d = \frac{\Delta i}{2v} \tag{8-2-1}$$

$$C_d = \frac{\Delta i T}{4\Delta E} \tag{8-2-2}$$

在单程电势扫描过程中，电流的线性变化值 $i_B - i_{A'}$ 是法拉第电流的变化值，所以传荷电阻 R_{ct} 可由下式得到

$$R_{ct} = \frac{|\Delta E|}{i_B - i_{A'}} \tag{8-2-3}$$

这里给出一个例子，采用小幅度三角波电势扫描法测定 Zn 电极在 $240g \cdot L^{-1}$ NH_4Cl-$28g \cdot L^{-1}$ H_3BO_3-$2g \cdot L^{-1}$ 硫脲溶液中的等效电路元件参数，溶液电阻 R_u 可以忽略，扫描速度 $v=0.1V \cdot ms^{-1}$。相应的扫描曲线以电流-电势曲线的形式给出，如图 8-2-6 所示。

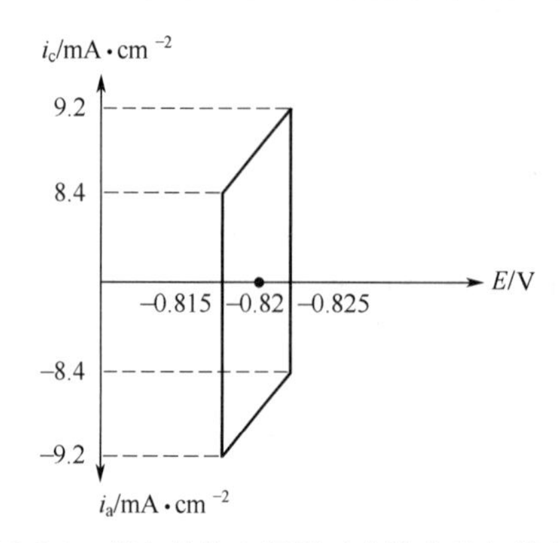

图 8-2-6　锌电极的小幅度三角波电势扫描曲线

由图 8-2-6 中可量出电流突跃值 Δi 为

$$\Delta i = 9.2 + 8.4 = 17.6\ (mA \cdot cm^{-2})$$

根据式(8-2-1) 和式(8-2-3)，可计算 C_d 和 R_{ct}

$$C_d = \frac{\Delta i}{2v} = \frac{17.6 \times 10^{-3}}{2 \times 0.1 \times 10^3} = 88 \times 10^{-6}(F \cdot cm^{-2}) = 88\ (\mu F \cdot cm^{-2})$$

$$R_{ct} = \frac{0.01}{(9.2 - 8.4) \times 10^{-3}} = 12.5\ (\Omega \cdot cm^2)$$

8.2.3 电极上有电化学反应发生，且溶液电阻不可忽略

当电极上存在电化学反应，且溶液电阻不可忽略时，电极等效电路如图 8-2-1 所示，相应的三角波电势信号和响应电流曲线如图 8-2-7 所示。

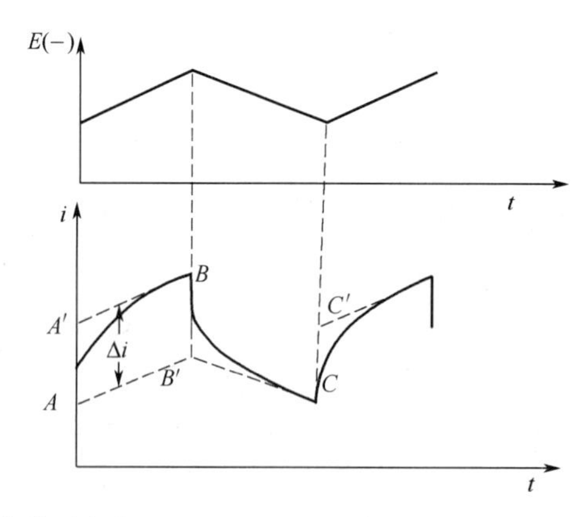

图 8-2-7　电极上有电化学反应发生，且 R_u 不可忽略时的三角波电势电信号和响应电流曲线

在图中，可以通过外推法找到 A'、B'、C' 点，进而计算 C_d 和 R_{ct}。C_d 的计算同样采用式(8-2-1) 和式(8-2-2)。

R_{ct}可由下式计算

$$R_{ct}=\frac{|\Delta E|}{i_B-i_{A'}}-R_u \tag{8-2-4}$$

当R_u较小时，这种外推法计算C_d和R_{ct}的方法，误差较小；但当R_u较大时，这样的近似计算误差较大，以致不能使用。

所以这种方法测量C_d和R_{ct}时，溶液电阻R_u一定要小或能进行补偿。电极表面有高阻膜时也不宜使用这种方法。如果恒电势仪有溶液电阻补偿功能，补偿后就可得到如图 8-2-5 所示的电流波形。

8.2.4 适用范围及注意事项

① 小幅度三角波电势扫描法测量C_d时，适用于各种电极，包括平板电极和多孔电极。

② 测量双电层微分电容C_d时，可以有电化学反应发生。我们知道，采用控制电势阶跃法测量C_d时，必须控制电极处于理想极化状态，即电极上没有电化学反应发生，$R_{ct}\to\infty$，从而保证流过电极的电流全部用于双电层充电；采用控制电流阶跃法测量C_d时，最好也要控制电极处于理想极化状态，即电极上没有电化学反应发生，$R_{ct}\to\infty$，从而使时间常数很大，易于测量阶跃瞬间电势时间曲线的斜率。

③ 采用小幅度三角波电势扫描法进行测量时，要求溶液电阻越小越好，最好可进行补偿。

④ 由于$C_d=\frac{\Delta i}{2v}$，因此测量C_d时，为了突出电流响应曲线上的突跃部分Δi，提高测量精度，应采用大的扫描速率v。同时，需要满足$|\Delta E|\leqslant 10$，所以三角波频率要比较高。相反，研究传荷过程，测量R_{ct}时，就要尽量减小v，以突出线性变化的法拉第电流部分。

8.3 浓差极化存在时的单程线性电势扫描伏安法

本节讨论单程线性电势扫描伏安法大幅度运用的情况，此时浓差极化不可忽略。按电极过程的类型可分成三种情况来讨论。

考虑具有四个电极基本过程的简单电极反应 $O+ne^-\rightleftharpoons R$，实验前溶液中只有反应物 O 存在，而没有产物 R 存在，即 $C_R^*=0$。进行阴极方向的单程线性电势扫描，其电势关系式为

$$E(t)=E_i-vt \tag{8-3-1}$$

初始电势E_i选择在相对于形式电势$E^{\ominus\prime}$足够正的电势下，因而在E_i下没有电化学反应发生。

8.3.1 可逆体系

(1) 伏安曲线的数值解

对于可逆电极体系，传荷过程的平衡基本未受到破坏，Nernst 方程仍然适用

$$E=E^{\ominus\prime}+\frac{RT}{nF}\ln\left[\frac{C_O(0,t)}{C_R(0,t)}\right]$$

将式(8-3-1) 代入后，上式可改写为

$$\frac{C_O(0,t)}{C_R(0,t)}=\exp\left[\frac{nF}{RT}(E_i-vt-E^{\ominus\prime})\right] \tag{8-3-2}$$

式(8-3-2) 是解扩散方程的第二个边界条件。

令 $\theta \equiv \exp\left[\frac{nF}{RT}(E_i - E^{\ominus\prime})\right]$，$\sigma \equiv \frac{nF}{RT}v$，$\sigma t \equiv \frac{nF}{RT}vt = \frac{nF}{RT}(E_i - E)$，则式(8-3-2) 进一步改写为

$$\frac{C_O(0,t)}{C_R(0,t)} = \theta e^{-\sigma t} \tag{8-3-3}$$

根据式(2-2-20) 和式(2-2-21) 可知，解扩散方程可得反应物、产物的表面浓度函数的象函数

$$\overline{C}_O(0,s) = \frac{C_O^*}{s} - \frac{1}{nFA\sqrt{D_O}}\frac{\overline{i}(s)}{\sqrt{s}} \tag{8-3-4}$$

$$\overline{C}_R(0,s) = \frac{1}{nFA\sqrt{D_R}}\frac{\overline{i}(s)}{\sqrt{s}} \tag{8-3-5}$$

应用卷积定理，对式(8-3-4) 和式(8-3-5) 进行 Laplace 逆变换，得到

$$C_O(0,t) = C_O^* - \frac{1}{nFA\sqrt{\pi D_O}}\int_0^t \frac{i(\tau)}{\sqrt{t-\tau}}d\tau \tag{8-3-6}$$

$$C_R(0,t) = \frac{1}{nFA\sqrt{\pi D_R}}\int_0^t \frac{i(\tau)}{\sqrt{t-\tau}}d\tau \tag{8-3-7}$$

将式(8-3-6) 和式(8-3-7) 代入到式(8-3-3) 中，整理后得到

$$\int_0^t \frac{i(\tau)}{\sqrt{t-\tau}}d\tau = \frac{nFAC_O^*\sqrt{\pi D_O}}{1+\xi\theta e^{-\sigma t}} \tag{8-3-8}$$

式中，$\xi = \frac{\sqrt{D_O}}{\sqrt{D_R}}$。

式(8-3-8) 是一个积分方程，其解就是电流函数 $i(t)$，即电流-时间关系曲线，由于电势同时间呈线性关系，因此可以转化成电流-电势关系曲线。但是，式(8-3-8) 不能解出精确的解析解，而必须采用数值方式，即解出其数值解。数值解是指在许许多多电势下计算出其相应的电流值，然后将数值列成表或绘制成曲线。

在进行数值求解之前，首先需要将 $i(t)$ 函数转化为 $i(E)$ 函数，因为我们希望最终能够得到电流-电势关系；而且，为了使得到的电流-电势关系能够适用于任何实验条件和实验参数，须将式(8-3-8) 转变成无因次形式，从而得到无因次电流函数和无因次电势函数之间的关系。

定义下列无因次变量

$$y \equiv \sigma t = \frac{nF}{RT}vt = \frac{nF}{RT}(E_i - E) \tag{8-3-9}$$

$$z \equiv \sigma\tau$$

$$\chi(y) \equiv \frac{i(y)}{nFAC_O^*\sqrt{\pi D_O \sigma}} \tag{8-3-10}$$

因此，式(8-3-8) 可以改写成无因次积分方程

$$\int_0^y \frac{\chi(z)}{\sqrt{y-z}}dz = \frac{1}{1+\xi\theta e^{-y}} \tag{8-3-11}$$

式中，$\xi\theta$ 是代表该可逆体系初始状态的参量；$y = \sigma t = \frac{nF}{RT}(E_i - E)$ 是无因次电势函数，同电极电势之间存在着确定的对应关系，在数值解中一般将其转化为 $n(E - E_{1/2}) = n(E_i -$

$E^{\ominus\prime})+\frac{RT}{F}\ln\xi-\frac{RT}{F}\sigma t$ 的形式，作为电势坐标；$\chi(y)$ 是无因次电流函数，同电流之间存在着确定的对应关系，在数值解中一般将其转化为 $\pi^{1/2}\chi(\sigma t)$ 的形式，作为电流坐标。

由式(8-3-10) 可知，电流 i 同无因次电流函数 $\pi^{1/2}\chi(\sigma t)$ 之间存在以下关系

$$i=nFAC_O^*(D_O\sigma)^{1/2}\pi^{1/2}\chi(\sigma t) \tag{8-3-12}$$

由式(8-3-12) 可知，电流 i 正比于反应物的初始浓度 C_O^* 和扫描速率的平方根 $v^{1/2}$。

式(8-3-11) 采用数值方法求解，其数值解可表示为数值列表或曲线的形式，如表 8-3-1 和图 8-3-1 所示。数值解代表着理论推导出来的 i-E 关系。

表 8-3-1 可逆电极体系线性电势扫描时的无因次电流函数（25℃）

$n(E-E_{1/2})$/mV	$\pi^{1/2}\chi(\sigma t)$	$n(E-E_{1/2})$/mV	$\pi^{1/2}\chi(\sigma t)$	$n(E-E_{1/2})$/mV	$\pi^{1/2}\chi(\sigma t)$
120	0.009	20	0.269	−28.5	0.4463
100	0.020	15	0.298	−30	0.446
80	0.042	10	0.328	−35	0.443
60	0.084	5	0.355	−40	0.438
50	0.117	0	0.380	−50	0.421
45	0.138	−5	0.400	−60	0.399
40	0.160	−10	0.418	−80	0.353
35	0.185	−15	0.432	−100	0.312
30	0.211	−20	0.441	−120	0.280
25	0.240	−25	0.445	−150	0.245

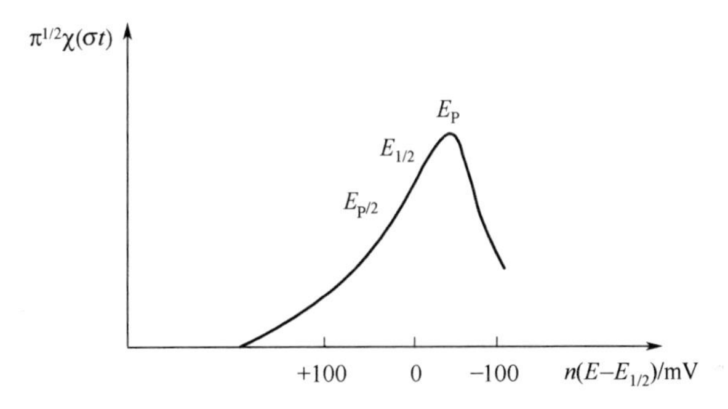

图 8-3-1 用无因次电流函数表示的理论线性电势扫描伏安曲线（25℃）

（2）峰值电流和峰值电势

当电势坐标 $n(E-E_{1/2})=-1.109\frac{RT}{F}$时，无因次电流函数 $\pi^{1/2}\chi(\sigma t)$ 达到其极值。此时的电势坐标对应着伏安曲线上的峰值电势 E_P

$$E_P=E_{1/2}-1.109\frac{RT}{nF}\text{或}E_P=E_{1/2}-\frac{28.5\text{mV}}{n}(25℃) \tag{8-3-13}$$

无因次电流函数的极大值为 $[\pi^{1/2}\chi(\sigma t)]_{max}=0.4463$，所以峰值电流 i_P 为

$$i_P=0.4463nFAC_O^*D_O^{1/2}\left(\frac{nF}{RT}\right)^{1/2}v^{1/2} \tag{8-3-14}$$

$$i_P=(2.69\times10^5)n^{3/2}AD_O^{1/2}v^{1/2}C_O^*(25℃) \tag{8-3-15}$$

式中 i_P——峰值电流，A；

n——电极反应的得失电子数；

A——电极的真实表面积，cm^2；

D_O——反应物的扩散系数，$cm^2\cdot s^{-1}$；

C_O^*——反应物的初始浓度，$mol \cdot cm^{-3}$；

v——扫描速率，$V \cdot s^{-1}$。

如果实验中测得的伏安曲线上电流峰较宽，峰值电势 E_P难以准确测定，可以使用 $i=\frac{i_P}{2}$ 处的半峰电势 $E_{P/2}$

$$E_{P/2}=E_{1/2}+1.09\frac{RT}{nF}\text{或}E_{P/2}=E_{1/2}+\frac{28.0mV}{n}(25℃) \tag{8-3-16}$$

由式(8-3-13) 和式(8-3-16) 可知，$E_{1/2}$几乎位于 E_P和 $E_{P/2}$的正中间，即

$$E_{1/2}=E_P+1.109\frac{RT}{nF}=E_{P/2}-1.09\frac{RT}{nF} \tag{8-3-17}$$

对于可逆体系而言，E_P和 $E_{P/2}$之间的差值也是确定的，不随扫描速率而变化，即

$$|E_P-E_{P/2}|=2.20\frac{RT}{nF}\text{或}|E_P-E_{P/2}|=\frac{56.5mV}{n}(25℃) \tag{8-3-18}$$

(3) 可逆电极体系伏安曲线的特点

① E_P、$E_{P/2}$以及 $|E_P-E_{P/2}|$均与扫描速率无关，$E_{1/2}$几乎位于 E_P和 $E_{P/2}$的正中间。这些电势数值可用于判定电极反应的可逆性。

② 峰值电流 i_P以及伏安曲线上任意一点的电流都正比于 $v^{1/2}C_O^*$。若已知 D_O，则由式(8-3-15) 中的比例系数可以计算得失电子数 n。利用 $i_P \propto C_O^*$ 还可进行反应物浓度的定量分析。

$i_P \propto v^{1/2}$可以定性地理解为，v 越大，达到峰值电势所需时间越短，此时的暂态扩散层厚度越薄，扩散速率越大，因而 i_P越大。实际上，不仅 $i_P \propto v^{1/2}$，伏安曲线上任意一点的电流都正比于 $v^{1/2}$，这是基于同样的原因，也就是说，v 越大，达到伏安曲线上任意一点的电势所需时间越短，相应的暂态扩散层厚度越薄，扩散速率越大，因而电流越大。

(4) 超微电极

同第 7 章介绍的电势阶跃的情况相类似，超微电极的电势扫描响应电流也由线性扩散电流和稳态电流两部分组成。当扫描速率 v 很快时，扩散层厚度很薄，远小于超微电极的临界尺度，响应电流中线性扩散电流占据主导地位，伏安曲线表现出类似于宏观电极的性质；当扫描速率 v 很慢时，扩散层厚度远大于超微电极的临界尺度，响应电流中与扫描速率无关的稳态电流占据主导地位，伏安曲线表现出 S 形的稳态或准稳态曲线形式。超微电极通常只在这两类极限情况下研究，而中等扫描速率下的伏安曲线因情况复杂，较少应用。对于稳态伏安曲线，可测出其极限扩散电流，利用 7.3.3 节中介绍的关系式进行讨论。不同扫描速率下，超微电极伏安曲线类型的转化如图 8-3-2 所示。

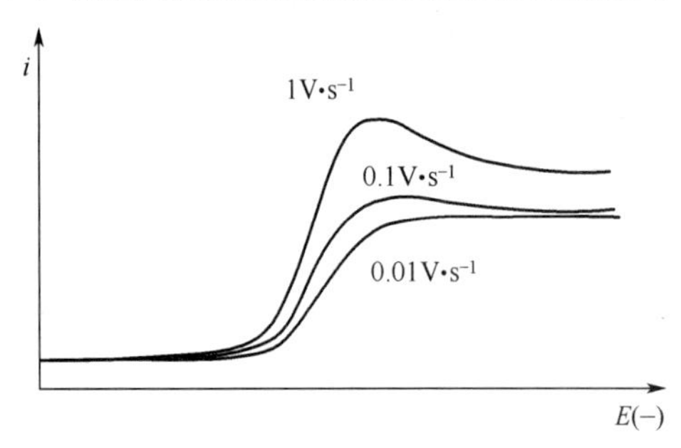

图 8-3-2　超微电极在不同扫描速率下的线性扫描伏安曲线

对于球形超微电极而言，$\sqrt{\frac{D_ORT}{nFv}}$可看做是其扩散层厚度，而扩散层厚度和电极半径的比值用于衡量伏安曲线是否处于稳态形式。当扩散层厚度$\sqrt{\frac{D_ORT}{nFv}}$远大于临界尺度 r_0时，即当 $v \ll D_O RT/(nFr_0^2)$ 时，伏安曲线表现出稳态的响应。如图 8-3-2 所示，当扫描速率为 $1V \cdot s^{-1}$和 $0.1V \cdot s^{-1}$时，扩散层厚度$\sqrt{\frac{D_ORT}{nFv}}$并未达到远大于临界

尺度 r_0 的情况，因此稳态电流并未绝对占优；而当扫描速率降至 0.01V・s^{-1} 时，响应电流中只存在稳态部分。

实践中更常用的超微圆盘电极的情况和球形超微电极类似，伏安曲线也表现出 S 形的稳态或准稳态曲线形式。图 8-3-3 给出了 25μm 直径 Au 超微圆盘电极在 5mmol・L^{-1} $K_3Fe(CN)_6$ + 0.4mol・L^{-1} KNO_3 溶液中在不同扫描速率下的循环伏安曲线，图 8-3-4 则给出了相应的线性扫描伏安曲线。从图中可以看出，扫速越慢，曲线越接近于稳态。利用图 8-3-4 中的 10mV・s^{-1} 扫速下的实验数据绘制 E-lg[$(i_d-i)/i$] 曲线，所得曲线如图 8-3-5 所示，其中点为实验所得数据，实线为线性拟合的结果。如果体系处于可逆状态，则应符合下式

$$E=E_{1/2}+\frac{2.3RT}{nF}\lg\left[\frac{(i_d-i)}{i}\right]$$

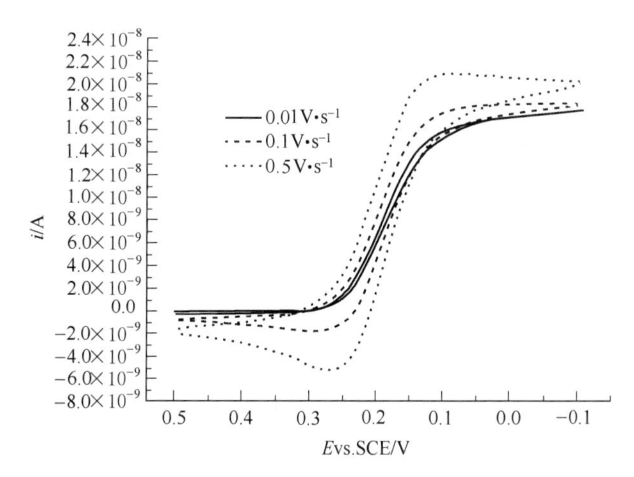

图 8-3-3 25μm 直径 Au 超微圆盘电极在不同扫描速率下的循环伏安曲线

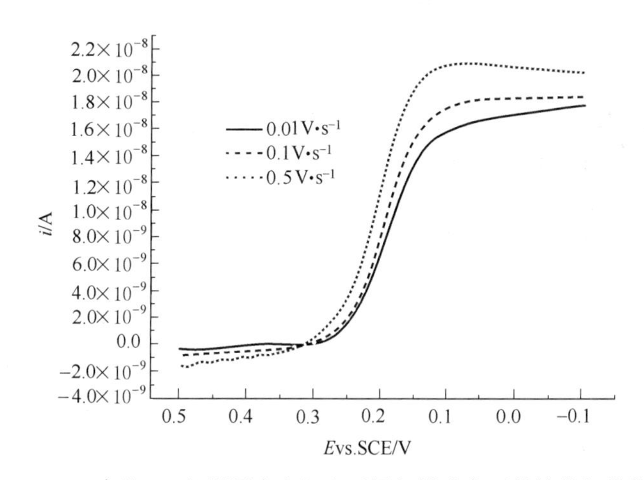

图 8-3-4 25μm 直径 Au 超微圆盘电极在不同扫描速率下的线性扫描伏安曲线

即 E-lg[$(i_d-i)/i$] 曲线应为一条直线。

图 8-3-5 中曲线线性拟合的相关系数为 1.000，说明确实呈直线关系；曲线斜率为 60mV・dec^{-1}，证明电极为可逆体系，反应的得失电子数 n 为 1；由直线的截距知道，半波电势为 $E_{1/2}=0.194V$。

(5) 影响因素

由于扫描过程中电势总是以恒定的速率变化，双电层充电电流总是存在，在假定 C_d 不

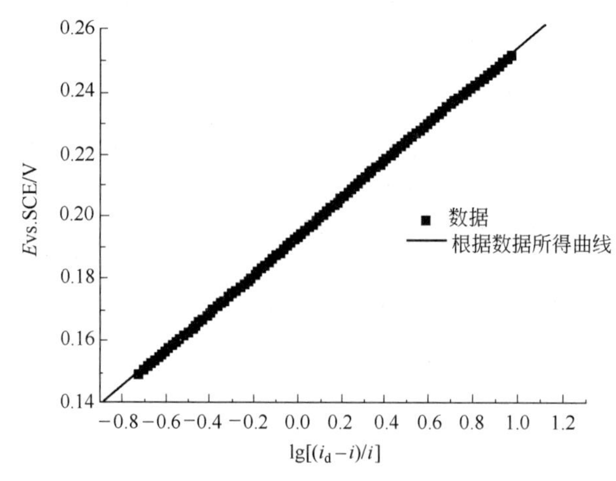

图 8-3-5 25μm 直径 Au 超微圆盘电极在 10mV · s^{-1} 扫速下的 E-lg[$(i_d-i)/i$]曲线

变的情况下，双电层充电电流为正比于扫描速率 v 的常数，即 $|i_C|=C_d v$。另一方面，对于线性扩散，可逆体系的法拉第电流 i_f 同 $v^{1/2}$ 成正比，法拉第电流的峰值电流为

$$i_P=(2.69\times10^5)n^{3/2}AD_O^{1/2}v^{1/2}C_O^*$$

二者的比值为

$$\frac{|i_C|}{i_P}=\frac{C_d v^{1/2}}{(2.69\times10^5)n^{3/2}AD_O^{1/2}C_O^*} \qquad (8\text{-}3\text{-}19)$$

式(8-3-19) 表明，$\frac{|i_C|}{i_P}\propto\frac{v^{1/2}}{C_O^*}$，也就是说，扫描速率 v 越大，反应物初始浓度 C_O^* 越低，双电层充电电流在总电流中所占比例就越高，双电层充电电流所引起的伏安曲线的误差越大。通常在确定伏安曲线的峰值电流时，需要以双电层充电电流为基线，从而尽可能扣除掉双电层充电电流的影响。

另外，在电流增大到峰值的过程中，随着电流的增大溶液欧姆压降 iR_u 也在增大，所以真正电极界面上的电势的改变速率小于给定的扫描速率 v，因此峰值电流变得更小，峰值电势向扫描的方向移动，并且真正的界面电势和时间的关系也将偏离线性关系，导致伏安曲线的误差。当扫描速率增大时，响应电流增大，因而溶液欧姆压降 iR_u 也会增大，即电势的控制误差增大，伏安曲线的偏差更大。

由于超微电极上的极化电流很小，iR_u 不像宏观电极那样严重干扰电势控制和电流响应；由于超微电极的表面积很小，所以，双电层电容 C_d 很小，双电层充电电流 i_C 很小，即使在较高的扫描速率下也不会因 i_C 带来伏安曲线大的偏差。因此，超微电极适用于快扫伏安法，扫描速率可高达 10^6 V · s^{-1}。

8.3.2 完全不可逆体系

(1) 伏安曲线的数值解

对于完全不可逆的具有四个电极基本过程的单步骤单电子的简单电极反应 $O+e^-\longrightarrow R$，电化学极化和浓差极化同时存在，Nernst 方程不再适用。扩散方程的第二个边界条件应为

$$\frac{i}{FA}=D_O\left[\frac{\partial C_O(x,t)}{\partial x}\right]_{x=0}=k^{\ominus}C_O(0,t)\exp\left[-\frac{\alpha F}{RT}(E_i-vt-E^{\ominus\prime})\right] \qquad (8\text{-}3\text{-}20)$$

式中，$k^{\ominus}$ 是形式电势 $E^{\ominus\prime}$ 下的标准反应速率常数。

定义下列无因次变量

$$b \equiv \frac{\alpha F}{RT} v,\ y \equiv bt,\ z \equiv b\tau \tag{8-3-21}$$

$$\frac{k^{\ominus} \exp\left[-\frac{\alpha F}{RT}(E_{\mathrm{i}} - E^{\ominus\prime})\right]}{\sqrt{\pi D_{\mathrm{O}} b}} \equiv \mathrm{e}^{-a} \tag{8-3-22}$$

$$\frac{i(t)}{FAC_{\mathrm{O}}^{*} \sqrt{\pi D_{\mathrm{O}} b}} \equiv \chi(y) \tag{8-3-23}$$

同时考虑反应物的表面浓度，即式(8-3-6)

$$C_{\mathrm{O}}(0,t) = C_{\mathrm{O}}^{*} - \frac{1}{nFA\sqrt{\pi D_{\mathrm{O}}}} \int_{0}^{t} \frac{i(\tau)}{\sqrt{t-\tau}} \mathrm{d}\tau$$

可将式(8-3-20）重新改写为

$$\mathrm{e}^{a-y} \chi(y) = 1 - \int_{0}^{y} \frac{\chi(y)}{\sqrt{y-z}} \mathrm{d}z \tag{8-3-24}$$

式中，a 是代表该完全不可逆体系初始状态的参量；$y = bt = \frac{\alpha F}{RT}(E_{\mathrm{i}} - E)$ 是无因次电势函数，同电极电势之间存在着确定的对应关系，在数值解中一般将其转化为$\frac{RT}{F}(a-y) = \alpha(E - E^{\ominus\prime}) + \frac{RT}{F} \ln \frac{\sqrt{\pi D_{\mathrm{O}} b}}{k^{\ominus}}$的形式，作为电势坐标；$\chi(y)$ 是无因次电流函数，同电流之间存在着确定的对应关系，在数值解中一般将其转化为 $\pi^{1/2}\chi(\sigma t)$ 的形式，作为电流坐标。

由式(8-3-23）可知，电流 i 同无因次电流函数 $\pi^{1/2}\chi(\sigma t)$ 之间存在以下关系

$$i = FAC_{\mathrm{O}}^{*} (D_{\mathrm{O}} b)^{1/2} \pi^{1/2} \chi(\sigma b) \tag{8-3-25}$$

由式(8-3-25）可知，电流 i 正比于反应物的初始浓度 C_{O}^{*} 和扫描速率的平方根 $v^{1/2}$。

式(8-3-24）采用数值方法求解，其数值解可表示为数值列表或曲线的形式，如表 8-3-2 所示。数值解代表着理论推导出来的 i-E 关系。

表 8-3-2　完全不可逆电极体系线性电势扫描时的无因次电流函数（25℃）

电势坐标/mV	$\pi^{1/2}\chi(bt)$	电势坐标/mV	$\pi^{1/2}\chi(bt)$	电势坐标/mV	$\pi^{1/2}\chi(bt)$
160	0.003	40	0.264	−5.34	0.4958
140	0.008	35	0.300	−10	0.493
120	0.016	30	0.337	−15	0.485
110	0.024	25	0.372	−20	0.472
100	0.035	20	0.406	−25	0.457
90	0.050	15	0.437	−30	0.441
80	0.073	10	0.462	−35	0.423
70	0.104	5	0.480	−40	0.406
60	0.145	0	0.492	−50	0.374
50	0.199	−5	0.496	−70	0.323

（2）峰值电流和峰值电势

在 25℃下，当电势坐标为−5.34mV 时，无因次电流函数 $\pi^{1/2}\chi(bt)$ 达到其极值。此时的电势坐标对应着伏安曲线上的峰值电势 E_{P}

$$\alpha(E_{\mathrm{P}} - E^{\ominus\prime}) + \frac{RT}{F} \ln \frac{\sqrt{\pi D_{\mathrm{O}} b}}{k^{\ominus}} = -5.34\mathrm{mV}$$

进一步整理，得到

$$E_P = E^{\ominus\prime} - \frac{RT}{\alpha F}\left[0.780 + \ln\frac{\sqrt{D_O}}{k^{\ominus}} + \ln\sqrt{\frac{\alpha F}{RT}v}\right] \tag{8-3-26}$$

无因次电流函数的极大值为 $[\pi^{1/2}\chi(bt)]_{max}=0.4958$，所以峰值电流 i_P 为

$$i_P = 0.4958FAC_O^* D_O^{1/2}\left(\frac{\alpha F}{RT}\right)^{1/2} v^{1/2} \tag{8-3-27}$$

$$i_P = (2.99\times10^5)\alpha^{1/2}AD_O^{1/2}v^{1/2}C_O^* \ (25℃) \tag{8-3-28}$$

式中 i_P——峰值电流，A；

α——电极反应的传递系数；

A——电极的真实表面积，cm^2；

D_O——反应物的扩散系数，$cm^2 \cdot s^{-1}$；

C_O^*——反应物的初始浓度，$mol \cdot cm^{-3}$；

v——扫描速率，$V \cdot s^{-1}$。

如果实验中测得的伏安曲线上电流峰较宽，峰值电势 E_P 难以准确测定，可以使用 $i=\frac{i_P}{2}$ 处的半峰电势 $E_{P/2}$

$$|E_P - E_{P/2}| = 1.875\frac{RT}{\alpha F} \text{或} |E_P - E_{P/2}| = \frac{47.7mV}{\alpha} (25℃) \tag{8-3-29}$$

由式(8-3-26) 和式(8-3-28) 可以得到 i_P 和 E_P 的关系式

$$i_P = 0.227FAC_O^* k^{\ominus}\exp\left[-\frac{\alpha F}{RT}(E_P - E^{\ominus\prime})\right] \tag{8-3-30}$$

如果是多电子的完全不可逆电极反应，一般不易得到电流、电势的数学表达式。但是，对于 n 个电子得失的电极反应，如果第一个速率控制步骤是不可逆的异相单电子得失反应，则上述峰值电势的关系式，如式(8-3-26)、式(8-3-29) 仍可使用，而峰值电流的关系式，如式(8-3-27)、式(8-3-28) 和式(8-3-30)，只需在方程右边乘以总的得失电子数 n 即可。

(3) 完全不可逆电极体系伏安曲线的特点

① 峰值电流 i_P 以及伏安曲线上任意一点的电流都正比于 $v^{1/2}C_O^*$，这一点同可逆体系相同。用 i_P-$v^{1/2}$ 作图，则可得一条直线，由直线斜率可求出传递系数 α。

② 由式(8-3-15) 和式(8-3-28) 可得

$$i_P(\text{irrev,完全不可逆}) = 1.11n^{-3/2}\alpha^{1/2}i_P(\text{rev,可逆}) \tag{8-3-31}$$

当 $n=1$，$\alpha=0.5$ 时，$i_P(\text{irrev}) = 0.785\ i_P(\text{rev})$，即完全不可逆体系的 i_P 低于可逆体系的 i_P。

③ E_P 是扫描速率的函数。扫速 v 每增大 10 倍，E_P 向扫描的方向移动 $\frac{1.15RT}{\alpha F}$。

$|E_P - E^{\ominus\prime}|$ 值与 $k^{\ominus}$ 有关，$k^{\ominus}$ 越小，这个差值越大，这正是反应受电荷传递过程影响时的动力学特征。

④ 对于可逆体系和完全不可逆体系，峰值电势和半峰电势的差值分别为：$|E_P - E_{P/2}|(\text{irrev}) = \frac{47.7mV}{\alpha}$，$|E_P - E_{P/2}|(\text{rev}) = \frac{56.5mV}{n}$。当 $n=1$，$\alpha=0.5$ 时，$|E_P - E_{P/2}|(\text{irrev}) = 95.4mV$，$|E_P - E_{P/2}|(\text{rev}) = 56.5mV$。可见，完全不可逆体系的 $|E_P - E_{P/2}|$ 大于可逆体系的 $|E_P - E_{P/2}|$。

⑤ 如果已知 $E^{\ominus\prime}$，在不同的扫速下，用 $\ln i_P$-$(E_P - E^{\ominus\prime})$ 作图，可得一条直线，由直线的斜率和截距可求出 α 和 $k^{\ominus}$。

8.3.3 准可逆体系

对于准可逆的具有四个电极基本过程的单步骤单电子的简单电极反应 $O+e^- \longrightarrow R$，电化学极化和浓差极化同时存在，Nernst 方程不再适用。扩散方程的第二个边界条件应为

$$\frac{i}{FA}=D_O\left[\frac{\partial C_O(x,t)}{\partial x}\right]_{x=0}$$

$$=k^{\ominus}\exp\left[-\frac{\alpha F}{RT}(E_i-vt-E^{\ominus\prime})\right]\left\{C_O(0,t)-C_R(0,t)\exp\left[\frac{F}{RT}(E_i-vt-E^{\ominus\prime})\right]\right\} \quad (8\text{-}3\text{-}32)$$

式中，$k^{\ominus}$是形式电势 $E^{\ominus\prime}$下的标准反应速率常数。

由扩散方程及其定解条件可以得到伏安曲线的数值解。

定义参数 Λ 为

$$\Lambda \equiv k^{\ominus}\sqrt{\frac{RT}{D_O^{1-\alpha}D_R^{\alpha}Fv}} \quad (8\text{-}3\text{-}33)$$

当 $D_O=D_R=D$ 时，则 Λ 可简化为

$$\Lambda=k^{\ominus}\sqrt{\frac{RT}{DFv}} \quad (8\text{-}3\text{-}34)$$

准可逆体系伏安曲线的形状及其电流峰的参数决定于传递系数 α 和参数 Λ。准可逆体系伏安曲线的峰值电流 i_P、峰值电势和半波电势的差值 $|E_P-E_{1/2}|$、峰值电势和半峰电势的差值 $|E_P-E_{P/2}|$ 均介于可逆体系和完全不可逆体系相应数值之间。

Λ 值是决定电极体系可逆性的重要参数。当 $\Lambda \geqslant 15$ 时，电极体系处于可逆状态；当 $\Lambda \leqslant 10^{-2(1+\alpha)}$ 时，电极体系处于完全不可逆状态。

从式(8-3-34) 可以看出，Λ 是表征传荷过程的参数 $k^{\ominus}$ 和表征传质过程的参数 $\sqrt{D\frac{Fv}{RT}}$ 的比值，因此它是表征两个电极基本过程在总的电极过程中重要性的参量。可以看出，Λ 不仅决定于体系本身的性质，而且可以通过调节扫速 v 而发生变化，从而使体系表现出不同的可逆性质。例如，随着扫速 v 的增大，体系的峰值电流 i_P可以从可逆行为变化到准可逆行为，再变化到完全不可逆行为，如图 8-3-6 所示。

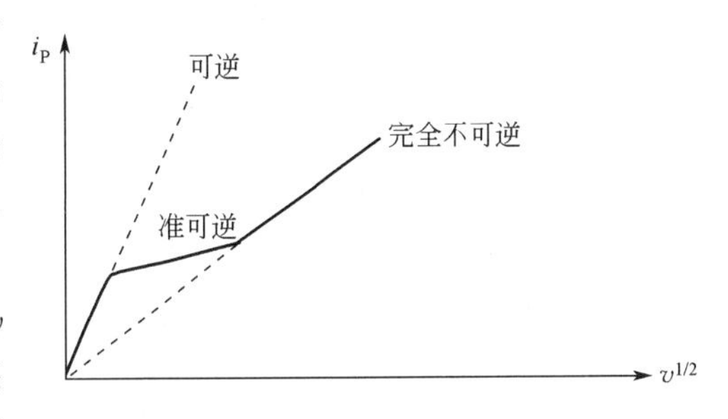

图 8-3-6 随着扫描速率的增大 i_P 从可逆行为向不可逆行为的转变

这一现象可以定性地作如下理解：扫速 v 越快，达到一定电势下所需时间就越短，暂态扩散层厚度越薄，扩散流量越大，扩散速率越快，浓差极化在总极化中所占比例就越小，相应的电化学极化所占比例上升，逐步偏离电化学平衡状态，Nernst 方程不再适用，电极由“可逆”状态变为“准可逆”状态，进而成为“完全不可逆”状态。

8.4 循环伏安法

控制研究电极的电势以速率 v 从 E_i开始向电势负方向扫描，到时间 $t=\lambda$(相应电势为 E_λ) 时电势改变扫描方向，以相同的速率回扫至起始电势，然后电势再次换向，反复扫描，

即采用的电势控制信号为连续三角波信号。记录下的 i-E 曲线，称为循环伏安曲线（cyclic voltammogram），如图 8-4-1 所示。这一测量方法称为循环伏安法（cyclic voltammetry，CV）。循环伏安法是电化学测量方法中应用最为广泛的一种。

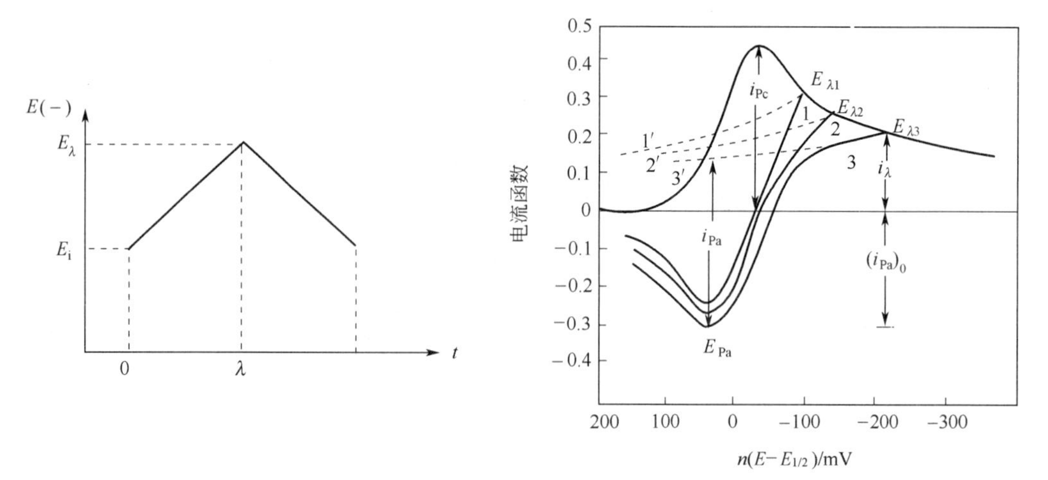

图 8-4-1　三角波电势扫描信号及循环伏安曲线

电势扫描信号可表示为

$$E(t)=E_i-vt \quad (0\leqslant t\leqslant \lambda) \tag{8-4-1}$$

$$E(t)=E_i-v\lambda+v(t-\lambda)=E_i-2v\lambda+vt \quad (t>\lambda) \tag{8-4-2}$$

式中，λ 为换向时间；$E_\lambda=E_i-v\lambda$ 为换向电势。

对于一个电化学反应 $O+ne^- \rightleftharpoons R$，正向扫描（即向电势负方向扫描）时发生阴极反应 $O+ne^- \longrightarrow R$；反向扫描时，则发生正向扫描过程中生成的反应产物 R 的重新氧化的反应 $R \longrightarrow O+ne^-$，这样反向扫描时也会得到峰状的 i-E 曲线，见图 8-4-1。

循环伏安法的理论处理与 8.3 节相同。在 $t\leqslant\lambda$ 期间，正扫的循环伏安曲线规律与前述的单扫伏安法完全相同。在 $t>\lambda$ 期间，回扫的伏安曲线与 E_λ 值有关，但是当 E_λ 控制在越过峰值 E_P 足够远时，回扫伏安曲线形状受 E_λ 的影响可被忽略。具体地说，对于可逆体系，E_λ 至少要超过 $E_P(35/n)$mV；对于准可逆体系，E_λ 至少要超过 $E_P(90/n)$mV。通常情况下，E_λ 都控制在超过 $E_P(100/n)$mV 以上。

循环伏安曲线上有两组重要的测量参数：①阴、阳极峰值电流 i_{Pc}、i_{Pa} 及其比值 $|i_{Pa}/i_{Pc}|$；②阴、阳极峰值电势差值 $|\Delta E_P|=E_{Pa}-E_{Pc}$。

在循环伏安曲线上测定阳极的峰值电流 i_{Pa} 不如阴极峰值电流 i_{Pc} 方便。这是因为正向扫描时是从法拉第电流为零的电势开始扫描的，因此 i_{Pc} 可根据零电流基线得到；而在反向扫描时，E_λ 处阴极电流尚未衰减到零，因此测定 i_{Pa} 时就不能以零电流作为基准来求算，而应以 E_λ 之后正扫的阴极电流衰减曲线为基线。在电势换向时，阴极反应达到了完全浓差极化状态，此时阴极电流为暂态的极限扩散电流，符合 Cottrell 方程，即按照 $i\propto t^{-1/2}$ 的规律衰减。在反向扫描的最初一段电势范围内，R 的重新氧化反应尚未开始，此时电流仍为阴极电流衰减曲线。因此可在图上画出阴极电流衰减曲线的延长线，以其作为求算 i_{Pa} 的电流基线，如图 8-4-1 所示。在图中，当分别在三个不同的换向电势 $E_{\lambda1}$、$E_{\lambda2}$ 和 $E_{\lambda3}$ 下回扫时，所得三条回扫曲线各不相同，应以各自的阴极电流衰减曲线（图中虚线）为基线计算 i_{Pa}。

若难以确定 i_{Pa} 的基线，可采用下式计算

$$\left|\frac{i_{Pa}}{i_{Pc}}\right|=\left|\frac{(i_{Pa})_0}{i_{Pc}}\right|+\left|\frac{0.485i_{\lambda}}{i_{Pc}}\right|+0.086 \tag{8-4-3}$$

式中，$(i_{Pa})_0$ 是未经校正的相对于零电流基线的阳极峰值电流；i_{λ} 为电势换向处的阴极电流。

在实际的循环伏安曲线中，法拉第电流是叠加在近似为常数的双电层充电电流上的，通常可以双电层充电电流为基线对 i_{Pc}、i_{Pa} 进行相应的校正。

8.4.1 可逆体系

对于产物稳定的可逆体系，循环伏安曲线两组参数具有下述重要特征。

① $|i_{Pa}|=|i_{Pc}|$，即 $\left|\frac{i_{Pa}}{i_{Pc}}\right|=1$，并且与扫速 v，换向电势 E_{λ}，扩散系数 D 等参数无关。

② $|\Delta E_P|=E_{Pa}-E_{Pc}\approx\frac{2.3RT}{nF}$ 或 $|\Delta E_P|=E_{Pa}-E_{Pc}\approx\frac{59}{n}$mV(25℃)。尽管 $|\Delta E_P|$ 与换向电势 E_{λ} 稍有关系（精确的 $|\Delta E_P|$ 值见表 8-4-1)，但 $|\Delta E_P|$ 基本上保持为常数，并且不随扫速 v 的变化而变化。这是可以理解的，因为单程电势扫描时，可逆体系的峰值电势就不随 v 的变化而变化。

表 8-4-1 25°C 下不同 E_{λ} 值时可逆体系循环伏安曲线的峰值电势差 $|\Delta E_P|$

$n(E_{Pc}-E_{\lambda})$/mV	$n(E_{Pa}-E_{Pc})$/mV	$n(E_{Pc}-E_{\lambda})$/mV	$n(E_{Pa}-E_{Pc})$/mV
71.5	60.5	271.5	57.8
121.5	59.2	∞	57.0
171.5	58.3		

8.4.2 准可逆体系

单步骤单电子的准可逆电极体系的循环伏安曲线以及其测量参数是 v、$k^{\ominus}$、α 的函数。

准可逆体系循环伏安曲线两组测量参数的特征为：

① $|i_{Pa}|\neq|i_{Pc}|$。

② 准可逆体系的 $|\Delta E_P|$ 比可逆体系的大，即 $|\Delta E_P|=E_{Pa}-E_{Pc}>\frac{59}{n}$mV(25℃)，并且伴随着扫速 v 的增大而增大。

从上一节我们知道，不可逆体系进行单程线性电势扫描时，随着扫描速率 v 的增大，峰值电势向扫描的方向移动，即阴极峰电势 E_{Pc} 向电势负方向移动，阳极峰电势 E_{Pa} 向电势正方向移动，因此 $|\Delta E_P|$ 随扫速增大而增大。

$|\Delta E_P|$ 值以及 $|\Delta E_P|$ 随扫描速率 v 的变化特征是判断电极反应是否可逆和不可逆程度的重要判据。如果 $|\Delta E_P|\approx\frac{2.3RT}{nF}$，且不随 v 变化，说明反应可逆；如果 $|\Delta E_P|>\frac{2.3RT}{nF}$，且随 v 增大而增大，则为不可逆反应。$|\Delta E_P|$ 比 $\frac{2.3RT}{nF}$ 大得越多，反应的不可逆程度就越大。

8.4.3 完全不可逆体系

当电极反应完全不可逆时，逆反应非常迟缓，正向扫描产物来不及发生反应就扩散到溶液内部了，因此在循环伏安图上观察不到反向扫描的电流峰。在图 8-4-2 中，对可逆体系、准可逆体系和完全不可逆体系的循环伏安曲线进行了比较。

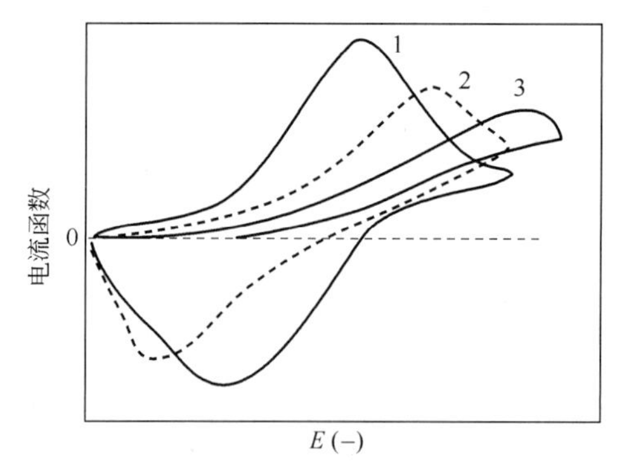

图 8-4-2　不同可逆性的电极体系的循环伏安图

1—可逆体系；2—准可逆体系；3—完全不可逆体系

8.5　多组分体系和多步骤电荷传递体系

对于平行的多组分电极反应体系

$$O_1+n_1e^- \rightleftharpoons R_1$$

$$O_2+n_2e^- \rightleftharpoons R_2$$

如果 O_1 和 O_2 的扩散过程是独立的，它们的流量就是可加和的，则 O_1 和 O_2 同时存在时的伏安曲线就是各自单独的伏安曲线的加和，如图 8-5-1 所示。不过，应当注意的是，$O_2+n_2e^- \rightleftharpoons R_2$ 过程的 i_{P2} 的测量必须以第一个反应的电流峰的衰减曲线的延伸线为基线。通常认为在越过第一个过程的峰电势后，同大幅度电势阶跃实验的电流衰减规律一样，符合 Cottrell 方程，第一个反应的电流按照 $t^{-1/2}$ 的规律衰减，从而得到第二个反应峰值电流的测量基线。

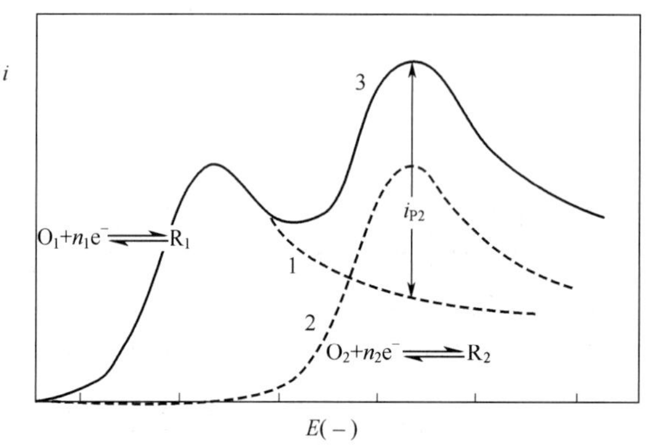

图 8-5-1　溶液中含有多种反应组分时的伏安图

1—仅含 O_1；2—仅含 O_2；3—同时含有 O_1 和 O_2

且 $n_1=n_2$，$C_{O_1}^*=C_{O_2}^*$，$D_{O_1}=D_{O_2}$

对于连串的分步电荷传递反应体系

$$O+n_1e^- \rightleftharpoons R_1 \quad (E_1^{\ominus})$$

$$R_1+n_2e^- \rightleftharpoons R_2 \quad (E_2^{\ominus})$$

如果 $E_1^{\ominus}>E_2^{\ominus}$（即 O 在 R_1 之前还原），并且 $E_1^{\ominus}$ 和 $E_2^{\ominus}$ 相差较大，在伏安曲线上就可观察

到两个分离的电流峰，与图 8-5-1 所示的曲线相类似。第一个电流峰对应着 O 还原为 R_1 的 n_1 个电子的还原反应，同时中间产物 R_1 向溶液内部扩散。在第二个电流峰处，对应着 R_1 还原成 R_2 的 n_2 个电子的还原反应。

一般来讲，伏安曲线的性质取决于 $\Delta E^{\ominus}$（$\Delta E^{\ominus}=E_2^{\ominus}-E_1^{\ominus}$）、各步反应的可逆性、$n_1$ 和 n_2 值。图 8-5-2 给出了不同 $\Delta E^{\ominus}$ 值的可逆的两步骤两电子传递过程的电极反应体系的理论循环伏安曲线。当 $E_2^{\ominus}$ 和 $E_1^{\ominus}$ 相比足够负时，曲线上产生两个分离的电流峰，如图 8-5-2(a) 所示的情况，此时 $\Delta E^{\ominus}=-180\text{mV}$；当 $\Delta E^{\ominus}$ 在 0～−100mV 之间时，两个独立的电流峰合并为一个宽峰，如图 8-5-2(b) 所示，外形上很像单步骤的准可逆电流峰，但是其峰值电势与扫描速率无关，因而可与单步骤的准可逆体系区分开来；当 $\Delta E^{\ominus}=0$ 时，其循环伏安曲线如图 8-5-2(c) 所示，曲线上只有一个电流峰，其峰高比单步骤单电子可逆反应的电流峰高，比单步骤两电子可逆反应的电流峰低，且 $E_P-E_{P/2}=21\text{mV}$，而 $|\Delta E_P|=E_{Pa}-E_{Pc}$ 既不是单步骤单电子可逆反应的 58mV，也不是单步骤两电子可逆反应的 29mV，而是 42mV；若第二步比第一步更容易还原，即 $\Delta E^{\ominus}>0$ 时，其循环伏安曲线如图 8-5-2(d) 所示，曲线上也是只有一个电流峰，峰高更高，峰形更窄，同单步骤两电子可逆反应的情况（$O+2e^-\longrightarrow R_2$）相同，其表观标准电极电势为两步标准电势的平均值，即 $E^{\ominus}=\dfrac{(E_1^{\ominus}+E_2^{\ominus})}{2}$。

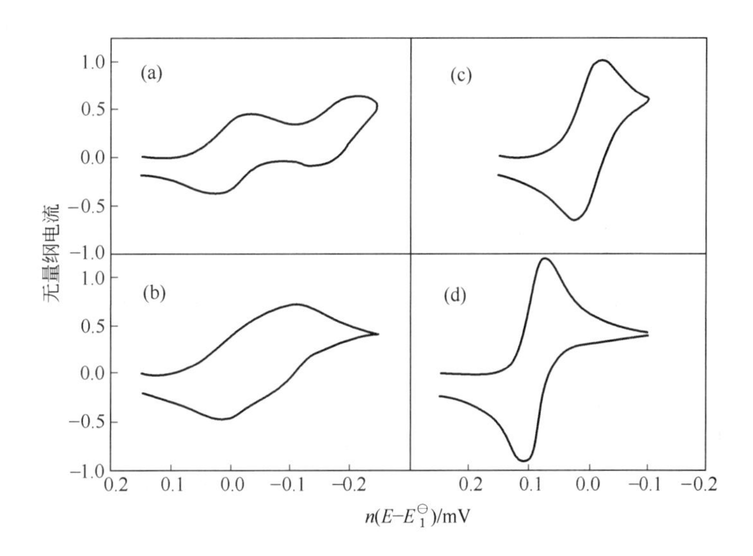

图 8-5-2　不同 $\Delta E^{\ominus}$ 值的可逆的两步骤电极反应体系 $\left(\dfrac{n_2}{n_1}=1\right)$ 的理论循环伏安曲线

(a) $\Delta E^{\ominus}=-180\text{mV}$；(b) $\Delta E^{\ominus}=-90\text{mV}$；(c) $\Delta E^{\ominus}=0\text{mV}$；(d) $\Delta E^{\ominus}=180\text{mV}$

8.6　线性电势扫描伏安法的应用

线性电势扫描伏安法是应用最为广泛的一种电化学测量方法，这里仅列举一些有代表性的应用方面。

8.6.1　初步研究电极体系可能发生的电化学反应

线性电势扫描伏安法常被用于研究一个未知电极体系可能发生的电化学反应，因为在伏安曲线上出现阳极电流峰通常表示电极发生了氧化反应，而阴极电流峰则表明发生了还原反应。电流峰对应的电势范围可用于帮助判定发生的是什么电化学反应，与该反应的平衡电势之间的差值表明了该反应发生的难易程度。一对可逆反应对应的阴阳极电流峰的峰值电势差值表明了该反应的可逆程度。而峰值电流则表示在给定条件下该反应可能的进行速度。如果不存在干扰的话，对于给定的电极体系，在控制电势扫描的情况下，相同的电极反应应该发生在相同的电势下，并以同样的速度进行。在多次的循环伏安扫描过程中，如果电流峰的峰值电势或峰值电流随扫描次数而发生变化往往预示着电极表面状态在不断变化。如果把电流-电势曲线转换成电流-时间关系曲线，则电流峰下覆盖的面积就代表该电化学反应所消耗的电量，由此电量有可能得到电极活性物质的利用率、电极表面吸附覆盖度、电极真实电化学表面积等一系列丰富的信息。因此，线性电势扫描伏安法往往是定性或半定量地研究电极体系可能发生的反应及其进行速度的首选方法。

现以 30%KOH 溶液中银丝电极的循环伏安曲线为例，介绍线性电势扫描伏安法在电极电化学行为的初步研究中的应用。银丝电极在 30%KOH 溶液中的循环伏安曲线如图 8-6-1所示，其中电极电势为相对于同溶液中 HgO/Hg 参比电极的电势，记为 E vs. HgO/Hg。

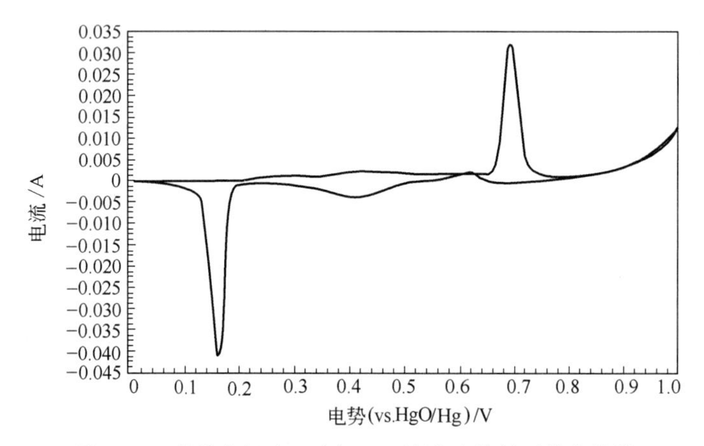

图 8-6-1　银丝电极在 30%KOH 溶液中的循环伏安曲线

电势从 0V 开始向电势正方向扫描，此时研究电极表面是金属银。在 0.25V 以后电流逐渐上升，出现一个比较低、比较平的电流峰，这是金属 Ag 氧化为 Ag_2O 所引起的阳极电流峰，其反应方程式为

$$2Ag + 2OH^- \longrightarrow Ag_2O + H_2O + 2e^- \qquad (8\text{-}6\text{-}1)$$

该反应的平衡电势为 E_{eq} vs. HgO/Hg＝0.246V。可见曲线上开始出现电流峰的电势与平衡电势偏离很小，说明此时反应极化很小，这同金属 Ag 的导电性很好有关。但是电流始终未达到很大的数值，表现为一个很低、很平缓的电流峰，这是因为反应式（8-6-1）的产物 Ag_2O 以成相膜的形式覆盖在电极表面上，使电极导电性迅速下降，阻碍了反应式（8-6-1）的进行。

当电势扫描至 0.65V 左右时，一个新的阳极电流峰开始出现，这是由 Ag_2O 氧化为 AgO 所引起的，其反应方程式为

$$Ag_2O + 2OH^- \longrightarrow 2AgO + H_2O + 2e^- \qquad (8\text{-}6\text{-}2)$$

该反应的平衡电势为 E_{eq} vs. HgO/Hg＝0.47V。显然，曲线上开始出现第二个氧化峰的电势远比其平衡电势更正，说明此时反应极化很大，这是因为此时 Ag_2O 均匀地覆盖在银丝电极

表面上，而 Ag_2O 的电阻率极高（$7\times10^8\Omega\cdot cm$），大大增加了电极的电阻极化。但是该电流峰远较第一个氧化峰高，这是因为随着反应的进行，Ag_2O 逐渐转化为电阻率较小的 AgO（$1\sim10^4\Omega\cdot cm$），电阻极化迅速下降，极化电流迅速增大。

当电势扫描至 0.8V 左右时，电流又开始上升，同时可看到在电极表面上有气体逸出，这时的电流用于析出氧气，其反应方程式为

$$4OH^- \longrightarrow 2H_2O + O_2 + 4e^- \tag{8-6-3}$$

当扫描至 1.0V 时，电势开始换向，进行反向扫描。当电势反向扫描至 0.46V 左右时，开始出现阴极电流峰，这是由 AgO 还原为 Ag_2O 所引起的，即反应式（8-6-2）的逆反应。该反应的平衡电势为 0.47V，而曲线上开始出现电流峰的电势约为 0.46V，差值很小，说明极化很小，这同 AgO 的电阻率较低有关。但是该电流峰峰值较小，原因是随着反应的进行，AgO 又逐渐转化为电阻率极高的 Ag_2O，阻碍了反应的进行。

当电势扫描至 0.2V 以后时，开始出现第二个阴极电流峰，这是由 Ag_2O 还原为金属 Ag 所引起的，即反应式（8-6-1）的逆反应。该反应的平衡电势为 0.246V，而曲线上开始出现该电流峰的电势为 0.2V 左右，说明此时极化较大，这与电极表面上覆盖着导电性很差的 Ag_2O 有关。但是这个电流峰很陡，达到了很高的电流峰值，这是因为随着反应的进行，Ag_2O 逐渐转化为金属 Ag，而金属 Ag 的导电性非常好，迅速改善了电极的导电性，电流迅速上升到很高的数值，成为四个电流峰中最高的电流峰。

从银在 KOH 溶液中的电势扫描伏安曲线，可了解锌-氧化银电池充放电时正极氧化银电极的变化。在电池充足电后，电极上应有 AgO 存在。电池放电时 AgO 首先还原成 Ag_2O，然后才还原成金属银。因此在放电时，电压出现两个平段，它们分别对应两个不同的正极还原过程。高电压平段（$AgO \longrightarrow Ag_2O$）称为“高波电压”，高波电压的存在使电池放电电压发生大的波动，影响电池在精密仪器中的应用，有时甚至会因电压过高而烧坏仪器。生产上为了消除高波电压，往往在电极或电解液中加入 Cl^- 离子。电势扫描伏安法可用于研究添加氯离子的作用。从伏安曲线中可以看到，当碱性溶液中含有定量的 Cl^- 离子后，AgO 还原为 Ag_2O 的电流峰消失了。可见用线性电势扫描伏安法筛选添加剂可避免使用很多的筛选电池，其测量速度也快得多。

由上述可见，通过线性电势扫描伏安法可以推断出电极上可能进行的电化学反应，反应可能以何种速率进行，反应具备什么特征，反应可能受到哪些因素影响等，从而探讨体系的电化学特性。因此，在研究一个未知体系时，常常首先采用线性电势扫描伏安法进行定性或半定量的分析，这是线性电势扫描伏安法的一个重要应用。

8.6.2 判断电极过程的可逆性

线性电势扫描方法能够用来判断电极过程的可逆性。当采用单程线性电势扫描法时，若峰值电势 E_P 不随扫描速率的变化而变化，则为可逆电极过程。反之，若峰值电势 E_P 随着扫描速率的增大而变化（向扫描方向移动），则为不可逆的电极过程。如图 8-6-2 所示。

当采用循环伏安法判断电极过程的可逆性时，需要考察共轭的一对还原反应和氧化反应的峰值电势差值 $|\Delta E_P|$。若 $|\Delta E_P|\approx\frac{59}{n}mV(25℃)$，并且 $|\Delta E_P|$ 不随扫描速率 v 的变化而变化，则为可逆电极过程。若 $|\Delta E_P|>\frac{59}{n}mV(25℃)$，并且随着扫描速率 v 的增加，$|\Delta E_P|$ 增大，则为不可逆电极过程。在相同的扫描速率 v 下，$|\Delta E_P|$ 越大，反应的不可逆程度就越大。

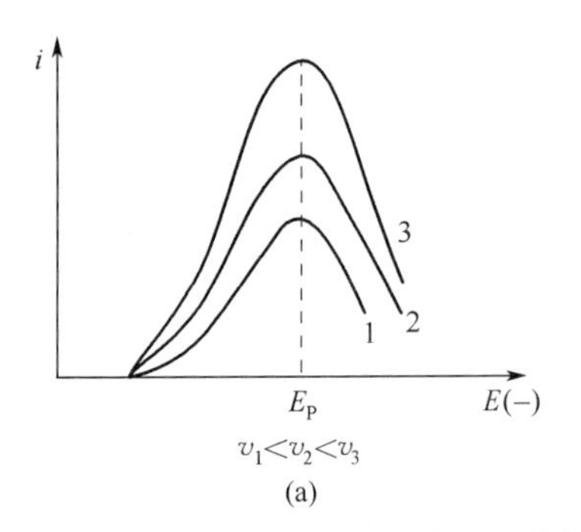

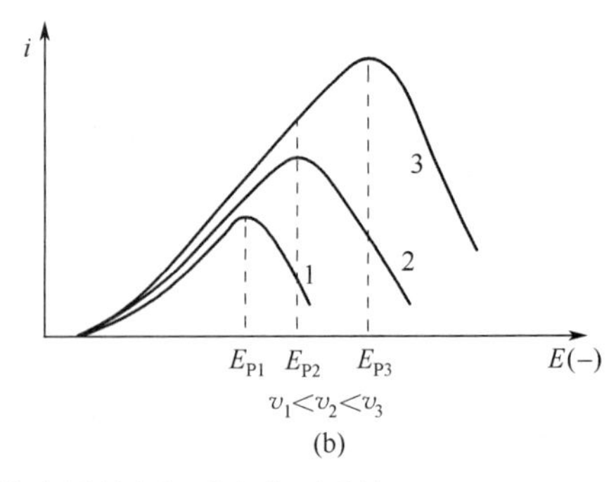

图 8-6-2 线性电势扫描法判断电极反应的可逆性
(a) 可逆体系；(b) 不可逆体系

8.6.3 判断电极反应的反应物来源

采用线性电势扫描伏安法可以判断反应物的来源。如果反应物来源于溶液，通过扩散过程到达电极表面参与电极反应，那么在伏安曲线上会出现电流峰。对 i-t 曲线积分，电流峰下覆盖的面积即为用于电化学反应的电量（忽略双电层充电电量）

$$Q=\int_{t_1}^{t_2} i\mathrm{d}t=\int_{E_1}^{E_2} \frac{i}{v}\mathrm{d}E \tag{8-6-4}$$

扫描过程中的响应电流 i 可由下式给出

$$i=\phi(E)C_{\mathrm{O}}^{*}(D_{\mathrm{O}}v)^{1/2} \tag{8-6-5}$$

式中，$\phi(E)$ 为电势 E 的函数。故

$$Q=C_{\mathrm{O}}^{*}D_{\mathrm{O}}^{1/2}v^{-1/2}\int_{E_1}^{E_2}\phi(E)\mathrm{d}E \tag{8-6-6}$$

由式(8-6-6) 可知，反应的电量 Q 与扫描速率的平方根的倒数 $v^{-1/2}$ 成正比，即

$$Q\propto v^{-1/2} \tag{8-6-7}$$

也就是说，扫描速率越慢，用于电化学反应的电量就越大。这是因为反应物来源于溶液，在扫描速率慢的时候本体溶液中的反应物来得及更多地扩散到电极表面上参与反应。

相反的，如果反应物是预先吸附在电极表面上的，由于吸附反应物的量是恒定的，所以吸附反应物消耗完毕所需的电量 Q_θ 也是恒定的，与使用的扫描速率 v 无关。

这样，利用伏安曲线积分得到的电量同扫描速率之间的关系，可以判断反应物的来源。

8.6.4 研究电活性物质的吸脱附过程

参加电化学反应的电活性物质（反应物 O 和产物 R）常常可以吸附在电极表面上，线性电势扫描伏安法是研究电活性物质吸脱附过程的有力工具。正如上面所介绍的，吸附的反应物 O 和来源于溶液通过扩散到达电极表面参与电化学反应的反应物 O 可根据伏安曲线的电量加以区分。另外，吸附反应物伏安曲线上的峰值电流 i_P 不是同 $v^{1/2}$ 成正比，而是正比于扫描速率 v，即 $i_P\propto v$。在 Langmuir 吸附等温式条件下，对于可逆电极反应，阴极峰电势和阳极峰电势相等，即 $E_{Pc}=E_{Pa}$。

如果反应物 O 的吸附作用比产物 R 的吸附作用更强，吸附反应物 O 的电流峰会出现在比扩散反应物 O 的电流峰更负的电势下，如图 8-6-3 所示；相反，如果产物 R 的吸附作用比反应物 O 更强，吸附反应物 O 的电流峰会出现在比扩散反应物 O 的电流峰更正的电势下。

铂是燃料电池中必不可少的电催化剂材料，铂的电化学性质以及有机小分子在铂电极上的吸附氧化的电化学行为都是大量研究的重点，其中循环伏安法是一种有力的研究工具。图 8-6-4 是多晶铂电极在 0.5mol・L^{-1} H_2SO_4 溶液中的循环伏安曲线。伏安曲线可分成三个

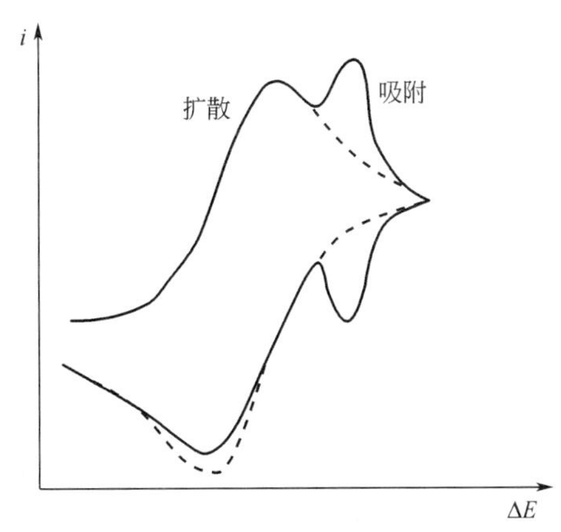

图 8-6-3 有扩散反应物 O 和强吸附的吸附反应物 O 存在时的循环伏安曲线（实线）；仅有扩散反应物 O 存在时的循环伏安曲线（虚线）

部分，中间的部分只有很小的、基本不变的双电层充电电流，而没有法拉第电流，称为双电层区。低电势范围的氢区内发生氢原子的吸脱附过程，还原峰 H_c 对应着阴极还原产生吸附氢原子的反应，与其相对的氧化峰 H_a 对应着吸附氢原子的氧化脱附反应，氧化峰和还原峰之间的峰分离间距很小说明反应的可逆性很好。氢的吸附和脱附各包含两个分离的峰的原因是多晶铂电极暴露出来不同的晶面。在图中标出的 1 的位置是氢气开始析出的位置。在高电势范围的氧区，O_a 峰对应着吸附氧或铂氧化层的形成，O_c 则对应着氧化层的还原反应。两峰之间大的峰分离间距说明反应的可逆性差。在图中标出的 2 的位置是氧气开始析出的位置。

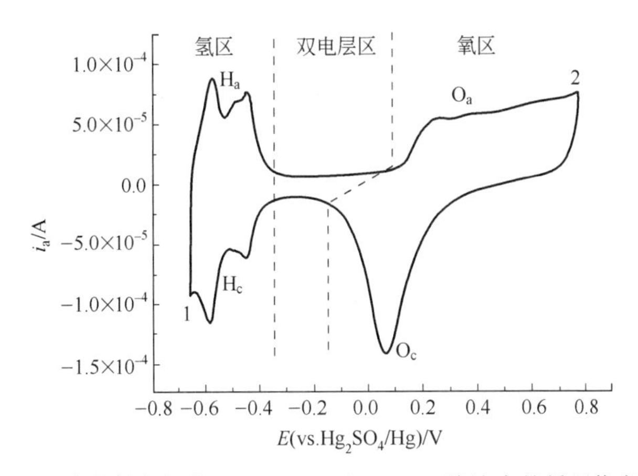

图 8-6-4 多晶铂电极在 0.5mol・L^{-1} H_2SO_4 溶液中的循环伏安曲线

图 8-6-5 是 25℃下在含苯和不含苯的 0.5mol・L^{-1} H_2SO_4 溶液中铂电极的循环伏安曲线。当溶液中不含苯时（曲线 1），电势在 0.3～1.7V 之间扫描，正向扫描曲线上的第一个阳极峰为氧的吸附峰，随后的氧化电流对应着氧气的析出。当负向扫描时，只出现一个阴极峰，为吸附氧的还原。氧的吸脱附过程是不可逆的过程。这些都同图 8-6-4 中的曲线是一致的。

当溶液中含有苯时（曲线 2），正向扫描曲线上于 1.1～1.5V 区间出现一个新的氧化峰，为吸附苯的阳极氧化，同时原来氧的吸附峰明显消失，说明苯和氧之间存在竞争吸附关系。负向扫描曲线在加入苯后变化不大，说明此时溶液中的苯还来不及吸附到电极表面进行还原

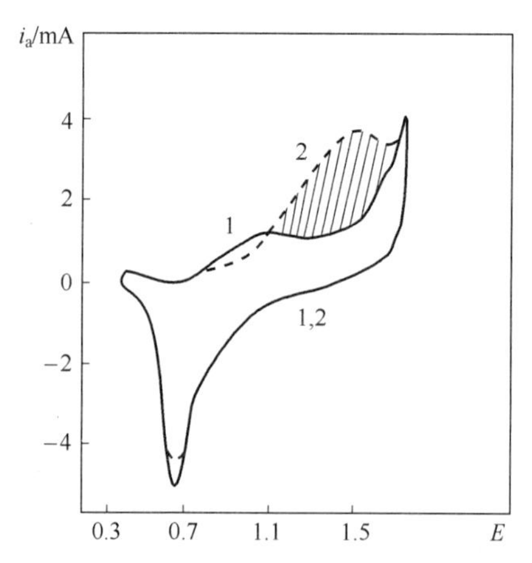

图 8-6-5　在 0.5mol・L^{-1} 的 H_2SO_4 中，铂电极的循环伏安曲线

25℃，v=0.5V・s^{-1}

1—不含苯；2—含苯

反应。由于观察不到苯阳极氧化产物的阴极还原电流，说明苯的阳极氧化是个不可逆反应。

8.6.5　单晶电极电化学行为的表征

单晶电极由于具有确定而规则的表面原子排列方式，因而适合用于电极过程微观机理的研究。但是，由于单晶电极的制备和前处理过程相对复杂，进行电化学测试前确定单晶电极表面加工质量是非常必要的。虽然可以使用扫描隧道显微镜（STM）直接观察表面原子的排列图像，确定单晶质量，但是操作相对复杂。一个简便可行的方法是在一些常见电解液中，测试单晶电极的循环伏安曲线。例如，不同晶面的金单晶电极在高氯酸溶液中的循环伏安曲线上，形成金表面氧化层的氧化峰的形状、数目、位置都同单晶的晶面指数之间存在着唯一的对应关系，成为判断单晶晶面的特征谱图，这一电势区间的氧化电流峰被称为单晶金电极的指纹峰（fingerprint peak）。

图 8-6-6 是 Au(111) 单晶电极在 0.01mol・L^{-1} $HClO_4$ 溶液中的循环伏安曲线；图 8-6-7 是 Au(100) 单晶电极在 0.1mol・L^{-1} $HClO_4$ 溶液中的循环伏安曲线。从图中可以看出，在析出氧气之前，存在着形成金表面氧化层（或氧吸附层）的氧化电流峰，Au(111) 电极的伏安曲线上存在着 2 个氧化峰，而 Au(100) 电极的伏安曲线上存在着 4 个氧化峰。

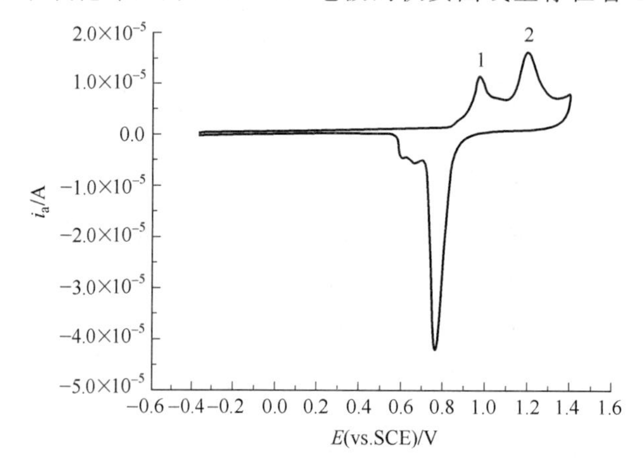

图 8-6-6　Au(111) 单晶电极在 0.01mol・L^{-1} $HClO_4$ 溶液中的循环伏安曲线扫描速率为 50mV・s^{-1}

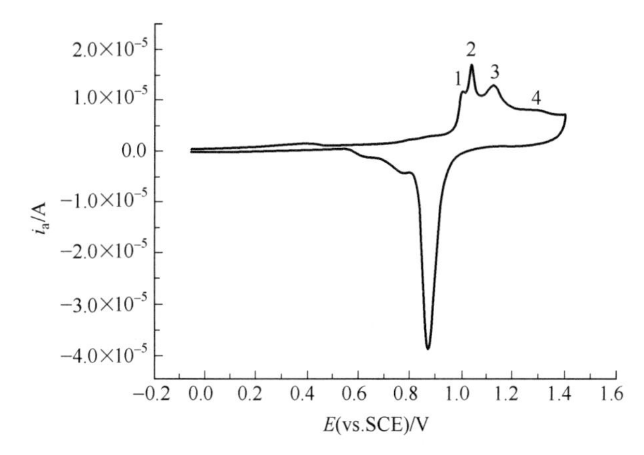

图 8-6-7 Au(100) 单晶电极在 0.1mol·L^{-1} $HClO_4$ 溶液中的循环伏安曲线扫描速率为 50mV·s^{-1}

图 8-6-8 是 Au(111) 电极在 0.05mol·L^{-1} H_2SO_4 溶液中的循环伏安曲线。曲线上的电流是电极的双电层充电电流，在 0.8V 附近出现的一对尖峰（spike）是电极表面上存在的硫酸根离子有序吸附层发生结构转变所引起的，这一对尖峰对于 Au(111) 电极也是具有非常特征的。是否有这一对尖峰出现，也是判断 Au(111) 单晶电极质量的重要依据。

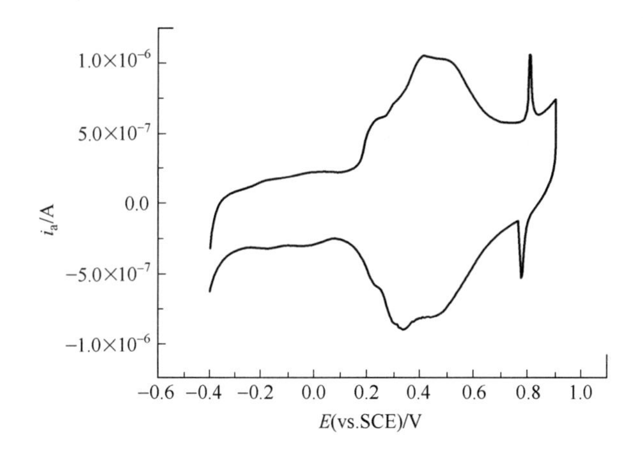

图 8-6-8 Au(111) 电极在 0.05 mol·L^{-1} H_2SO_4 溶液中的循环伏安曲线扫描速率为 50mV·s^{-1}

第9章 脉冲伏安法

9.1 脉冲伏安法概述

第 7 章介绍的是基于电势阶跃的暂态测量方法，为所有的控制电势方法奠定了坚实的基础；而第 8 章介绍的则是电极电势连续线性变化的线性电势扫描伏安法。本章将要介绍的内容在某种意义上，可以看做是结合了上述两种方法的电势控制信号特点的一类方法，称为脉冲伏安法（pulse voltammetry）。这一类方法的特点是电极电势控制波形由线性变化的电势和阶跃电势叠加而成。根据所使用的研究电极的不同，又可将这类方法分成两种：一种使用滴汞电极，相应方法称为极谱法（polarography）；另一种使用固体电极或静态汞滴电极，相应的方法称为伏安法（voltammetry）。

从发展历史来看，这类方法最早是在滴汞电极上发展起来的，具有深厚的极谱背景，之后才应用在固体电极或静汞电极上。因此，在多数的脉冲伏安法中，均有相应的极谱法和伏安法之分。

考虑具有四个电极基本过程的简单电极反应 $O+ne^- \rightleftharpoons R$，实验前溶液中只有反应物 O 存在，而没有产物 R 存在。

9.2 阶梯伏安法

阶梯伏安法（staircase voltammetry，SV）的电势波形如图 9-2-1 所示。

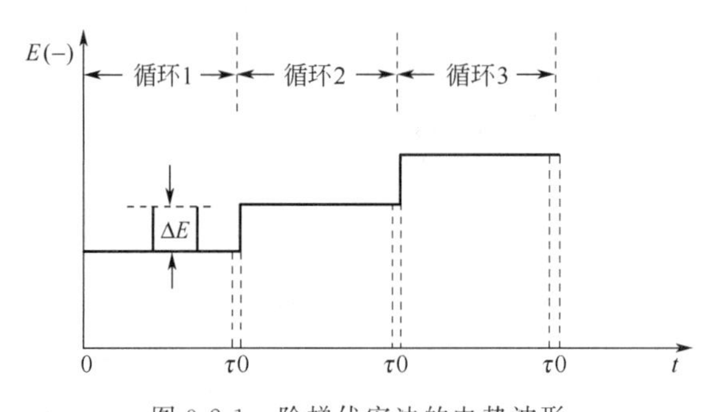

图 9-2-1 阶梯伏安法的电势波形

由图 9-2-1 可见，阶梯伏安法的电势波形由一系列的电势阶跃组成，每次改变一个恒定的电势变化值 $|\Delta E|$，然后电势在该数值下恒定一段时间，称为一个循环。在电势发生下一次阶跃之前，即 τ 时刻，进行电流取样，然后在电流记录装置上保持该电流值，直到下一个循环的 τ 时刻再进行电流取样，再记录并保持新的电流值。通常 τ 的大小同电势变化的周期非常接近，可近似地认为 τ 即为其周期。用记录的取样电流对阶梯电势 E 作图，即为阶梯

伏安曲线。

9.2.1 断续极谱法

最早这一方法是用于滴汞电极的，电势变化的周期同滴汞电极的汞滴寿命相吻合，即 τ 为汞滴的滴下时间，其典型值为 2～6s；同时，电势变化值 ΔE 为几个毫伏。这种安排的目的是为了降低极谱法中的双电层充电电流 i_C。在滴汞电极上的阶梯伏安法也被称为断续极谱法（tast polarography）。

在每一个汞滴的寿命期间，电极电势恒定不变，极限扩散条件下的法拉第电流响应符合修正的 Cottrell 方程

$$i_d=\left(\frac{7}{3}\right)^{1/2}\frac{nFA\sqrt{D_O}C_O^*}{\sqrt{\pi t}} \tag{9-2-1}$$

考虑到随着汞滴的长大，球形扩散场也在不断扩大，不但存在扩散层向溶液内部的延伸，而且也存在对于扩散层的压缩，这一效应称为“扩张效应”，它增大了浓度梯度，使得扩散速率加快，在效果上相当于扩散系数增大了$\frac{7}{3}$倍，因此式（9-2-1）比 Cottrell 电流增加了校正因子（$\frac{7}{3}$)$^{1/2}$。

由于在汞滴的长大过程中，汞滴的表面积不断增大，即 $A=0.00852m^{2/3}t^{2/3}$，将 A 代入到式（9-2-1）后，可得

$$i_d=708nD_O^{1/2}C_O^*m^{2/3}t^{1/6} \tag{9-2-2}$$

式中，i_d为极限扩散电流，A；D_O为反应物的扩散系数，$cm^2\cdot s^{-1}$；C_O^*为反应物的初始浓度，$mol\cdot cm^{-3}$；A 为汞滴的表面积，cm^2；m 为流汞速度，$mg\cdot s^{-1}$；t 为时间，s。

由式（9-2-2）可知滴汞电极的极限扩散法拉第电流 i_d与平板电极的 i_d随 $t^{-1/2}$衰减不同，而是和 $t^{1/6}$成正比，即 i_d在汞滴生长期间逐渐增大，在滴落前达到最大值。

在没有电活性物质存在时，汞滴上的电流称为残余电流，或背景电流。它一般包括双电层的充电电流和杂质的氧化还原反应的法拉第电流。由于汞滴面积不断增大，为了维持恒定的电极电势，必须对双电层进行充电。双电层上的电量可表示为

$$q=-C_iA(E-E_z)$$

式中，C_i为单位电极面积上双电层的积分电容；E_z为电极的零电荷电势（potential of zero charge，PZC）。

将上式对 t 求导，可得 C_i和 E 不变时的双电层充电电流 i_C

$$i_C=\frac{dq}{dt}=C_i(E_z-E)\frac{dA}{dt} \tag{9-2-3}$$

将 $A=0.00852m^{2/3}t^{2/3}$代入上式，可得

$$i_C=0.00567C_i(E_z-E)m^{2/3}t^{-1/3} \tag{9-2-4}$$

由式（9-2-4）可知双电层充电电流 i_C按照 $t^{-1/3}$的规律衰减，即 i_C在汞滴生长期间逐渐衰减，在滴落前达到最小值。

在滴汞电极的断续极谱法中，由于电流只在汞滴下落之前 τ 时刻取样，由式（9-2-2）和式（9-2-4）可知，此时 i_d达到其最大值，i_C达到其最小值，因此同直流极谱法相比，降低了双电层充电电流的影响，消除了极谱曲线上电势阶跃时的充电电流尖峰。所以，断续极谱法具有比直流极谱法更低的检测限和更高的灵敏度。

由于汞滴在下落时搅拌了溶液，消除了溶液中的粒子的浓度极化；同时，新的汞滴更新了电极的表面，因此相当于在每个汞滴上进行了不同阶跃幅值的电势阶跃，这就符合了 7.4 节中介绍的取样电流伏安法的要求，也就是说，每个电势阶跃极化后所持续的极化时间是相

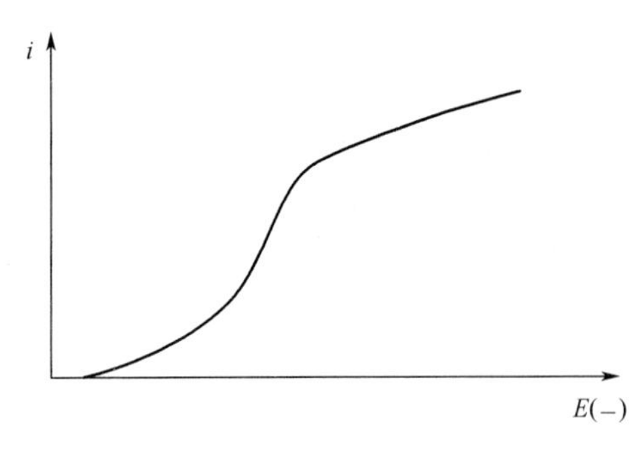

图 9-2-2　断续极谱曲线

同的，没有前一个电势阶跃导致的浓度极化对后一个电势阶跃的影响。此时的极谱曲线也应是具有极限扩散电流平台的 S 形曲线，如图 9-2-2 所示。在扣除背景电流后，其电流-电势关系符合式(7-4-18)。

9.2.2　阶梯伏安法

在固体电极上应用阶梯伏安法时，由于没有汞滴的生长和下落的限制，电流取样时间 τ 可在很宽的范围内选择，而不需同汞滴的滴落时间（典型为 2～6s）相吻合，τ 可短至微秒级；同时，$|\Delta E|$ 也可任意选择，$|\Delta E|$ 规定着电流的取样密度，可看做是伏安曲线的分辨率。$|\Delta E|/\tau$ 就是扫描的速率 v，它规定着在实验电势范围内采集实验数据的速度。

由于固体电极上的阶梯伏安法中，电极不是周期更新的，所以每个电势阶跃的响应电流要受到前面实验的影响，浓度极化状态在前面电势阶跃极化的基础上向溶液内部延伸，使得极限扩散电流逐渐减小，因此伏安曲线不是具有电流平台的 S 形曲线，而是具有电流峰的峰形曲线。这种峰形伏安曲线和线性电势扫描伏安曲线非常相似。事实上，当分辨率很高时，即电势改变值 $|\Delta E|$ 足够小（通常 $|\Delta E|<5mV$）时，阶梯电势波形就非常接近线性扫描电势波形。实际上，现在很多计算机控制的电化学测试仪器就是用小 $|\Delta E|$ 的阶梯伏安法来代替线性电势扫描伏安法，原因是计算机产生数字式的阶梯波远较产生线性变化的波形更为容易。另外，当阶梯伏安法的电流取样时间 τ 大于电解池时间常数 τ_C 的 5 倍时，在电流取样时因电势阶跃产生的双电层充电电流 i_C 已基本衰减为零，测得的伏安曲线即为纯法拉第电流的响应曲线。相反，在线性电势扫描伏安法中，由于扫描速率 v 不为零，电极电势总是在变，响应电流中总是包括双电层充电电流 i_C。但是，在需要研究快速过程（如铂电极上氢的吸脱附过程、欠电势沉积过程、双电层效应等）时，采用阶梯伏安法就会带来较大的误差，此时就必须使用真正的线性电势扫描伏安法来进行研究。

9.3　常规脉冲伏安（极谱）法

常规脉冲伏安法的电势波形如图 9-3-1 所示。该方法应用在滴汞电极上时称为常规脉冲极谱法（normal pulse polarography，NPP）；应用在固体电极或静态汞滴电极上时，该方法称为常规脉冲伏安法（normal pulse voltammetry，NPV）。

由图 9-3-1 可见，常规脉冲伏安法的电势波形可看做是在一个恒定的基准电势 E_b 上叠加

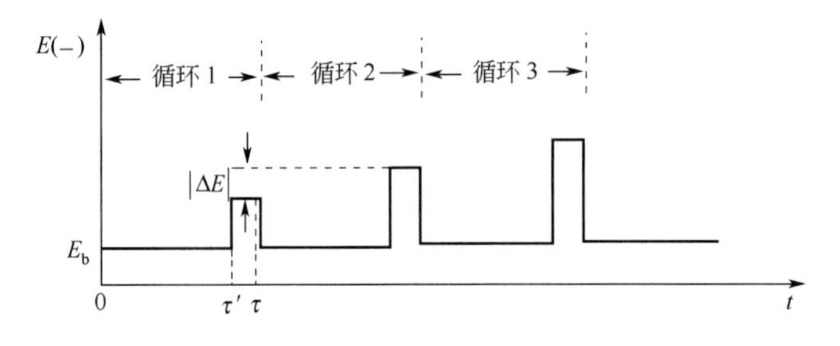

图 9-3-1　常规脉冲伏安法的电势波形

一系列短的电势脉冲波形，每两个相邻电势脉冲幅值相差$|\Delta E|$。基准电势E_b选择在距离$E^{\ominus\prime}$足够正的电势下，因此在该电势下没有电化学反应发生。我们可以看出，常规脉冲伏安法实际上就是7.4节中介绍的取样电流伏安法。

9.3.1 常规脉冲极谱法

对于常规脉冲极谱法的情况，在汞滴生长的大部分时间里，电极电势恒定在基准电势E_b下，持续一个固定时间τ'（典型为0.5～5s）后，电势阶跃到E值下持续5～100ms（典型值为50ms），然后再阶跃回到基准电势E_b。在5～100ms脉冲结束前的τ时刻对电流取样，电流取样后敲击汞滴使之下落，然后在电流记录装置上保持该电流值，直到下一个循环的τ时刻再进行电流取样，再记录并保持新的电流值。相邻电势脉冲的差值$|\Delta E|$通常为$\frac{10}{n}$mV。用记录的取样电流对阶跃脉冲电势E作图，即为常规脉冲极谱曲线。考虑到汞滴表面的更新和汞滴落下时的搅拌作用，显然，该曲线也是具有极限扩散电流平台的S形曲线。

在5～100ms的较短脉冲时间内，扩散层厚度较薄，平面的线性扩散占据主导地位，法拉第电流符合Cottrell方程

$$(i_d)_{NPP}=\frac{nFA\sqrt{D_O}C_O^*}{\sqrt{\pi(\tau-\tau')}} \tag{9-3-1}$$

而在断续极谱法中，法拉第电流符合修正的Cottrell方程

$$(i_d)_{tast}=\left(\frac{7}{3}\right)^{1/2}\frac{nFA\sqrt{D_O}C_O^*}{\sqrt{\pi\tau}}$$

由式（9-3-1）和上式可得两种方法的法拉第电流之比

$$\frac{(i_d)_{NPP}}{(i_d)_{tast}}=\left(\frac{3}{7}\right)^{1/2}\left(\frac{\tau}{\tau-\tau'}\right)^{1/2} \tag{9-3-2}$$

我们取τ和（$\tau-\tau'$）的典型值，$\tau=4$s，（$\tau-\tau'$）=50ms，则该比值$\frac{(i_d)_{NPP}}{(i_d)_{tast}}\approx6$。这说明，常规脉冲极谱法中的法拉第电流要大得多，这主要是因为电势阶跃极化时间更短，扩散层厚度更薄的缘故。

对于极谱法中使用的电解池体系，其电解池时间常数τ_C并不大。50ms的脉冲宽度也远大于$5\tau_C$，因此在电流取样时，因电势阶跃引起的双电层充电电流已衰减为零。在NPP方法中，充电电流主要来源于电极面积增大所引起的双电层充电电流，其大小由式(9-2-4）决定，不过这部分充电电流和断续极谱法是相同的。

总地来讲，常规脉冲极谱法同断续极谱法相比，具有更大的法拉第电流和基本相同的双电层充电电流。因此，常规脉冲极谱法具有比断续极谱法更高的检测灵敏度和更低的检测限，一般检测限可达$10^{-6}\sim10^{-7}$mol·L^{-1}。

9.3.2 在非极谱电极上的行为

常规脉冲伏安法实质上就是7.4节中介绍的取样电流伏安法，但是在固体电极上应用时，由于电极表面不能周期更新，在基准电势E_b下，电极表面附近的扩散层不一定能复原到没有浓度极化的情况。如果浓度极化可以复原，则测得的常规脉冲伏安曲线就是具有极限扩散电流平台的S形曲线；否则，将是峰状的伏安曲线。通常使浓度极化复原的措施是在基准电势E_b下持续的时间τ'较长和在基准电势E_b下进行搅拌。

常规脉冲伏安法的一个重要优势是由于脉冲的使用，电极反应产物在电极表面上的不可逆吸附可在很大程度上予以避免；另外，由于常规脉冲伏安法的极化时间（$\tau-\tau'$）较短，

仅为 50ms，比断续极谱法的极化时间 τ（典型为 2～6s）短得多，扩散层厚度更薄，扩散速率更快，电极体系更容易表现出不可逆的性质。

9.3.3 反向脉冲伏安法

对于具有四个电极基本过程的可逆简单电极反应 $O+ne^- \rightleftharpoons R$，实验前溶液中只有反应物 O 存在，而没有产物 R 存在。

通常的常规脉冲伏安法，其基准电势 E_b 是选择在比 $E^{\ominus\prime}$ 足够正的电势下，因此在该电势下没有电化学反应发生。然后施加一系列向电势负方向的电势脉冲，使得 O 还原为 R 的反应逐步发生，直到达到反应的极限扩散电势区间。

反向脉冲伏安法则是选择 O 还原为 R 的反应的极限扩散电势为其基准电势 E_b，向电势正方向施加一系列的电势脉冲，直到达到足够正的电势区间为止。

反向脉冲伏安法适合于研究电极反应产物 R 的行为和初始反应物种发生平行反应的情况。

9.4 差分脉冲伏安法

差分脉冲伏安法的电势波形如图 9-4-1 所示。该方法应用在滴汞电极上时称为差分脉冲极谱法（differential pulse polarography，DPP）；应用在固体电极或静态汞滴电极上时，该方法称为差分脉冲伏安法（differential pulse voltammetry，DPV）。

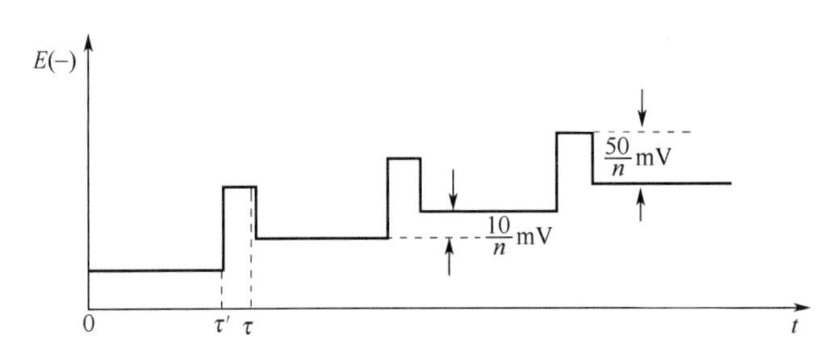

图 9-4-1 差分脉冲伏安法的电势波形

由图 9-4-1 可见，差分脉冲伏安法的电势波形可看做是一个阶梯波基准电势和一系列短的电势脉冲波形的叠加。阶梯波基准电势的电势增量通常较小，典型值为 $\frac{10}{n}$mV。脉冲波形的脉冲高度 $|\Delta E|$ 是固定的，典型值为 $\frac{50}{n}$mV。脉冲的宽度要比阶梯波的周期短得多，通常小于阶梯波周期的 $\frac{1}{10}$。阶梯波的初始电势选择在距离 $E^{\ominus\prime}$ 足够正的电势下，因此在该电势下没有电化学反应发生。在脉冲结束前的 τ 时刻和施加脉冲前的 τ' 时刻采集电流信号，并将这两个电流信号相减，作为输出的电流信号。这也就是差分脉冲伏安法得名的原因。用这个差减得到的电流信号对阶梯波电势作图，即为差分脉冲伏安曲线。

在差分脉冲伏安曲线的初始部分，电势远比 $E^{\ominus\prime}$ 正，在脉冲施加前后均没有法拉第电流流过，差减电流信号为零；在差分脉冲伏安曲线的最后部分，电势进入极限扩散区，在脉冲施加前后法拉第电流均为极限扩散电流，且因脉冲宽度很短，两个暂态极限电流非常接近，因此，差减电流信号也很小。只有在中间电势区间，反应物表面浓度 C_O^S 尚未下降至零，施加电势脉冲后，C_O^S降到更低值，法拉第电流更大，差减电流信号明显。因此，差分脉冲伏安曲线是一个峰形的曲线，如图 9-4-2 所示。

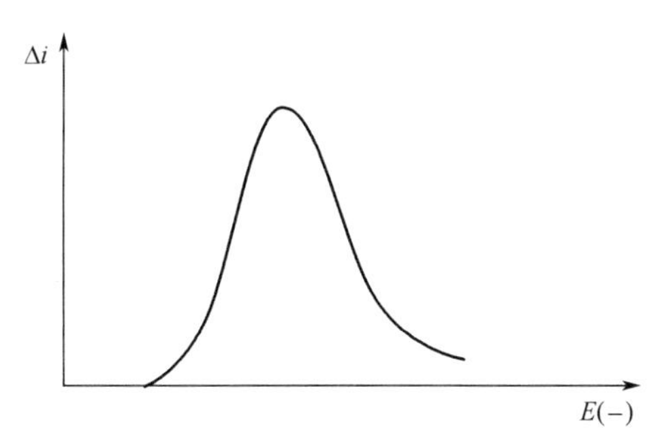

图 9-4-2 差分脉冲伏安曲线

对于满足半无限线性扩散条件的可逆电极而言，峰值电势 E_P 为

$$E_P = E_{1/2} - \frac{\Delta E}{2} \tag{9-4-1}$$

相应的峰值电流 i_P 为

$$i_P = \frac{nFAD_O^{1/2}C_O^*}{\pi^{1/2}(\tau-\tau')^{1/2}}\left(\frac{1-\sigma}{1+\sigma}\right) \tag{9-4-2}$$

式中，$\sigma = \exp\left(\frac{nF}{RT}\frac{\Delta E}{2}\right)$。

可以看出，当电势脉冲高度 $|\Delta E|$ 增大时，即 ΔE 由 0 改变到很负的数值时，系数 $(1-\sigma)/(1+\sigma)$ 由 0 变化到 1，峰值电流 i_P 由 0 增大到常规脉冲伏安曲线的极限扩散电流波的高度 $\frac{nFAD_O^{1/2}C_O^*}{\pi^{1/2}(\tau-\tau')^{1/2}}$。因此，DPV 的法拉第峰值电流不会大于 NPV 的法拉第波电流。但是，在多数情况下，DPV 优于 NPV，原因是 DPV 更有效地降低了背景电流。

在大部分电势范围内，NPV 的脉冲高度比 DPV 更大，所以，因电势阶跃产生的双电层充电电流更大。

在滴汞电极上，DPP 在两次电流取样时，因汞滴面积增大产生的双电层充电电流分别为

$$i_C(\tau) = 0.00567C_i(E_z - E - \Delta E)m^{2/3}\tau^{-1/3} \tag{9-4-3}$$

$$i_C(\tau') = 0.00567C_i(E_z - E)m^{2/3}\tau'^{-1/3} \tag{9-4-4}$$

由以上两式可知，差减电流中这部分双电层充电电流为

$$\Delta i_C = i_C(\tau) - i_C(\tau') = 0.00567C_i m^{2/3}\tau^{-1/3}\left[(E_z - E - \Delta E) - \left(\frac{\tau}{\tau'}\right)^{1/3}(E_z - E)\right] \tag{9-4-5}$$

一般情况下，系数 $(\tau/\tau')^{1/3}$ 很接近于 1，因此，中括号中可简化为 $-\Delta E$，因此

$$\Delta i_C \approx -0.00567C_i\Delta E m^{2/3}\tau'^{-1/3} \tag{9-4-6}$$

在滴汞电极上，NPP 在电流取样时，因汞滴面积增大产生的双电层充电电流为

$$i_C = 0.00567C_i(E_z - E)m^{2/3}\tau^{-1/3} \tag{9-4-7}$$

由于 $-\Delta E$ 比 $(E_z - E)$ 小一个数量级以上，比较式（9-4-6）和式（9-4-7）可知，DPP 的因汞滴面积增大产生的双电层充电电流 Δi_C 比 NPP 小得多。也就是说，DPP 中的双电层充电电流因差减而被极大地扣除了。并且，由式（9-4-6）可注意到，Δi_C 是不随电势变化的，因此差分脉冲极谱图的电流基线是平的，而非常规脉冲极谱图那样是斜的。

不仅如此，在 DPV 中，由于电流差减的缘故，因杂质的氧化还原反应导致的背景电流

也被大大地扣除了。总之，DPV 由于降低了背景电流，因而具有更高的检测灵敏度和更低的检测限，在良好控制实验条件时，DPV 的检测限可低至 $10^{-8}mol \cdot L^{-1}$。

在分辨具有相近半波电势 $E_{1/2}$ 的两个物种方面，DPV 也比 NPV 更为有效。但是脉冲高度 $|\Delta E|$ 增大时，峰的半高宽 $W_{1/2}$ 也随之增大，因此，$|\Delta E|$ 不宜超过 100mV。

$|\Delta E|$ 接近 0 时的极限半高宽为

$$W_{1/2}=\frac{3.52RT}{(nF)} \tag{9-4-8}$$

当 $n=1$ 时，25℃下的极限半高宽为 $W_{1/2}=90.4$mV，通常峰分离在 50mV 以上的两个峰才能被分辨出来。

同可逆电极反应相比，不可逆的电极反应的峰值电势向扫描的方向移动，即还原反应峰电势更负，氧化反应峰电势更正。不可逆的电极反应的峰宽度也大于可逆体系。

9.5 方波伏安法

方波伏安法（square wave voltammetry，SWV）的电势波形如图 9-5-1 所示。该方法没有相应的极谱模式。

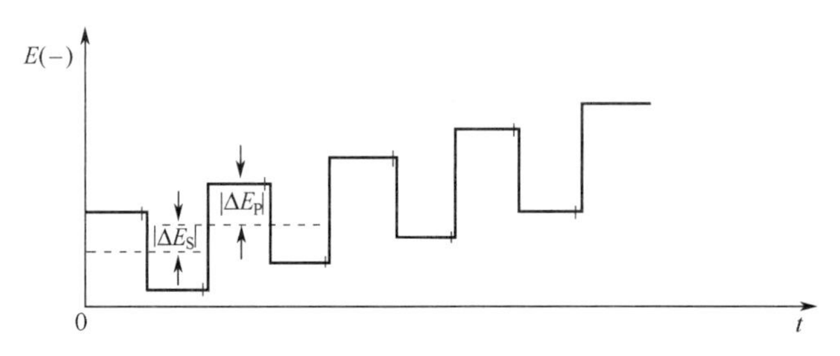

图 9-5-1　方波伏安法的电势波形

由图 9-5-1 可见，方波伏安法的电势波形可看做是一个阶梯波基准电势和一个双向电势脉冲波形（方波）的叠加，两个波形的周期相同。阶梯波基准电势的电势增量 $|\Delta E_S|$ 通常较小，典型值为 $\frac{10}{n}$ mV。双向脉冲波形的单脉冲高度 $|\Delta E_P|$ 是固定的，典型值为 $\frac{50}{n}$mV。阶梯波的初始电势选择在距离 $E^{\ominus\prime}$ 足够正的电势下，因此在该电势下没有电化学反应发生。在正向脉冲结束前和反向脉冲结束前分别采集电流信号，记为 i_1 和 i_2，并将这两个电流信号相减，作为输出的净电流信号 Δi。用 i_1、i_2 及 Δi 对阶梯波电势作图，得到三条伏安曲线，称

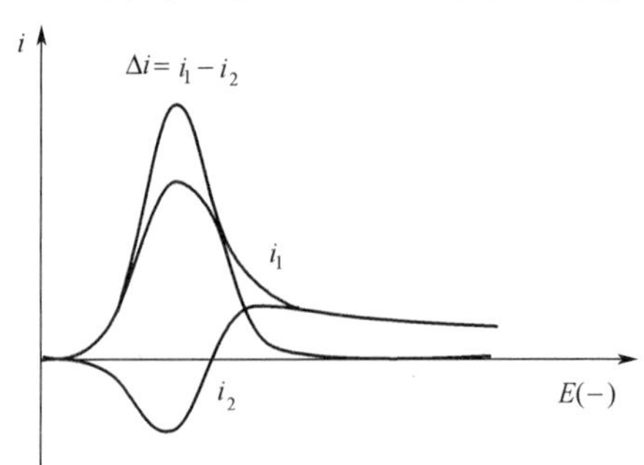

图 9-5-2　方波伏安曲线

为方波伏安曲线，如图 9-5-2 所示。

在反向脉冲的作用下，发生产物 R 的氧化反应，因此，在电流峰处差减电流 Δi 实际上是正反向电流值的加和，因此比 i_1 和 $|i_2|$ 都大。在 $|\Delta E_S|$ 和 $|\Delta E_P|$ 分别取其典型值 $\frac{10}{n}$mV 和 $\frac{50}{n}$mV 时，SWV 的峰高大约是 NPV 极限扩散电流的 93%，而相同条件下，DPV 的峰高仅为 NPV 极限扩散电流的 45%。同时，由于电流的差减作用，SWV 的双电层充电电流也可被有效扣除。因此，SWV 的检测灵敏度略高于 DPV。在优化条件下，检测限也可达到 10^{-8}mol・L^{-1}。

构成方波的阶梯波基准电势的周期和双向脉冲波形的周期相同，因此方波频率远高于 DPV 或 NPV 的频率，所以 SWV 的有效扫描速率可以更快，可高达 1V・s^{-1}。

构成背景电流的杂质氧化还原反应的法拉第电流通过差减可被有效扣除。例如，工作在负电势区间时，氧的还原反应极限扩散电流可被有效扣除；同时，由于 SWV 可在较高速率下扫描，溶液中的低浓度溶解氧也来不及扩散到电极表面发生反应，因此不会构成方波伏安曲线的背景电流。因此无需向溶液中通入惰性气体排除空气，简化了实验装置和操作。

在对方波伏安曲线进行解释时需要慎重，对于复杂的电极体系，可能出现复杂的伏安曲线。对于不可逆电极，正向脉冲电流峰的峰值电势可能比反向脉冲电流峰的移动更大，反向脉冲电流峰可能完全消失。

SWV 既有 DPV 对背景电流的有效抑制，又有比 DPV 更高的灵敏度，还有更快的扫描速率，可应用于更广泛的电极材料和体系。所以在实际研究工作中，SWV 是所有脉冲伏安法中的最佳选择。

9.6 脉冲伏安法的电分析应用

差分脉冲伏安法和方波伏安法是最灵敏的检测浓度的方法，广泛用于痕量物质的分析工作中，常常比分子或原子吸收光谱、大部分色谱方法灵敏得多。

图 9-6-1 是检测 5×10^{-9} mol・L^{-1} Pb^{2+} 离子的方波阳极溶出伏安曲线（SWASV），使用的是 5μm 的汞膜铱电极。首先在 −1V 下阴极沉积富集 300s，然后应用 50Hz 的方波从 −1V 扫描到 −0.1V，从曲线上可以清晰地分辨出 Pb^{2+} 在 −0.37V 的阳极溶出峰。

图 9-6-2 是检测醋酸盐缓冲溶液中 Cu^{2+}、Pb^{2+}、Cd^{2+}、Zn^{2+} 四种离子的差分脉冲阳极

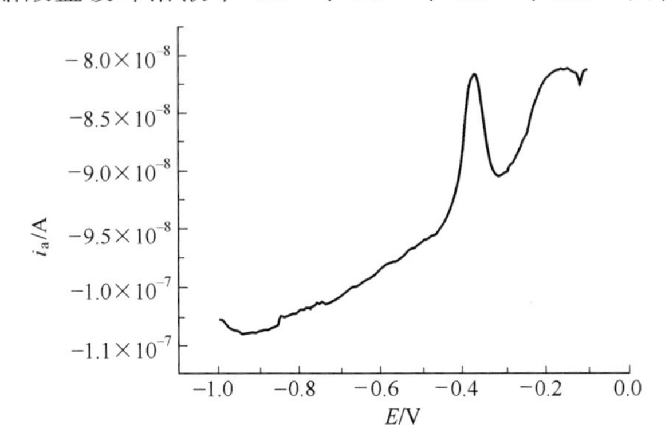

图 9-6-1　检测 5×10^{-9} mol・L^{-1} Pb^{2+} 离子的方波阳极溶出伏安曲线（SWASV）

溶出伏安曲线（DPASV）。首先在－1.3V 下阴极沉积富集 60s，然后应用差分脉冲电势扫描波形从－1.2V 扫描到 0.05V，从曲线上可以清晰地分辨出 Cu^{2+}、Pb^{2+}、Cd^{2+}、Zn^{2+} 四种离子的阳极溶出峰。

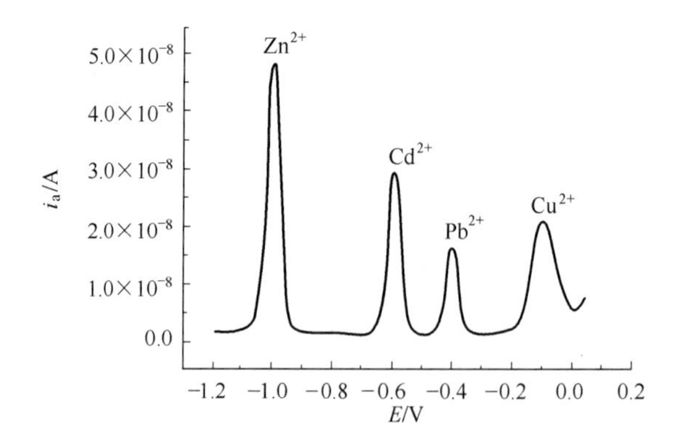

图 9-6-2 检测醋酸盐缓冲溶液中 Cu^{2+}、Pb^{2+}、Cd^{2+}、Zn^{2+} 四种离子的差分脉冲阳极溶出伏安曲线（DPASV）

第10章 交流阻抗法

10.1 交流阻抗法的基本知识

交流阻抗法（alternating current impedance，AC impedance）是指控制通过电化学系统的电流（或系统的电势）在小幅度的条件下随时间按正弦规律变化，同时测量相应的系统电势（或电流）随时间的变化，或者直接测量系统的交流阻抗（或导纳），进而分析电化学系统的反应机理、计算系统的相关参数。

交流阻抗法包括两类技术，电化学阻抗谱（electrochemical impedance spectroscopy，EIS）和交流伏安法（AC voltammetry）。电化学阻抗谱技术是在某一直流极化条件下，特别是在平衡电势条件下，研究电化学系统的交流阻抗随频率的变化关系；而交流伏安法则是在某一选定的频率下，研究交流电流的振幅和相位随直流极化电势的变化关系。这两类方法的共同点在于都应用了小幅度的正弦交流激励信号，基于电化学系统的交流阻抗概念进行研究。为此首先需要明确电化学系统交流阻抗的概念。

10.1.1 电化学系统的交流阻抗的含义

一个未知内部结构的物理系统 M 就像一个黑箱，其内部结构是未知的。从黑箱的输入端施加一个激励信号（扰动信号），在其输出端得到一个响应信号。如果黑箱的内部结构是线性的稳定结构，输出的响应信号就是扰动信号的线性函数。用来描述对物理系统的扰动与物理系统的响应之间的关系的函数，被称为传输函数。一个系统的传输函数是由系统的内部结构所决定的。通过对传输函数的研究，可以研究物理系统的性质，获得关于这个系统内部结构的有用信息。

如果扰动信号 X 是一个小幅度的正弦波电信号，那么响应信号 Y 通常也是一个同频率的正弦波电信号。此时传输函数 $G(\omega)$ 被称为频率响应函数或简称为频响函数。Y 和 X 之间的关系可用下式来描述

$$Y=G(\omega)X \tag{10-1-1}$$

$G(\omega)$ 为角频率 ω 的函数，反映了系统 M 的频响特性，由 M 的内部结构所决定。可以从 $G(\omega)$ 随角频率的变化情况获得系统 M 内部结构的有用信息。

如果扰动信号 X 为正弦波电流信号，而响应信号 Y 为正弦波电势信号，则称 $G(\omega)$ 为系统 M 的阻抗（impedance），用 Z 来表示；如果扰动信号 X 为正弦波电势信号，而响应信号 Y 为正弦波电流信号，则称 $G(\omega)$ 为系统 M 的导纳（admittance），用 Y 来表示。有时也把阻抗和导纳总称为阻纳（immittance）。

要保证响应信号 Y 是和扰动信号 X 同频率的正弦波，从而保证所测量的频响函数 $G(\omega)$ 有意义，必须满足以下三个基本条件。

(1) 因果性条件（causality）

系统输出的信号只是对于所给的扰动信号的响应。这个条件要求我们在测量对系统施加

扰动信号的响应信号时，必须排除任何其它噪声信号的干扰，确保对体系的扰动与系统对扰动的响应之间的关系是唯一的因果关系。很明显，如果系统还受其它噪声信号的干扰，则会扰乱系统的响应，就不能保证系统会输出一个与扰动信号具有同样频率的正弦波响应信号，扰动与响应之间的关系就无法用频响函数来描述。

（2）线性条件（linearity）

系统输出的响应信号与输入系统的扰动信号之间应存在线性函数关系。正是由于这个条件，在扰动信号与响应信号之间具有因果关系的情况下，两者是具有同一角频率 ω 的正弦波信号。如果在扰动信号与响应信号之间虽然满足因果性条件但不满足线性条件，响应信号中就不仅具有频率为 ω 的正弦波交流信号，还包含其谐波。

（3）稳定性条件（stability）

稳定性条件要求对系统的扰动不会引起系统内部结构发生变化，因而当对于系统的扰动停止后，系统能够回复到它原先的状态。一个不能满足稳定性条件的系统，在受激励信号的扰动后会改变系统的内部结构，因而系统的传输特征并不是反映系统固有的结构的特征，而且停止测量后也不再能回到它原来的状态。在这种情况下，就不能再由传输函数来描述系统的响应特性了。系统内部结构的不断改变，使得任何旨在了解系统结构的测量失去了意义。

阻纳是一个频响函数，是一个当扰动与响应都是电信号而且两者分别为电流信号和电压信号时的频响函数，故频响函数的三个基本条件，也就是阻纳的基本条件。

阻纳的概念最早是应用于电学中，用于对线性电路网络频率响应特性的研究，后来引入到电化学的研究中。如果被测的物理系统是电化学系统，那么所确定的频响函数就是电化学交流阻抗。

通常情况下，电化学系统的电势和电流之间是不符合线性关系的，而是由体系的动力学规律决定的非线性关系。当采用小幅度的正弦波电信号对体系进行扰动时，作为扰动信号和响应信号的电势和电流之间则可看做近似呈线性关系，从而满足了频响函数的线性条件要求。

在电化学交流阻抗的测量过程中，在保证适当的频率和幅度等条件下，总是使电极以小幅度的正弦波对称地围绕某一稳态直流极化电势进行极化，不会导致电极体系偏离原有的稳定状态，从而满足了频响函数的稳定性条件要求。

10.1.2 正弦交流电的基本知识

一个正弦交流电信号（如正弦交流电压）由一个旋转的矢量来表示，如图 10-1-1(a) 所示。矢量 $\dot{E}$ 的长度 E 是其幅值，旋转角度 ωt 是其相位。在任一时刻该旋转的矢量在某一特定轴（通常选择 90°轴）上的投影即为这一时刻的电压值，此电压值随时间按正弦规律变化，可用三角函数来表示

$$\widetilde{E}=E\sin(\omega t) \tag{10-1-2}$$

式中，ω 是角频率，常规频率为 $f=\omega/2\pi$。这一正弦电压信号随时间的变化曲线如图 10-1-1(b) 所示。

由于正弦交流电信号具有矢量的特性，所以可用矢量的表示方法来表示正弦交流信号。在一个复数平面中，用 1 表示单位长度的水平矢量，用虚数单位 $j=\sqrt{-1}$ 表示单位长度的垂直矢量，而对于一个幅值为 E，从水平位置旋转了 ωt 角度的矢量 $\dot{E}$，在复数平面中可以表示为

$$\widetilde{E}=E\cos(\omega t)+jE\sin(\omega t) \tag{10-1-3}$$

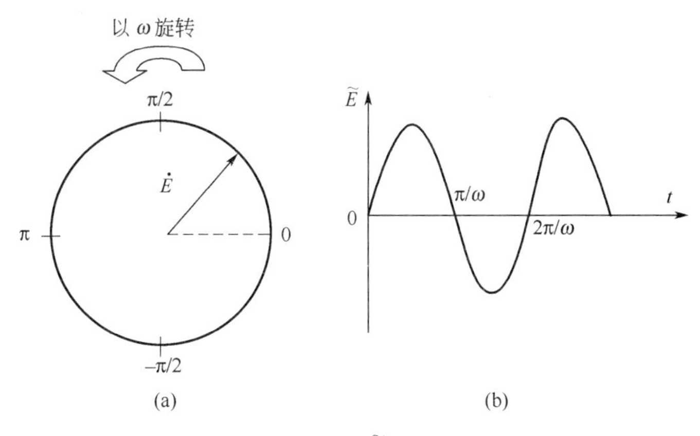

图 10-1-1　正弦交流电压 $\widetilde{E}=E\sin(\omega t)$ 的矢量图

式中，$E\cos(\omega t)$ 是这个矢量在实轴（水平方向）上的投影；$E\sin(\omega t)$ 是这个矢量在虚轴（竖直方向）上的投影。

根据欧拉（Euler）公式，以式（10-1-3）表示的矢量也可以写成复指数的形式

$$\widetilde{E}=E\exp(j\omega t) \tag{10-1-4}$$

当在一个线性电路两端施加一个正弦交流电压 $\widetilde{E}=E\exp(j\omega t)$ 时，流过该电路的电流可写为

$$\widetilde{i}=I\exp[j(\omega t+\phi)] \tag{10-1-5}$$

式中，ϕ 为电路中的电流 $\widetilde{i}$ 与电路两端的电压 $\widetilde{E}$ 之间的相位差。如果 $\phi>0$，电流的相位超前于电压的相位；如果 $\phi<0$，则电流的相位滞后于电压的相位。

由 $\widetilde{i}$ 和 $\widetilde{E}$ 之间的关系，可以确定这个线性电路的阻抗为

$$Z=\frac{\widetilde{E}}{\widetilde{i}}=\frac{E}{I}\exp(-j\phi)=|Z|\exp(-j\phi) \tag{10-1-6}$$

所以，一个线性电路的阻抗也是一个矢量，这个矢量的模为

$$|Z|=\frac{E}{I} \tag{10-1-7}$$

而其相位角为 $-\phi$，也称为阻抗角。

也可将式（10-1-6）按欧拉公式展开

$$Z=|Z|(\cos\phi-j\sin\phi)=Z_{\mathrm{Re}}-jZ_{\mathrm{Im}} \tag{10-1-8}$$

式中，Z_{Re} 称为阻抗的实部；Z_{Im} 称为阻抗的虚部。

$$Z_{\mathrm{Re}}=|Z|\cos\phi \tag{10-1-9}$$

$$Z_{\mathrm{Im}}=|Z|\sin\phi \tag{10-1-10}$$

很明显，这个线性电路的导纳为

$$Y=\frac{1}{Z}=|Y|\exp(j\phi)=|Y|(\cos\phi+j\sin\phi)=Y_{\mathrm{Re}}+jY_{\mathrm{Im}} \tag{10-1-11}$$

导纳的相位角为 ϕ，而其模为

$$|Y|=\frac{1}{|Z|}=\frac{I}{E} \tag{10-1-12}$$

同样，Y_{Re} 称为导纳的实部；Y_{Im} 称为导纳的虚部。

$$Y_{\mathrm{Re}}=|Y|\cos\phi \tag{10-1-13}$$

$$Y_{\mathrm{Im}}=|Y|\sin\phi \tag{10-1-14}$$

由以上各式可以得到

$$|Z|=\sqrt{Z_{\mathrm{Re}}^2+Z_{\mathrm{Im}}^2} \tag{10-1-15}$$

$$|Y|=\sqrt{Y_{\mathrm{Re}}^2+Y_{\mathrm{Im}}^2} \tag{10-1-16}$$

$$\tan\phi=\frac{Z_{\mathrm{Im}}}{Z_{\mathrm{Re}}}=\frac{Y_{\mathrm{Im}}}{Y_{\mathrm{Re}}} \tag{10-1-17}$$

由上述可知，在测量一个线性系统的阻纳时，可以测定其模和相位角，也可以测定其实部和虚部。

三种基本的电学元件的阻抗和导纳见表 10-1-1。

表 10-1-1　三种基本的电学元件的阻抗和导纳

元件名称	符　号	参　数	阻　抗	导　纳
电阻	R	R	R	$1/R$
电容	C	C	$-j\dfrac{1}{\omega C}$(容抗)	$j\omega C$
电感	L	L	$j\omega L$(感抗)	$-j\dfrac{1}{\omega L}$

简单元件通过串联、并联可以构成复杂的电路，对于电路可以采用电路描述码（circuit description code，CDC）来表示。电路描述码规定：在偶数组数的括号（包括没有括号的情况）内，各个元件或复合元件互相串联；在奇数组数的括号内，各个元件或复合元件互相并联。例如，可参见图 10-1-2 中的电路和电路描述码。

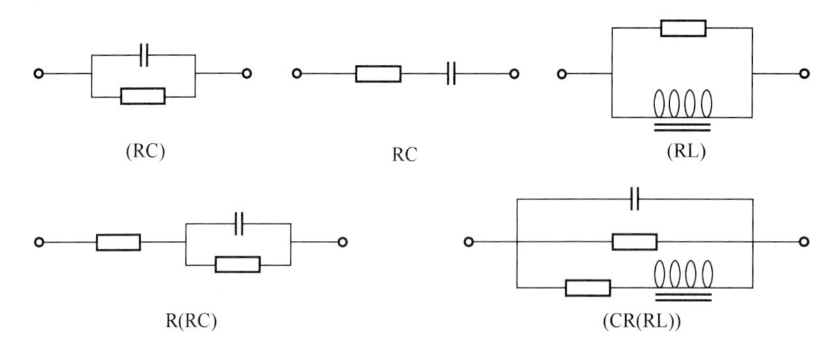

图 10-1-2　几个电路及其电路描述码

在计算复合元件的阻抗和导纳时，应该遵循如下的原则：如果是由串联的元件组成的复合元件，则由于串联电路的阻抗是各串联元件的阻抗之和，所以计算复合元件的阻抗最为方便；如果是由并联的元件组成的复合元件，则由于并联的电路的导纳是各并联元件的导纳之和，所以计算复合元件的导纳最为方便。求得了一个复合元件的阻抗，其倒数即为这个复合元件的导纳；同样，求得了一个复合元件的导纳，其倒数即为这个复合元件的阻抗。

由一个电路在不同频率下的阻抗绘制成的曲线，称为这个电路的阻抗谱，同样，由一个电路在不同频率下的导纳绘制成的曲线，称为这个电路的导纳谱。由于一个电路的阻抗和导纳可以互相计算，所以一般我们只说某一个电路的阻抗谱。

10.1.3 电化学阻抗谱的种类

如果一个电极系统处于稳态，用具有一定幅值的不同频率的正弦波电势信号 $\widetilde{E}$ 对电极过程进行扰动，而测量相应的电流的响应 $\widetilde{i}$，或用具有一定幅值的不同频率的正弦波极化电流信号 $\widetilde{i}$ 对电极过程进行扰动，而测量相应的电极电势的响应 $\widetilde{E}$，则只要扰动与响应之间满足因果性、线性和稳定性三个条件，就可以测得这个电极过程的阻纳谱。我们将电极过程的阻抗谱称为电化学阻抗谱。应该说，在电极过程的极化电流与电势之间一般情况下是不满足线性条件的，但是只要极化值足够小，例如小于 10mV，可以近似地认为两者之间满足线性条件。

由不同频率下的电化学阻抗数据绘制的各种形式的曲线，都属于电化学阻抗谱。因此，电化学阻抗谱包括许多不同的种类。其中最常用的是阻抗复平面图和阻抗波特图。

阻抗复平面图是以阻抗的实部为横轴，以阻抗的虚部为纵轴绘制的曲线，也叫做奈奎斯特图（Nyquist plot），或者叫做斯留特图（Sluyter plot）。

阻抗波特图（Bode plot）由两条曲线组成。一条曲线描述阻抗的模随频率的变化关系，即 $\lg|Z|$-$\lg f$ 曲线，称为 Bode 模图；另一条曲线描述阻抗的相位角随频率的变化关系，即 ϕ-$\lg f$ 曲线，称为 Bode 相图。通常，Bode 模图和 Bode 相图要同时给出，才能完整描述阻抗的特征。

10.1.4 电化学系统的等效电路

如果能用一系列的电学元件和一些电化学中特有的“电化学元件”来构成一个电路，它的阻抗谱同测得的电化学阻抗谱一样，那么我们就称这个电路为这个电化学体系的等效电路（equivalent circuit），而所用的电学元件或“电化学元件”就叫做等效元件。

有时交流阻抗实验是在两电极体系（如滴汞电极体系或超微电极体系）中进行的，通过对电解池电压和极化电流的测量来确定电解池的阻抗。电解池的等效电路如图 10-1-3 所示。

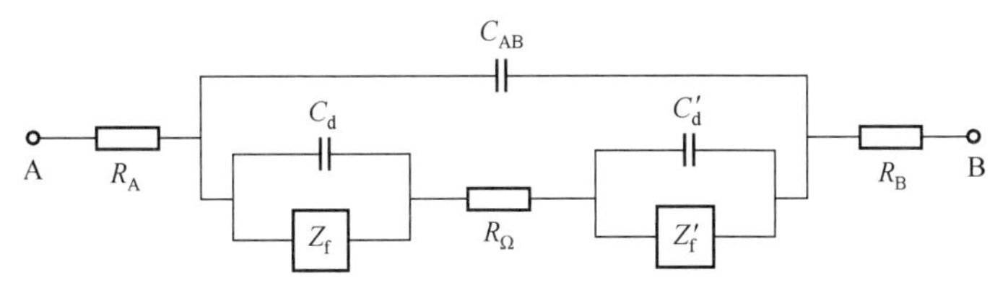

图 10-1-3 电解池的等效电路

图中 A、B 两端分别代表研究电极和辅助电极。R_A、R_B 分别表示研究电极和辅助电极的欧姆电阻；C_{AB} 表示两电极之间的电容；R_Ω 表示研究电极和辅助电极之间的溶液欧姆电阻；C_d、C_d' 分别表示研究电极和辅助电极的界面双电层电容；Z_f、Z_f' 分别表示研究电极和辅助电极的法拉第阻抗，其数值大小决定于电极的动力学参数及测量信号的频率。

如果研究电极和辅助电极均为金属电极，电极的欧姆电阻很小，R_A、R_B 可忽略不计；两电极间的距离比双电层厚度大得多（双层厚度一般不超过 10^{-5}cm），故 C_{AB} 比双电层电容 C_d、C_d' 小得多，且 R_Ω 不是很大，则 C_{AB} 支路容抗很大，C_{AB} 可略去。这样，电解池等效电路可简化为如图 10-1-4 所示。

若辅助电极面积很大，远大于研究电极，则 C_d' 很大，其容抗很小，C_d' 支路相当于短路，因而辅助电极的阻抗部分可以忽略，等效电路进一步简化为如图 10-1-5 所示。这样研究电极的阻抗部分就被孤立出来了。

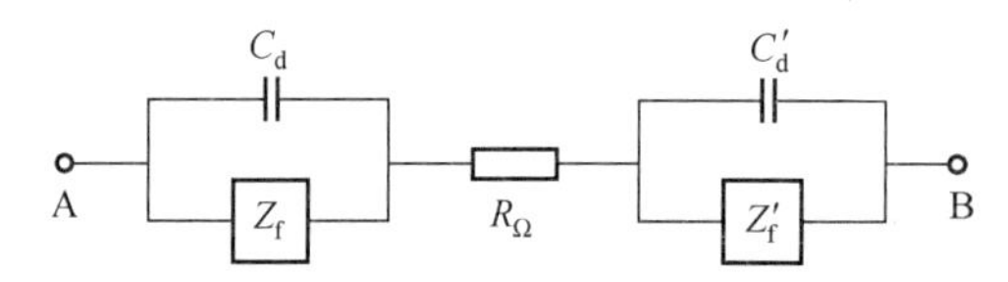

图 10-1-4　简化后的电解池的等效电路

如果采用三电极体系测定研究电极的交流阻抗，则研究电极体系的等效电路如图 10-1-6 所示。

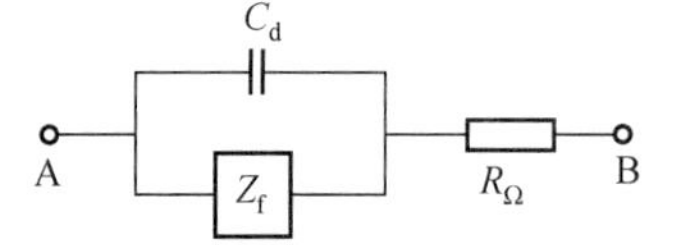

图 10-1-5　进一步简化后的电解池的等效电路

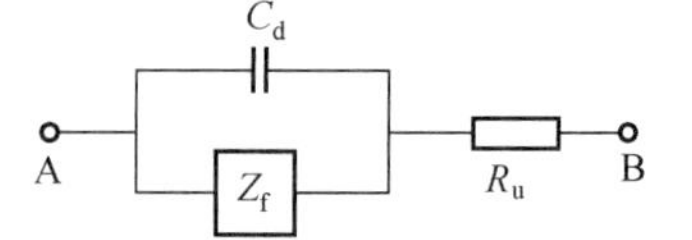

图 10-1-6　研究电极体系的等效电路

图中 A、B 两端分别代表研究电极和参比电极。R_u表示参比电极的 Luggin 毛细管管口与研究电极之间的溶液欧姆电阻。

可以看出，图 10-1-5 和图 10-1-6 中的等效电路具有完全相同的结构，这是因为无论采用两电极体系还是三电极体系，都会采取一定的措施突出研究电极的阻抗部分，从而对研究电极进行研究。应该注意的是，电解池等效电路中的溶液欧姆电阻 R_Ω是研究电极和辅助电极之间的溶液欧姆电阻，而研究电极体系等效电路中的溶液欧姆电阻 R_u则是参比电极的 Luggin 毛细管管口与研究电极之间的溶液欧姆电阻。

应当看到，电化学体系的等效电路与由电学元件组成的电工学电路是不同的，等效电路中的许多元件（如 C_d和 Z_f）的参数都是随着电极电势的改变而改变的。

根据图 10-1-6 中所给出的等效电路，电极体系的阻抗可确定如下

$$Z=R_u+\frac{1}{j\omega C_d+Y_f} \tag{10-1-18}$$

式中，Y_f为电极体系的法拉第导纳，即法拉第阻抗的倒数。

由于包含电极反应动力学信息的法拉第过程常常是关注的重点，因而代表法拉第过程的法拉第阻抗 Z_f就成为了研究的核心部分，将是下面要着重讨论的内容。法拉第阻抗的表达式取决于电极反应的反应机理，不同的电极反应机理可以有不同的法拉第阻抗等效电路。而且，与接近理想电路元件的 R_u和 C_d不同，法拉第阻抗是非理想性的，这是因为法拉第阻抗随着频率 ω 的变化而变化。一般而言，法拉第阻抗包括电荷传递过程的阻抗、扩散传质过程的阻抗以及可能存在的其它电极基本过程的阻抗。

10.1.5　电化学交流阻抗法的特点

通常情况下，电化学系统的电势和电流之间是不符合线性关系的，而是由体系的动力学规律决定的非线性关系。当采用小幅度的正弦波电信号对体系进行扰动时，作为扰动信号和响应信号的电势和电流之间则可看做近似呈线性关系，从而满足了频响函数的线性条件要求。这样，电化学系统就可作为类似于电工学意义上的线性电路来处理，称为电化学系统的等效电路。同时，由于采用了小幅度条件，等效电路中的元件，如电荷传递电阻 R_{ct}、双电层电容 C_d可认为在这个小幅度电势范围内保持不变。但是，应当注意的是，这些等效电路的元件同真正意义上的电学元件仍有不同，当电化学系统的直流极化电势改变时，等效电路的元件会随之而改变。另外，为了更好地描述电化学体系，等效电路中还会用到一些特别用

于电化学中的元件，称为电化学元件。

由于采用小幅度正弦交流信号对体系进行微扰，当在平衡电势附近进行测量时，电极上交替出现阳极过程和阴极过程，即使测量信号长时间作用于电解池，也不会导致极化现象的积累性发展和电极表面状态的积累性变化。如果是在某一直流极化电势下测量，电极过程处于直流极化稳态下，同时叠加小幅度的微扰信号，该小幅度的正弦波微扰信号对称地围绕着稳态直流极化电势进行极化，因而不会对体系造成大的影响。因此，交流阻抗法也被称为“准稳态方法”。

由于采用了小幅度正弦交流电信号作为扰动信号，有关正弦交流电的现成的关系式、测量方法、数据处理方法可以借鉴到电化学系统的研究中。例如，交流平稳态和线性化处理的引入，使得理论关系式的数学分析得到简化；复数平面图的分析方法的应用，使得测量结果的数学处理变得简单。

同时，电化学阻抗谱方法又是一种频率域的测量方法，它以测量得到的频率范围很宽的阻抗谱来研究电极系统，因而能比其它常规的电化学方法得到更多的动力学信息及电极界面结构的信息。例如，可以从阻抗谱中含有的时间常数个数及其数值大小推测影响电极过程的状态变量的情况；可以从阻抗谱观察电极过程中有无传质过程的影响等。即使对于简单的电极系统，也可以从测得的单一时间常数的阻抗谱中，在不同的频率范围得到有关从参比电极到工作电极之间的溶液电阻 R_u、双电层电容 C_d 以及电荷传递电阻 R_{ct} 的信息。

在小幅度暂态激励信号的作用下，通常扩散过程的等效电路只能用半无限均匀分布参数的传输线来表示。但是当激励信号为小幅度正弦交流电信号时，扩散过程的等效电路可以简化为集中参数的等效电路，因此只有在交流阻抗法中才能够用等效电路的方法来研究浓差极化。

10.2 传荷过程控制下的简单电极体系的电化学阻抗谱法

对于具有四个电极基本过程的简单电极反应 $O+ne^- \rightleftharpoons R$，在某一直流极化稳态下进行电化学阻抗谱测试。如果在测量的频率范围内，浓差极化可以忽略，亦即由扩散过程引起的阻抗可以忽略，电极处于传荷过程（电化学步骤）控制，其等效电路可简化如图 10-2-1 所示。

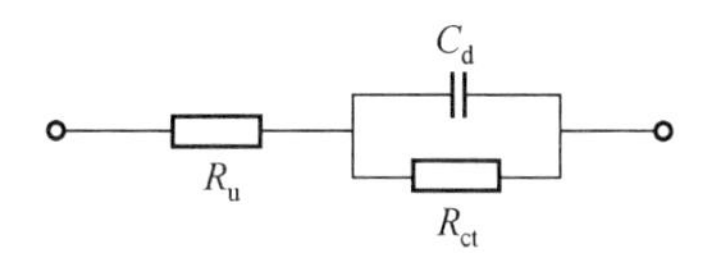

图 10-2-1　传荷过程控制下的电极等效电路（Ⅰ）

10.2.1 电极阻抗与等效电路的关系

根据等效电路，可以确定电极阻抗为

$$Z=R_u+\frac{1}{j\omega C_d+\frac{1}{R_{ct}}}$$

整理上式，得到

$$Z=R_u+\frac{R_{ct}}{1+\omega^2 C_d^2 R_{ct}^2}-j\frac{\omega C_d R_{ct}^2}{1+\omega^2 C_d^2 R_{ct}^2} \tag{10-2-1}$$

据此，可以得到电极阻抗的实部和虚部

$$Z_{Re}=R_u+\frac{R_{ct}}{1+\omega^2C_d^2R_{ct}^2} \tag{10-2-2}$$

$$Z_{Im}=\frac{\omega C_dR_{ct}^2}{1+\omega^2C_d^2R_{ct}^2} \tag{10-2-3}$$

由上述公式可见，电极阻抗的实部和虚部均为频率 ω 的函数，随频率 ω 的变化而变化。

由于电极等效电路中只存在电阻、电容元件，等效电路也可用一个电阻和一个电容相串联的电路来代替，如图 10-2-2 所示。

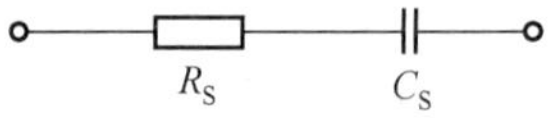

R_S C_S

图 10-2-2 传荷过程控制下的电极等效电路（Ⅱ）

故，电极阻抗也可写为

$$Z=R_S-j\frac{1}{\omega C_S} \tag{10-2-4}$$

结合式（10-2-2）和式（10-2-3），确定电极阻抗的实部和虚部为

$$Z_{Re}=R_S=R_u+\frac{R_{ct}}{1+\omega^2C_d^2R_{ct}^2} \tag{10-2-5}$$

$$Z_{Im}=\frac{1}{\omega C_S}=\frac{\omega C_dR_{ct}^2}{1+\omega^2C_d^2R_{ct}^2} \tag{10-2-6}$$

10.2.2 频谱法

（1）实频特性曲线

对式（10-2-5）进行变换，可得

$$\frac{1}{R_S-R_u}=\frac{1}{R_{ct}}+C_d^2R_{ct}\omega^2 \tag{10-2-7}$$

用 $\frac{1}{R_S-R_u}$-ω^2 作图，得到一条直线。根据直线的截距和斜率，可以确定电荷传递电阻 R_{ct} 和双电层电容 C_d。

$$R_{ct}=\frac{1}{截距} \tag{10-2-8}$$

$$C_d=\sqrt{斜率\times截距} \tag{10-2-9}$$

（2）虚频特性曲线

对式（10-2-6）进行变换，可得

$$C_S=C_d+\frac{1}{C_dR_{ct}^2}\frac{1}{\omega^2} \tag{10-2-10}$$

用 C_S-$\frac{1}{\omega^2}$ 作图，得到一条直线。根据直线的截距和斜率，可以确定电荷传递电阻 R_{ct} 和双电层电容 C_d。

$$R_{ct}=\frac{1}{\sqrt{斜率\times截距}} \tag{10-2-11}$$

$$C_d=截距 \tag{10-2-12}$$

采用频谱法测量电荷传递电阻 R_{ct} 和双电层电容 C_d 具有一定的局限性：必须首先知道电极过程处于电化学步骤控制；另外，采用实频特性曲线法还必须事先知道 R_u 的参数。

10.2.3 复数平面图法

电化学步骤控制下的电极阻抗由式（10-2-2）和式（10-2-3）给出

$$Z_{Re}=R_u+\frac{R_{ct}}{1+\omega^2C_d^2R_{ct}^2}$$

$$Z_{Im}=\frac{\omega C_d R_{ct}^2}{1+\omega^2C_d^2R_{ct}^2}$$

联立两式得到

$$\omega C_d R_{ct}=\frac{Z_{Im}}{Z_{Re}-R_u} \tag{10-2-13}$$

将上式代入到式（10-2-2）中，可得

$$Z_{Re}=R_u+\frac{R_{ct}}{1+\frac{Z_{Im}^2}{(Z_{Re}-R_u)^2}}$$

$$(Z_{Re}-R_u)^2-R_{ct}(Z_{Re}-R_u)+Z_{Im}^2=0$$

$$(Z_{Re}-R_u)^2-R_{ct}(Z_{Re}-R_u)+\frac{R_{ct}^2}{4}+Z_{Im}^2=\frac{R_{ct}^2}{4}$$

$$\left(Z_{Re}-R_u-\frac{R_{ct}}{2}\right)^2+Z_{Im}^2=\left(\frac{R_{ct}}{2}\right)^2 \tag{10-2-14}$$

由式（10-2-14）可以看出，在复数平面图上，（Z_{Re}，Z_{Im}）点的轨迹是一个圆。圆心的位置在实轴上，其坐标为 $\left(R_u+\frac{R_{ct}}{2}, 0\right)$。圆的半径为$\frac{R_{ct}}{2}$。

对于这里考察的电化学步骤控制的简单电极反应 $O+ne^-\rightleftharpoons R$，其等效电路中只有电阻和电容元件，即可用图 10-2-2 中的等效电路来描述，其阻抗为 $Z=R_S-j\frac{1}{\omega C_S}$，所以阻抗的虚部 $Z_{Im}=\frac{1}{\omega C_S}$总为正值。因此，在复数平面图上（$Z_{Re}$，$Z_{Im}$）点的轨迹只有实轴以上的半圆曲线 ABC，如图 10-2-3 所示。

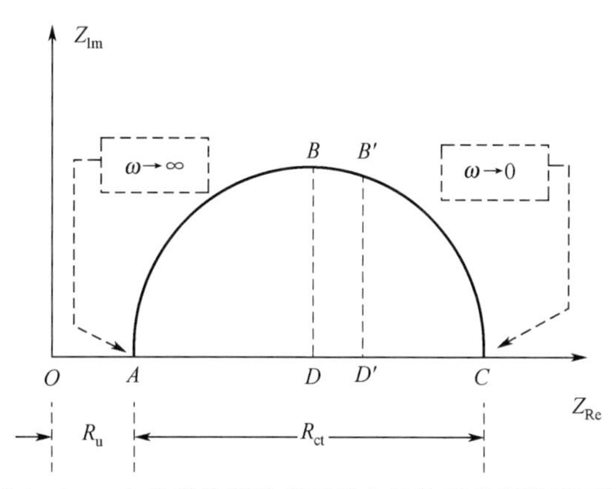

图 10-2-3 电化学步骤控制下的电极体系的复数平面图

如果电极等效电路中还有电感元件，而电感的感抗为 $j\omega L$，那么阻抗的虚部也有可能为负数，则复数平面图上也有可能出现实轴以下的部分。

由实验测得一系列不同频率下的电化学阻抗数据，由其绘制成复数平面图（Nyquist 图）。如果电极过程受电化学步骤控制，则复数平面图上就应该是一个实轴以上的半圆；换句话说，如果实验绘制出的复数平面图是一个实轴以上的半圆，则说明电极过程的控制步骤是电化学步骤。即由复数平面图的形状即可判定电极过程的控制步骤。

由于半圆圆心的坐标为 $D\left(R_u+\frac{R_{ct}}{2}, 0\right)$，半圆的半径为$\frac{R_{ct}}{2}$，可以知道，半圆同实轴的第一个交点到坐标原点的距离即为 R_u，即

$$\overline{OA}=R_u \tag{10-2-15}$$

半圆同实轴的第二个交点到坐标原点的距离为$\overline{OC}=R_u+R_{ct}$，则

$$\overline{AC}=R_{ct} \tag{10-2-16}$$

这样，在复数平面图上，可直接求出 R_u 和 R_{ct}。

由式（10-2-2）可知，当 $\omega\rightarrow\infty$ 时，$Z_{Re}=R_u+\frac{R_{ct}}{1+\omega^2C_d^2R_{ct}^2}\rightarrow R_u$，即为 A 点；当 $\omega\rightarrow 0$ 时，$Z_{Re}=R_u+\frac{R_{ct}}{1+\omega^2C_d^2R_{ct}^2}\rightarrow R_u+R_{ct}$，即为 C 点。也就是说，随着频率的降低，（Z_{Re}，Z_{Im}）点沿着半圆从左向右移动，即半圆的左侧为高频区，半圆的右侧为低频区。

在半圆的顶点 B 处，横坐标为 $(Z_{Re})_B=R_u+\frac{R_{ct}}{1+\omega_B^2C_d^2R_{ct}^2}=R_u+\frac{R_{ct}}{2}$，则 $\omega_BC_dR_{ct}=1$，故

$$C_d=\frac{1}{\omega_BR_{ct}} \tag{10-2-17}$$

因此利用半圆顶点的角频率 ω_B 即可求出 C_d。

如果在测量的数据中没有顶点 B，不知道顶点 B 的角频率 ω_B，就难以利用 $C_d=\frac{1}{\omega_BR_{ct}}$ 来计算 C_d。此时，可在 B 点附近选择一个 B'点，其角频率 $\omega_{B'}$ 为实验中实际选定的频率。过 B'点作垂线交实轴于 D'点。

根据式（10-2-2）可得

$$(Z_{Re})_{B'}=R_u+\frac{R_{ct}}{1+\omega_{B'}^2C_d^2R_{ct}^2}$$

整理得到

$$C_d=\frac{1}{\omega_{B'}R_{ct}}\sqrt{\frac{R_u+R_{ct}-(Z_{Re})_{B'}}{(Z_{Re})_{B'}-R_u}}$$

进一步参考图中的线段关系，可得

$$C_d=\frac{1}{\omega_{B'}R_{ct}}\sqrt{\frac{\overline{D'C}}{\overline{AD'}}} \tag{10-2-18}$$

从上面的分析可以看出，同频谱法相比，复数平面图法在处理测量得到的电化学阻抗数据方面很有优势：首先，由复数平面图的曲线形状（是否为半圆）可以直接判断电极过程的控制步骤；其次，若为电化学步骤控制，则可同时由图中直接确定 R_u、R_{ct} 和 C_d。

应当注意的是，$\overline{OA}$段线段不一定仅指溶液欧姆电阻 R_u，而是包括电极体系中一切可能存在的欧姆电阻，例如电极表面存在的高阻膜的欧姆电阻、隔膜的欧姆电阻、电极本身因导电性差而存在的欧姆电阻等。

如要很好地测定电极等效电路元件的参数 R_u、R_{ct} 和 C_d，需要把半圆尽可能完整地测量出来，也就是要选择足够宽的频率范围。而不同的电极体系需要不同的频率范围。从本质上来讲，复数平面图上的半圆是电极表面的双电层电容 C_d 在受到小幅度正弦交流电的扰动后，

通过电荷传递电阻 R_{ct}充放电的弛豫过程（relaxation process）引起的。这个弛豫过程的快慢可以用一个量纲为时间的特征量 τ_C 来表征，称之为该弛豫过程的时间常数。阻抗半圆的频率范围就取决于该弛豫过程的时间常数。

我们知道，半圆的顶点 B 处有 $\omega_B C_d R_{ct}=1$，此时纵坐标 Z_{Im}有最大值 $R_{ct}/2$。当频率增大时，$\omega C_d R_{ct}$随之增大（$\omega C_d R_{ct}>1$），纵坐标 Z_{Im}沿半圆左侧下降；当频率减小时，$\omega C_d R_{ct}$随之减小（$\omega C_d R_{ct}<1$），纵坐标 Z_{Im}沿半圆右侧下降。根据式（10-2-3）有

$$\frac{Z_{Im}}{\left(\frac{R_{ct}}{2}\right)}=\frac{2\omega C_d R_{ct}}{1+(\omega C_d R_{ct})^2} \tag{10-2-19}$$

利用式（10-2-19）计算$\frac{Z_{Im}}{\left(\frac{R_{ct}}{2}\right)}$值同 $\omega C_d R_{ct}$值之间的对应关系，列入表 10-2-1 中。由表可见，若要测得纵坐标 Z_{Im}为 0.2 倍的半圆半径的阻抗数据，频率范围应为$\frac{0.1}{C_d R_{ct}}\leqslant\omega\leqslant\frac{10}{C_d R_{ct}}$，即 $0.1\omega_B\leqslant\omega\leqslant10\omega_B$。

表 10-2-1 $\frac{Z_{Im}}{\left(\frac{R_{ct}}{2}\right)}$值同 $\omega C_d R_{ct}$值之间的对应关系

$\frac{Z_{Im}}{\left(\frac{R_{ct}}{2}\right)}$	$\omega C_d R_{ct}$		$\frac{Z_{Im}}{\left(\frac{R_{ct}}{2}\right)}$	$\omega C_d R_{ct}$	
1	1	1	0.4	4.8	0.21
0.8	2	0.5	0.2	10	0.1
0.6	3	0.33	0.1	20	0.05

在固体电极的阻抗复数平面图的实际测量过程中发现，测出的曲线总是或多或少地偏离半圆的轨迹，而表现为一段实轴以上的圆弧，因此被称为容抗弧，这种现象被称为“弥散效应”。产生这种“弥散效应”的原因现在还不是十分清楚。一般认为，弥散效应同电极表面的不均匀性、电极表面吸附层及溶液导电性差有关。弥散效应反映出了电极界面双电层偏离理想电容的性质。也就是说，把电极界面双电层简单地等效成一个纯电容是不够准确的，因此引入了常相位元件的概念。

常相位元件（constant phase element，CPE），用符号 Q 来表示。其阻抗为

$$Z=\frac{1}{Y_0}(j\omega)^{-n} \tag{10-2-20}$$

Q 有两个参数：一个参数是 Y_0，其单位是 $\Omega^{-1}\cdot s^n$，由于 Q 是用来描述双电层偏离纯电容 C 的等效元件，所以它的参数 Y_0与电容的参数 C 一样，总是取正值；Q 的另一个参数是 n，它是无量纲的指数，有时也被称为“弥散指数”。

根据 Euler 公式，可得

$$j^{\pm n}=\left[\cos\left(\frac{\pi}{2}\right)+j\sin\left(\frac{\pi}{2}\right)\right]^{\pm n}=\exp\left(\pm j\frac{n\pi}{2}\right)=\cos\left(\frac{n\pi}{2}\right)\pm j\sin\left(\frac{n\pi}{2}\right)$$

所以式（10-2-20）也可以写成

$$Z=\frac{\omega^{-n}}{Y_0}\cos\left(\frac{n\pi}{2}\right)-j\frac{\omega^{-n}}{Y_0}\sin\left(\frac{n\pi}{2}\right) \tag{10-2-21}$$

Q 的阻抗的模为

$$|Z|=\frac{\omega^{-n}}{Y_0} \tag{10-2-22}$$

Q 的导纳及其模为

$$Y=Y_0\omega^n\cos\left(\frac{n\pi}{2}\right)+jY_0\omega^n\sin\left(\frac{n\pi}{2}\right) \tag{10-2-23}$$

$$|Y|=Y_0\omega^n \tag{10-2-24}$$

可知 Q 的阻抗和导纳的相位角均为

$$\phi=\frac{n\pi}{2} \tag{10-2-25}$$

Q 的阻抗的 Nyquist 图为第一象限的一条过原点的倾斜角为 ϕ 的直线。Q 的阻抗的 Bode 模图 $\lg|Z|$-$\lg f$ 为一条斜率为 $-n$ 的直线；Q 的阻抗的 Bode 相图 ϕ-$\lg f$ 则为一条不随频率变化的水平线$\frac{n\pi}{2}$。

当 $n=0$ 时，Q 就相当于电阻，$Y_0=\frac{1}{R}$；

当 $n=1$ 时，Q 就相当于电容，$Y_0=C$，$Y=j\omega C$，$Z=-j\frac{1}{\omega C}$；

当 $n=-1$ 时，Q 就相当于电感，$Y_0=\frac{1}{L}$，$Y=-j\frac{1}{\omega L}$，$Z=j\omega L$；

当 $n=0.5$ 时，Q 就相当于后面将要介绍的由半无限扩散引起的韦伯（Warburg）阻抗，用符号 W 来表示，$Y_0=\frac{1}{\sqrt{2}\sigma'}$，$Y=\frac{1}{2\sigma'}\omega^{1/2}(1+j)$，$Z=\sigma'\omega^{-1/2}(1-j)$。W 的阻抗的 Nyquist 图为第一象限的一条过原点的倾斜角为 $\pi/4$ 的直线；

当 $0.5<n<1$ 时，Q 具有电容性，可代替双电层电容作为界面双电层的等效元件，用 $R_u(QR_{ct})$ 作为等效电路可以很好地拟合具有弥散效应的阻抗谱。

10.3 浓差极化存在时的简单电极体系的电化学阻抗谱法

对于具有四个电极基本过程的简单电极反应 $O+ne^- \rightleftharpoons R$，在某一直流极化稳态下进行电化学阻抗谱测试。如果选择在较低的频率下进行测量，电极界面附近电活性粒子的浓度将在小幅度正弦扰动电信号作用下发生波动，浓差极化不可忽略。

10.3.1 小幅度正弦交流电作用下电极界面附近粒子的浓度波动函数

在小幅度正弦交流电信号作用下，电极界面附近粒子浓度的波动符合 Fick 第二扩散定律

$$\frac{\partial \widetilde{C_O}(x,t)}{\partial t}=D_O\frac{\partial^2 \widetilde{C_O}(x,t)}{\partial x^2} \tag{10-3-1}$$

$$\frac{\partial \widetilde{C_R}(x,t)}{\partial t}=D_R\frac{\partial^2 \widetilde{C_R}(x,t)}{\partial x^2} \tag{10-3-2}$$

第一个边界条件（半无限扩散条件）为

$$\widetilde{C_O}(\infty,t)=\widetilde{C_R}(\infty,t)=0 \tag{10-3-3}$$

第二个边界条件为

$$\widetilde{i_{\mathrm{f}}}=nFAD_{\mathrm{O}}\left[\frac{\partial\widetilde{C_{\mathrm{O}}}(x,t)}{\partial x}\right]_{x=0}=-nFAD_{\mathrm{R}}\left[\frac{\partial\widetilde{C_{\mathrm{R}}}(x,t)}{\partial x}\right]_{x=0} \tag{10-3-4}$$

从边界条件来看，电极界面上所维持的法拉第电流，是随着时间按正弦规律波动的，问题似乎比电流阶跃法复杂得多。但是电化学阻抗数据是在电极已达到交流平稳态后进行测量的。这就是说，交流电流通过若干周期之后，初始状态的因素越来越不重要，也就是说，第 $N+1$ 周期的情况与第 N 周期的情况的差异随 N 的增大而减小，最后趋于完全重复。这类问题在数学上称为没有初始条件的问题。达到交流平稳态后，电极的各状态参量都基本上按交流电的周期进行周期性的变化。电极界面附近的粒子浓度也不例外，粒子浓度的波动函数可写为

$$\widetilde{C_{\mathrm{O}}}(x,t)=C_{\mathrm{PO}}(x)\mathrm{e}^{j\omega t} \tag{10-3-5}$$

$$\widetilde{C_{\mathrm{R}}}(x,t)=C_{\mathrm{PR}}(x)\mathrm{e}^{j\omega t} \tag{10-3-6}$$

式中，C_{PO}（x）和 C_{PR}（x）分别是反应物 O 和产物 R 的浓度波动函数的复振幅，仅为 x 的函数。

根据式（10-3-5）和式（10-3-6），对于反应物 O 和产物 R 都有

$$\frac{\partial\widetilde{C}(x,t)}{\partial t}=j\omega\widetilde{C}(x,t)=j\omega C_{\mathrm{P}}(x)\mathrm{e}^{j\omega t} \tag{10-3-7}$$

$$\frac{\partial^2\widetilde{C}(x,t)}{\partial x^2}=\frac{\mathrm{d}^2C_{\mathrm{P}}(x)}{\mathrm{d}x^2}\mathrm{e}^{j\omega t} \tag{10-3-8}$$

将式（10-3-7）和式（10-3-8）均代入式（10-3-1）和式（10-3-2）中，可得

$$\frac{\mathrm{d}^2C_{\mathrm{PO}}(x)}{\mathrm{d}x^2}=\frac{j\omega}{D_{\mathrm{O}}}C_{\mathrm{PO}}(x) \tag{10-3-9}$$

$$\frac{\mathrm{d}^2C_{\mathrm{PR}}(x)}{\mathrm{d}x^2}=\frac{j\omega}{D_{\mathrm{R}}}C_{\mathrm{PR}}(x) \tag{10-3-10}$$

求解式（10-3-9）可得其通解为

$$C_{\mathrm{PO}}(x)=K\mathrm{e}^{\sqrt{\frac{j\omega}{D_{\mathrm{O}}}}x}+L\mathrm{e}^{-\sqrt{\frac{j\omega}{D_{\mathrm{O}}}}x}$$

式中，K 和 L 均为待定参数。将上式代入式(10-3-5）中，得到

$$\widetilde{C_{\mathrm{O}}}(x,t)=(K\mathrm{e}^{\sqrt{\frac{j\omega}{D_{\mathrm{O}}}}x}+L\mathrm{e}^{-\sqrt{\frac{j\omega}{D_{\mathrm{O}}}}x})\mathrm{e}^{j\omega t}$$

将式（10-3-3）代入上式，可知 $K=0$，则有

$$\widetilde{C_{\mathrm{O}}}(x,t)=L\mathrm{e}^{-\sqrt{\frac{j\omega}{D_{\mathrm{O}}}}x}\mathrm{e}^{j\omega t} \tag{10-3-11}$$

将上式代入到式（10-3-4），可得

$$L=-\frac{\widetilde{i_{\mathrm{f}}}}{nFA\sqrt{2D_{\mathrm{O}}\omega}}(1-j)\mathrm{e}^{-j\omega t}$$

将上式代入到式（10-3-10），可得

$$\widetilde{C_{\mathrm{O}}}(x,t)=-\frac{\widetilde{\mathrm{i}_f}}{nFA\sqrt{2D_{\mathrm{O}}\omega}}(1-j)\mathrm{e}^{-\sqrt{\frac{j\omega}{D_{\mathrm{O}}}}x} \tag{10-3-12}$$

采用同样的方法，也可得到

$$\widetilde{C_{\mathrm{R}}}(x,t)=-\frac{\widetilde{\mathrm{i}_f}}{nFA\sqrt{2D_{\mathrm{R}}\omega}}(1-j)\mathrm{e}^{-\sqrt{\frac{j\omega}{D_{\mathrm{R}}}}x} \tag{10-3-13}$$

式(10-3-12)和式(10-3-13)分别为反应物O和产物R的浓度波动函数，将 $x=0$ 代入，即可得到反应物O和产物R的表面浓度波动函数

$$\widetilde{C_O^S}=\widetilde{C_O}(0,t)=-\frac{\widetilde{i_f}}{nFA\sqrt{2D_O\omega}}(1-j) \tag{10-3-14}$$

$$\widetilde{C_R^S}=\widetilde{C_R}(0,t)=\frac{\widetilde{i_f}}{nFA\sqrt{2D_R\omega}}(1-j) \tag{10-3-15}$$

10.3.2 可逆电极反应的法拉第阻抗

对于可逆电极体系，Nernst 方程仍然适用

$$E=E^{\ominus}+\frac{RT}{nF}\ln\frac{C_O(0,t)}{C_R(0,t)} \tag{10-3-16}$$

电极体系的各状态参量均包括直流部分和交流部分，其中直流部分由直流极化所决定，交流部分由交流极化所决定。由于直流极化达到稳态，所以可认为各状态参量的直流部分均不随时间而变化。即

$$E(t)=\overline{E}+\widetilde{E}(t),C_O(0,t)=\overline{C_O^S}+\widetilde{C_O}(0,t),C_R(0,t)=\overline{C_R^S}+\widetilde{C_R}(0,t)$$

式（10-3-16）两边对 t 求微商，并且只考虑交流部分，则

$$\frac{\mathrm{d}\widetilde{E}}{\mathrm{d}t}=\frac{RT}{nF}\left[\frac{1}{C_O(0,t)}\frac{\mathrm{d}\widetilde{C_O}(0,t)}{\mathrm{d}t}-\frac{1}{C_R(0,t)}\frac{\mathrm{d}\widetilde{C_R}(0,t)}{\mathrm{d}t}\right] \tag{10-3-17}$$

由于达到了交流平稳态，各状态参量的交流部分均按同频率的正弦规律变化，它们对 t 的微商都等于 $j\omega$ 乘以其本身，则有

$$\widetilde{E}=\frac{RT}{nF}\left[\frac{\widetilde{C_O}(0,t)}{C_O(0,t)}-\frac{\widetilde{C_R}(0,t)}{C_R(0,t)}\right] \tag{10-3-18}$$

根据法拉第阻抗的定义，有

$$Z_f=-\frac{\widetilde{E}}{\widetilde{i_f}}$$

式中，取负号是因为阴极电流规定为正。

将式（10-3-18）代入上式，则

$$Z_f=-\frac{RT}{nFC_O(0,t)}\frac{\widetilde{C_O}(0,t)}{\widetilde{i_f}}+\frac{RT}{nFC_R(0,t)}\frac{\widetilde{C_R}(0,t)}{\widetilde{i_f}}$$

将式（10-3-14）和式（10-3-15）代入上式，得

$$Z_f=\frac{RT}{n^2F^2A\sqrt{2D_O\omega}C_O(0,t)}(1-j)+\frac{RT}{n^2F^2A\sqrt{2D_R\omega}C_R(0,t)}(1-j) \tag{10-3-19}$$

在式（10-3-19）中，只有同扩散过程相关的参数，因而

$$Z_f=Z_W=Z_{WO}+Z_{WR} \tag{10-3-20}$$

式中，Z_W 是半无限扩散阻抗，也称为韦伯（Warburg）阻抗。Z_W 可看做由反应物扩散阻抗 Z_{WO} 和产物扩散阻抗 Z_{WR} 两项组成。

$$Z_{WO}=\frac{RT}{n^2F^2A\sqrt{2D_O\omega}C_O(0,t)}(1-j)=R_{WO}-j\frac{1}{\omega C_{WO}}$$

$$Z_{WR}=\frac{RT}{n^2F^2A\sqrt{2D_R\omega}C_R(0,t)}(1-j)=R_{WR}-j\frac{1}{\omega C_{WR}}$$

将 Z_W 的实部和虚部分别合并，可见其实部和虚部恒等。Z_W 可看做是由扩散电阻 R_W 和扩散电容 C_W 串联组成。而 R_W 又由 R_{WO} 和 R_{WR} 串联组成，C_W 由 C_{WO} 和 C_{WR} 串联组成。Z_f 的等效电路如图 10-3-1 所示。

$$R_W = R_{WO} + R_{WR}, \frac{1}{C_W} = \frac{1}{C_{WO}} + \frac{1}{C_{WR}}, R_W = \frac{1}{\omega C_W}$$

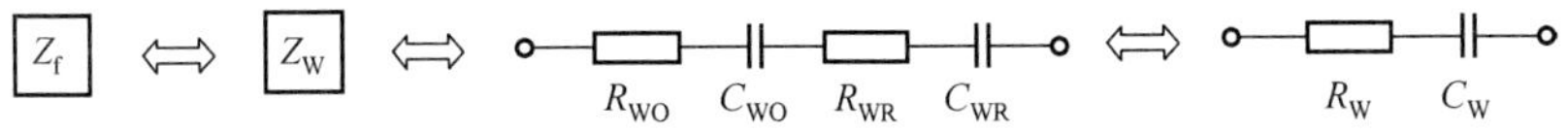

Z_f ⟺ Z_W ⟺ R_{WO} C_{WO} R_{WR} C_{WR} ⟺ R_W C_W

图 10-3-1　可逆电极体系的法拉第阻抗等效电路

式（10-3-19）可重新写为

$$Z_f = \left[\frac{RT}{n^2F^2A\sqrt{2D_O\omega}C_O(0,t)} + \frac{RT}{n^2F^2A\sqrt{2D_R\omega}C_R(0,t)}\right](1-j) \qquad (10\text{-}3\text{-}21)$$

令 $\sigma_O \equiv \dfrac{RT}{n^2F^2A\sqrt{2D_O}C_O(0,t)}$，$\sigma_R \equiv \dfrac{RT}{n^2F^2A\sqrt{2D_R}C_R(0,t)}$，$\sigma \equiv \sigma_O + \sigma_R$，则

$$Z_f = \sigma\omega^{-1/2}(1-j) \qquad (10\text{-}3\text{-}22)$$

法拉第阻抗的实部 $(Z_f)_{Re}$ 和虚部 $(Z_f)_{Im}$ 相等，可写为

$$(Z_f)_{Re} = (Z_f)_{Im} = \sigma\omega^{-1/2} \qquad (10\text{-}3\text{-}23)$$

用 $(Z_f)_{Re}$ 和 $(Z_f)_{Im}$ 对 $\omega^{-1/2}$ 作图，为同一条过原点的直线。可由直线斜率估算扩散系数。

10.3.3　准可逆与完全不可逆电极反应的法拉第阻抗

考虑具有四个电极基本过程的单电子、单步骤电极反应 $O + e^- \rightleftharpoons R$，电极为准可逆体系，即界面电荷传递动力学不很快，传荷过程和传质过程共同控制总的电极过程，并且逆反应的速率不可忽略。此时，有 Butler-Volmer 动力学公式

$$i_f = \vec{i} - \overleftarrow{i} = FAk^{\ominus}\left[C_O(0,t)e^{-\frac{\alpha F}{RT}(E-E^{\ominus\prime})} - C_R(0,t)e^{\frac{\beta F}{RT}(E-E^{\ominus\prime})}\right] \qquad (10\text{-}3\text{-}24)$$

电极体系的各状态参量均包括直流部分和交流部分，其中直流部分由直流极化所决定，交流部分由交流极化所决定。由于直流极化达到稳态，所以可认为各状态参量的直流部分均不随时间而变化。即

$$i_f(t) = \overline{i_f} + \widetilde{i_f}(t), E(t) = \overline{E} + \widetilde{E}(t), C_O(0,t) = \overline{C_O^S} + \widetilde{C_O}(0,t),\ C_R(0,t) = \overline{C_R^S} + \widetilde{C_R}(0,t)$$

式（10-3-24）两边对 t 求微商，并且只考虑交流部分，则

$$\frac{d\widetilde{i_f}}{dt} = \frac{\vec{i}}{C_O(0,t)}\frac{d\widetilde{C_O}(0,t)}{dt} - \frac{\overleftarrow{i}}{C_R(0,t)}\frac{d\widetilde{C_R}(0,t)}{dt} - \frac{F}{RT}(\alpha\vec{i} + \beta\overleftarrow{i})\frac{d\widetilde{E}}{dt}$$

由于达到了交流平稳态，各状态参量的交流部分均按同频率的正弦规律变化，它们对 t 的微商都等于 $j\omega$ 乘以其本身，则有

$$\widetilde{i_f} = \frac{\vec{i}}{C_O(0,t)}\widetilde{C_O}(0,t) - \frac{\overleftarrow{i}}{C_R(0,t)}\widetilde{C_R}(0,t) - \frac{F}{RT}(\alpha\vec{i} + \beta\overleftarrow{i})\widetilde{E}$$

整理后得

$$\widetilde{E} = -\frac{RT}{F}\frac{\widetilde{i_f}}{\alpha\vec{i} + \beta\overleftarrow{i}} + \frac{RT}{FC_O(0,t)}\frac{\vec{i}}{\alpha\vec{i} + \beta\overleftarrow{i}}\widetilde{C_O}(0,t) - \frac{RT}{FC_R(0,t)}\frac{\overleftarrow{i}}{\alpha\vec{i} + \beta\overleftarrow{i}}\widetilde{C_R}(0,t) \qquad (10\text{-}3\text{-}25)$$

根据法拉第阻抗的定义，有

$$Z_{\mathrm{f}}=-\frac{\widetilde{E}}{\widetilde{i}_{\mathrm{f}}}$$

式中，取负号是因为阴极电流规定为正。

将式(10-3-25) 代入上式，则

$$Z_{\mathrm{f}}=R_{\mathrm{ct}}+Z_{\mathrm{WO}}+Z_{\mathrm{WR}}=R_{\mathrm{ct}}+Z_{\mathrm{W}} \tag{10-3-26}$$

式中

$$R_{\mathrm{ct}}=\frac{RT}{F}\frac{1}{\alpha\vec{i}+\beta\overleftarrow{i}} \tag{10-3-27}$$

$$Z_{\mathrm{WO}}=-\frac{RT}{FC_{\mathrm{O}}(0,t)}\frac{\vec{i}}{\alpha\vec{i}+\beta\overleftarrow{i}}\frac{\widetilde{C_{\mathrm{O}}}(0,t)}{\widetilde{i}_{\mathrm{f}}} \tag{10-3-28}$$

$$Z_{\mathrm{WR}}=\frac{RT}{FC_{\mathrm{R}}(0,t)}\frac{\overleftarrow{i}}{\alpha\vec{i}+\beta\overleftarrow{i}}\frac{\widetilde{C_{\mathrm{R}}}(0,t)}{\widetilde{i}_{\mathrm{f}}} \tag{10-3-29}$$

将式(10-3-14) 和式(10-3-15) 代入式(10-3-28) 和式(10-3-29) 中，得

$$Z_{\mathrm{WO}}=\frac{RT}{F^{2}A\sqrt{2D_{\mathrm{O}}\omega}C_{\mathrm{O}}(0,t)}\frac{\vec{i}}{\alpha\vec{i}+\beta\overleftarrow{i}}(1-j)=R_{\mathrm{WO}}-j\,\frac{1}{\omega C_{\mathrm{WO}}} \tag{10-3-30}$$

$$Z_{\mathrm{WR}}=\frac{RT}{F^{2}A\sqrt{2D_{\mathrm{R}}\omega}C_{\mathrm{R}}(0,t)}\frac{\overleftarrow{i}}{\alpha\vec{i}+\beta\overleftarrow{i}}(1-j)=R_{\mathrm{WR}}-j\,\frac{1}{\omega C_{\mathrm{WR}}} \tag{10-3-31}$$

将 Warburg 阻抗 Z_{W}的实部和虚部分别合并，可见其实部和虚部恒等。Z_{W}可看做是由扩散电阻 R_{W}和扩散电容 C_{W}串联组成。而 R_{W}又由 R_{WO}和 R_{WR}串联组成，C_{W}由 C_{WO}和 C_{WR}串联组成。Z_{f}的等效电路如图 10-3-2 所示。

$$R_{\mathrm{W}}=R_{\mathrm{WO}}+R_{\mathrm{WR}}\,,\ \frac{1}{C_{\mathrm{W}}}=\frac{1}{C_{\mathrm{WO}}}+\frac{1}{C_{\mathrm{WR}}}$$

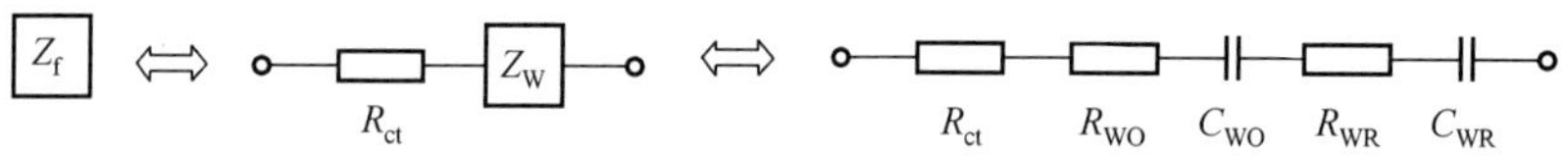

图 10-3-2　准可逆电极体系的法拉第阻抗等效电路

如果电极属于可逆体系，有 $i^{\ominus}\gg i_{\mathrm{d}}>i_{\mathrm{f}}$，$\vec{i}=\overleftarrow{i}=i^{\ominus}$，代入到式（10-3-27)、式（10-3-30）和式（10-3-31）中，即可简化得到式（10-3-19)。

如果电极属于完全不可逆体系，有 $i_{\mathrm{f}}=\vec{i}$，$\overleftarrow{i}=0$，代入到式（10-3-27)、式（10-3-30）和式（10-3-31）中，得到

$$R_{\mathrm{ct}}=\frac{RT}{F}\frac{1}{\alpha i_{\mathrm{f}}} \tag{10-3-32}$$

$$Z_{\mathrm{WO}}=\frac{RT}{F^{2}A\sqrt{2D_{\mathrm{O}}\omega}\,\alpha C_{\mathrm{O}}(0,t)}(1-j) \tag{10-3-33}$$

$$Z_{\mathrm{WR}}=0 \tag{10-3-34}$$

令 $\sigma_{\mathrm{O}}'\equiv\sigma_{\mathrm{O}}\dfrac{\vec{i}}{\alpha\vec{i}+\beta\overleftarrow{i}}$，$\sigma_{\mathrm{R}}'\equiv\sigma_{\mathrm{R}}\dfrac{\overleftarrow{i}}{\alpha\vec{i}+\beta\overleftarrow{i}}$，$\sigma'\equiv\sigma_{\mathrm{O}}'+\sigma_{\mathrm{R}}'$，则

$$Z_{\mathrm{f}}=R_{\mathrm{ct}}+\sigma'\omega^{-1/2}(1-j) \tag{10-3-35}$$

法拉第阻抗的实部 $(Z_f)_{Re}$ 和虚部 $(Z_f)_{Im}$ 分别为

$$(Z_f)_{Re}=R_{ct}+\sigma'\omega^{-1/2} \tag{10-3-36}$$

$$(Z_f)_{Im}=\sigma'\omega^{-1/2} \tag{10-3-37}$$

用 $(Z_f)_{Re}$ 和 $(Z_f)_{Im}$ 对 $\omega^{-1/2}$ 作图，如图 10-3-3 所示。图中为两条互相平行的直线。可由直线截距得到 R_{ct}，由斜率估算扩散系数。

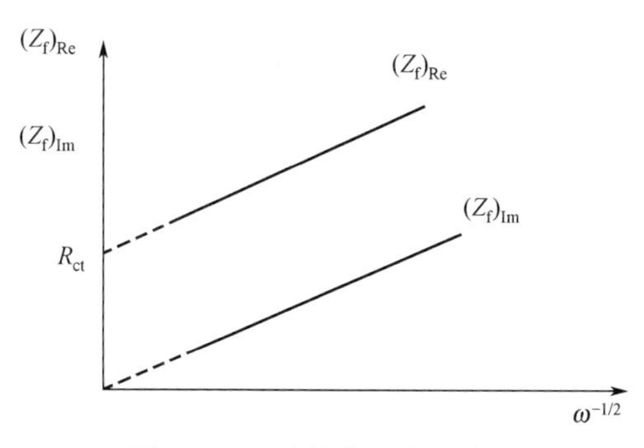

图 10-3-3　法拉第阻抗频谱图

10.3.4　电化学极化和浓差极化同时存在时的复数平面图

考虑具有四个电极基本过程的简单电极反应 $O+ne^- \rightleftharpoons R$，若为准可逆电极体系，电荷传递过程和传质过程共同控制总的电极过程，电化学极化和浓差极化同时存在，等效电路如图 10-3-4 所示。

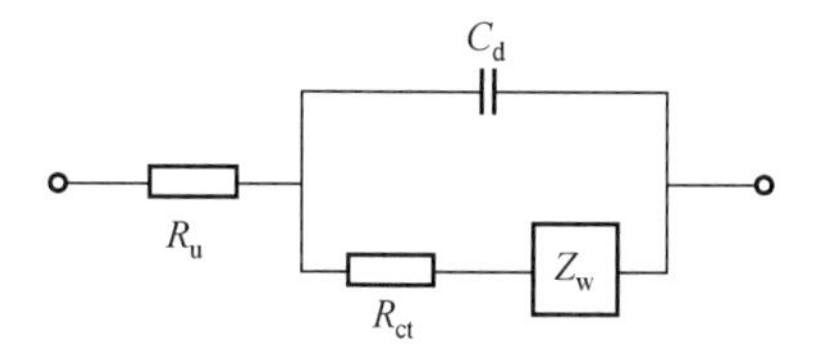

图 10-3-4　具有四个电极基本过程的简单电极反应 $O+ne^- \rightleftharpoons R$ 的等效电路

根据图 10-3-4 中所示的等效电路，电极阻抗应为

$$Z=R_u+\cfrac{1}{j\omega C_d+\cfrac{1}{R_{ct}+\sigma'\omega^{-1/2}(1-j)}} \tag{10-3-38}$$

整理上式，可得

$$Z=R_u+\frac{R_{ct}+\sigma'\omega^{-1/2}}{(C_d\sigma'\omega^{1/2}+1)^2+\omega^2C_d^2(R_{ct}+\sigma'\omega^{-1/2})^2}-j\frac{\omega C_d(R_{ct}+\sigma'\omega^{-1/2})^2+\sigma'\omega^{-1/2}(C_d\sigma'\omega^{1/2}+1)}{(C_d\sigma'\omega^{1/2}+1)^2+\omega^2C_d^2(R_{ct}+\sigma'\omega^{-1/2})^2} \tag{10-3-39}$$

下面分别讨论它的两种极限情况。

① 当 ω 足够低时，对式(10-3-39) 进行简化，保留常数项和含 $\omega^{-1/2}$ 项，略去含 $\omega^{1/2}$、ω、ω^2 项，可得

$$Z=R_u+R_{ct}+\sigma'\omega^{-1/2}-j(\sigma'\omega^{-1/2}+2\sigma'^2C_d) \tag{10-3-40}$$

则阻抗的实部 Z_{Re} 和虚部 Z_{Im} 分别为

$$Z_{Re}=R_u+R_{ct}+\sigma'\omega^{-1/2}$$

$$Z_{Im}=\sigma'\omega^{-1/2}+2\sigma'^2C_d$$

消去 ω，得到阻抗的实部 Z_{Re} 和虚部 Z_{Im} 之间的关系为

$$Z_{\mathrm{Im}}=2\sigma'^2 C_{\mathrm{d}}-(R_{\mathrm{u}}+R_{\mathrm{ct}})+Z_{\mathrm{Re}} \tag{10-3-41}$$

用 Z_{Im}-Z_{Re}作图，即为复数平面图，图中为一条倾斜角度为 $\pi/4$ 的直线，如图 10-3-5 所示。由式(10-3-40) 可见，频率的变化仅改变 Warburg 阻抗项，说明此图即为半无限扩散步骤控制下的阻抗复数平面图。阻抗的实部 Z_{Re}和虚部 Z_{Im}之间的线性相关性是扩散控制电极过程的特征。

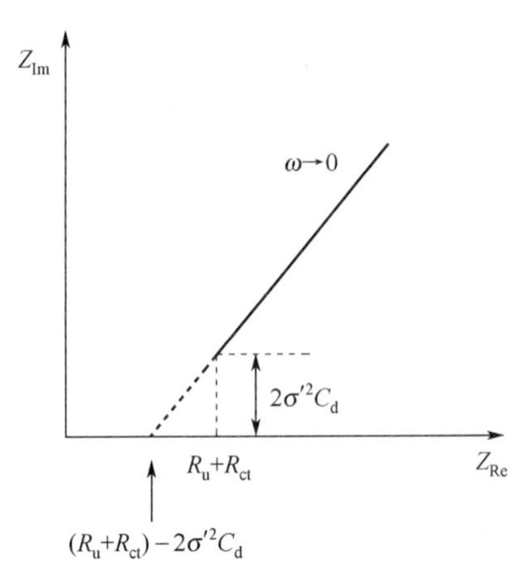

图 10-3-5　扩散步骤控制时的复数平面图

② 当 ω 足够高时，对式(10-3-38) 进行简化，略去含 $\omega^{-1/2}$ 项，即忽略了浓差极化。简化后即得前面已导出的传荷过程控制下的阻抗表达式，如下

$$Z=R_{\mathrm{u}}+\frac{1}{j\omega C_{\mathrm{d}}+\dfrac{1}{R_{\mathrm{ct}}}}=R_{\mathrm{u}}+\frac{R_{\mathrm{ct}}}{1+\omega^2 C_{\mathrm{d}}^2 R_{\mathrm{ct}}^2}-j\,\frac{\omega C_{\mathrm{d}} R_{\mathrm{ct}}^2}{1+\omega^2 C_{\mathrm{d}}^2 R_{\mathrm{ct}}^2}$$

正如上一节所分析的，此时的阻抗复数平面图是一个实轴以上的半圆，如图 10-2-3 所示。

对于准可逆电极体系，即混合控制的情况下，由于界面双电层通过电荷传递电阻充放电的弛豫过程和扩散弛豫过程快慢的差异，在频率范围足够宽时两过程的阻抗谱将出现在不同的频率区间，高频区出现传荷过程控制的特征阻抗半圆，低频区出现扩散控制的特征直线，如图 10-3-6 所示。

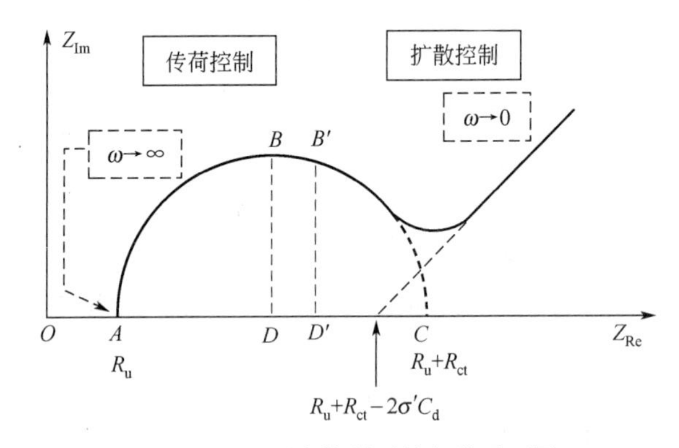

图 10-3-6　混合控制时的复数平面图

对于上述体系，可以外推出阻抗半圆在图上未出现的部分（见图 10-3-6 中的虚线），分别按照半圆和直线的分析方法，得到等效电路的元件参数的数值及动力学信息。也就是直接

在阻抗半圆上找出 R_u 和 R_{ct}，利用式(10-2-18) 计算 C_d，同时外推直线得到和实轴的交点，求出 σ'，从而估算扩散系数 D。另外一种方法是用 R(C(RW))(W 是 Warburg 阻抗的符号) 或 R(C(RQ)) 作为等效电路对阻抗数据进行曲线拟合，得到等效电路中的各个元件参数的数值，即 R_u、R_{ct}、C_d、W(或 Q)。

10.4 电极反应表面过程的法拉第阻纳

前面两节中讨论的均为具有四个电极基本过程的简单电极反应 $O+ne^- \rightleftharpoons R$，法拉第阻抗等效电路中只有电荷传递电阻和扩散阻抗两个部分。如果在电极过程中，还有其它能够影响法拉第电流，并且随界面电场而变化的电极表面过程存在，必将会对法拉第阻抗有所贡献。例如，电化学吸脱附过程或者电极表面氧化物的消长过程。

一般来说，当一个电极反应进行时，若其它条件不变，表征电极反应速率的法拉第电流 i_f 是电极电势 E、电极表面的状态变量 X 以及影响电极反应速率的反应粒子在电极表面处的浓度 C_j^S 的函数，即

$$i_f=f(E,X,C_j^S) \quad j=1,\cdots,m \tag{10-4-1}$$

式中，X 为影响电极反应速率，且随电极电势而变化的电极表面状态变量，例如可以是电极表面吸附粒子的覆盖度或者是电极表面氧化膜的厚度；C_j^S 为反应粒子的表面浓度。

当给电极体系施加一个小幅度电势扰动 ΔE 时，相应的法拉第电流的改变值 Δi_f 为

$$\Delta i_f=\left(\frac{\partial i_f}{\partial E}\right)_{SS}\Delta E+\left(\frac{\partial i_f}{\partial X}\right)_{SS}\Delta X+\sum_{j=1}^{m}\left(\frac{\partial i_f}{\partial C_j}\right)_{SS}\Delta C_j \tag{10-4-2}$$

式中，下标 SS 代表稳态条件。

在阻纳的测量中，扰动信号为小幅度正弦交流电势信号 $\widetilde{E}$，写为

$$\widetilde{E}=E\mathrm{e}^{j\omega t} \tag{10-4-3}$$

达到交流平稳态后，电极的各状态变量均为和 $\widetilde{E}$ 同频率的正弦交流信号，则式(10-4-2) 可改写为

$$\widetilde{i_f}=\left(\frac{\partial i_f}{\partial E}\right)_{SS}\widetilde{E}+\left(\frac{\partial i_f}{\partial X}\right)_{SS}\widetilde{X}+\sum_{j=1}^{m}\left(\frac{\partial i_f}{\partial C_j}\right)_{SS}\widetilde{C_j} \tag{10-4-4}$$

根据法拉第导纳的定义，有

$$Y_f=-\frac{\widetilde{i_f}}{\widetilde{E}}$$

式中，取负号是因为阴极电流规定为正。

式(10-4-4) 两边同除以 $-\widetilde{E}$，得到法拉第导纳 Y_f 为

$$Y_f=-\frac{\widetilde{i_f}}{\widetilde{E}}=\frac{1}{R_{ct}}+m\frac{\widetilde{X}}{\widetilde{E}}-\sum_{j=1}^{m}\left(\frac{\partial i_f}{\partial C_j}\right)_{SS}\frac{\widetilde{C_j}}{\widetilde{E}} \tag{10-4-5}$$

式中，$\frac{1}{R_{ct}}=-\left(\frac{\partial i_f}{\partial E}\right)_{SS}$，$R_{ct}$ 为电极反应的电荷传递电阻，取负号是因为阴极电流规定为正；$m=-\left(\frac{\partial i_f}{\partial X}\right)_{SS}$。

我们考虑$\widetilde{C_j}=0$的情况，即浓差极化可以忽略。此时式（10-4-5）简化为

$$Y_f^{\ominus}=\frac{1}{R_{ct}}+m\frac{\widetilde{X}}{\widetilde{E}} \tag{10-4-6}$$

这是在电极反应过程不存在浓差极化情况下的法拉第导纳的表达式。我们把不存在浓差极化情况下的法拉第阻纳，亦即扩散阻抗可以忽略情况下的法拉第阻纳称为电极反应的表面过程法拉第阻纳。

在浓差极化不存在的情况下，表面状态变量X的变化速率是包括电极电势在内的所有状态变量的函数，即

$$\Xi=\frac{dX}{dt}=\frac{d\widetilde{X}}{dt}=g(E,X) \tag{10-4-7}$$

考虑到在稳态条件下$\Xi=0$，故可将上式围绕稳态作一阶泰勒级数展开，得到

$$\Xi=b\widetilde{E}-a\widetilde{X} \tag{10-4-8}$$

式中，$b=\left(\frac{\partial \Xi}{\partial E}\right)_{SS}$，它既可能是正值，也可能是负值；$a=-\left(\frac{\partial \Xi}{\partial X}\right)_{SS}$，为了满足稳定性条件，$a$必须为正值。

达到交流平稳态后，$\widetilde{X}$也是和$\widetilde{E}$同频率的正弦交流信号，则有

$$\Xi=j\omega\widetilde{X}$$

将上式代入到式（10-4-8）中，并经整理后得到

$$\frac{\widetilde{X}}{\widetilde{E}}=\frac{b}{a+j\omega}$$

将上式代入到式（10-4-6）中，就得到在状态变量为E和X时的法拉第导纳的表达式为

$$Y_f^{\ominus}=\frac{1}{R_{ct}}+\frac{B}{\alpha+j\omega} \tag{10-4-9}$$

式中，$B=mb$，它的单位为$\Omega^{-1}\cdot s^{-1}$。

由于m和b都可正可负，所以，在两者都为正或两者都为负时，B为正值；而当m和b一者为正，另一者为负时，B为负值。因此我们分两种情况来讨论式（10-4-9）。

① $B>0$。在$B>0$的情况下，式(10-4-9）可改写为

$$Y_f^{\ominus}=\frac{1}{R_{ct}}+\frac{1}{\frac{a}{B}+j\omega\frac{1}{B}} \tag{10-4-10}$$

我们知道，复合元件（$R_{ct}(R_0L)$）的导纳为

$$Y_f^{\ominus}=\frac{1}{R_{ct}}+\frac{1}{R_0+j\omega L} \tag{10-4-11}$$

对比式（10-4-10）和式（10-4-11）可知复合元件（$R_{ct}(R_0L)$）就是在$B>0$时的电极表面过程法拉第导纳$Y_f^{\ominus}$的等效电路，该等效电路如图10-4-1(a）所示。同时可知

$$R_0=\frac{a}{B}>0 \tag{10-4-12}$$

$$L=\frac{1}{B}>0 \tag{10-4-13}$$

如果在非法拉第导纳Y_{nf}中不考虑弥散效应，其等效元件为双电层电容C_d，则电极体系

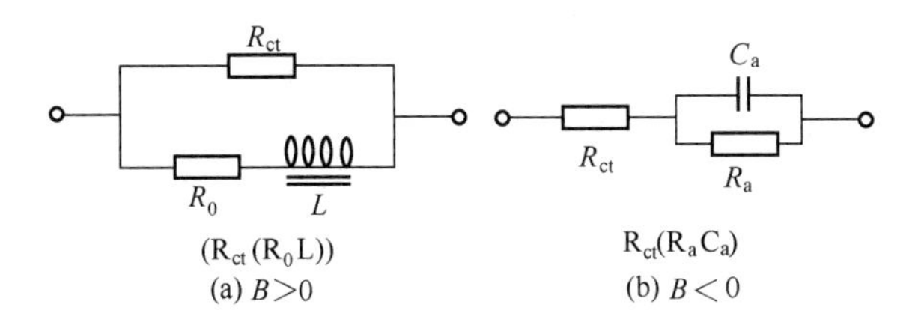

图 10-4-1　式(10-4-9) 表示的法拉第导纳的等效电路

的总阻抗为

$$Z=R_u+\frac{1}{j\omega C_d+Y_f^{\ominus}} \tag{10-4-14}$$

该体系的电化学阻抗谱 Nyquist 图（阻抗复数平面图）如图 10-4-2 所示。

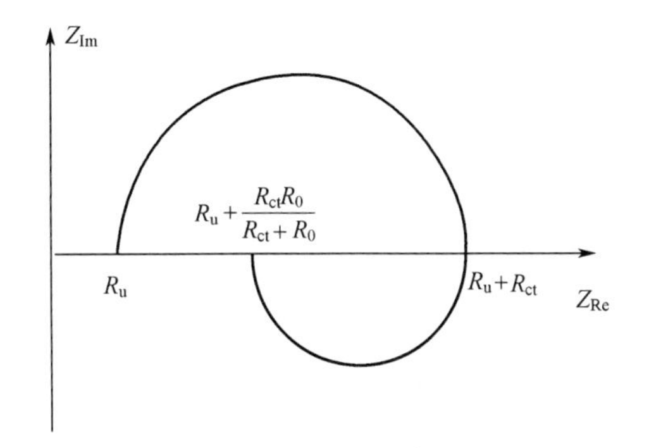

图 10-4-2　$B>0$ 时的电化学阻抗谱 Nyquist 图

由于在稳态下，表面状态变量达到稳态值，所以

$$\Xi_{SS}=\left(\frac{dX}{dt}\right)_{SS}=0$$

故有

$$\frac{dX}{dE}=-\frac{\left(\frac{\partial\Xi}{\partial E}\right)_{SS}}{\left(\frac{\partial\Xi}{\partial X}\right)_{SS}}=\frac{b}{a}$$

从而可将式（10-4-9）中的 $Y_f^{\ominus}$ 重写为

$$Y_f^{\ominus}=\frac{1}{R_{ct}}+\frac{m\frac{b}{a}}{1+j\omega\frac{1}{a}}=\frac{1}{R_{ct}}+\frac{\left(-\frac{\partial i_f}{\partial X}\right)_{SS}\frac{dX}{dE}}{1+j\omega\tau} \tag{10-4-15}$$

式中，$\tau=\frac{1}{a}>0$，量纲是时间，它实际上就是表面状态变量 X 的弛豫过程的时间常数。上式中等号右侧第一项反映的是电极电势的改变引起界面双电层电场强度的改变，从而引起界面传荷过程速率的改变，进而引起法拉第电流的改变。由于规定阴极电流为正，则 $\frac{1}{R_{ct}}=-\left(\frac{\partial i_f}{\partial E}\right)_{SS}$ 无论在何种情况下永远为正值。上式中等号右侧第二项反映的是电极电势的改变引起表面状态变量 X 的改变，进而使法拉第电流发生改变。如果这一项也为正值，那就表明电势的改变通过上述两种途径对法拉第电流所起作用的方向是一致的，这就会引起 EIS 中的感抗成分而在等效电路中出现电感等效元件，其条件就是 $B>0$ 或 m 与 b 同号。从

式（10-4-15）可知，这也就是要求 $(\partial i_f/\partial X)_{SS}$ 与 dX/dE 反号。

例如，界面型缓蚀剂常常是通过在金属电极表面的吸附，抑制金属的阳极溶解过程从而起到缓蚀的作用。在这一体系中，缓蚀剂的吸附覆盖度 θ 就是一个能改变法拉第电流同时又受电极电势影响的表面状态变量，相当于上面所说的 X。多数情况下，随着阳极极化电势 E 的升高，缓蚀剂逐步脱附，吸附覆盖度 θ 下降，即 $d\theta/dE<0$；由于缓蚀剂的吸附覆盖度 θ 越大，阳极溶解的速度越慢，阳极法拉第电流 i_f 越正，即 $(\partial i_f/\partial \theta)_{SS}>0$。因此，式（10-4-15）中等号右侧第二项为正值，$B>0$，这样就会在电化学阻抗谱中出现感抗成分。

② $B<0$。在 $B<0$ 的情况下，式（10-4-9）可改写为

$$Y_f^{\ominus}=\frac{1}{R_{ct}}-\frac{|B|}{a+j\omega}=\frac{a-R_{ct}|B|+j\omega}{R_{ct}(a+j\omega)}$$

其倒数就是法拉第阻抗 $Z_f^{\ominus}$

$$Z_f^{\ominus}=R_{ct}+\frac{R_{ct}^2|B|}{a-R_{ct}|B|+j\omega}$$

将上式等号右侧第二项分子分母都除以 $a-R_{ct}|B|$，得到

$$Z_f^{\ominus}=R_{ct}+\frac{\dfrac{R_{ct}^2|B|}{a-R_{ct}|B|}}{1+j\omega\dfrac{1}{a-R_{ct}|B|}} \tag{10-4-16}$$

我们知道，复合元件 $R_{ct}(R_aC_a)$ 的阻抗为

$$Z=R_{ct}+\frac{R_a}{1+j\omega R_aC_a} \tag{10-4-17}$$

对比式（10-4-16）和式（10-4-17）可知复合元件 $R_{ct}(R_aC_a)$ 就是在 $B<0$ 时的电极表面过程法拉第阻抗 $Z_f^{\ominus}$ 的等效电路，该等效电路如图 10-4-1(b) 所示。同时可知

$$R_a=\frac{R_{ct}^2|B|}{a-R_{ct}|B|} \tag{10-4-18}$$

$$C_a=\frac{1}{R_{ct}^2|B|}>0 \tag{10-4-19}$$

如果在非法拉第导纳 Y_{nf} 中不考虑弥散效应，其等效元件为双电层电容 C_d，则电极体系的总阻抗为

$$Z=R_u+\frac{1}{j\omega C_d+Y_f}$$

当 $B<0$ 时，还需要再分为三种情况来讨论：$a-R_{ct}|B|>0$，$a-R_{ct}|B|=0$ 和 $a-R_{ct}|B|<0$的情况。

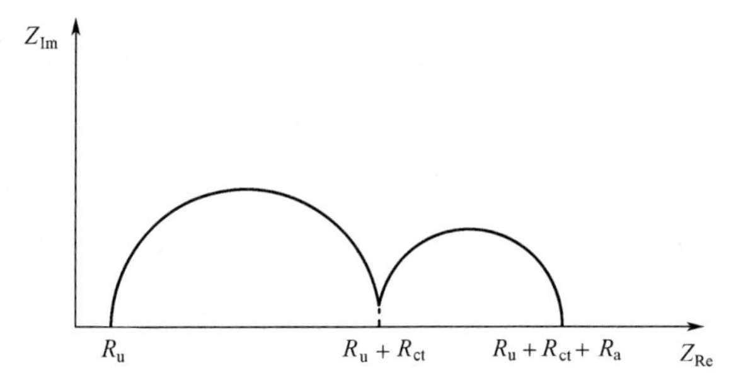

图 10-4-3　$B<0$ 且 $a-R_{ct}|B|>0$ 时的电化学阻抗谱 Nyquist 图

在 $a-R_{ct}|B|>0$ 时，$R_a>0$，此时体系的电化学阻抗谱 Nyquist 图如图 10-4-3 所示；在 $a-R_{ct}|B|=0$ 时，$R_a=\infty$，此时体系的电化学阻抗谱 Nyquist 图如图 10-4-4 所示；在 $a-R_{ct}|B|<0$ 时，$R_a<0$，此时体系的电化学阻抗谱 Nyquist 图如图 10-4-5 所示。

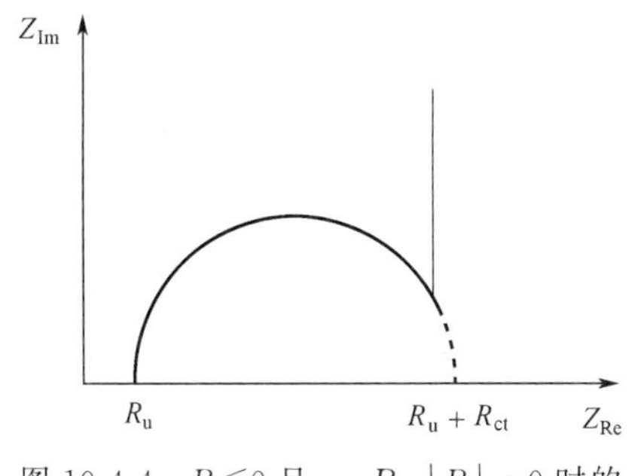

图 10-4-4　$B<0$ 且 $a-R_{ct}|B|=0$ 时的电化学阻抗谱 Nyquist 图

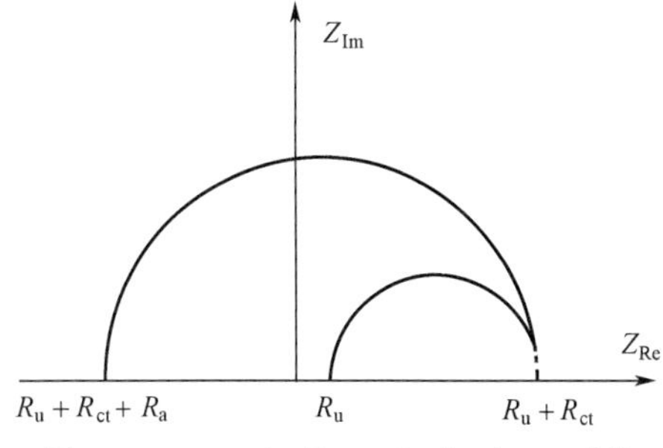

图 10-4-5　$B<0$ 且 $a-R_{ct}|B|<0$ 时的电化学阻抗谱 Nyquist 图

10.5　电化学阻抗数据的测量技术

电化学阻抗数据的测量技术可分为两大类：频率域的测量技术和时间域的测量技术。这两类技术均已在商品仪器和软件中应用。

10.5.1　频率域的测量技术

历史上曾被采用过的频率域技术很多，包括交流电桥、选相调辉、选相检波、Lissajous 图法（椭圆法）、相敏检测技术等。基本原理是在每个选定频率的正弦激励信号作用下分别测量该频率的电化学阻抗，即逐个频率地测量电极阻抗。

目前最常用的是锁相放大器（lock-in amplifier）和频响分析仪（frequency response analyzer，FRA）。它们均是根据相关分析原理，应用相关器对正弦交流电流信号和电势信号进行比较，检测出两信号的同相和 90°相移成分，从而直接输出电化学阻抗的实部和虚部。电路上的核心部分是相关器，主要包括乘法电路和积分电路，前者用来实现两个信号的相乘，后者用来对相乘后得到的信号进行积分。商品化的锁相放大器和频响分析仪通常能够实现的频率测量范围是 10μHz～1MHz。

用阻抗方法完整地表征一个电化学过程，测量的频率范围通常至少在 2～3 个数量级以上。特别是涉及溶液中的扩散过程或电极表面上的吸附过程的阻抗，往往须在很低的频率下才能在阻抗谱图上反映出这些过程的特点来。通常测量的频率范围的低频端要延伸到 10^{-2} Hz 或更低的频率。故采用频率域的技术，用不同频率的正弦波扰动信号逐个频率测量时，总的测量过程需要很长时间。例如，如果要在 10^{-2}～10^4 Hz 的频率范围内获得足够多的实验点来绘制电化学阻抗谱图，视所用的测量方法和仪器情况而定，需要几十分钟至一个小时以上的时间。在这么长的时间内，被测的电极系统的情况很难保持前后一致。如果使用较大的直流极化时，这个问题尤其严重。因此，建立某种能在几分钟或更短时间内测出几个数量级频率范围的电化学阻抗谱的方法，对于电化学研究有比较重要的意义。根据时频转换原理，应用时间域的阻抗测量技术可以达到这种目的。

10.5.2　基于快速 Fourier 变换（FFT）的时间域的测量技术

任意周期波形，都可以表示为多个正弦矢量的叠加，这些正弦矢量包括一个频率为基频

$f_0=\frac{1}{T_0}$（T 为基频周期）的正弦波以及多个 f_0 的谐波。即

$$y(t)=\frac{a_0}{2}+\sum_{n=1}^{\infty}[a_n\cos(2\pi nf_0t)+b_n\sin(2\pi nf_0t)] \tag{10-5-1}$$

或者写为

$$y(t)=A_0+\sum_{n=1}^{\infty}A_n\sin(2\pi nf_0t+\phi_n) \tag{10-5-2}$$

式中，A_n 是频率为 nf_0 的正弦矢量的幅值；ϕ_n 为其相角；A_0 是直流偏置。这种级数称为傅里叶（Fourier）级数，信号 $y(t)$ 就是各正弦矢量的 Fourier 合成。

利用 Fourier 级数，可以把一个信号在时间域用信号幅值和时间的关系来表示，也可以在频率域用一组正弦矢量的幅值和相角来表示。也就是说，这个信号可以在时间域和频率域之间进行转换，这种转换称为 Fourier 变换。

利用这个原理，可以把所有需要的频率下的正弦信号合成一个假随机白噪声信号，同直流极化电势信号叠加后，同时施加到电化学体系上，产生一个暂态电流响应信号。对这两个暂态激励、响应信号分别测量后，应用 Fourier 变换给出两个信号的谐波分布，即激励电势信号的幅值 $E(\omega)$ 以及 Fourier 分布中每一个频率下电流所对应的幅值 $I(\omega)$ 和相角 $\phi(\omega)$。换言之，也就是同时得到了在某一直流极化电势下多个频率的电化学阻抗。

实际测量中使用的激励噪声信号是由相位随机选择的奇次谐波合成的假随机白噪声信号。选择奇次谐波可以保证在响应电流信号中不出现二次谐波；每个谐波的幅值是相等的，可以保证各谐波具有相同的权重；同时由于相位是随机选择的，可以保证合成出来的激励信号在幅值上不会有大的波动。

在一般的商品化仪器中，通常同时具备基于快速 Fourier 变换（FFT）的时间域阻抗测量方法和频率域的阻抗测量方法，可在实际的测量中选择应用。

阻抗数据的测量必须满足稳定性条件，这就要求进行交流阻抗测量时体系的直流极化必须处于稳态，通常要在直流极化下稳定一段时间后再进行相应的阻抗测量，并且交流电也需施加足够的周期以达到交流平稳态。未达到稳定性条件往往是测量得到的电化学阻抗谱杂乱无规律的原因；同时，阻抗数据的测量还必须满足线性条件，即交流信号的幅值必须足够小。可以应用 Kramers-Kronig 技术来验证实验数据的可靠性。

10.6 电化学阻抗谱的数据处理与解析

同其它电化学测量方法一样，进行电化学阻抗谱测量的最终目的，也是要确定电极反应的历程和动力学机理，并测定反应历程中的电极基本过程的动力学参数或某些物理参数。其数据结果是根据测量得到的交流阻抗数据绘制的 EIS 谱图，若要实现测量目的，就必须对 EIS 谱图进行分析，最常采用的分析方法是曲线拟合的方法。对电化学阻抗谱进行曲线拟合时，必须首先建立电极过程合理的物理模型和数学模型，该物理模型和数学模型可揭示电极反应的历程和动力学机理，然后进一步确定数学模型中待定参数的参数值，从而得到相关的动力学参数或物理参数。用于曲线拟合的数学模型分为两类：一类是等效电路模型，等效电路模型中的待定参数就是电路中的元件参数；另一类是数学关系式模型。等效电路模型更常被采用。

确定阻抗谱所对应的等效电路或数学关系式与确定这种等效电路或数学关系式中的有关参数的值是 EIS 数据处理的两个步骤。这两个步骤是互相联系、有机地结合在一起的。一方面，参数的确定必须要根据一定的数学模型来进行，所以往往要先提出一个适合于实测的阻抗谱数据的等效电路或数学关系式，然后进行参数值的确定。另一方面，如果将所确定的参数值按所提出的数学模型计算所得结果与实测的阻抗谱吻合得很好，就说明所提出的数学模型很可能是正确的；反之，若求解的结果与实测阻抗谱相去甚远，就有必要重新审查原来提出的数学模型是否正确，是否要进行修正。所以根据实测的 EIS 数据对有关的参数值的拟合结果又成为模型选择是否正确的判据。

在确定物理模型和数学模型方面，必须综合多方面的信息，例如，可以考虑阻抗谱的特征（如阻抗谱中含有的时间常数的个数），也可考虑其它有关的电化学知识（往往是特定研究领域中所积累的知识），还可以对阻抗谱进行分解，逐个求解阻抗谱中各个时间常数所对应的等效元件的参数初值，在各部分阻抗谱的求解和扣除过程中建立起等效电路的具体形式。一般情况下，如果测得的阻抗谱比较简单，如只有 1 个或 2 个时间常数的阻抗谱，往往可以对其相应的等效电路作出判断，从而采用等效电路模型的方法。

在确定了阻抗谱所对应的等效电路或数学关系式模型后，将阻抗谱对已确定的模型进行曲线拟合，求出等效电路中各等效元件的参数值或数学关系式中的各待定参数的数值，如等效电阻的电阻值、等效电容的电容值、CPE 的 Y_0 和 n 的数值等。

曲线拟合是阻抗谱数据处理的核心问题，必须很好地解决阻抗谱曲线拟合问题。由于阻抗是频率的非线性函数，一般采用非线性最小二乘法进行曲线拟合。

所谓曲线拟合就是确定数学模型中待定参数的数值，使得由此确定的模型的理论曲线最佳，逼近实验的测量数据。电化学阻抗数据的非线性最小二乘法拟合（nonlinear least square fit，NLLS fit）是基于以下原理。

在进行阻抗测量时，我们得到的测量数据是一系列不同频率下的复数阻抗

$$g_i = g_i' + j g_i''$$

当我们确定了阻抗谱所对应的数学模型之后，就可以写出这一模型的阻抗表达式

$$G = G'(\omega, C_1, C_2, \cdots, C_m) + jG''(\omega, C_1, C_2, \cdots, C_m)$$

式中，C_1，C_2，…，C_m 为数学模型中的待定参数。

对于任一频率 ω_i，可以计算出数学模型确定的理论阻抗值

$$G_i = G_i'(\omega_i, C_1, C_2, \cdots, C_m) + jG_i''(\omega_i, C_1, C_2, \cdots, C_m)$$

实测阻抗数据和理论计算阻抗数据的差值为

$$D_i = g_i - G_i = (g_i' - G_i') + j(g_i'' - G_i'')$$

g_i 和 G_i 在复平面上各代表一个矢量，因此 D_i 是这两个矢量之差，也是一个矢量，如图 10-6-1 所示。这个矢量的模值，即它的长度为

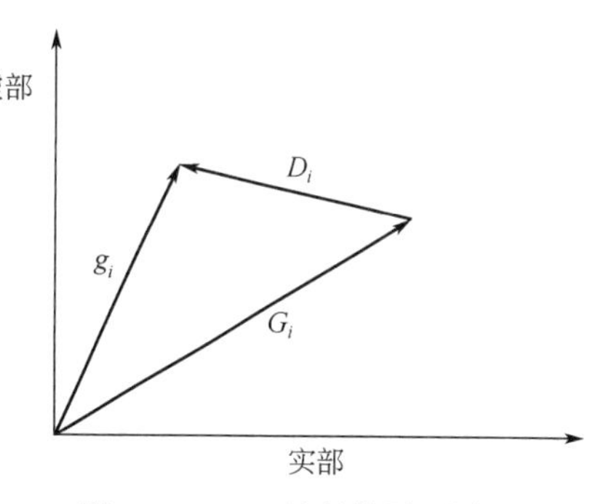

图 10-6-1　D_i 的复数平面图

$$|D_i| = \sqrt{(g_i' - G_i')^2 + (g_i'' - G_i'')^2}$$

在阻抗数据的非线性最小二乘法拟合中，就是以 $\sum W_i |D_i|^2$ 作为目标函数，即

$$S = \sum W_i |D_i|^2 = \sum_{i=1}^{n} W_i (g_i' - G_i')^2 + \sum_{i=1}^{n} W_i (g_i'' - G_i'')^2$$

式中，W_i为各不同频率数据点的权重。

阻抗数据拟合过程就是通过迭代，逐步调整并最终确定数学模型中各待定参数的最佳数值，使得目标函数 S 为最小。

依据等效电路模型，采用非线性最小二乘拟合技术来解析电化学阻抗谱的商品化软件可以很好地完成多数的阻抗数据分析工作。通常在进行曲线拟合前，需要确定等效电路中各元件参数的合理初始估计值，这通常是通过对复数平面图上的圆和直线进行简单分析来实现的。有的阻抗数据解析软件，由于采用了单纯形算法（simplex algorithm），无需事先确定等效电路元件参数的初始值，即可直接进行迭代拟合。

拟合后的目标函数值通常用 χ^2 值来表示，代表了拟合的质量，此值越低，拟合越好，其合理值应在 10^{-4}数量级或更低。另外，还可以观察所谓的"残差曲线"，该曲线表示阻抗的实验值和计算值之间的差别，残差曲线的数据值越小越好，而且应围绕计算值随机分布，否则拟合使用的电路可能不合适。

但是，电化学阻抗谱和等效电路之间并不存在一一对应的关系。很常见的一种情况是，同一个阻抗谱往往可用多个等效电路进行很好的拟合，例如，具有两个容抗弧的阻抗谱可用图 10-6-2 中所示的两种等效电路来拟合，至于具体选择哪一种等效电路就要考虑该等效电路在具体的被测体系中是否有明确的物理意义，能否合理解释物理过程。这给等效电路模型的选定以及等效电路的求解都带来了困难。而且有时拟合确定的等效电路的元件没有明确的物理意义（例如电感等效元件、负电阻等效元件），难以获得有用的电极过程动力学信息。这时就要使用依据数学模型的数据处理方法。

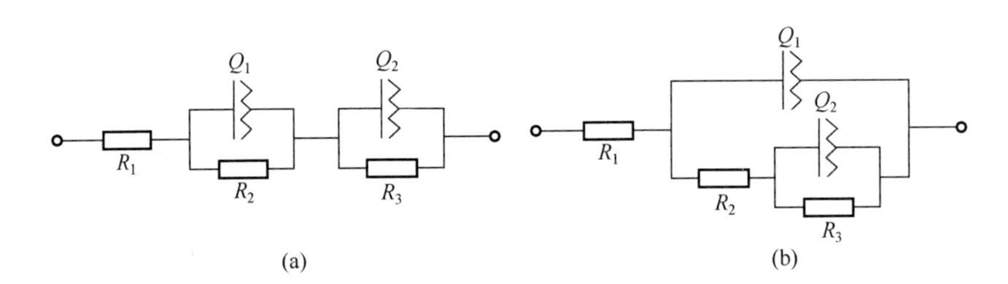

图 10-6-2　可用于包含两个容抗弧的阻抗谱的等效电路

在电极系统的非法拉第阻抗仅来自于电极系统双电层电容的情况下，整个电极系统的阻抗可以由下式来表示

$$Z=R_u+\frac{1}{j\omega C_d+Y_f} \tag{10-4-14}$$

式中，Y_f为电极系统的法拉第导纳；C_d为双电层电容；R_u为溶液电阻。我们在前面已经推导了法拉第阻抗的一般数学表达式，并且任何一个电极系统的法拉第阻抗谱与这个一般数学表达式的某一组参数值有着唯一的对应关系。对于前面介绍的两个时间常数的阻抗谱，其法拉第导纳的表达式为式（10-4-9）的形式

$$Y_f^{\ominus}=\frac{1}{R_{ct}}+\frac{B}{a+j\omega}$$

只要将式（10-4-9）代入式（10-4-14）就可得到这种阻抗谱所对应的数学关系式模型。用这个数学关系式模型进行曲线拟合可得到 R_u、C_d、R_{ct}、B、a 等参数的数值。这组参数值与给定的阻抗谱有唯一对应的关系。

10.7 电化学阻抗谱的应用

电化学阻抗谱（EIS）的应用非常广泛，如固体材料表面结构表征，在金属腐蚀体系、缓蚀剂、金属电沉积中的应用，在生物体系研究中的应用以及化学电源研究中的应用等。在不同的应用领域中，往往要采用不同的数学模型或等效电路模型，选用的依据主要是能够很好地解释研究体系中所进行的具体过程，具有确定的物理意义，所得结论能够很好地解释体系的性质并指导进一步的研究。

图 10-7-1 是一个铅酸电池的阻抗复数平面图。在超高频范围内，出现了一段实轴以下的感抗，这通常是由导线电感和电极卷绕电感产生的，这一电感和电池等效电路的其余部分之间应为串联关系。这种超高频（通常在 10kHz 以上）电感往往只在阻抗很小的体系，如电池、电化学超级电容器中能够被明显地观察到。

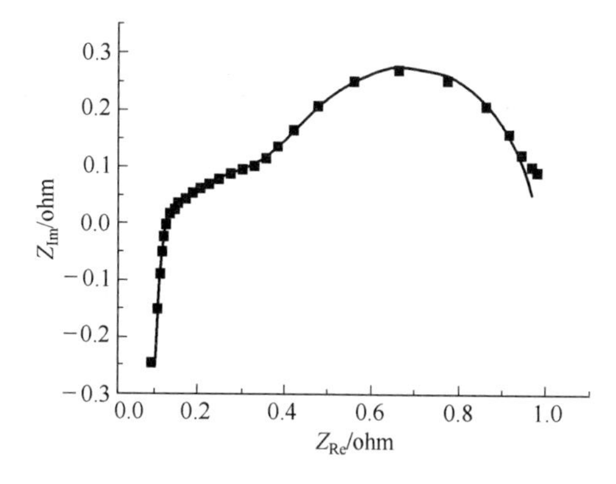

图 10-7-1 铅酸电池的阻抗复数平面图

（实心方块代表实验测量数据，实线代表拟合数据）

在高频段出现的容抗弧对应的是铅负极的界面阻抗，其阻抗值相对较小；在低频段出现的容抗弧对应的是二氧化铅正极的界面阻抗。其等效电路可采用图 10-7-2 中所示的电路。

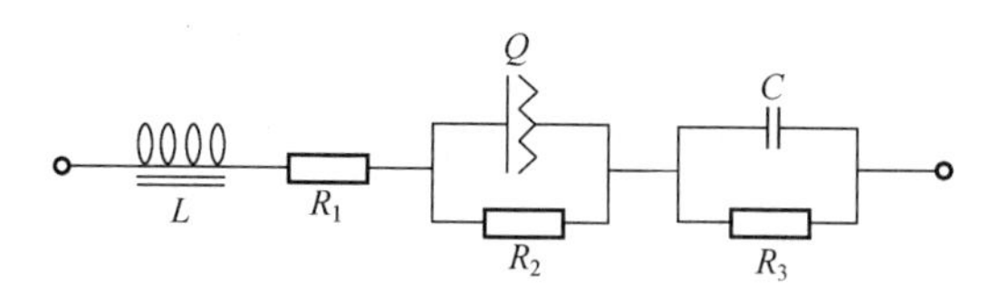

图 10-7-2 铅酸电池阻抗谱所对应的等效电路

用 LR(QR)(CR) 作为等效电路对阻抗数据拟合的结果如图 10-7-1 中的实线所示，χ^2 值为 6.09×10^{-4}，可以看出拟合的效果较好。拟合的电路元件参数值列于表 10-7-1 中。

表 10-7-1 拟合的电路元件参数值

元 件	L/H	R_1/Ω	Q		R_2/Ω	C/F	R_3/Ω
			$Y^{\ominus}$	n			
参数值	6.606×10^{-7}	0.08933	0.1953	0.4564	0.4364	0.2294	0.4606

当对电池中的某一电极进行 EIS 测试时，往往可以得到电极内各组成部分对电极性能的影响信息。图 10-7-3 中的阻抗谱是嵌入型电极上测得的典型阻抗谱，图中的标注是引起

相应频率范围阻抗响应的电极弛豫过程。

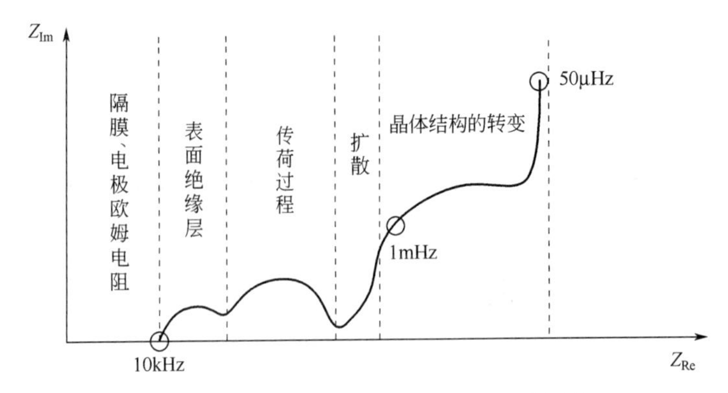

图 10-7-3　嵌入型电池电极的典型电化学阻抗谱

例如，对于锂离子电池的正、负极进行 EIS 测试，均可得到类似的电化学阻抗谱。通常采用的测试频率范围为 $10^{-2}\sim10^{5}$ Hz，所得阻抗谱包括两个容抗弧和一条倾斜角度接近 45°的直线。图 10-7-4 是尖晶石锂锰氧化物正极在首次脱锂（充电）过程中不同电势下的电化学阻抗谱。

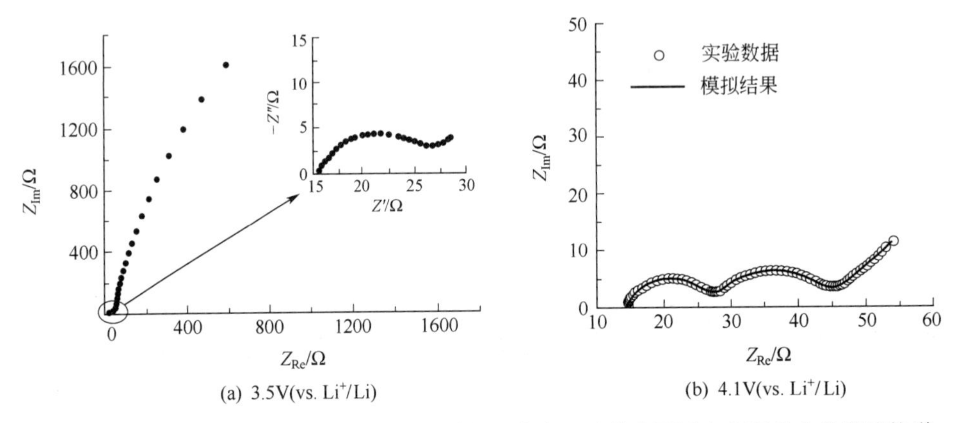

图 10-7-4　尖晶石锂锰氧化物正极在首次脱锂（充电）过程中不同电势下的电化学阻抗谱

图 10-7-4(a) 给出了尖晶石锂锰氧化物正极在开路电势 3.5V(vs. Li^{+}/Li) 下的阻抗谱，谱图高频区域存在一个小的容抗弧，中低频区域存在一段不完整的大容抗弧。高频容抗弧对应着锂锰氧化物表面上覆盖的 Li_2CO_3 原始膜的弛豫过程，而中低频容抗弧则对应着双电层电容通过传荷电阻的充放电过程，由于在此电势下脱锂过程尚未发生，传荷电阻很大，因而此时中低频容抗弧很大。

图 10-7-4(b) 给出了尖晶石锂锰氧化物正极在 4.1V(vs. Li^{+}/Li) 极化电势下的阻抗谱，谱图高频区域存在一个较小的容抗弧，中频区域存在一个较大的容抗弧，低频区域则是一条倾斜角度接近 45°的直线。当电极电势大于 3.8V(vs. Li^{+}/Li)，正极开始充电后，阻抗谱均为由两个容抗弧和一条倾斜角度接近 45°的直线构成。

大量关于嵌入型电极的研究表明，在电极表面上存在着一层有机电解液组分分解形成的，能够离子导电而不能电子导电的绝缘层，称为固体电解质相界面（solid electrolyte interphase，SEI）膜。SEI 膜最早是在锂离子电池碳负极上发现的，近几年的研究表明，SEI 膜也存在于所有 Li_xMO_y(M＝Ni、Co、Mn 等）正极表面上。因此，在锂离子电池充放电时，锂离子迁移通过 SEI 膜，到达或离开电极活性材料表面的过程，是整个电极过程的一个组成部分。

图 10-7-4(b) 中阻抗谱的高频容抗弧对应着锂离子在 SEI 膜中的迁移过程，而中频容抗弧则对应着锂离子在 SEI 膜和电极活性材料界面处发生的电荷传递过程，低频直线对应着锂离子在固相中的扩散过程。据此分析，可以建立电极的等效电路，如图 10-7-5 所示。

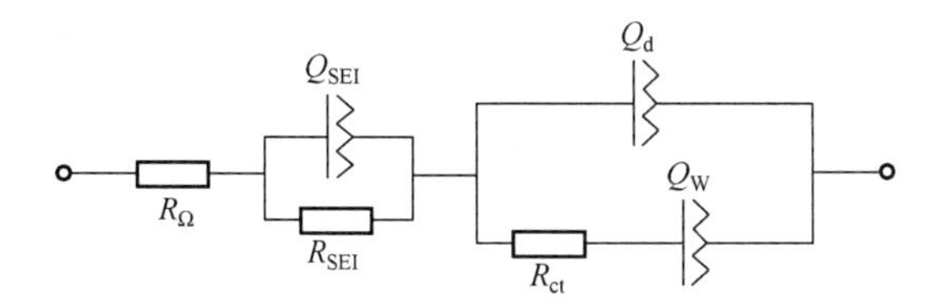

图 10-7-5　尖晶石锂锰氧化物正极的等效电路

等效电路中，R_Ω 代表电极体系的欧姆电阻，包括隔膜中的溶液欧姆电阻和电极本身的欧姆电阻；常相位元件 Q_{SEI} 和 R_{SEI} 分别代表 SEI 膜的电容和电阻；常相位元件 Q_d 代表双电层电容；R_{ct} 代表电荷传递电阻；常相位元件 Q_W 代表固相扩散阻抗。

按照图 10-7-5 所示的等效电路对 4.1V(vs. Li^+/Li) 极化电势下的阻抗谱进行曲线拟合，可以获得良好的拟合效果，χ^2 值为 7.18×10^{-4}，拟合得到的等效电路元件参数值列于表 10-7-2 中。

表 10-7-2　4.1V(vs. Li^+/Li) 电势下阻抗谱拟合得到的等效电路元件参数值

元　件	R_Ω/Ω	Q_{SEI}		R_{SEI}/Ω	Q_d		R_{ct}/Ω	Q_W	
		$Y^\ominus$	n		$Y^\ominus$	n		$Y^\ominus$	n
参数值	14.9	3.00×10^{-5}	0.865	12.07	4.07×10^{-3}	0.757	17.17	0.281	0.535

10.8　交流伏安法

我们知道法拉第阻抗既是频率的函数，也是直流极化电势的函数。前面介绍的电化学阻抗谱法是固定在某一直流极化电势下，特别是在平衡电势下，研究电化学阻抗随频率的变化关系；下面要介绍的是在某一选定的频率下，交流电流的振幅和相位随直流极化电势的变化关系。若在滴汞电极上进行研究，称为 AC 极谱法；若在固定电极上进行研究，称为 AC 伏安法。

在下面的讨论中，只考虑法拉第阻抗，略去 C_d 和 R_u 的影响。由于直流极化电势以极慢的速度扫描，直流极化的双电层充电电流可忽略不计。

10.8.1　交流（AC）极谱法

控制滴汞电极的电势为大幅度直流极化电势 $\overline{E}$ 和小幅度正弦交流电势 $\widetilde{E}$ 之和。$\overline{E}$ 以足够慢的速度进行线性扫描，以至于可以认为在每一个汞滴寿命期间，$\overline{E}$ 是恒定的。$\widetilde{E}$ 是在某一个角频率下，幅值满足小幅度条件的正弦信号，因此前述的法拉第阻抗公式仍然适用。测量的结果是正弦交流电流分量 $\widetilde{i}$ 的幅值 I 和相位 ϕ 同 $\overline{E}$ 之间的关系。由于 AC 极谱是在滴汞电极上进行的，每一个汞滴落下后，新汞滴上都要重新建立起新的扩散层，相当于在每个汞滴上都进行幅值为 $\overline{E}$ 的电势阶跃极化，而 $\overline{E}$ 随时间慢速线性扫描，因此每个汞滴上的电势阶跃幅值不同。这样，汞滴上的平均表面浓度 $C_O(0, t)_m$、$C_R(0, t)_m$可看做是阶跃电势$\overline{E}$的函数，而汞滴上的平均表面浓度 $C_O(0, t)_m$、$C_R(0, t)_m$同时也是交流极化的表面浓度。

我们考虑可逆电极体系的情况，电荷传递电阻可以忽略，法拉第阻抗等于 Warburg 阻抗，根据式（10-3-21），有

$$Z_f=\frac{RT}{n^2F^2A\sqrt{2\omega}}\left[\frac{1}{C_O(0,t)_m\sqrt{D_O}}+\frac{1}{C_R(0,t)_m\sqrt{D_R}}\right](1-j) \tag{10-8-1}$$

同时考虑 Nernst 方程

$$\frac{C_O(0,t)_m}{C_R(0,t)_m}=\exp\left[\frac{nF}{RT}(\overline{E}-E^{\ominus\prime})\right]\equiv\theta_m \tag{10-8-2}$$

根据 7.4 节的推导，由式(7-4-12）和式（7-4-13）得到

$$\frac{C_O(0,t)_m}{C_O^*}=\frac{\xi\theta_m}{1+\xi\theta_m} \tag{10-8-3}$$

$$\frac{C_R(0,t)_m}{C_O^*}=\frac{\xi}{1+\xi\theta_m} \tag{10-8-4}$$

式中，$\xi=\frac{\sqrt{D_O}}{\sqrt{D_R}}$。把以上两式代入式（10-8-1），可得法拉第阻抗的模为

$$|Z_f|=\frac{RT}{n^2F^2AC_O^*\sqrt{D_O\omega}}\left(\frac{1}{\xi\theta_m}+2+\xi\theta_m\right) \tag{10-8-5}$$

令 $\xi\theta_m\equiv e^a$，其中 $a=\frac{nF}{RT}(\overline{E}-E_{1/2})$。

因此，式（10-8-5）中等号右侧的括号内为 $e^{-a}+2+e^a=(e^{-a/2}+e^{a/2})^2=4ch^2\left(\frac{a}{2}\right)$，故式（10-8-5）可改写为

$$|Z_f|=\frac{4RTch^2\left(\frac{a}{2}\right)}{n^2F^2AC_O^*\sqrt{D_O\omega}} \tag{10-8-6}$$

交流电流分量的振幅 I 等于交流电势的振幅 E 同法拉第阻抗的模 $|Z_f|$ 之比，即 $I=\frac{E}{|Z_f|}$，因此将式（10-8-6）代入，得到

$$I=\frac{n^2F^2AC_O^*\sqrt{D_O\omega}E}{4RTch^2\left(\frac{a}{2}\right)} \tag{10-8-7}$$

由于 a 是$\overline{E}$的函数，上式即为交流电流振幅 I 同直流极化电势$\overline{E}$的关系，如图 10-8-1 所示。

图 10-8-1 所示的可逆体系的交流极谱图为一钟形曲线。

相应于电流振幅的峰值 I_P的直流电势为 $E_P=E_{1/2}$，而 I_P为

$$I_P=\frac{n^2F^2AC_O^*\sqrt{D_O\omega}E}{4RT} \tag{10-8-8}$$

对于可逆体系，钟形的交流极谱图是对称的，且有

$$\overline{E}=E_{1/2}+\frac{2RT}{nF}\ln\left[\left(\frac{I_P}{I}\right)^{1/2}-\left(\frac{I_P-I}{I}\right)^{1/2}\right] \tag{10-8-9}$$

我们知道，交流电流的相位同法拉第阻抗的相位数值相等，符号相反，所以有

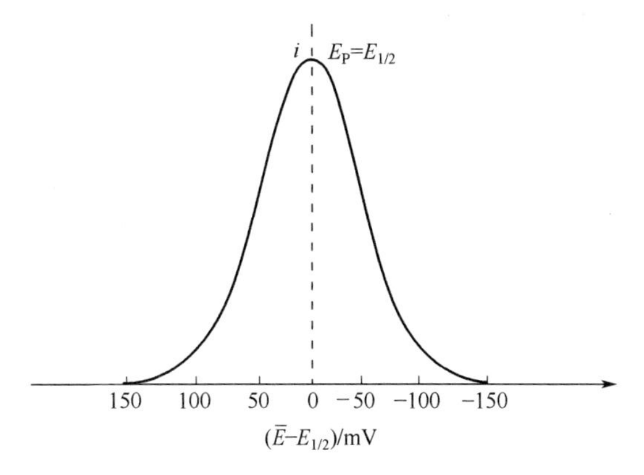

图 10-8-1 可逆体系的交流极谱图（$n=1$）

$$\cot\phi=\frac{R_{ct}+R_W}{R_W}$$

将式（10-3-27）、式（10-3-30）和式（10-3-31）代入上式，整理后得

$$\cot\phi=1+\frac{\sqrt{2\omega}}{k^{\ominus}}\left\{\frac{\exp\left[-\frac{\alpha nF}{RT}(\bar{E}-E^{\ominus\prime})\right]}{\sqrt{D_O}}+\frac{\exp\left[\frac{\beta nF}{RT}(\bar{E}-E^{\ominus\prime})\right]}{\sqrt{D_R}}\right\}^{-1}$$

考虑 $e^a=\exp\left[\frac{nF}{RT}(\bar{E}-E_{1/2})\right]=\xi\exp\left[\frac{nF}{RT}(\bar{E}-E^{\ominus})\right]$，所以

$$\cot\phi=1+\frac{\sqrt{2\omega}}{k^{\ominus}}\left(\frac{\xi^{\alpha}e^{-\alpha a}}{\sqrt{D_O}}+\frac{\xi^{-\beta}e^{\beta a}}{\sqrt{D_R}}\right)^{-1}$$

进一步得

$$\cot\phi=1+\frac{\sqrt{2D_O^{\beta}D_R^{\alpha}\omega}}{k^{\ominus}}\left[\frac{1}{e^{-\beta a}(1+e^{-a})}\right] \tag{10-8-10}$$

当 $|\bar{E}-E_{1/2}|>\frac{4RT}{nF}$ 时，$\cot\phi\rightarrow1$。

当 $e^{-a}=\frac{\beta}{\alpha}$ 时，$\cot\phi$ 达到最大值，此时有

$$E_P=E_{1/2}+\frac{RT}{nF}\ln\left(\frac{\alpha}{\beta}\right) \tag{10-8-11}$$

$$(\cot\phi)_{max}=1+\frac{\sqrt{2D_O^{\beta}D_R^{\alpha}}\sqrt{\omega}}{k^{\ominus}\left[\left(\frac{\alpha}{\beta}\right)^{-\alpha}+\left(\frac{\alpha}{\beta}\right)^{\beta}\right]} \tag{10-8-12}$$

当 $\bar{E}=E_{1/2}$ 时，$a=0$，则

$$(\cot\phi)_{E_{1/2}}=1+\sqrt{\frac{D_O^{\beta}D_R^{\alpha}}{2}}\frac{\sqrt{\omega}}{k^{\ominus}} \tag{10-8-13}$$

从式（10-8-11）可知，E_P 仅与 α 有关，所以可由 E_P 值确定 α 值。

从式（10-8-10）可知，$\cot\phi$ 与 $\sqrt{\omega}$ 呈线性关系。当 $\bar{E}=E_{1/2}$ 时，有最简单的关系，由 $\cot\phi$-$\sqrt{\omega}$ 直线斜率在已知扩散系数条件下可求 $k^{\ominus}$。

在上述公式推导时，并未对直流极化的可逆性提出限制，因此适用于任何直流极化可逆性条件下，这是 $\cot\phi$-$\bar{E}$ 曲线比 I-$\bar{E}$ 曲线优越之处。

10.8.2 交流（AC）伏安法

AC极谱法是在不断更新扩散层的滴汞电极上进行的，而AC伏安法是在固定电极上进行的，扩散层并没有得到更新。如果只讨论直流极化满足可逆条件的情况，在AC极谱法中导出的所有公式均适用于AC伏安法。

我们知道直流线性扫描电势信号施加在滴汞电极上和施加在固定电极上是不同的。在滴汞电极上，因扩散层更新相当于电势阶跃实验，直流电流和直流电势的关系是取样电流伏安曲线；而在固定电极上，不存在扩散层更新，直流电流和直流电势的关系是线性电势扫描伏安曲线。

但是，对于可逆电极体系来说，电活性粒子的表面浓度仅是电势的函数。平均表面浓度与直流电势的关系由式（10-8-3）和式（10-8-4）确定，而与直流电势的给定方式无关。交流电流分量的振幅和相位决定于法拉第阻抗，而法拉第阻抗与直流电势的关系由平均表面浓度与直流电势的关系导出。所以，不论是AC伏安法还是AC极谱法，对于直流可逆体系来说，尽管直流电流完全不同，但是交流电流分量的振幅和相位与直流电势的关系是完全相同的。

第11章 电化学测量仪器的基本原理

用于进行电化学测量的仪器装置通常包括三大部分：一是产生所需激励信号的信号发生器（signal generator）；二是信号的控制和测量部分，如用于控制电极电势的恒电势仪（potentiostat），恒电势仪只是沿用的名称，现在的恒电势仪同时也是可以控制极化电流的恒电流仪（galvanostat）；三是 i、E 和 Q 等信号的记录和显示仪器，如 X-Y 记录仪或示波器。三部分仪器互相连接，恒电势仪与电解池相连，从而实现对电化学系统中电流、电压等信号的控制和测量。其中，信号的控制和测量部分是整套装置的核心部分。

在现代仪器中，恒电势仪以及其它控制、测量模块，通常是由运算放大器（operational amplifier）构建的一些模拟器件。模拟器件（analog devices）是能够处理连续电信号的仪器装置。函数发生器、记录仪等也可使用模拟器件，但目前更常用的是由计算机产生的数字信号通过数模转换器（digital-to-analog converter，DAC）转换后直接输入到恒电势仪中，而信号的接收通常也是通过一个模数转换器（analog-to-digital converter，ADC）输入计算机，由计算机来完成信号的记录及后续处理。

构成模拟器件的基本单元是集成运算放大器，首先讨论运算放大器的性质和由运算放大器构建的典型电路。

11.1 运算放大器

运算放大器（简称运放）是一块单独封装的集成电路。对于电化学研究者而言，无需了解运算放大器的内部结构，只要知道它的性质以及在电路中的行为就足够了。

运算放大器有许多引脚，不同封装结构的运算放大器，其引脚略有不同，每个引脚的功能和接线方式可从手册中查到。通常运放需要两个电源，一个是＋15V，另一个是－15V，它们的值都是相对于称为“地”的电路公共端。多数测量都是相对于这一公共端进行的，而不必一定同真正的大地相连。运算放大器在电路中的示意图如图 11-1-1 所示。运算放大器的两个输入端分别以图中所示的“－”和“＋”来标注。“－”端称为反相输入端，其输入电压为 e_b；“＋”端则称为同相输入端，其输入电压为 e_a。输出端的电压为 e_o。

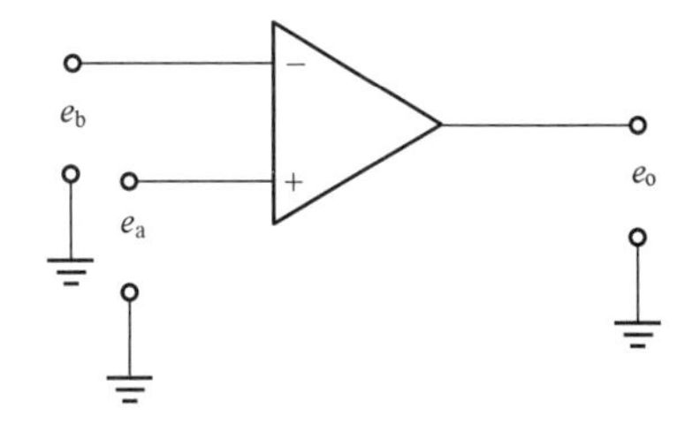

图 11-1-1 运算放大器的示意图

运算放大器的开环增益（或称开环放大倍数）A 是它的输出电压 e_o 和两个输入端之间的电压差 e_a-e_b 的比值，即

$$A=\frac{e_o}{(e_a-e_b)} \tag{11-1-1}$$

电化学仪器电路中应用的运算放大器在绝大多数情况下都可看做是理想运算放大器，可按理想运放分析电路功能，只是在分析电路性能指标时才需要考察实际运算放大器和理想运算放大器的差别。

运算放大器具有如下性质。

① 理想运放的开环增益无穷大。因此在没有负反馈的情况下，最小的输入电压差 e_a-e_b 也会使它的输出达到电源的极限输出值［通常是±(13～14)V］。如果理想运放工作在任一电路中，输出电压处于电压极限范围中的有限值时，两个输入端必然处于相同的电势下。

不同型号的实际运放对直流信号的开环增益一般在 10^4～10^8 之间，常用运放的典型值为 10^5。

② 理想运放的输入阻抗无穷大。因此，理想运放可以在不从电压源引入电流的情况下引入电压，这样可以在不干扰被测体系的情况下处理它的电压信号。即从反相、同相输入端流入理想运放的电流为零。

不同型号的实际运放的输入阻抗是 10^5～$10^{13}\Omega$，根据需要可选择具有适当输入阻抗的运放型号，如在测量高阻电压源的电压时，可选择高输入阻抗的元件。

③ 理想运放的输出阻抗为零。因此，可以对其负载提供任意所需要的电流，即输出电压 e_o 不受负载影响。

实际运放有输出极限的限制。一般运放的电压输出极限为±(13～14)V，电流输出极限为±(5～100)mA。

④ 理想运放的带宽无穷大。因此，理想运放能迅速地响应任意频率的信号，具有零响应时间。

根据不同的设计要求，可以在带宽为 100Hz～1GHz 的运放中进行选择。

⑤ 理想运放的直流偏置为零。当 $e_a-e_b=0$ 时，$e_o=0$，不受 e_a 和 e_b 值的影响。

实际运放具有一个小的直流偏置，一般可通过外接可调电阻来调零。

零直流偏置和开环增益无穷大两个条件表明理想运算放大器的 e_a 和 e_b 值总是相等，不受 e_o 变化的影响。若反相输入端接地，那么同相输入端尽管不接地，它的电势也总是保持在地电势，称“接虚地”；输入阻抗无穷大和零输出阻抗两个条件表明理想运算放大器在电路中是理想的隔离功能元件，外电路并不会因为引入运算放大器而受影响，而运算放大器的输出也不受外电路负载的影响；零响应时间条件使我们在分析电路时，可暂时略去失真和延迟引起的误差。

11.2 由运算放大器构成的典型电路

由于很小的输入电压差都会使运放处于饱和状态，达到输出电压极限而失去放大能力，因此通常在电路中，会在输出端和反相输入端之间接一条负反馈回路，从而起到稳定运放的作用。常用的由运放构成的典型电路介绍如下。

11.2.1 电流跟随器

电流跟随器电路如图 11-2-1 所示。电阻 R_f 是跨接在输出端和反相输入端之间的反馈元件，反馈电流 i_f 在 R_f 上流过。电路的输入电流是 i_i，它可能是流过研究电极的极化电流。由于运算放大器的输入阻抗很大，因而基本没有电流流进反相输入端。根据克希霍夫定律，所有流入加和点 A 的电流之和为零，因此

$$i_f = -i_i \tag{11-2-1}$$

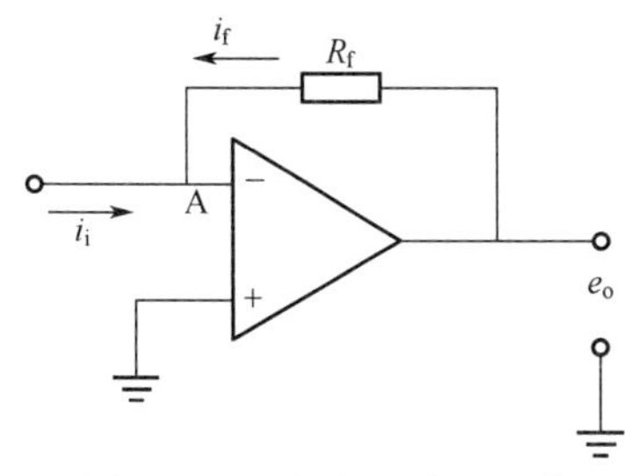

图 11-2-1 电流跟随器电路

根据理想运放的性质可知，两个输入端实际上是等电势的，由于同相输入端接地，反相输入端就是接虚地。因此，电阻 R_f 上的反馈电流 i_f 为

$$i_f = \frac{e_o}{R_f}$$

根据上式和式(11-2-1) 可得

$$e_o = -i_i R_f \tag{11-2-2}$$

可见，输出电压 e_o 与输入电流 i_i 成比例，比例系数为 R_f。只要用测量电压的仪器测量出 e_o，就可知道 i_i 的数值，即将电流的测量转换为电压的测量，因此，这一电路称为电流跟随器或电流-电压转换器。

11.2.2 反相比例放大器

图 11-2-2 给出了反相比例放大器电路。电路的输入电流 i_i 为电压 e_i 施加在电阻 R_i 上产生的电流，即

$$i_i = \frac{e_i}{R_i}$$

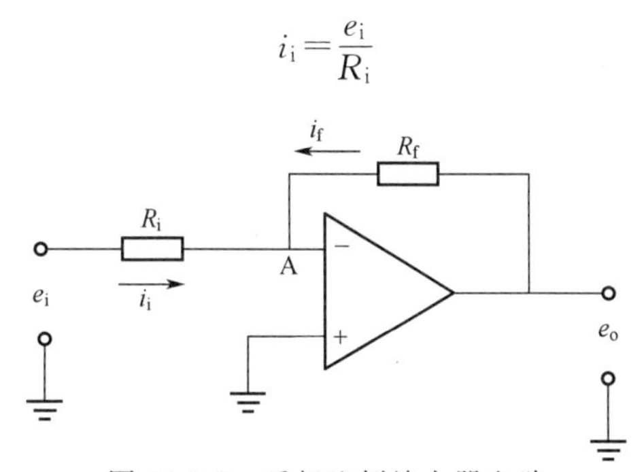

图 11-2-2 反相比例放大器电路

由于反相输入端为接虚地，因此，流过电阻 R_f 的反馈电流 i_f 为

$$i_f = \frac{e_o}{R_f}$$

将以上两式代入到式 (11-2-1) 中，可得

$$e_o = -e_i \left(\frac{R_f}{R_i} \right) \tag{11-2-3}$$

e_o和e_i的相位相反。调节R_f和R_i的数值，可改变e_o和e_i的比例关系。

11.2.3 反相加法器

图 11-2-3 中的电路是一个反相加法器电路，三个不同的输入电压e_1、e_2和e_3在各自的电阻上产生三个输入电流i_1、i_2、i_3，根据克希霍夫定律，所有流入加和点 A 的电流之和为零，因此

$$i_f = -(i_1 + i_2 + i_3)$$

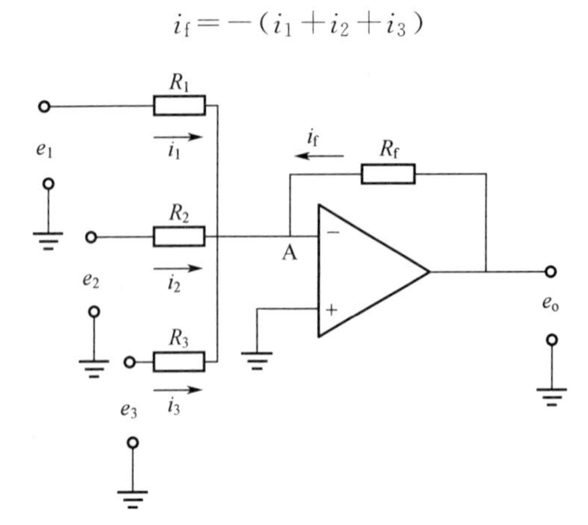

图 11-2-3 反相加法器电路

由于加和点 A 为接虚地，因此，流过电阻R_f的反馈电流i_f为

$$i_f = \frac{e_o}{R_f}$$

根据以上两式可得

$$e_o = -\left[e_1\left(\frac{R_f}{R_1}\right) + e_2\left(\frac{R_f}{R_2}\right) + e_3\left(\frac{R_f}{R_3}\right)\right] \qquad (11\text{-}2\text{-}4)$$

由式（11-2-4）可见，输出电压为按比例放大的各输入电压之和。若所有电阻均相等，则为一个简单加和的反相加法器

$$e_o = -(e_1 + e_2 + e_3)$$

11.2.4 电流积分器

在图 11-2-4 中，反馈元件为电容C，流过电容的反馈电流i_f还是等于输入电流i_i，即式（11-2-1）仍然适用，则

$$C\frac{\mathrm{d}e_o}{\mathrm{d}t} = -i_i$$

整理后可得

$$e_o = -\frac{1}{C}\int i_i \mathrm{d}t \qquad (11\text{-}2\text{-}5)$$

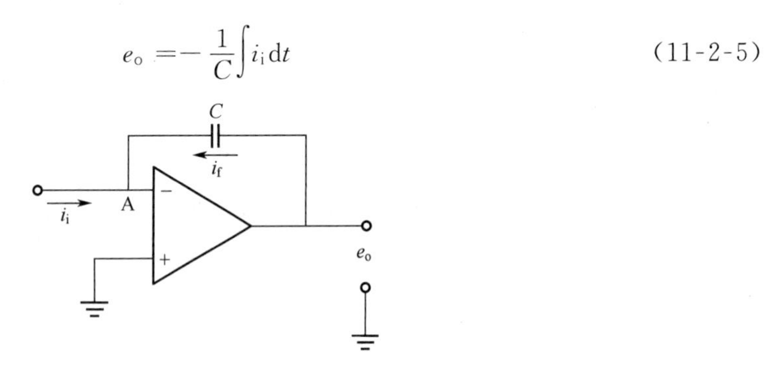

图 11-2-4 电流积分器电路

所以，输出电压与输入电流的积分成比例，事实上电流的积分就是电量，因而实现了测量电量的功能。该电路常被用于计时库仑法中。

11.2.5　电压跟随器

在图 11-2-5 中，输出端同反相输入端相连，由于反相输入端和同相输入端等电势，输出电压就等于输入电压，即

$$e_o = e_i \tag{11-2-6}$$

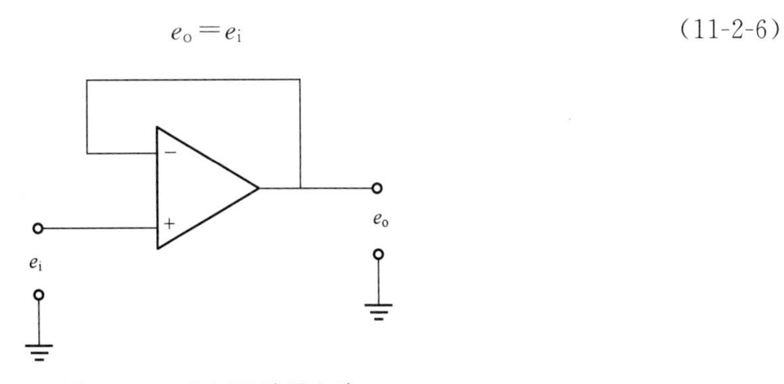

图 11-2-5　电压跟随器电路

因为输出电压总是跟随着输入电压变化，所以此电路称为电压跟随器。这一电路可作为缓冲级插在电路之中，实现阻抗匹配的功能，因此也称为阻抗变换器。电压跟随器一般选用高输入阻抗的运算放大器，由于具有很高的输入阻抗（如 $10^{12}\Omega$）和很低的输出阻抗（如 100Ω），因此可以从一个不能给出较大电流的器件（如参比电极）取得电压信号，并对一个较大的负载（如记录仪）提供相同的电压信号。

11.3　恒电势仪

11.3.1　反相加法式恒电势仪

图 11-3-1 给出了反相加法式恒电势仪的电路。电路中 WE、RE、CE 分别代表研究电极、参比电极和辅助电极，研究电极通过运算放大器 A_3 的反相输入端接虚地，保持在地电势，这可以起到稳定研究电极、避免干扰的作用。图中所示极化电流为阴极还原电流，规定阴极电流为正。

运算放大器 A_1 和四个 R_1 电阻构成反相加法电路，四个支路的电流在 A_1 的反相输入端

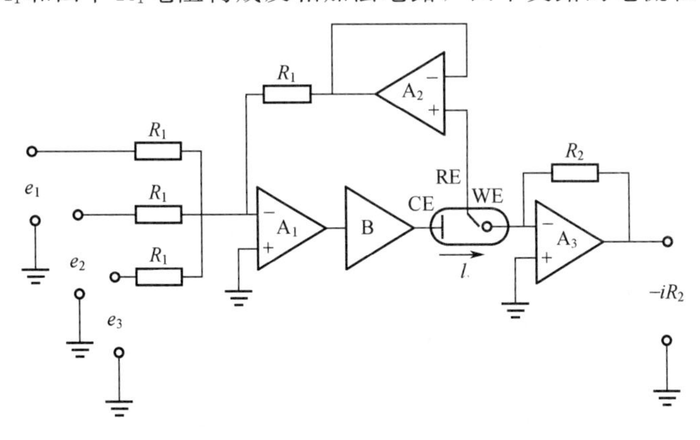

图 11-3-1　反相加法式恒电势仪电路

加和，流入的各电流之和为零，因此

$$-e_{RE}=e_1+e_2+e_3$$

式中，e_{RE}是参比电极相对于地的电势，由于研究电极接虚地，所以 e_{RE} 也就是参比电极相对于研究电极的电势差。这样，$-e_{RE}$ 就是研究电极相对于参比电极的电势差 e_{WE}，也就是研究电极的电极电势 E。即

$$E=e_1+e_2+e_3 \tag{11-3-1}$$

这样，研究电极的电极电势就被维持在各输入电压之和 $e_1+e_2+e_3$ 的电势下，而不论在极化过程中电解池的阻抗是否发生变化，从而起到恒电势的作用。

本质上讲，恒电势的原理是参比电极反馈回路的负反馈作用。例如，如果阴极还原电流增大，则研究电极的电极电势将发生负移，偏离给定的控制电压信号（即图中的三部分输入电压之和 $e_1+e_2+e_3$）。此时，也就是 e_{RE}变得更正，e_{RE}通过电阻 R_1 反馈到运算放大器 A_1 的反相输入端，从而使运放 A_1 的输出端电势变得更负，阴极还原电流减小，研究电极的电极电势重新回到给定的电压值。

反相加法式恒电势仪的优点是通过反相加和，可以把电极电势控制在由多个电压信号合成的复杂信号下。

运算放大器 A_2 构成的电压跟随器被插入到控制和测量电极电势的反馈回路中。由于运算放大器具有高输入阻抗，因此参比电极上不会有大的电流流过，从而避免了对所测的电极体系的干扰。同时，由于运算放大器具有很小的输出阻抗，可在 A_2 的输出端外接一个记录装置，记录研究电极的电极电势的相反数。

运算放大器 A_3 和反馈电阻 R_2 构成了电流跟随器，A_3 的输出电压同极化电流成比例，从而将要测量的极化电流信号转化成电压信号，由电压测量装置测量 A_3 的输出电压 $-iR_2$ 即可实现对极化电流的测量和记录。

通用型的恒电势仪一般要求输出电流可达到±1A 的范围，而运算放大器的输出电流仅能达到几十毫安左右。在运算放大器 A_1 的输出端接入一级功率放大电路 B 可提高恒电势仪的输出功率。功率放大电路 B 是一个低增益的同相放大电路，它的引入不会影响恒电势仪的控制电势功能。

11.3.2 具有溶液欧姆压降补偿功能的反相加法式恒电势仪

从参比电极的 Luggin 毛细管管口到研究电极表面之间存在一个溶液欧姆电阻 R_u，由于这一段溶液既处于极化回路中，又处于控制测量回路中，所以极化电流在这个溶液欧姆电阻上引起的电压降将会被附加到被控制和测量的研究电极的电极电势中，成为通电时电极电势控制和测量的主要误差来源。

因此，希望能够消除或者减小这一溶液欧姆压降，采取的措施包括加入支持电解质，改善溶液导电性；缩短参比电极的 Luggin 毛细管管口到研究电极表面之间的距离；采用断电流的方法等。另外，还可以利用运算放大器的正反馈作用对这一溶液欧姆压降进行补偿，具有这一功能的恒电势仪如图 11-3-2 所示。

由于溶液欧姆压降具有电流跟随特性，其大小同极化电流成正比，因此可以在恒电势仪输入端加入一个与电流成比例的校正电压来进行校正，如果采用的比例因子等于 R_u，那么电势控制误差可以被完全消除。这一思路就是正反馈补偿电路的基础。

在图 11-3-2 中，电流跟随器输出电压的一部分 $-ifR_2$ 通过电阻 R_1 连接到了用于电势控制的运算放大器 A_1 的反相输入端，构成了一个新的反馈回路。电路的其它部分则与图 11-3-1

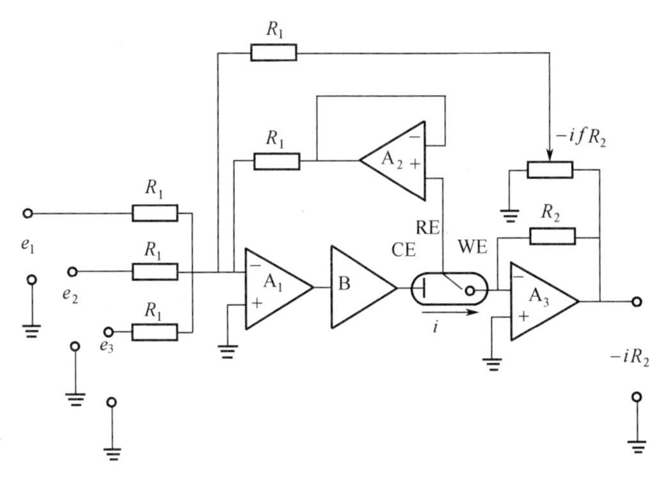

图 11-3-2　具有溶液欧姆压降补偿功能的反相加法式恒电势仪电路

中的反相加法式恒电势仪电路是完全相同的。根据反相加和的原理，可知

$$-e_{RE}=e_1+e_2+e_3-ifR_2 \tag{11-3-2}$$

由电路图可见

$$-e_{RE}=e_{WE}=(e_{WE})_{true}-iR_u=E_{true}-iR_u \tag{11-3-3}$$

式中，$(e_{WE})_{true}$为扣除了溶液欧姆压降影响的研究电极相对于参比电极的电势差；E_{true}为扣除了溶液欧姆压降影响的研究电极的真正的电极电势。

将式（11-3-2）代入到式（11-3-3）中，可得

$$E_{true}=e_1+e_2+e_3+i(R_u-fR_2) \tag{11-3-4}$$

E_{true}与控制电压信号 $e_1+e_2+e_3$之差即为控制误差 $i(R_u-fR_2)$，而在引入新的反馈回路之前，控制误差为 iR_u。很明显，新的反馈回路的存在减小了控制误差。

如果调节可变电阻的大小，使得 fR_2恰好等于溶液电阻 R_u，那么就可完全补偿溶液欧姆压降。但是如何确定适当的 fR_2是一个问题。

实际上，对于极化电流来讲，从可变电阻引入运算放大器 A_1的反馈是正反馈。例如，阴极还原电流增大，将使$-ifR_2$更负，$-ifR_2$通过反馈电阻反馈到 A_1的反相输入端，则使 A_1的输出端电势更正，造成阴极还原电流进一步增大。因此，当 f 值调得过大时，将引起恒电势仪的高频振荡，使电解池完全失控。因此，溶液欧姆压降不能实现完全补偿，而必须保持在一定的欠补偿状态，以维持体系的稳定性。同时，应用这一原理，以临界振荡为调节 fR_2的标志，认为这时溶液欧姆压降恰好被扣除。通常是将电极电势控制在不发生法拉第过程的范围内，采用一定的激励信号进行极化，如 0.1V 的电势脉冲。调节可变电阻，逐渐增大 f 值，直到电流响应曲线出现振荡波形，如图 11-3-3 所示。将确定的临界点 f 值降低

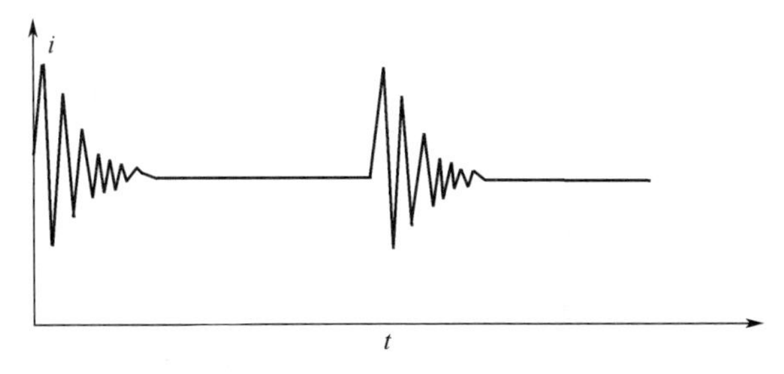

图 11-3-3　确定溶液欧姆压降补偿量时的电流振荡曲线

10%～20%，使稳定性重新建立。

另外一种确定补偿量的方法，是测定溶液电阻的值。通常采用的是断电流法，即在极化过程中切断电流，测量断电瞬间的电势变化值，该电势变化值即为 iR_u，由此可确定 R_u。

11.4 计算机控制的电化学综合测试系统

除了由三种模拟仪器组成的传统电化学测试装置外，计算机控制运行的电化学综合测试系统已越来越多地承担起电化学测量的任务。在这类仪器中，恒电势仪仍然采用运算放大器构建的模拟电子电路，而信号产生功能和数据获取功能则由计算机来完成，并由计算机自动控制整套系统的运行，使测量过程准确可靠，操作方便快捷，功能强大。

计算机具有强大的复杂波形合成能力，因此可以提供前面介绍的几乎所有电化学测量方法的控制信号，在选择测量方法时，只需在控制程序中简单选择，并设置适当的实验参数，即可由计算机合成。计算机合成的波形是数字量波形，需要通过数模转换（DAC）电路转变成与数字波形成比例的模拟电压波形，模拟波形随后被输入到恒电势仪中，作为控制信号。由于计算机在合成波形时产生的是分立的数字信号，而非连续信号，因此合成阶梯波信号远比合成连续线性扫描信号容易，常常用电压增量很小的阶梯波信号代替线性扫描信号，这种阶梯波信号可以达到极低和极高的扫描速率。但有时需要使用真正的线性扫描信号（如研究双电层效应）时，还需外接模拟扫描信号发生装置。

在数据获取方面，电势、电流或电量等电化学响应信号按照固定的时间间隔进行采样，并由模数转换（ADC）电路转换成数字信号输入计算机，进行记录和随后的数据处理。数据的采集精度、采集速度依赖于所采用的模数转换（ADC）电路。

电化学综合测试系统往往还为不同的电化学测量方法配备相应的数据处理程序，例如，对于测量曲线，可进行平滑、滤波、卷积、扣除背景等操作。对于伏安分析类的方法，可进行找峰、扣除基线、绘制标准曲线、线性回归等操作；对于极化曲线可进行半对数极化曲线分析、Tafel 斜率分析、腐蚀速率分析等操作；对于电化学阻抗谱，提供阻抗谱的拟合程序。

另外，电化学综合测试系统往往还具备良好的扩展能力。在仪器的基本配置上预留一定数量的接口，具有各种功能的测量模块通过接口同仪器相连，可扩展仪器的功能。这类功能模块包括频响分析仪，用于实现交流阻抗测量；线性扫描信号发生器，可实现真正的线性电势扫描；大电流扩展模块，可将仪器输出电流范围增大到±10A；微电流测量模块，可实现低电流的测量等。

在仪器的使用过程时，应当注意定期校正仪器，确保仪器的正常工作和测量的精度。通常采用由电阻、电容构成的模拟电解池（dummy cell）来进行上述校正。有的商品化仪器提供了模拟电解池和规范的校正程序。

当商品化仪器不能完成特定的实验时，可以在计算机控制的框架内构建专用的电化学测量仪器。模拟电子电路（如恒电势仪）同计算机的接口可以通过插入到计算机主板上的商品化数据采集（data acquisition，DAQ）板或 USB 接口的数据采集卡来完成。这样的数据采集板（卡）通常包括几个 DAC 和 ADC 电路、数字输入及输出（I/O）电路、计时器和触发器等，由它实现控制信号的输出和实验数据的采集。恒电势仪可采用现成的模拟恒电势仪或由运算放大器构建。通常，还要编制相应的程序来控制系统的运行。

第12章 电化学扫描探针显微技术

12.1 电化学扫描探针显微技术概述

人们总是在探寻着物质的组成和物质的微观结构，电化学的发展也不例外，从经典的、基于电流、电势的宏观电化学规律，到微观的电极/溶液界面结构，人们试图了解电化学过程的微观本质。但是电极/溶液界面的微观研究比固体的自由表面研究面临着更多的困难，原因是覆盖在固体电极上的致密相——溶液限制了一些超高真空（ultrahigh vacuum，UHV）技术和电子显微技术的应用，至少是不能在电化学环境下应用这些技术，而在电极过程中产生的物质或结构可能在脱离电化学环境后发生改变，所以现场（或称原位，in situ）表征技术对于电化学研究而言格外重要。电化学现场表征技术主要包括现场的谱学技术（spectroscopy）和现场的扫描探针显微技术（scanning probe microscopy，SPM）。

Binnig 和 Rohrer 于 1982 年发明了扫描隧道显微镜（scanning tunneling microscopy，STM），从而提供了一种全新的、高分辨直接观测表面的工具，仅在 4 年之后他们就因此开创性的工作而获得了诺贝尔物理学奖。随后发明的原子力显微镜（atomic force microscopy，AFM）则提供了在导电性较差的样品上观测表面的能力。这两种技术很快就被证明能够工作在液体和电化学环境下，能够在电化学反应进行过程之中实时观察电极界面的变化，这两种现场的技术分别被称为电化学扫描隧道显微镜（electrochemical scanning tunneling microscopy，ECSTM）和电化学原子力显微镜（electrochemical atomic force microscopy，ECAFM）。当利用探针和基底之间的其它相互作用来成像时，就产生了扫描探针显微镜家族的其它成员，如横向力显微镜（lateral force microscopy，LFM）、磁力显微镜（magnetic force microscopy，MFM）、静电力显微镜（electric force microscopy，EFM）、扫描热显微镜（scanning thermal microscopy，SThM）、扫描电容显微镜（scanning capacitance microscopy，SCM）等，其中也包括利用探针和基底之间的电化学作用来成像的扫描电化学显微镜（scanning electrochemical microscopy，SECM）。通常将 ECSTM、ECAFM 和 SECM 统称为电化学扫描探针显微技术（electrochemical scanning probe microscopy，ECSPM）。

电化学扫描探针显微技术的诞生，为电极/溶液界面的研究提供了强有力的现场分析技术，甚至可以直接“看到”原子分子级的电极/溶液界面的图像。该技术一方面证实了许多用经典电化学研究方法或现代其它研究方法得到的有关电极/溶液界面的间接的、平均的、宏观的结果，同时也直接揭示了许多其它方法得不到的电极/溶液界面现象、性能及变化规律。该技术的另一特点是可以在固/液界面以及固/气界面进行纳米尺度上的加工，兼具“眼睛”和“手”的双重功能。

扫描探针显微镜不像其它的显微技术一样采用物镜成像，而是通过一个尖锐的探针（probe）在样品（sample）表面扫描，利用探针和样品之间的相互作用来获取样品表面的微观信息。探针、样品间的扫描装置以及信号的检测装置构成了系统的主体部分——显微镜

(microscope)，除此之外，系统还包括控制器（controller）及计算机控制和显示系统等几个部分。美国 Veeco（原 Digital Instruments）公司的扫描探针显微镜的系统硬件组成如图 12-1-1所示，相应各部件之间的工作原理示意图则在图 12-1-2 中给出。

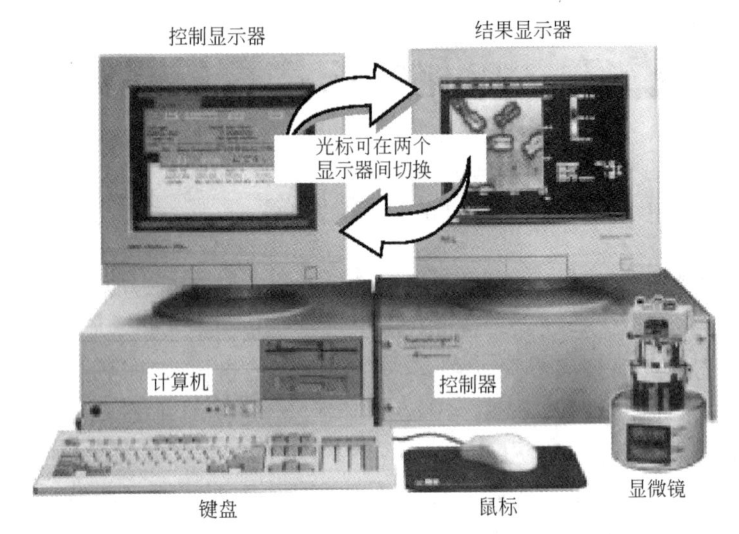

图 12-1-1　扫描探针显微镜系统的硬件组成

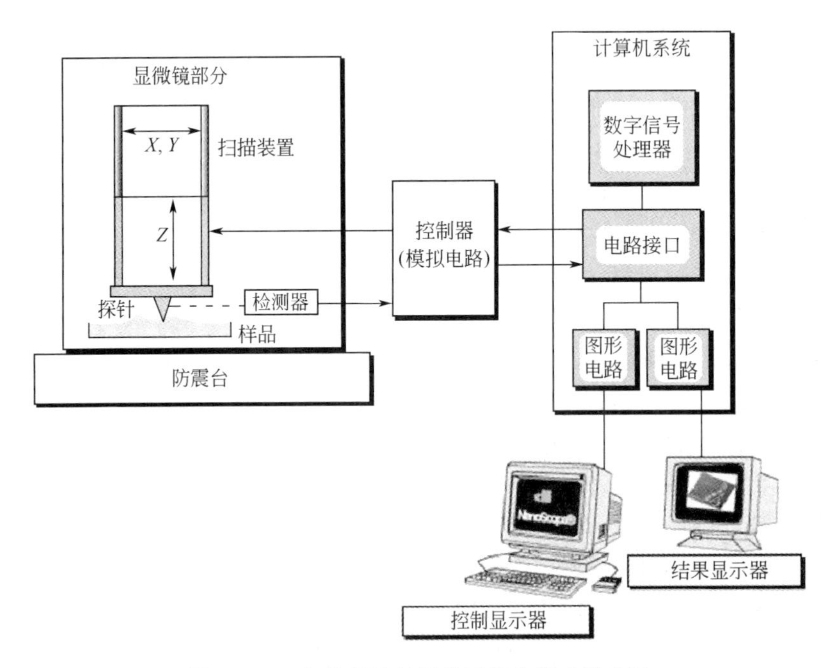

图 12-1-2　扫描探针显微镜系统的组成示意图

12.2　电化学扫描隧道显微镜

12.2.1　STM 的工作原理

STM 的工作原理是基于量子力学的隧道效应。将原子尺度尖锐的探针（在 STM 中称为针尖，tip）和样品（通常为导体或半导体）作为两个电极，当针尖与样品之间的距离非常接近时（通常小于 1nm），在外加电场（电场电压称为偏置电压 V_b）的作用下，电子会穿过两个电极之间的势垒从一个电极流向另一个电极，从而产生隧道电流 i。隧道电流是两电极电子波函数重叠的量度，与针尖和样品之间的距离 d 及平均功函数 Φ 有关，即

$$i \propto V_b \exp(-A\Phi^{1/2} d) \tag{12-2-1}$$

式中，V_b是加在针尖和样品之间的偏置电压；平均功函数 $\Phi=\frac{(\Phi_1+\Phi_2)}{2}$，$\Phi_1$、$\Phi_2$分别为针尖和样品的功函数；$A$ 为常数，在真空条件下约等于 1；d 为针尖与样品之间的距离。

STM 的工作原理图如图 12-2-1 所示。其中，压电晶体管能够在电压的控制下发生膨胀和收缩，从而在 X、Y、Z 三个方向上发生位移。当控制器电路输出适当的 X、Y 轴电压时，压电晶体管会带着其上的针尖在样品表面水平扫描，同时测量出每个位置上的隧道电流。由式(12-2-1) 可知，隧道电流同针尖与样品之间的距离 d 之间存在对应关系，对这两个量的控制和测量即可得到样品表面的高度轮廓图（topography）。

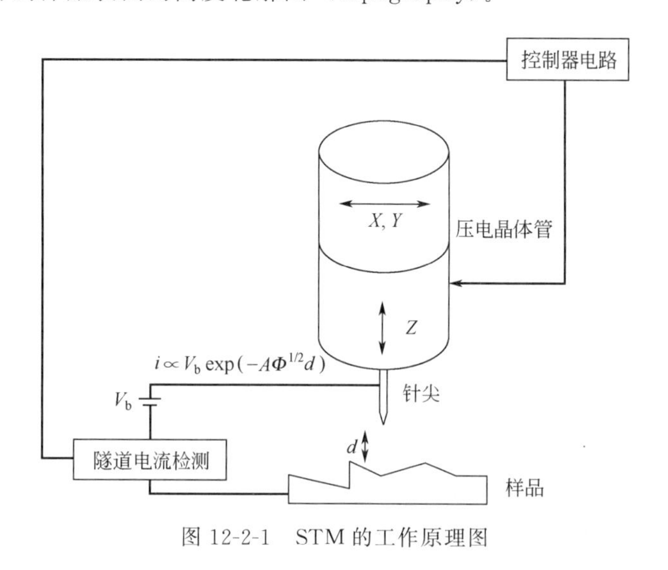

图 12-2-1　STM 的工作原理图

由式（12-2-1）可见，针尖与样品之间的距离 d 位于指数项上，当 d 仅改变 10%(约为 0.1nm）时，隧道电流就变化一个数量级，因此，STM 的垂直分辨率很高，可高达 0.01nm；同时，STM 的水平分辨率可达 0.1nm。所以，STM 可以实现原子、分子级的成像。

STM 可以工作在恒电流和恒高度两种模式下。在恒流模式下，当针尖在样品表面扫描时，控制器可通过反馈电路不断调整压电晶体管在 Z 轴方向上的电压 V_Z，从而改变针尖在竖直方向上的位置，以维持隧道电流恒定不变。根据式（12-2-1）知道，对于电子性质均一的样品表面，维持隧道电流恒定也就是维持针尖和样品之间的距离 d 不变。这样，针尖将随着样品表面的高低起伏而抬起落下，针尖所划过的轨迹就模拟出了样品表面形貌的高度轮廓图。而记录 V_Z即可得到针尖的轨迹，所绘出的 STM 图是一幅高度图，也就是样品的表面形貌。通常使用彩色或灰度图，以颜色深浅或灰度等级代表不同的高度，越亮的部分代表高度越高。

在恒高模式下，针尖以一个恒定的高度在样品表面快速扫描，检测的是不断变化的隧道电流值。在这种情况下，反馈速度被减小甚至反馈功能完全关闭，从而保持 V_Z恒定。此时所绘制的 STM 图是一幅电流图。

恒流和恒高工作模式各有其优点。采用恒流模式可以扫描非原子级平整的表面，得到表面形貌的高度轮廓图。但是在这种模式下反馈体系和压电晶体 Z 轴电压的响应需要一定的时间，使得扫描的最快速度受到限制。使用恒高模式须在原子级平整的样品表面上进行，否则有针尖撞击样品表面的危险。但是在原子级平整的表面上成像时，使用恒高模式更易于获得原子级的分辨率。而且，由于反馈回路和压电晶体 Z 轴电压无需对扫描作出响应，所以可使用更快的扫描速度成像，从而适于研究快速的表面过程。

12.2.2 ECSTM 装置

ECSTM 需要使被测样品置于电化学环境之中，也就是将被测样品作为研究电极，在发生电化学反应的同时观测其表面形貌。因此，需要使用如图 12-2-2 所示的电解池装置。样品研究电极水平置于电解池底部，在 O 形密封圈内加入溶液构成电解池，参比电极和辅助电极分别置于其中，针尖在研究电极表面水平扫描。

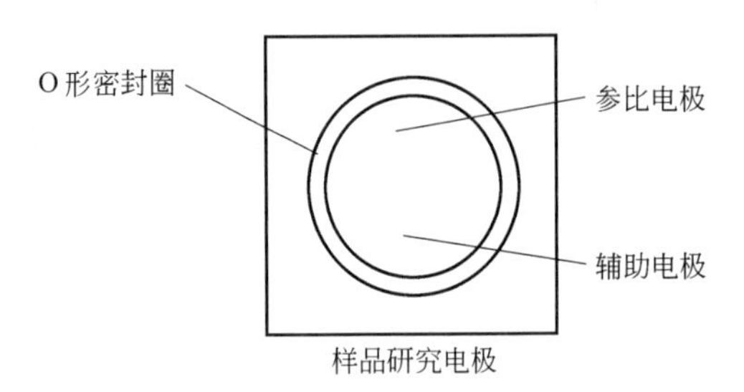

图 12-2-2　ECSTM 的电解池装置示意图

样品研究电极、参比电极和辅助电极构成三电极体系，而针尖则作为第二个研究电极，也和参比电极、辅助电极构成另一个三电极体系。样品研究电极的电势和针尖电极的电势由双恒电势仪分别独立控制。样品研究电极的电势选择在感兴趣的电极电势下，使样品研究电极发生电化学反应。根据偏置电压确定针尖的电势，而且针尖电势最好处于没有电化学反应发生的电势范围内。但是，仍然很难避免针尖不发生电化学反应，而针尖反应的法拉第电流会干扰隧道电流的测量和控制，因此通常采用针尖封装技术，将针尖整体绝缘处理，只留出针尖顶端极少部分（理想情况是只露出一个原子）用于成像，避免了大的针尖法拉第电流流过。

ECSTM 通常是对样品表面进行原子级的成像，观测样品表面或表面吸附层的原子结构，因此样品研究电极需采用具有原子级平整表面的材料，如 HOPG、金属单晶或半导体单晶材料。

最常用的针尖制备材料为直径 0.25mm 的 Pt/Ir 丝和钨丝。Pt/Ir 丝通常使用机械剪切的方法形成针尖尖端。一般采用 15mm 或 10mm 长的 Pt/Ir 丝，用剪刀在靠近一端处剪一斜面，从而产生一个尖端。钨丝则既可使用机械剪切的方法也可使用电解刻蚀的方法形成尖端。针尖的质量优劣可根据针尖的外形进行判断。好的针尖应有像用卷笔刀刻成的铅笔端部的形状，尖端处不应太细。否则，在使用时易发振，产生噪声信号，影响成像质量。但最尖端处也不能太钝，否则图像分辨率较低。针尖的绝大部分应该用有机材料或玻璃封装，而仅有针尖的最尖端处暴露出来用以成像，最理想的情况是仅有一个原子暴露出来。

12.2.3 ECSTM 的应用

（1）单晶电极的表面重构

一般来讲，位于固态晶体表面上的原子由于一侧的相邻原子的缺失，而处于一种不对称的作用力环境下，因此表面原子结构不再保持晶体内部的本体结构，而是发生了表面原子的重新排布。也就是说，固体表面原子的真实排布方式并不是 XRD 所确定的晶体结构。最典型的情况是，由于表面原子核间电子密度的增加，表面原子倾向于更为紧密的排布方式。这种表面原子的重排被称为表面重构（surface reconstruction）。表面重构现象最早是在超高真空环境下的单晶表面上发现的，在裸露的单晶表面上发生重构有利于降低表面能。随后发现，在空气中火焰退火的（flame-annealed）单晶表面上也存在重构现象。因此，人们也想知道，这种重构结构能否在电解质溶液中保持下来，稳定存在，即在电极/溶液界面是否存在重构。

最典型的重构现象发生在 Au(100) 单晶表面。金是面心立方（face-centered cubic，fcc）晶体，未发生重构的 Au(100) 晶面的二维单胞是正方格子，如图 12-2-3(a) 所示，这是一种较为松散的排布方式，未重构的 Au(100) 晶面标为 Au(100)-(1×1)。发生重构后，Au(100) 晶面变为类似于（111）晶面的六方密排（hexagonal close-packed，hcp）结构，如图 12-2-3(b) 所示，标为 Au(100)-(hex)。

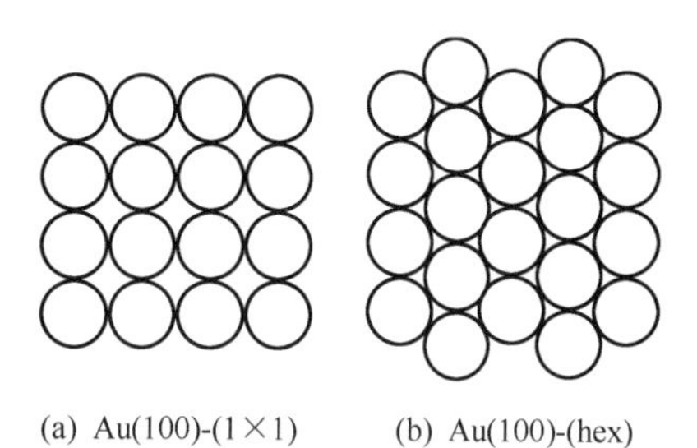

图 12-2-3　未重构（a）和重构（b）的 Au(100) 晶面原子结构示意图

当火焰退火形成重构后，将 Au(100) 电极的电势控制在较负电势下浸入到溶液中时，重构结构可得到保持。图 12-2-4 是在 0.05mol・L^{-1} H_2SO_4 溶液中电势控制在 $E_{SCE}=-0.2V$ 下的重构的 Au(100) 电极的高分辨 ECSTM 图。在图中可以清楚地看出，原子排布符合六方密排结构（如图中六方形所标），同时，由于顶层原子同下层原子间的连接关系的改变，形成表层褶皱，即所谓的重构列（reconstruction row），重构列间距为 1.45nm（见图中所标长度）。

但是，在重构的 Au(100) 电极从负电势向正电势扫描的过程中，会发生重构的消失

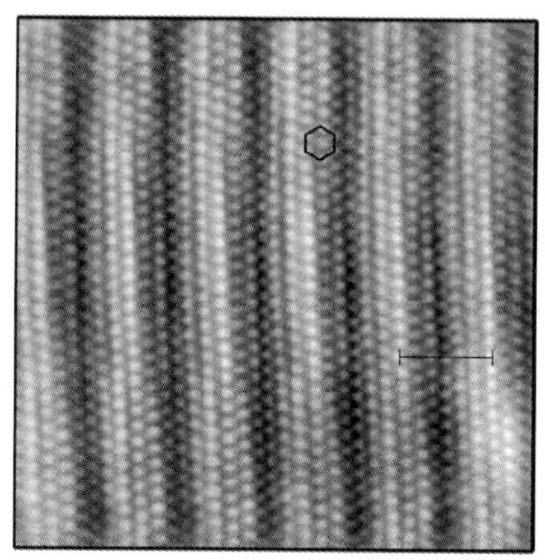

图 12-2-4　在 0.05mol・L^{-1} H_2SO_4 溶液中 $E_{SCE}=-0.2V$ 下的重构的 Au(100) 电极的 ECSTM 图

(lifting of the reconstruction) 现象，即电极表面获得 (1×1) 结构。这一现象可由微分电容曲线和循环伏安曲线证实。图 12-2-5 是 Au(100) 电极在 0.01mol・L^{-1} $HClO_4$ 溶液中的微分电容曲线。由图可见，当电势在−0.35～+0.55V(vs. SCE) 之间扫描时，微分电容曲线（曲线 1、2）同 Au(111) 电极的微分电容曲线（虚线）非常接近，其零电荷电势约为+0.3V，原因是两个电极具有相似的六方密排结构。但当电势扫描到比+0.55V 更正的电势（曲线 3）时，阴离子开始吸附，导致重构结构消失，重构表面转变为非重构的 (1×1) 表面。此时，回扫时的微分电容曲线（曲线 4）发生了明显的变化，对应着 Au(100)-(1×1) 电极的微分电容曲线，其零电荷电势由+0.3V 转变为+0.08V，负移了 220mV。

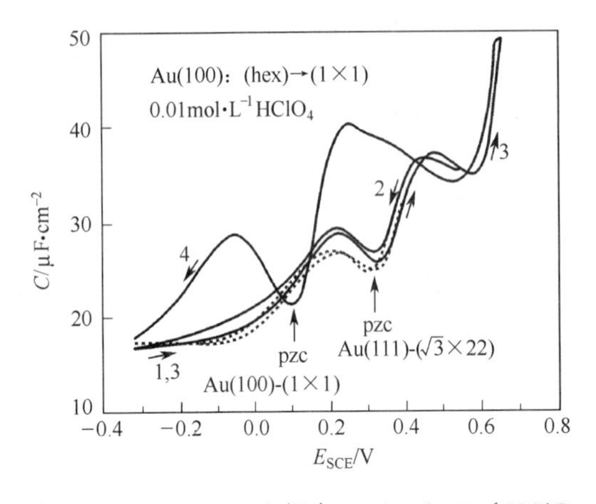

图 12-2-5　Au(100) 电极在 0.01mol・L^{-1} $HClO_4$ 溶液中的微分电容曲线

图 12-2-6　Au(100) 电极在 0.1mol・L^{-1} H_2SO_4 溶液中的循环伏安曲线

图 12-2-6 是 Au(100) 电极在 0.1mol・L^{-1} H_2SO_4 溶液中的循环伏安曲线。由图可见，重构的 Au(100)-(hex) 电极由负电势向正方向扫描过程中，发生了重构的消失现象，由于原子重排需要一定的电量，在+0.36V 下出现了一个转变峰 (transition peak)，对应着 Au(100) 从 (hex) 到 (1×1) 结构的转变。由转变峰电势可确定重构结构稳定存在的电势范围。

图 12-2-7 是在正电势下最初的火焰退火重构消失后，电势重新控制在−0.25V (vs. SCE) 下的 ECSTM 图像，从图中可以看出，由于控制在负电势下，重构结构重新出现。由于重构的 (hex) 表面比非重构的 (1×1) 表面原子排布密度高 25%，所以在正电势

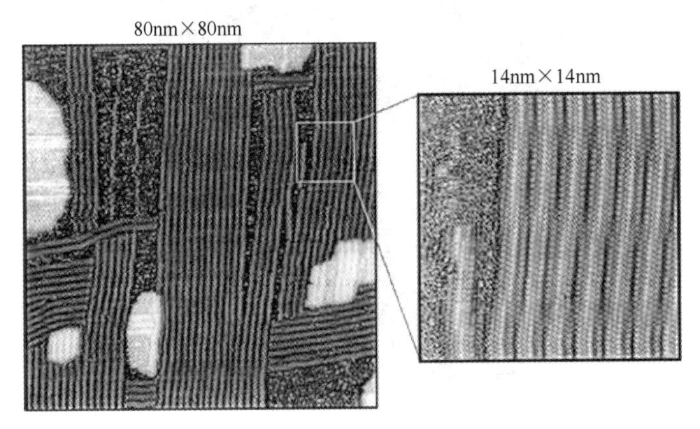

图 12-2-7　在 0.1mol・L^{-1} H_2SO_4 溶液中，经过了重构消失过程的 Au(100) 电极在−0.25V(vs. SCE) 下重新出现重构的 ECSTM 图像

下重构消失后多余的金原子就形成了单原子高的金岛，即图中较亮的块状部分。当电势重新控制在较负电势下时，重构表面重新形成，在图中可见重构列的重新形成过程，并可见到重构列逐渐吞噬单原子高金岛的过程，即金岛中的金原子用于构建表面重构结构。高倍率ECSTM图中可见，重构列周围尚未发生重构部分的金原子由于处于高速移动的过程中，而不能得到其单原子的成像。这种在负电势下，重新形成重构的现象称为电势诱导重构（potential induced reconstruction）。电势诱导重构结构的特点是存在互相垂直的重构列。

可以看出，在电化学环境中，重构表面不仅能在一定电势范围内稳定存在，而且还可通过控制电势的办法在室温下很容易地构建重构表面，这在非电化学环境下是无法想象的，在非电化学环境下产生重构的方法只能是高温火焰退火。这些现象同时也说明，电极电势可以改变电极的表面原子结构，在进行电化学实验时，有可能通过控制电势的方法在不同结构的电极表面上进行电化学实验。

我们还可看出，如果没有 ECSTM 的现场跟踪观测，是不可能得出这些意义深远的结论的。

（2）金属电沉积的最初阶段研究

金属的电沉积研究由来已久，在金属的冶金、精炼和电镀工业中金属电沉积发挥着重要的作用。

当金属在异种金属上电沉积时，往往会首先发生欠电势沉积（underpotential deposition，UPD）。UPD 是指发生在比沉积金属的平衡电势更正的电势下的沉积，形成亚单层或单层的金属原子吸附层。UPD 通常对随后的本体沉积影响很大，影响沉积层和基底的结合力，以及本体沉积的生长方式，因此引起人们高度的研究兴趣。ECSTM 可以在实空间中直接观测到 UPD 层的原子排布方式，成为 UPD 研究的有力工具。图 12-2-8 给出了 Au(111) 电极表面上 Ag 的欠电势沉积吸附层的高分辨 ECSTM 图，可以清晰地分辨出亚单层覆盖度下的原子图像，由于 Ag 原子占据了 Au 的部分表面位置，因此图中显示出了规律的高度变化。

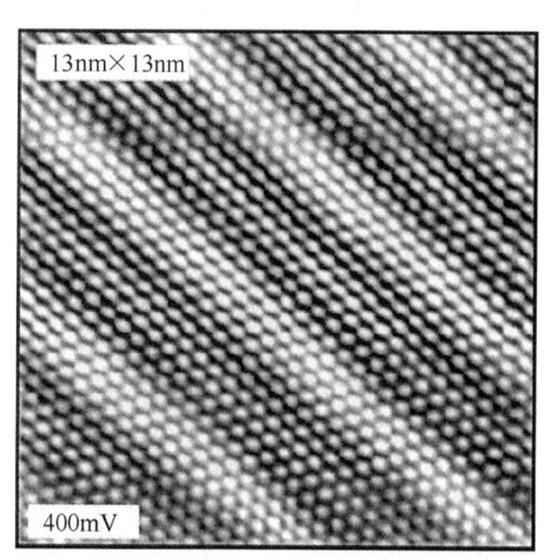

图 12-2-8　Au(111) 电极表面上 Ag 的欠电势沉积吸附层的高分辨 ECSTM 图

在 0.05mol·L^{-1} H_2SO_4＋1mmol·L^{-1} Ag_2SO_4 溶液中，0.4V vs. Ag^+/Ag 下测得

图 12-2-9 给出了 Au(111) 电极表面在发生 Cu 的本体电沉积以前（a）和 Cu 的本体电沉积过程中（b）的 ECSTM 图。可以看出，在 Cu 的电沉积以前，Au(111) 表面上存在着被三个单原子高台阶分隔开的原子级平整的平台；施加一个负电势阶跃后，Cu 的本体电沉积几乎毫无例外地发生在单原子台阶处，形成的 Cu 原子簇装饰了电极的表面缺陷。经历一

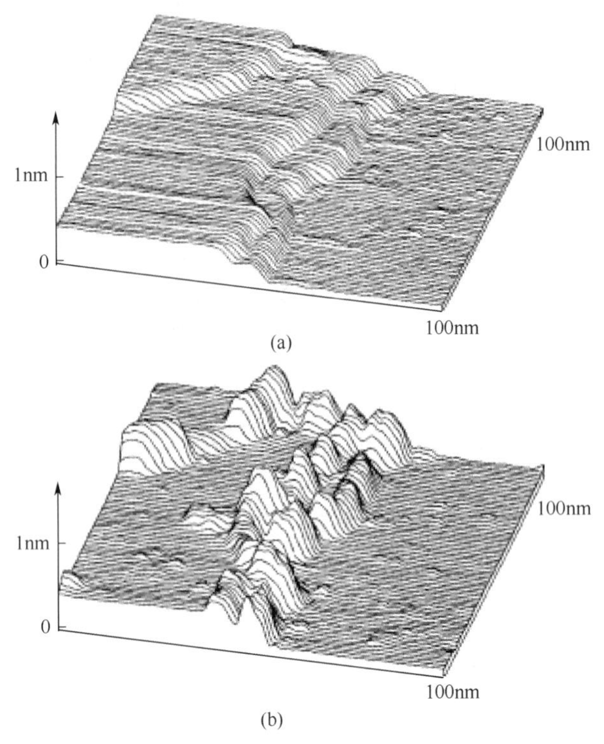

图 12-2-9 Au(111) 电极表面在发生 Cu 的本体电沉积以前（a）和 Cu 的本体电沉积过程中（b）的 ECSTM 图

段时间后，Cu 原子簇才开始在平台上生长。这一观测直接证实了金属的电结晶生长规律。

（3）电化学纳米构筑（electrochemical nanostructuring）

STM 除可进行原子、分子的实空间观测外，还可用于分子、原子操纵，构筑纳米表面结构。在电化学环境下，进行纳米结构构筑的典型代表是 Kolb 教授的 jump-to-contact 方法。图 12-2-10 给出了利用这一方法在 Au(111) 电极表面上构筑的环状 Cu 原子簇的 ECSTM图像。构筑方法是首先在针尖上电沉积一定量的 Cu 原子簇，随后针尖逼近到距 Au(111)电极表面 0.3nm 处，停留一个短时间后离开，由于 Cu 和 Au 之间较强的相互作用，少量 Cu 原子簇“跳”到电极表面上。在图 12-2-10 中，12 个 Cu 原子簇高度均为 0.8nm，

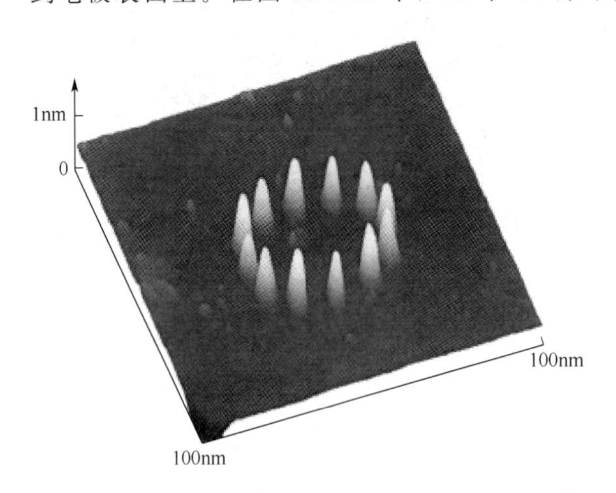

图 12-2-10 Au(111) 电极表面上用 ECSTM 构筑的环状 Cu 原子簇的 ECSTM 图

形成直径 40nm 的环形。

12.3 电化学原子力显微镜

由于 ECAFM 的成像机理是探针和样品间的作用力，而非 ECSTM 所利用的隧道电流，所以，ECAFM 不会受到法拉第电流的干扰，不需要进行探针的绝缘处理，大大减少了干扰因素；而且 ECAFM 对于样品的导电性没有要求，可以测定非导电的聚合物膜、半导体电极、电极氧化层、有机吸附层等，因此 ECAFM 拓宽了电化学扫描探针显微技术的应用领域；另外，ECAFM 侧重于较大电极表面（通常为微米级）的观测，而 ECSTM 更侧重于分子、原子级的分辨。

12.3.1 ECAFM 的原理与技术

（1）AFM 的基本原理

将一个对微弱力极为敏感的微悬臂（cantilever）的一端固定，另一端接上一微小针尖（tip），针尖在样品表面上做扫描运动，针尖尖端的原子与样品表面原子间存在极微弱的吸引或排斥力。控制器可通过反馈电路不断调整压电晶体管在 Z 轴方向上的电压 V_Z，从而改变针尖在竖直方向上的位置，以维持作用力恒定不变，即微悬臂的弯曲状态不变。这样带有针尖的微悬臂就会随着样品表面的高低起伏而抬起落下，针尖所划过的轨迹就模拟出了样品表面形貌的高度轮廓图。而记录 V_Z 即可得到针尖的轨迹，所绘出的 AFM 图是一幅高度图，也就是样品的表面形貌。通常使用彩色或灰度图，以颜色深浅或灰度等级代表不同的高度，越亮的部分代表高度越高；或者也可采用三维轮廓图。

（2）AFM 的三种工作模式

① 接触模式（Contact Mode）AFM。

针尖在样品表面扫描时，接触样品表面，反馈机构维持微悬臂的弯曲恒定，从而维持针尖、样品间的作用力恒定。记录压电晶体管在每个水平点上的 Z 轴位移，从而形成样品表面的高度轮廓图。

接触模式 AFM 的优点包括高的扫描速率，是唯一能获得原子级成像的 AFM 技术，但是大的剪切力和样品表面流体层中大的毛细作用力会歪曲图像，降低空间分辨率，损坏柔软的样品。

② 轻敲模式（Tapping Mode）AFM。

微悬臂在其共振频率或接近共振频率下振动，典型振动幅度为 20～100nm。扫描时，在微悬臂振动底部针尖轻敲、接触样品表面。反馈机构维持微悬臂振动幅度恒定，从而维持针尖、样品间作用力恒定。记录压电晶体管在每个水平点上的 Z 轴位移，从而形成样品表面的高度轮廓图。

轻敲模式 AFM 的优点是在大多数样品上具有比接触模式 AFM 更高的水平分辨率（1～5nm），消除水平剪切力，更低的作用力避免损坏样品表面，但扫描速率略慢。

③ 非接触模式（Non-contact Mode）AFM。

微悬臂在略高于其共振频率下振动，典型振动幅度为几个纳米（<10nm）。扫描时，针尖并不接触样品表面而是在样品表面吸附流体层之上振动，针尖通过范德华力等长程作用力同样品表面作用。反馈机构维持悬微臂振动幅度或频率恒定。记录压电晶体管在每个水平点上的 Z 轴位移，从而形成样品表面的高度轮廓图。

非接触模式 AFM 的优点是和样品之间无直接接触的排斥作用力，但是具有比接触模式 AFM 和轻敲模式 AFM 更低的水平分辨率，更慢的扫描速率，通常只在极度憎水的表面，流体吸附层很小时使用。

（3）力的传感器件——微悬臂及其上的针尖

为了准确反映出针尖与样品表面间微弱的力的变化，微悬臂和针尖的制备是十分关键的，是决定 AFM 灵敏度的核心，通常要满足以下条件：①较低的力的弹性常数；②高的力学共振频率；③高的横向刚性；④尽可能短的悬臂长度；⑤微悬臂上需配有镜面或电极，从而能通过光学或隧道电流方法检测其弯曲程度；⑥带有一个尽可能尖锐的针尖。

常用的 AFM 探针包括氮化硅（Si_3N_4）探针和单晶硅探针。

在一个氮化硅（Si_3N_4）探针上带有四个不同弹性系数的 V 形的微悬臂，使用时可任选其一，如图 12-3-1（a）所示，图中所标数字为微悬臂的弹性系数，单位是 $N \cdot m^{-1}$。图 12-3-1(b) 给出了其中一个微悬臂的 SEM 图，可以看到在微悬臂的顶端带有一个微小的针尖。

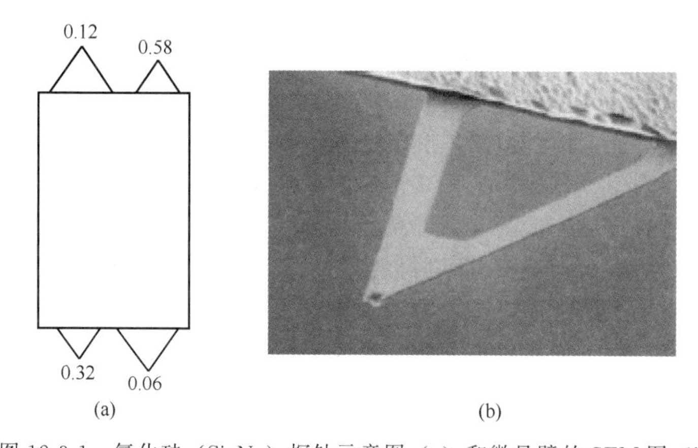

图 12-3-1　氮化硅（Si_3N_4）探针示意图（a）和微悬臂的 SEM 图（b）

由刻蚀制备的单晶硅探针集成了悬臂和针尖，其 SEM 图如图 12-3-2 所示。

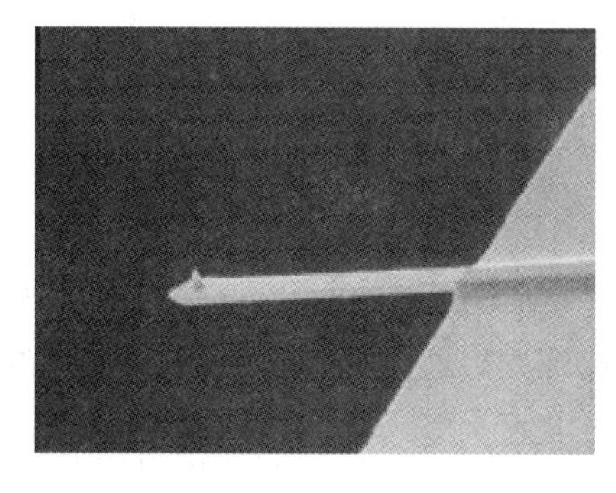

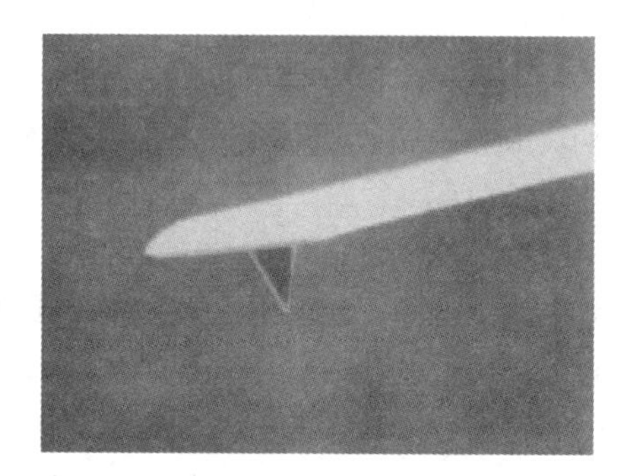

图 12-3-2　单晶硅探针的 SEM 图

（4）力的检测器

原子力显微镜检测的信号并不是作用力，它所检测的是微悬臂由于受力的作用而产生的弯曲。由于力和微悬臂弯曲之间存在线性关系，因此可以利用测量微悬臂弯曲的变化来测定力的变化。目前广泛应用的测量微悬臂弯曲的方法是光学反射法，该方法的示意图如图 12-3-3所示。在这一系统中，一束从二极管激光器中发出的激光聚焦在微悬臂背面的镜面上，当样品扫描时，由于力的作用将会引起微悬臂的弯曲，造成反射光束的偏移，这种变化可用一个位置敏感的四元光电检测器进行检测，从而将正比于微悬臂弯曲的信号输入到控制样品 Z 轴位移的反馈回路中，以保持微悬臂的弯曲为恒定值，即保持作用力恒定，从而对样品的表面形貌成像。

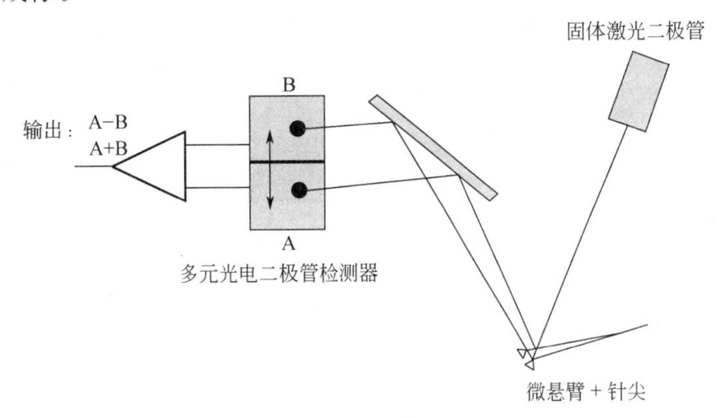

图 12-3-3 光学反射法测量微悬臂弯曲变化量的示意图

(5) ECAFM 装置

要实现现场的电化学 AFM 测量主要要解决 AFM 与电化学过程联机的问题。首要的问题是电解池的设计。如何将电解池固定在样品台上，使针尖能在样品表面扫描而又不影响检测是一个重要的问题；另外，由于检测用的是光反射原理，而激光在空气、玻璃及水中的折射率是不同的，因此实验中对激光束的调节也是十分重要的。目前常用的商品电解池是 Veeco 公司生产的 ECAFM 仪器上所用的电解池，如图 12-3-4 所示。从图中可见，电解池固定在与激光发射源为一体的扫描头（scanner）(由压电晶体管构成）上。电解池由 O 形密封圈构成，用玻璃压在上面封闭电解池，溶液通过流动注射的方式注入电解池内，这种电解池的体积较小，一般仅有 0.2mL。参比电极常用 Ag/AgCl 丝、Pt 丝等，辅助电极通常为 Pt 丝电极，参比电极和辅助电极与流动注射的溶液相连（图中未画出）。

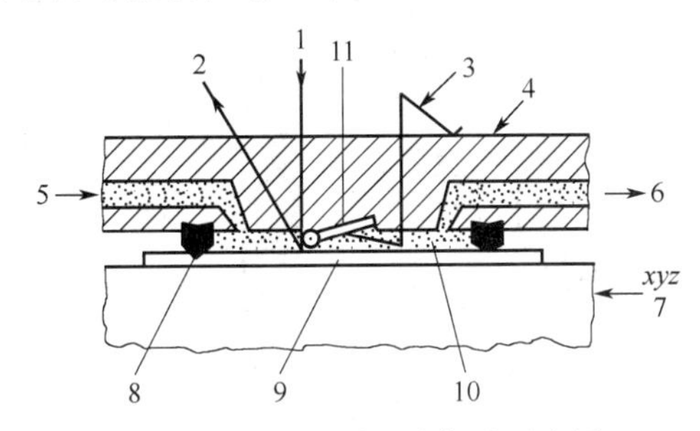

图 12-3-4 ECAFM 电解池示意图

1—入射激光束；2—反射激光束（至光电检测器）；3—弹性夹；4—微悬臂固定装置；5—溶液入口；6—溶液出口；7—扫描头；8—O 形密封圈；9—样品研究电极；10—溶液；11—微悬臂

12.3.2 ECAFM 的应用

ECAFM 用途广泛，常被用于观察和研究单晶、多晶局部表面结构，表面缺陷和表面重构，表面吸附物种的形态和结构，金属电极的氧化还原过程，金属或半导体的表面电腐蚀过程，有机分子的电聚合，电极表面上的沉积等，这里仅举一例。

图 12-3-5 是潮湿气氛中铁腐蚀后的 AFM 图像。图（a）为最初的图像，图中仅可见机械抛光的划痕。约 2h 后，出现大量小的颗粒状腐蚀产物，无定形 Fe_2O_3，表面变得粗糙。随后，大量腐蚀产物在颗粒中间填充。

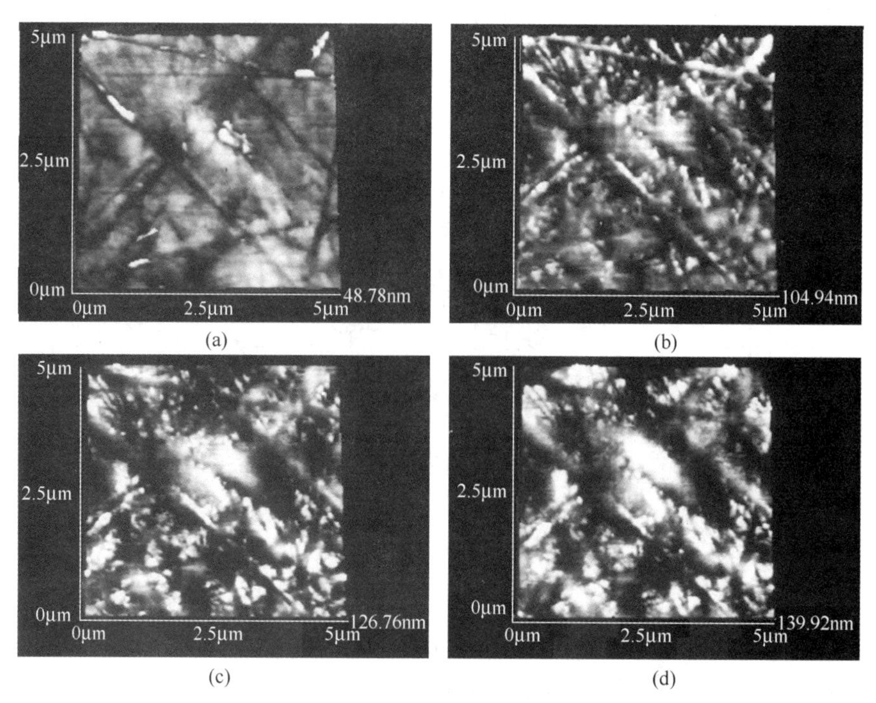

图 12-3-5　潮湿气氛中铁腐蚀后的 AFM 图像

（a）初始；（b）1h 56min 后；（c）2h 8min 后；（d）2h 31min 后

图 12-3-6 是铁电极在硼酸盐溶液中循环伏安扫描（−1.0～+1.2V）十次后形成的钝化膜的 AFM 图像。由图可见，钝化表面的形貌同图 12-3-5 中潮湿气氛中腐蚀表面的形貌明显

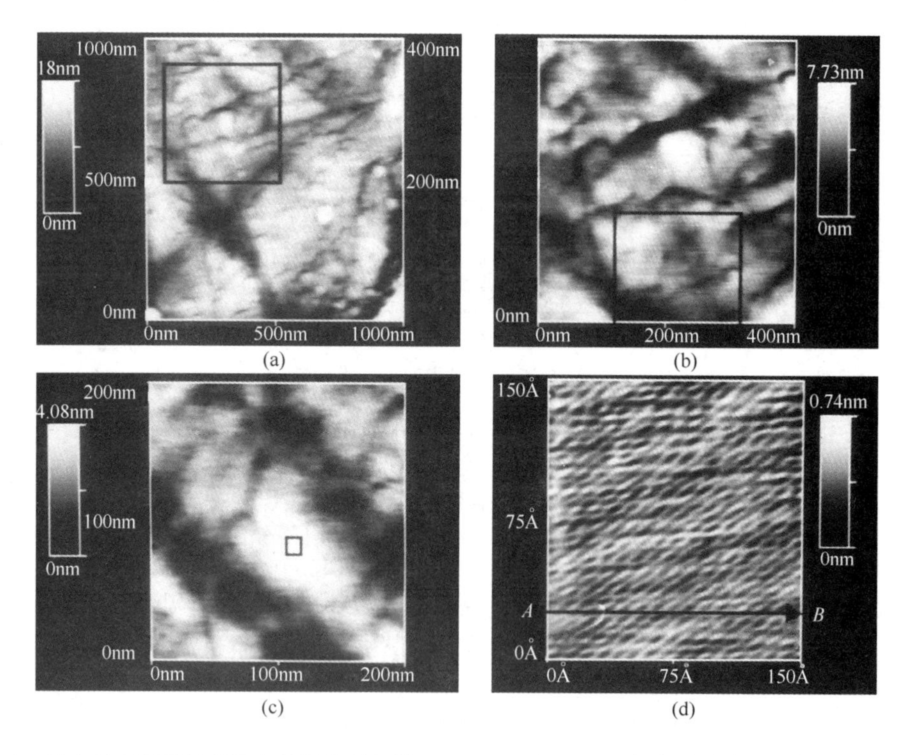

图 12-3-6　铁电极在硼酸盐溶液中循环伏安扫描（−1.0 ～+1.2V）十次后形成的钝化膜的 AFM 图像，图（b）、（c）、（d）分别为前一图中方框部分的放大图

不同，大部分表面处于均匀的钝态，只有少数的电活性位。图 12-3-6(d) 中的高分辨 AFM 图显示出钝化膜的结构是高度有序的。图 12-3-7 给出的相应的剖面图显示出钝化膜的晶格间距约为 9.2Å，非常接近于 γ-Fe_2O_3 的晶格间距 8.35Å，因此很可能是结晶态的 γ-Fe_2O_3。

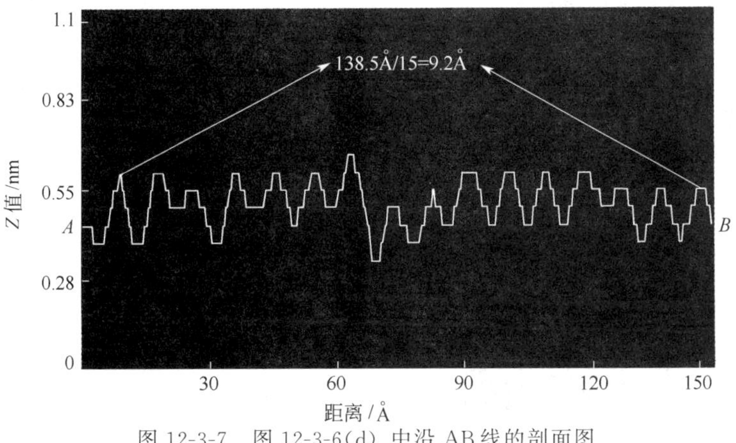

图 12-3-7　图 12-3-6(d) 中沿 AB 线的剖面图

图 12-3-8 给出了硼酸盐溶液中循环伏安扫描后氧化铁颗粒生长的现场 ECAFM 图像。从图中可以看出，有氧化铁颗粒在电极表面活性缺陷位上出现，经循环伏安扫描后铁电极上的氧化铁颗粒变得更大、更多，但最终缺陷位的数目达到饱和，不再有新的颗粒出现。

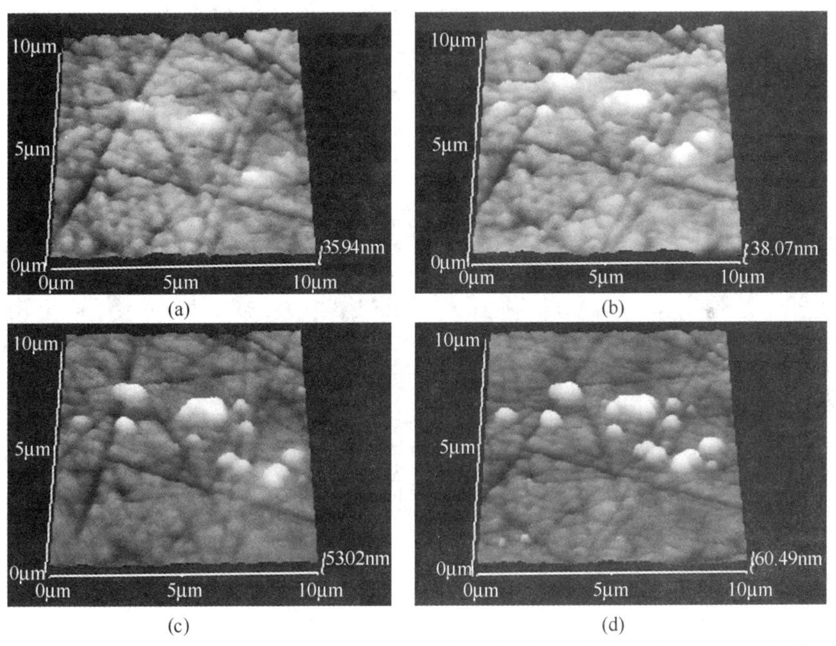

图 12-3-8　硼酸盐溶液中循环伏安扫描后氧化铁颗粒生长的现场 ECAFM 图像

(a) 开路；(b) 2 次循环后；(c) 5 次循环后；(d) 8 次循环后

从图 12-3-9 可以看出，氧化铁的颗粒高度可以随循环伏安扫描次数的增加而增大，也可以因在负电势下还原而减小，说明这些氧化铁颗粒是电化学活性的。从图 12-3-10 可以看出，氧化铁颗粒可以在负电势下还原而消失（图中标为 1、2、3 的颗粒），并可能在电极上留下孔洞（图中的 2、3 颗粒）。再次循环又有可能产生新的颗粒（图中标 4 的颗粒）。

这个例子很好地显示出 ECAFM 能够实现的各种功能。

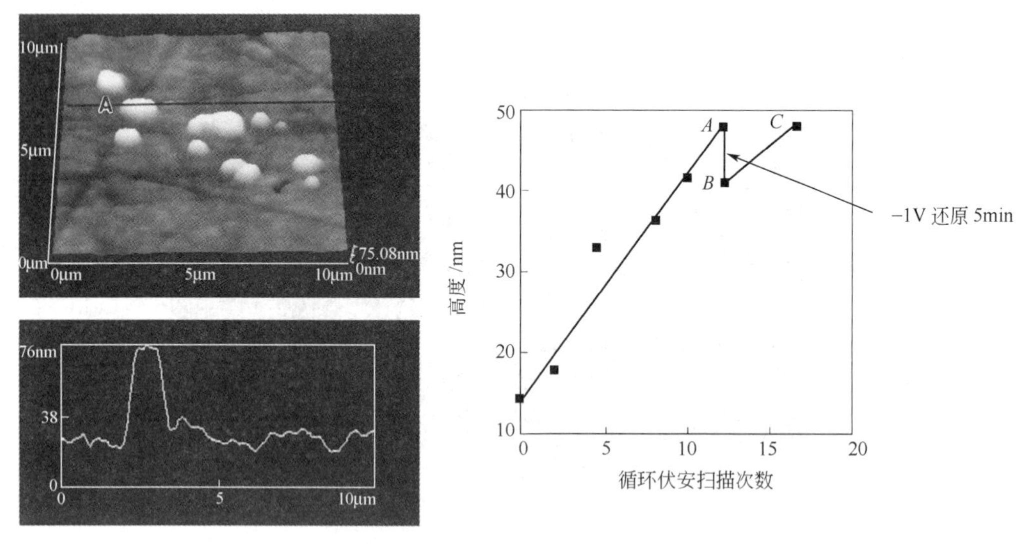

图 12-3-9　颗粒 A 高度随循环伏安扫描次数的变化

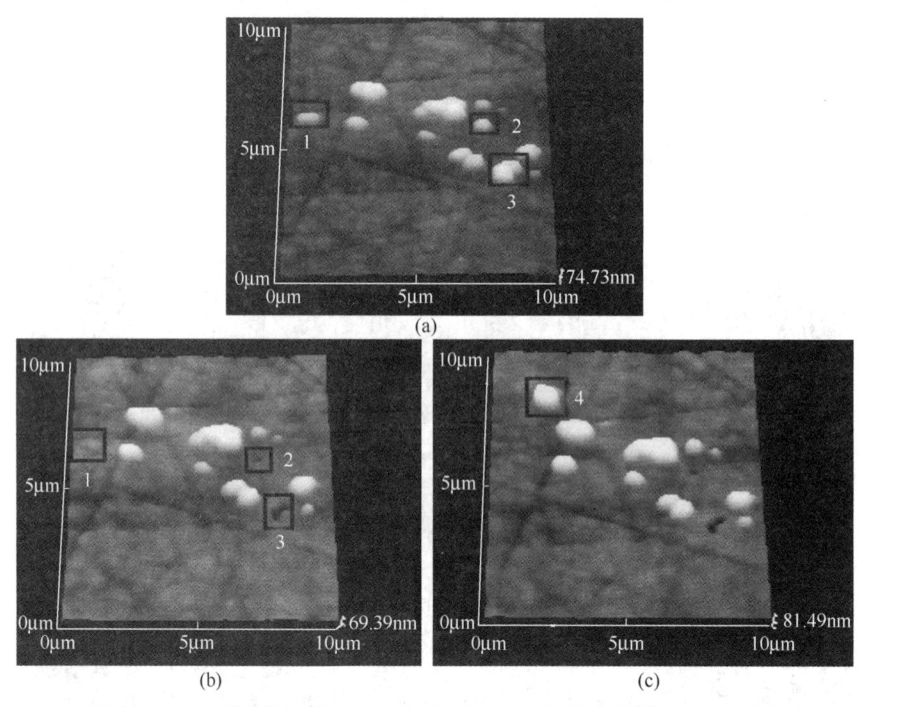

图 12-3-10　硼酸盐溶液中经历氧化还原过程的铁电极的 ECAFM 图

(a) 12 次循环后；(b) 随后在－1.0V 下还原 5min，再进行 2 次循环；(c) 再进行 2 次循环

12.4　扫描电化学显微镜

SECM 是 Bard 等人在 20 世纪 80 年代末提出和发展起来的一种电化学现场检测新技术，它是通过探针的电化学反应及该反应在基底间的正、负反馈来提供基底的电化学形貌。其分辨率通常介于普通光学显微镜和 STM 之间，并直接依赖于探针的尺寸及其与样品之间的距

离。Bard 等人首次用扫描电化学显微镜及微米探针得到了高分辨图像。

相比于 ECSTM 和 ECAFM 只能提供基底电极表面上的几何形貌信息，而不能提供基底电极表面上的化学（电化学）活性的信息，SECM 具有“化学敏感性”，不仅能提供基底的几何形貌，而且能够提供微区电化学信息及相关信息。

依赖于所使用的探针尺寸，目前 SECM 可达到的最高分辨率约为几十纳米。

12.4.1 SECM 的工作原理

SECM 的仪器装置与 ECSTM 装置相类似，也就是说，采用双恒电势仪分别控制探针电势和基底（样品）电势（如果基底为导体），由压电晶体管控制探针在基底表面扫描，通过对探针电极的法拉第电流的控制和测量获得丰富的信息。

SECM 的工作原理示意图如图 12-4-1 所示。

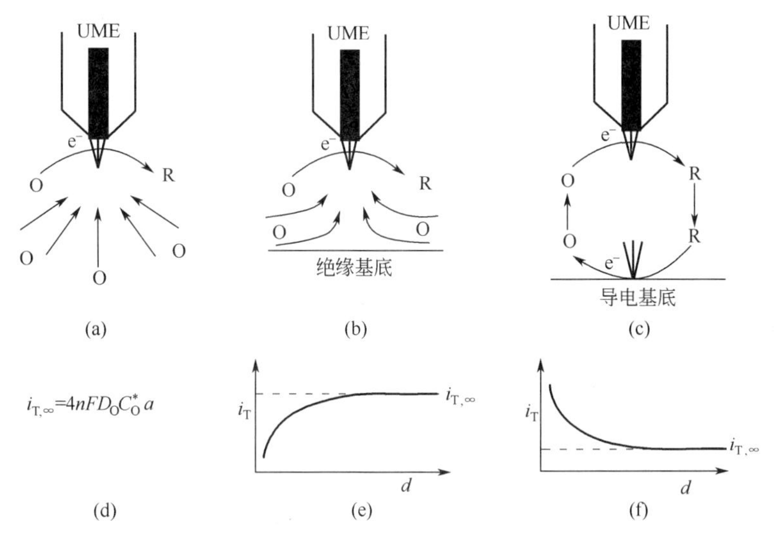

图 12-4-1　SECM 的工作原理示意图

(a)、(b)、(c) 分别为探针远离基底、接近绝缘基底、接近导电基底时的反应物扩散情况；
(d)、(e)、(f) 分别为探针远离基底、接近绝缘基底、接近导电基底时的扩散电流

通常采用超微圆盘电极（UMDE）作为探针，当探针远离基底并施加极化电势时，$O+ne^-\rightarrow R$ 反应发生，反应物 O 向探针上的扩散为非线性扩散［如图 12-4-1(a) 所示］，达到的稳态极限扩散电流 $i_{T,\infty}$ 即为 UMDE 上的稳态极限扩散电流，由式（7-3-25）可知

$$i_{T,\infty}=4nFD_OC_O^*a$$

式中，n 为探针上电极反应 $O+ne^-\rightarrow R$ 所涉及的电子数；F 为法拉第常数；D_O 为反应物 O 的扩散系数；C_O^* 为反应物 O 的浓度；a 为圆盘探针电极的半径。

当探针移至绝缘样品基底表面时［如图 12-4-1(b) 所示］，反应物 O 从本体溶液向探针电极的扩散受到阻碍，流过探针的电流 i_T 会减小。探针越接近于样品，电流 i_T 就越小。这个过程常被称做“负反馈”。相应的扩散电流随针尖基底间距的变化情况如图 12-4-1(e) 所示，这种探针电流 i_T 与探针基底间距 d 的函数曲线称为渐近曲线（approach curve）。

如果样品基底是导体，则通常将样品作为双恒电势仪的第二个工作电极，并控制样品的电势使得逆反应（$R\rightarrow ne^-+O$）发生。当探针移至样品表面时［如图 12-4-1(c) 所示］，探针的反应产物 R 将在样品表面重新转化为反应物 O 并扩散回探针表面，从而使得流过探针的电流 i_T 增大。探针离样品的距离越近，电流 i_T 就越大。这个过程则被称为“正反馈”。相

应的扩散电流随针尖基底间距的变化情况如图 12-4-1(f) 所示。

探针电流为探针基底间距 d 以及在基底上进行的再生探针反应物 O 的反应的速率的函数。

上述 SECM 的操作方式称为反馈模式（feedback mode）。

SECM 也可工作在收集模式（collection mode）。收集模式又可分为 SG/TC 方式和 TG/SC 方式。

在 SECM 的实验中，总反应局限于探针和样品间的薄层中。SG/TC 方式（substrate-generation/tip-collection）是用样品电极来产生反应产物并以探针来收集，此时探针需被移至样品电极产生的扩散层内。这种方式被用于检测酶反应、腐蚀以及样品表面发生的异相过程等。当样品电极较大时，这种方式的应用具有某些局限性：①大的样品电极不容易达到稳态；②样品电极的较大电流会造成较大的 iR 降；③收集效率（即探针电流与样品电流之比）较低。因此对于动力学测量经常用探针来产生反应物而用样品电极来收集，这种方式称为 TG/SC 方式（tip-generation/substrate-collection）。

12.4.2 探针的制备

SECM 探针电极的设计和表面状态可显著影响 SECM 的分辨率和实验的重现性，用前需预处理以获得干净表面。通常探针为被绝缘层包围的超微圆盘电极（UMDE），常为贵金属或碳纤维，半径在微米级或亚微米级。制作时把清洗过的微电极丝放入除氧毛细玻璃管内，两端加热封口，然后打磨至露出电极端面，由粗到细用抛光布依次抛光至探针尖端为平面，再小心地把绝缘层打磨成锥形，使在实验中获得尽可能小的探针基底间距 d。有时也会使用到半球面超微电极；而锥形的电极尖端因探针电流不随 d 而变化，故很少使用。

12.4.3 探针的质量

SECM 的分辨率主要取决于探针的尺寸、形状及探针基底间距 d。能够做出小而平的超微圆盘电极是提高分辨率的关键所在，且足够小的 d 与 a 能够较快获得探针稳态电流。同时要求绝缘层要薄，减小探针周围的归一化屏蔽层尺寸 RG($RG=\frac{r}{a}$，r 为探针尖端半径，a 为探针圆盘电极半径）值，以获得更大的探针电流响应；不过，RG 也不能太小，否则反应物会从电极背面扩散到电极表面，合理的 RG 值应为 10 以上。同时，应尽可能保持探针端面与基底的平行，以正确反映基底形貌信息。

12.4.4 测量模式

12.4.4.1 电流模式

该模式是基于给定探针、基底电势，观察电流随时间或探针位置的变化，从而获取各种信息的方法，又包括以下两种模式。

(1) 变电流模式

① 反馈模式。

此时，探针既是信号的发生源又是检测器。在探针接近基底的过程中，根据基底性质的不同会产生“正反馈”或“负反馈”。此时的归一化探针电流 $I_T(L)=\frac{i_T}{i_{T,\infty}}$ 与 d 有定量关系。$RG \geqslant 10$ 时，对导体和绝缘体基底分别有如下近似方程

$$I_T(L)=0.68+\frac{0.78377}{L}+0.3315\exp\left(\frac{-1.0672}{L}\right)\text{（导体 0.70\%近似）}$$

$$I_T(L)=\left[0.292+\frac{1.5151}{L}+0.6553\exp\left(\frac{-2.4035}{L}\right)\right]^{-1}\quad(\text{绝缘体 }1.2\%\text{近似})$$

式中，L 为归一化探针基底间距$\left(L=\frac{d}{a}\right)$。

② 收集模式。

探针（基底）上施加电势得到电化学反应产物，基底（探针）电极上记录所收集的该物质产生的电流，根据收集比率得到物质产生/消耗流量图。可分为探针产生/基底收集（tip-generation/substrate-collection，TG/SC）和基底产生/探针收集（substrate-generation/tip-collection，SG/TC）两种。

③ 暂态检测模式。

单电势阶跃计时安培法和双电势阶跃计时安培法已用于 SECM 研究获取暂态信息。在探针上施加大幅度电势阶跃至扩散控制电势，考察还原反应并定义 t_c为到达稳态的时间，则在绝缘体基底上 t_c是 d^2/D_O的函数，而在导体基底上 t_c是 $d^2(1/D_O+1/D_R)$ 的函数。

（2）恒电流模式（直接模式）

探针在基底表面扫描，固定探针基底间距，电流达到稳态时，检测探针在垂直方向上的变化，实现成像过程，得到基底的表面形貌信息。

12.4.4.2 电势法

微型离子选择性电极已被用做 SECM 的探针。此类探针仅传感基底附近浓度，而不产生或消耗电极反应活性物质。电极膜电势方程可用于浓度空间分布的计算并确定探针基底间距范围。应注意的是计算时需考虑探针对于基底扩散层的搅动，且需假设基底上产生的物质是稳定的。

12.4.4.3 电阻法

液膜或玻璃微管离子选择性电极可用于没有电活性物质或有背景电流干扰的体系，也常用在生物体系中。在两电极之间施加恒电势，通过测量探针基底电极间的溶液电阻来获得空间分辨信息。探针电极内阻越小，该法灵敏度越高。可通过减小内 Ag/AgCl 电极与探针孔之间的距离来提高灵敏度。也可利用探针阻抗与探针基底间距的关系对基底扫描，得到样品表面图像。

12.4.5 SECM 的应用

基于上述特性，SECM 已经应用于众多领域之中。SECM 能被用于观察样品表面的几何形貌，化学或生物活性分布，亚单分子层吸附的均匀性，测量快速异相电荷传递的速率，测量一级或二级随后反应的速率，酶-中间体催化反应的动力学，膜中离子扩散，溶液/膜界面以及液/液界面的动力学过程。SECM 还被用于单分子的检测，酶和脱氧核糖核酸的成像，光合作用的研究，腐蚀研究，化学修饰电极膜厚的测量，纳米级刻蚀，沉积和加工等。SECM 的许多应用或是其它方法无法取代的，或是用其它方法很难实现的。

（1）样品表面扫描成像

将探针在靠近样品表面的水平面上扫描，并记录作为 X-Y 坐标位置函数的探针电流 i_T，可得到三维的 SECM 图像。SECM 能被用于导体或绝缘体等各种样品表面的成像。对于性质均一的样品表面，探针电流 i_T仅同探针样品间距 d 有关，所得 SECM 图像为样品表面的形貌图；若电极表面上分布有不同电化学活性的区域，则探针电流 i_T可表征不同的化学活性分布。SECM 图像的分辨率取决于探针电极的直径，目前能够制作的最小探针的直径为20～30nm，SECM 图像分辨率相当于电子扫描显微镜的分辨率。

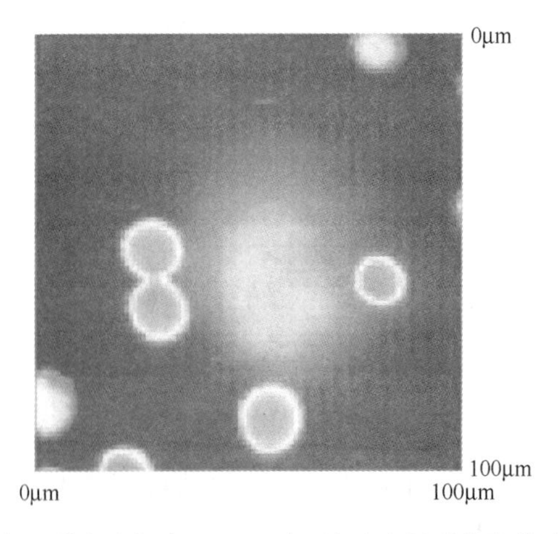

图 12-4-2 用 2μm 直径的 Pt 微盘电极在 $Fe(CN)_6^{4-}$ 溶液中得到的聚碳酸酯过滤膜的 SECM 图像

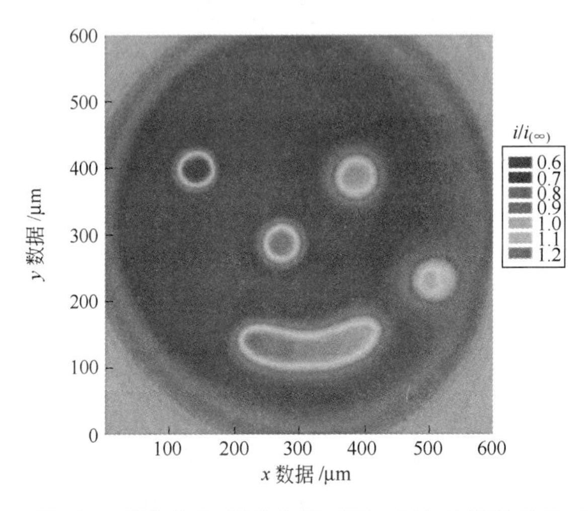

图 12-4-3 用 10μm 直径的 Pt 微盘电极（RG=10）为探针在 $Ru(NH_3)_6^{3+}$ 溶液中得到的玻璃中嵌 Pt 的样品的 SECM 图像

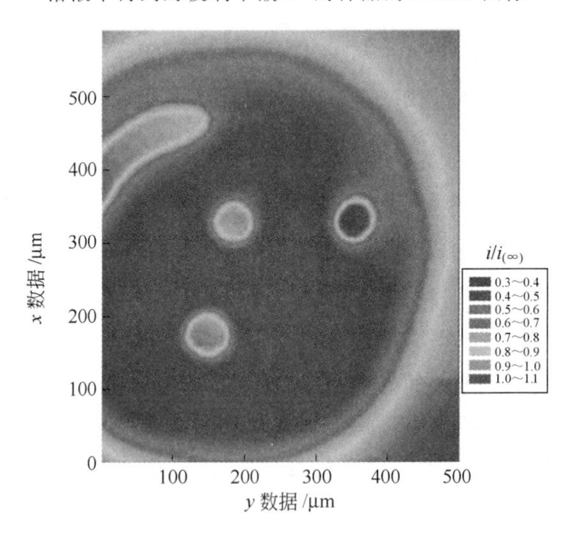

图 12-4-4 用 5 个 10μm 直径的 Pt 微盘电极（电极间距为 120μm）分别作为探针在 $Ru(NH_3)_6^{3+}$ 溶液中得到的玻璃中嵌 Pt 的样品的 SECM 图像

图 12-4-2 为用 2μm 直径的 Pt 微盘电极在 $Fe(CN)_6^{4-}$ 溶液中得到的聚碳酸酯过滤膜的 SECM 图像，滤膜的平均孔径约为 10μm。

图 12-4-3 和图 12-4-4 是一个玻璃棒中嵌有 Pt 丝的样品的 SECM 图像，前者使用一个 10μm 直径的 Pt 微盘电极（$RG=10$）作为探针，后者使用 5 个 10μm 直径的 Pt 微盘电极（电极间距为 120μm）分别作为探针，成像用的电活性物质是 $Ru(NH_3)_6^{3+}$，利用导体 Pt 和绝缘体玻璃上的探针电流 i_T 差别来成像。

（2）异相电荷传递反应研究

为了进行异相电荷传递动力学研究，传质系数 m 必须接近或大于标准异相电荷传递速率常数 $k^{\ominus}$。对于暂态电化学测量法（例如 CV 或 CA 等），传质系数 m 约为 $(D/t)^{1/2}$，其中 t 是实验的时间尺度。为了测量快速反应，CV 的扫描速率要提到非常高，例如每秒 100 万伏。

用 SECM 也能进行各种金属、碳或半导体材料的异相电荷传递动力学的研究。

SECM 的探针可移至非常靠近样品电极表面，从而形成非常薄的薄层电解池，达到很高的传质系数。当薄层厚度 d 小于电极半径 a 时，传质系数为

$$m=\frac{D}{d}$$

当 d 小于 1μm 时，传质系数相当于目前 CV 能达到的最高扫描速率。

并且 SECM 探针电流测量很容易在稳态下进行，与快扫伏安法等暂态方法相比，具有很高的信噪比和测量精度，也基本不受 iR 降和充电电流的影响，被广泛用于异相电荷转移反应及其动力学研究。

图 12-4-5 给出了探针电极在 5.8mmol·L^{-1} 二茂铁+0.52mol·L^{-1} $TBABF_4$（导电盐）的乙腈溶液中的稳态伏安曲线。探针采用 1.1μm 半径的 Pt 圆盘超微电极，曲线 1～5 分别对应着归一化探针基底间距 $L=\dfrac{d}{a}$ 为 ∞、0.27、0.17、0.14、0.1。采用曲线拟合的方法，可以测得二茂铁在乙腈溶液中的标准反应速率常数为 $k^{\ominus}=(3.7\pm0.6)$ cm·s^{-1}。

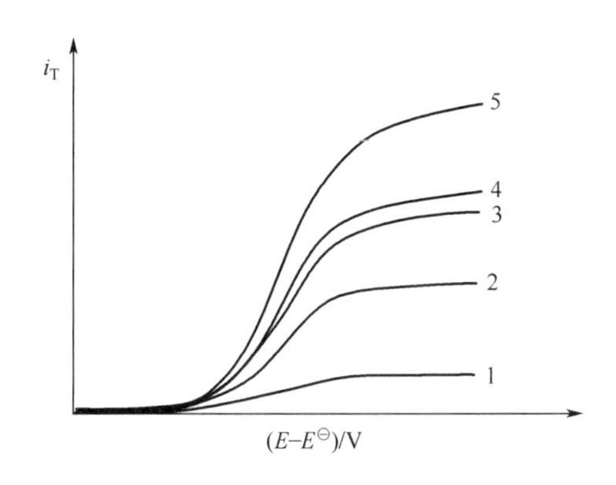

图 12-4-5　1.1μm 半径的 Pt 探针电极在 5.8mmol·L^{-1} 二茂铁+0.52mol·L^{-1} $TBABF_4$（导电盐）的乙腈溶液中的稳态伏安曲线

（3）均相化学反应动力学研究

基于收集模式、反馈模式的 SECM 及其与计时安培法、快扫伏安法等电化学方法的联用，可以测定均相化学反应动力学和各种类型的与电极过程偶联的化学反应动力学。

当 SECM 工作在 TG/SC 模式时，相当于旋转环盘电极的工作方式，特别适合于研究均

相化学反应。并且，同旋转环盘电极相比，SECM 更具优势：SECM 可以很方便地研究不同材料的样品电极，而无需制备该种材料的环盘电极；SECM 的传质系数远大于目前旋转环盘电极所能达到的极限；在不伴随化学反应的电极过程中，TG/SC 模式的收集效率几乎可达 100%，远高于旋转环盘电极。

假定在本体溶液中只有 O 存在，探针电极的电势足够负，O 会被还原成 R。而样品电极的电势足够正，使得 R 又会被氧化成 O。如果 R 稳定的话，探针电流由于样品电极上 O 的再生而得到增强，即所谓的“正反馈”过程。或者，工作在收集模式下时，收集效率 $|i_S/i_T|$ 为 1；如果 O 在探针电极上还原成 R 后，发生随后均相化学反应，R 不稳定而进一步生成无电活性的最终产物，则 O 不会在样品电极上再生，基底只起到阻挡探针反应物 O 扩散的作用，这时会观察到“负反馈”过程，探针电极上电流减小。或者，工作在收集模式下时，收集效率 $|i_S/i_T|$ 将小于 1。

对于一个给定的随后化学反应，探针上的电流 i_T 取决于探针和样品电极间的距离 d 和随后化学反应的速率常数 k：

当 $d^2k/D \gg 1$ 时，样品电极表现出绝缘体的行为，处于负反馈过程；

当 $d^2k/D \ll 1$ 时，样品电极表现出导体的行为，处于正反馈过程；

当 d^2k/D 接近于 1 时，可进行随后化学反应动力学的测量。

第13章 光谱电化学技术及其它联用表征技术

13.1 光谱电化学技术概述

13.1.1 光谱电化学的创建和发展

光谱电化学（spectroelectrochemistry）是20世纪60年代初发展起来的交叉学科，它是光谱技术与电化学技术相结合的一种方法。这种方法的萌芽是1960年Adams. R. N教授在指导他的学生进行电极反应测试时由于溶液颜色的变化而联想到电极过程中的产物发生变化，进而提出了使用光谱来研究有颜色变化的电化学反应过程。该创造性想法终于在1964年由他的学生Kuwana. T实现了。首次使用的光透电极（optically transparent electrode，OTE）是镀了一薄层掺杂Sb的SnO_2的玻璃板（Nesa玻璃）。光谱电化学由此发展壮大，现在已成为化学分析领域一个重要的分支，也已成为电化学领域中的一个重要分支，并得到了广泛的应用。

光谱电化学是各种各样光谱技术和电化学方法相结合，在同一个电解池内，同时进行测量的一种方法，其特点是同时具有电化学和光谱学二者的特点，可以在电极反应的过程中获得多种有用的信息，对于研究电极过程机理、电极表面特性，监测反应中间体、瞬间状态和产物性能测定，测量电极电势、电子转移数、电极反应速率常数和扩散系数等，提供了十分有力的研究手段。

近三十年来，通过应用光谱学方法，从分子水平上认识电化学反应过程，形成了光谱电化学测试体系。特别是近年来光谱电化学开展了时间分辨为毫秒级或微秒级的研究，使研究的对象从稳态的电化学界面结构和表面吸附扩展、深入到表面吸附和反应的暂态过程，可以观察到电极表面结构和重构现象、金属沉积过程，极大地拓宽了电化学测试应用范围，已经成为在分子水平上表征和研究电化学体系的不可或缺的手段。

无论从文献报道还是从学术会议来看，光谱电化学目前及将来都将是电化学和电分析化学发展的最热门研究领域之一。

13.1.2 光谱电化学技术的分类

① 光谱电化学技术按是否在电极/溶液界面过程进行的同时进行观测，可分为非现场型（ex situ）和现场型（in situ）。前者是在电解池之外考察电极的方法，如低能电子衍射、Auger电子能谱、X射线衍射、光电子能谱等。而现场型是在电化学操作的同时对电解池内部，特别是对电极/溶液界面状态和过程进行观测的方法，如现场红外光谱、Raman光谱、荧光光谱、紫外可见光谱、顺磁共振谱、光热和光声谱、圆二色光谱等。

② 按光的入射方式可分为透射法、反射法以及平行入射法，透射法是入射光束垂直横穿光透电极及其邻接溶液的方法。见图13-1-1(a)和(b)。反射法包括内反射法[见图13-1-1(c)]和镜面反射法[见图13-1-1(d)]两种：内反射法是入射光束通过光透电极的背后，并渗透到电极和溶液的界面，使其入射角刚好大于临界角，光线会发生全反射；镜面反射法

是让光从溶液一侧入射，到达电极表面后被电极表面反射；平行入射法如图 13-1-1(e)、(f) 所示，是让光束平行或近似平行地擦过电极及电极表面附近的溶液。

③ 按电极附近溶液的厚度又可分为薄层光谱电化学方法［见图 13-1-1(b)、(f)］和半无限扩散光谱电化学方法［见图 13-1-1(a)、(e)］。

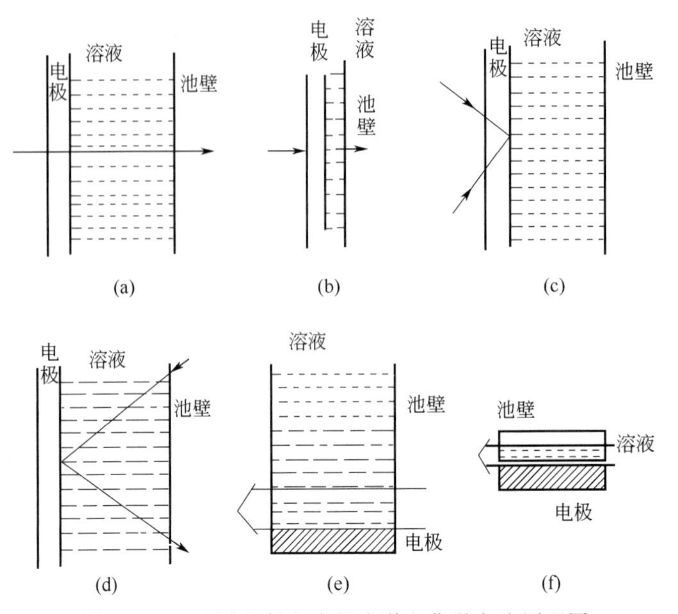

图 13-1-1　不同入射方式的光谱电化学方法原理图

(a)、(b) 透射法；(c) 内反射法；(d) 镜面反射法；(e)、(f) 平行入射法

薄层光谱电化学方法涉及的是电解池内电活性物质的耗竭性电解。一般外加电激发信号的激发时间较长，如采用电势阶跃实验，则用较长的阶跃时间；如采用循环伏安扫描实验，应采用较慢的电势扫描速率等。而半无限扩散光谱电化学方法，如果电解时间较长易引起浓度梯度而导致溶液对流，一般采用较短的电激发时间，常用的电激发信号有单电势阶跃、双电势阶跃、单电势开路弛豫、线性电势扫描和恒电流等。

13.1.3　光透电极和光谱电解池

(1) 光透电极

① 氧化锡电极。

涂有一层掺杂 Sb 的 SnO_2 玻璃，其商品名为 Nesa 玻璃，一般是将四氯化锡的酸性溶液喷涂到玻璃基片上经热分解而制得，涂层厚度通常约为 0.6～1.0μm，这样的光透电极用于紫外光区。

② 氧化铟电极。

SnO_2 掺杂 In_2O_3 的玻璃，其商品名为 Nesatron 玻璃，其光谱区域内的光透性略好于氧化锡电极，其电化学行为略逊于氧化锡电极，因此氧化铟电极并没有明显的优点。

③ 金属及碳膜电极。

已经被应用的有 Pt、Au、Hg-Pt 及碳膜光透电极，它在重现性、电阻值和光学性能等方面均优于上述金属氧化物电极。电极的制备一般用真空喷涂或溅射法，先将玻璃或石英基片经严格清洗，然后在高真空情况下进行喷涂，再经过合适的温度退火以获得良好的导电性和透光性。在铂电极上再涂上一层汞膜，可以增加氢离子在该电极上析出的超电势。碳膜电极也可以用真空沉积法制成光透电极。金属膜光透电极如采用石英为基片，则可适用于紫外吸收。除碳膜电极之外，如铂、金光透电极其电阻均较低。

④ 金属网栅电极。

金属网栅电极是电化学沉积制备的非常细的金属微网，Au、Ni、Ag、Cu 网已有商品。网栅的透光性是来自于电极中的微孔，电极的金属框是非光透性的，这种电极在整个紫外—可见—红外光范围内，基本上保持不变，在较宽的光谱范围内都能适用。

⑤ 超微电极。

利用超微电极进行光谱电化学研究近年来引起了人们的注意，例如组合式条形电极，其单根的宽度可达纳米级，长度通常为几厘米或几毫米，可以利用光刻蚀方法制得，这种电极已经用于实际测量中。

（2）电解池

光谱电化学的电解池随方法不同而各不相同。一般而言，一个理想的光谱电化学电解池应具有较宽的可用光谱范围，较高的光学灵敏度，容易除氧，能适用于各类溶剂，较小的电解池时间常数，薄层溶液内各处的电场强度均匀分布，易于清洗和操作方便等。

13.2 紫外可见光谱电化学技术

紫外可见光谱电化学（ultraviolet and visible spectroelectrochemistry）近年来的飞速发展推动电化学由宏观进入微观，由统计平均深入到分子水平。可提供有关判别吸附是否发生、吸附速率、吸附分子间相互影响、吸附分子的鉴别以及吸附分子与电极表面相互作用的微观图像等信息。随着紫外可见光谱电化学方法的日趋简单化以及其灵敏度的日益提高，研究范围不断扩大。

13.2.1 透射法

透射法（transmission spectroscopy）应用于薄层光谱电化学，又称紫外可见薄层光谱电化学。薄层光谱电化学涉及的是电解池内电活性物质的耗竭性电解。一般外加电激发信号的激发时间较长，如电势阶跃实验中较长的电解时间或循环伏安扫描实验中较慢的电势扫描速率等。而半无限扩散光谱电化学方法，电极反应的扩散层厚度远小于溶液层厚度，一般采用较短的电激发时间，常用的电激发信号有单电势阶跃、双电势阶跃、单电势开路弛豫、线性电势扫描和恒电流等。

这是一种常用的方法，其优点是结构简单，便于操作。它既可用于定性分析，又可用于定量分析。

（1）定性分析

最大吸收波长 λ_{max} 和摩尔吸收系数 ε_{max} 是吸光物质的特性参数，可作为定性依据；但是在研究有机物紫外吸收光谱时，λ_{max}、ε_{max} 反映结构中生色团和助色团的特性，不完全反映整个分子的特性，因此只能作为结构确定的辅助工具。

（2）定量分析

依据朗伯-比耳定律

吸光度：$A=\varepsilon bc$

透光度：$-\lg T=\varepsilon bc$

灵敏度高，ε_{max}：$104\sim105 L\cdot mol^{-1}\cdot cm^{-1}$

应用举例：测量可逆电极平衡电势。

对于可逆电极反应：　　　　　　$O+ne^- \rightleftharpoons R$

Nernst 方程表示为　　　　　　$E=E^{\ominus\prime}+\frac{RT}{nF}\ln\frac{[O]}{[R]}$

薄层电解池中，当向一体系施加一定电势时，由于液层很薄，很快被调节到与电极表面的透光比率（透过的光占入射光的百分数）相同，因此，平衡时

$$\left(\frac{[O]}{[R]}\right)_{sol}=\left(\frac{[O]}{[R]}\right)_{surf}$$

又由 Nernst 方程得出如下方程式

$$E=E^{\ominus\prime}+\frac{RT}{nF}\ln\frac{A_2-A_1}{A_3-A_2}$$

式中，A_1表示完全还原态物质的吸光度；A_2表示氧化态与还原态并存的吸光度；A_3表示完全氧化态物质的吸光度。由 E 对 $\ln\frac{A_2-A_1}{A_3-A_2}$作图，可得一条直线，由直线的斜率可求出 n，由直线的截距可以求得 $E^{\ominus\prime}$，一般能准确到几毫伏。图 13-2-1 是用紫外光谱电化学方法测定电化学参数的实际例子。

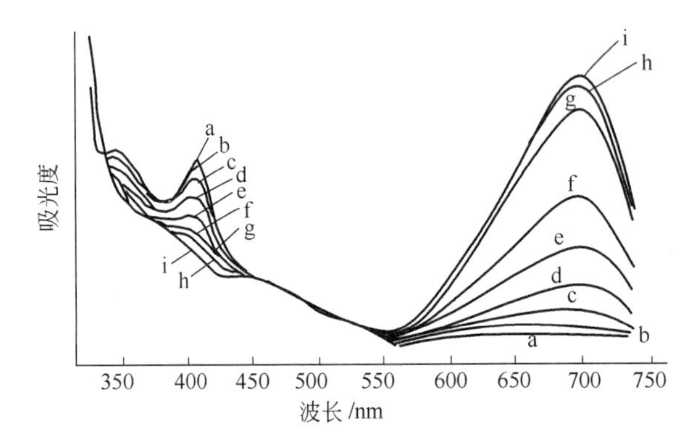

图 13-2-1　从－0.9V 到－1.45V 极化时 TiC 的吸收光谱图

施加的电势相对于 SCE（V）：a—－0.900；b—－1.120；c—－1.140；d—－1.160；e—－1.180；f—－1.200；g—－1.250；h—－1.400；i—－1.450

在较负的极化电势下将发生 Co^{2+} 到 Co^{+} 的还原反应，相应的，在 700nm 处出现吸收峰。随着极化电势变负，吸光度增大。该反应对应的 Nernst 方程式可写成如下形式

$$E=E^{\ominus\prime}+\frac{0.059}{n}\lg\frac{[Co^{2+}]}{[Co^{+}]}$$

以 710nm 处吸光度所对应的 Co^{+} 的浓度作 $E\text{-}\lg\frac{[Co^{2+}]}{[Co^{+}]}$的关系图，可求得 $E^{\ominus\prime}$和 n，所得结果为 $E^{\ominus\prime}=-1.193V$，$n=1$。

13.2.2　反射法

电化学反应中，即使是非常小的变化也会引起电极表面产生相应的变化，所以，测量电极表面反射光的性质能够提供关于表面化学动力学性质，特别是表面成膜情况的信息。

反射法（reflectance spectroscopy）包括内反射法和镜面反射法两种。内反射法是入射光通过光透电极的后背，并渗透到光透电极和溶液的界面，使其入射角刚好大于临界角，光线会发生全反射。

镜面反射法是让光从溶液的一侧射入，到达电极表面后被电极表面反射。该方法适用于溶液体系，吸附过程和修饰电极，多层表面层和固体电极表面的研究。

图 13-2-2 为反射法仪器方框图，包括稳定强光源，单色仪，偏振器，电化学系统，光检测器，合适的聚焦透镜，电极电势被周期性方波或正弦波所调制，所引起的反射率的变化用放大器检测。

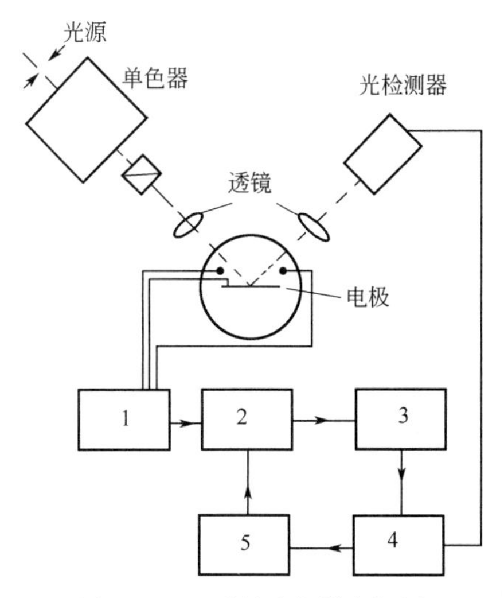

图 13-2-2 反射法仪器方框图

1—恒电势仪；2—函数发生器；3—振荡器；4—记录仪；5—锁定放大器

13.2.3 光声和光热能谱（photoacoustic and photothermal spectroscopy）

前面所介绍的各种利用光透射和反射的方法在检测和表征电极表面所发生的电活性物质的浓度变化以及反应机理等方面是十分有用的，但是这些方法所使用的电极对其形态以及表面的物理性质或化学性质均有很严格的要求，制作成本高，不易使用和保管。例如，表面比较粗糙的电极一般不能采用光反射法，在光透射法中则需应用透明度高的电极。

随着科技的进步，已发展了另一种光学技术，用以进行传统的光透射法或反射法无法进行的检测。这种技术称为光声谱技术。它与传统的光学技术的主要区别为：虽然入射能量也是以可见光子的形式出现，但对光子与材料的研究并非依靠对某些光子的检测和分析，而是直接测量材料与光束相互作用后吸收的能量。单色光经过强度调制后照射样品，如果样品吸收了任何光子，则样品的内能被激发至高能态，随后，在这些能态的去激励过程中，所吸收的部分或全部光能量将通过热能的方式发射出去，这些热能表现为气体分子的动能。而在固体或液体中，热能表现为离子或原子的振动能。由于入射光的强度可以调节，所以样品内部的加热过程相应也是可以调节的。可以认为光声学或光声谱学是光谱学与热量学的结合。最常用也是最简单的测量热量的方法是用热力学量热计。

光热能谱电化学法的电解池如图 13-2-3 所示。

物质吸收光时，若无发光或光化学反应等的影响，大部分的能量最终将转化为热。利用光热效应的光谱分析法，信号的强度将随入射光强度变化，且具有与试样形态、形状无关的特点。

电极表面被检测的物质受到光束的照射以及电化学反应而导致温度的变化（ΔT），从而获得不同波长 λ 时的 ΔT 光热能谱图。光束可以用很慢的周期直接在记录仪上测出 ΔT，也可以以较快的周期变化，采用快速响应时间的热敏电阻，用锁相放大器检测。

在光声能谱中，由强的斩截光束引起固体试样的热变化，由于它能导致与试样接触的介质中压力的周期性升降，它可以用一个扬声器或压电检测器进行测量。该技术对于探讨电极/溶液界面是很有希望的，图 13-2-4 为电极系统的示意图。由于电化学引起表面变化的结果，电极吸收调制光会引起电极尺寸的小的调制变化。应该指出光声波电化学技术是一个新的方法，目前还处于发展阶段，但有良好的前景，值得进一步研究。

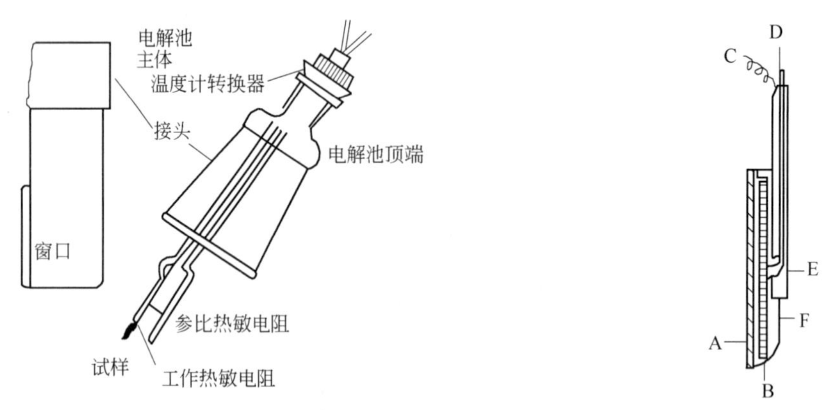

图 13-2-3　光热能谱电化学电解池和工作电极

图 13-2-4　光声能谱电极系统示意图

A—铂电极；B—压电陶瓷；C—恒电势仪；D—电线；E—硬质玻璃管；F—环氧树脂黏合剂

13.2.4　二次谐波光谱（second harmonic spectroscopy）

可调谐二极管激光技术（TDLAS）是利用半导体二极管激光器的波长扫描和电流调谐特性对痕量气体进行测量的一种技术。由于二极管激光器的高单色性，因此可以利用气体分子的一条孤立的吸收谱线对气体的吸收光谱进行测量，从而可方便地从混合成分中鉴别出不同的分子，避免了光谱的干扰。在痕量气体的检测中，为了提高系统的检测灵敏度和测量精度，采用多次反射吸收池来增加气体的吸收光程，在二极管激光光程的测量中，随着光源功率和调制方式的不同，可测量的光程从几米到几千米，具有很高的灵敏度。在信号检测方法上，为了降低噪声对信号检测的影响，通常采用二次谐波检测方法。与直接吸收测量相比，TDLAS 的调制光谱技术有两个优势：首先，它得到一个直接与检测气体浓度成正比的信号；其次，可以通过选择调制频率来抑制激光噪声。二极管激光器的辐射功率可以通过电流调制来实现，在信号检测通路中采用锁相放大技术来实现调制信号的二次谐波检测，这样可以有效地抑制干扰和噪声。调制信号发生器原理见图 13-2-5。

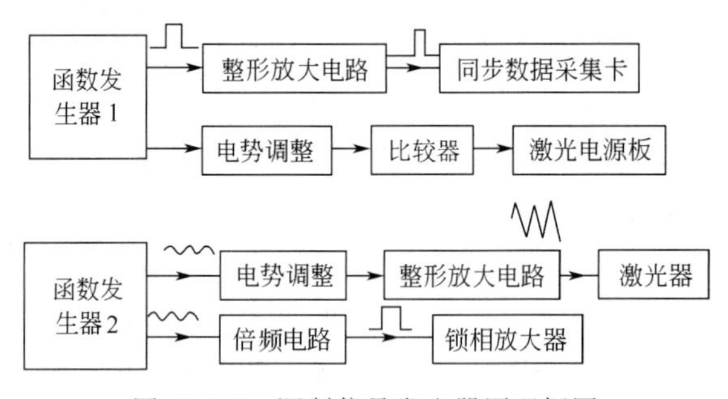

图 13-2-5　调制信号发生器原理框图

二次谐波技术在分析应用和电化学动力学参数的定量测量方面是十分有用的。在这两个领域中，它比基频光谱有更好的测量效果。另外，二次谐波光谱对于电极表面几个分子层之内的物质是敏感的。因此可用于检测吸附物质、反应中间体和电极表面性质的变化。信号响应经常是由金属表面非线性敏感性所导致的。所以，它对吸附物质的存在敏感，但是对于鉴别物质并不敏感。

13.2.5 紫外可见光谱电化学技术的优点

① 能提供电极反应物和中间体分子信息。通过施加电势信号改变物质存在的同时，可以记录溶液或电极表面物质吸光度的变化，采用快扫描分光光度法还可以监测反应中间体分子的有用信息。

② 具有较高的选择性。光谱电化学既利用了电化学上各种物质具有不同的氧化还原电势，也利用了各种物质具有不同的分子光谱特性，因此有较高的选择性。

③ 不受充电电流和残余电流以及电极电势等因素的影响。光谱电化学检测的是化学活性物质的光谱的变化，只要共存的物质在光谱上不产生干扰，则对测定的光信号不产生影响。

④ 可以研究非常缓慢的异相电荷传递和均相化学反应。这类化学反应通常测得的反应电流非常小，也就是说反应的信号极其微弱，不仅对研究设备提出了较高的要求，同时也给实验带来了较大的误差。但是用光谱电化学就可以很方便地进行研究。

⑤ 可以研究非电活性的物质在电极表面的定向吸附，只要该物质在紫外可见光范围内有吸收，根据吸收前后溶液中物质吸光强度的变化，即可求得该物质在电极表面的吸附量。

13.3 红外光谱电化学技术

物理学的研究告诉我们，在自然界中，任何温度高于绝对零度（0K 或－273℃）的物体都在向外辐射各种波长的红外线，物体的温度越高，其辐射红外线的强度也越大。我们根据各类目标（研究的对象）和背景（周围的环境）辐射特性的差异，就可以利用红外技术在一定范围内进行探测、跟踪和识别，以获取目标的相关信息。

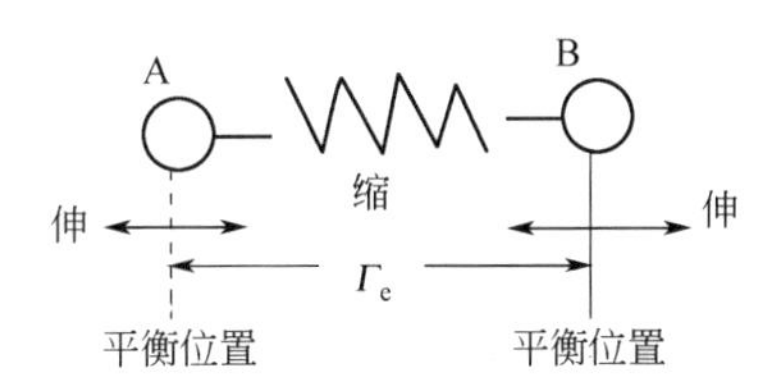

其工作原理是：红外光本身携带的能量可以激发原子内的电子进行能级跃迁，电子在跃迁的同时吸收的能量恰好等于跃迁前后两个能级的能量差。这样就可以利用这两种能级之间的能量信息来研究电极反应以及中间产物和最终电极产物。

一束连续的红外光与分子相互作用时，若分子间原子振动的频率恰好等于红外光中的某一频率，就会产生共振吸收，使光的透过强度减弱。因此在红外光谱（infrared spectroscopy，IRS）中，纵坐标一般用线性透光率（%）表示，也有用非线性吸光度表示的；红外光谱的横坐标一般采用红外光的波数表示。在解释红外光谱时，要从谱带的数目、吸收带的位置、谱带的形状和谱带的强度等方面来考虑。另外，二次谐波信号对于界面上离电极表面几个分子层内物质的测量是敏感的。因此，可用于检测吸附物质、反应中间体、电极表面性质的变化等。相应信号是由金属表面非线性敏感性导致的，它对于吸附物质的存在敏感，但是对物质的鉴别并不敏感。

13.3.1 电化学调制红外反射光谱法（electrochemically modulated infrared spectroscopy，EMIRS）

在红外光谱电化学技术中，被测量的物质总是处在电极周围很薄的液层中，红外光通过一个窗口经过电极表面与金属电极之间的很薄的溶液层后，经金属电极表面反射后被检测器监测到，形成红外光谱进行分析。但是红外光经过窗口要损失一部分，还有大多数溶液对红外光都有较强的吸收。而且即使窗口与薄液层之间的溶液层很薄（大约 1～100nm），我们感兴趣的物质也只占很小的比例，吸收红外光的强度与溶液本体的吸收强度相差甚远，使我们分析目标物质产生困难。因此我们经常通过电化学调制或差分的办法得到我们需要的数据。

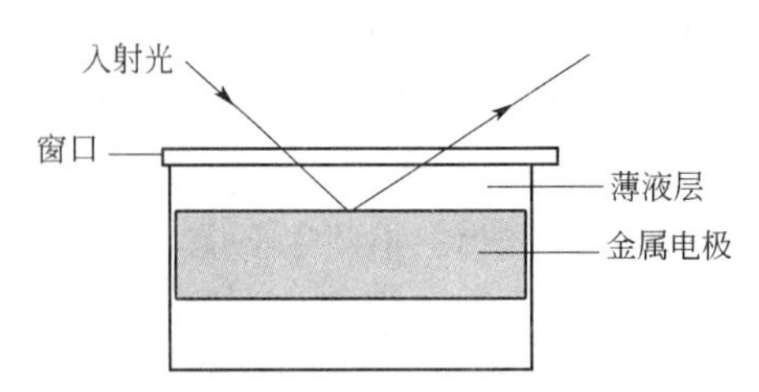

电化学调制技术，即电化学调制红外光谱反射法。电势在没有研究产物和有研究产物之间进行调制，使应测量的电化学产物在红外光测量区域的浓度发生已知的变化（增加或者减小），因此要研究的目标产物的红外光谱的吸收强度也会发生相应的变化。这样该技术可以进行电化学产物信号的测量，同时也可以排除其它溶剂的干扰，因为其它溶剂的吸收不受电化学调制的影响。

13.3.2 差减归一化界面傅里叶变换红外光谱法

用传统红外分光光谱测量样品得到的是光强随辐射频率变化的谱图。随着傅里叶变换红外光谱仪的发展和普及，凭借其输出量大，信噪比高，同时能与计算机联用等优点，已经逐步普及应用。

傅里叶变换红外光谱仪是 20 世纪 60 年代发展起来的一种现代化测量方法。它的主要组成部件有：麦克尔逊干涉仪、检测器、计算机等。由于干涉图样的数学表示和光谱图的数学表示在数学上互为傅里叶函数变换关系，因此麦克尔逊干涉仪将测量的光线制成干涉图样，这样计算机可以在某一瞬间采集干涉图样上的两点间的信息进行傅里叶变换进而生成红外光谱。傅里叶变换红外光谱仪的工作原理如图 13-3-1 所示。

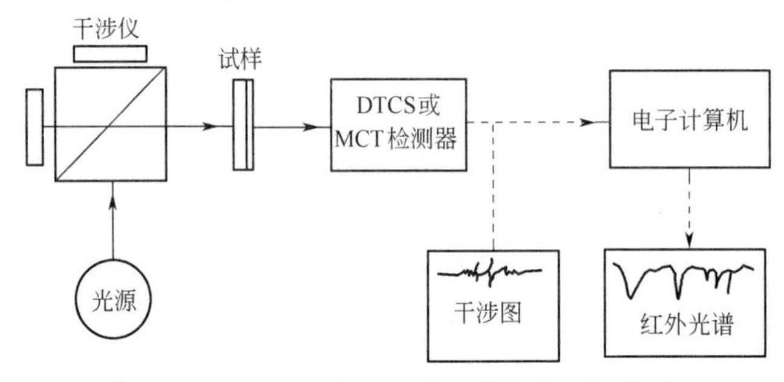

图 13-3-1 傅里叶变换红外光谱仪的工作原理图

用傅里叶变换红外光谱测量样品包括以下步骤：首先，测量空白试样和要研究体系的红外光干涉图样；然后，进行傅里叶变换生成红外光谱图；最后，经过计算，研究体系的光谱扣除空白试样的光谱得到样品的红外光谱。

傅里叶红外光谱仪的优点是：

① 扫描的每一瞬间都包含了分子振动的全部信息，检测速度快，有利于进行动态研究；

② 灵敏度高，适合于微量物质的测定；

③ 通过计算机的处理，很容易检测出光谱间微小的差别，有利于进行化学机理的研究。

虽然傅里叶函数红外光谱仪有以上优点，但是对于干扰性物质（溶液以及一些其它的离子）在光谱上的显示仍然不能消除，也就是说，傅里叶红外光谱仪在测量范围内对一切粒子都是敏感的。因此，我们介绍一种在上述方法的基础上发展起来的新方法，差减归一化界面傅里叶变换红外光谱法（subtractively normalized interfacial Fourier transform infrared spectroscopy，SNIFTIRS）。

差减和归一化都是数学上的计算方法，在科学技术高度发达的今天，几乎所有的数学计算都可以用计算机实现。下面我们简单介绍一下，以便给读者一个整体清晰的印象。

差减的基本原理是任意波数的红外光谱吸收可以表达为各组分的红外吸收之和

$$A=A_P+A_X$$

式中，A 是混合物质的红外吸收；A_P是纯净的电解液（指的是不包括测量组分的电解液）中各组分的红外吸收之和；A_X是要测量的离子或原子的红外吸收。

为了测得我们需要的红外光谱，必须知道电解液中其它成分的吸收之和（可以做空白实验实现）。假设已知其它成分的吸收为 A'_P，则要测量的物质的吸收 A_X为

$$A_X=A-kA'_P$$

式中，k 是可调整的比例参数。选择一定的波长范围，在此范围内调整电解液的吸收光谱，进行差减计算，直到所减结果为零。此时进行电化学测量，得到的便是我们需要测量的目标物质的红外吸收光谱。这种红外光谱的优点是不必确切地知道电解液中其它物质的含量，只通过调整比例参数就能把干扰成分的吸收全部减掉。

所谓归一化是一种简化计算的方式，即将有量纲的表达式经过变换，化为无量纲的表达式，成为纯量。在信号处理系统、电磁波传输等领域，有很多运算都可以如此处理，既保证了运算的便捷，又能凸现出物理量的本质含义。

使用差减归一化技术可以不经过化学或者物理分离直接进行电解产物的测量，可实现实时测定电解产物。现在已经广泛地应用到各种电化学实验中来，在研究化学反应机理、电解中间产物和电极表面粒子的沉积等方面起到了不可替代的作用。

13.3.3 红外反射吸收光谱法

反射分析技术主要用于不透明、固体及半固体类样品的分析。红外光照射到涂有吸附样品的金属片时，大部分被反射出来，称为反射或镜面反射。收集并检测反射信号，从中减去金属本身的吸收，就可以得到金属表面吸附物质的红外吸收信号。当入射角在 70°～88°之间时，在金属表面反射的信号会产生重叠，可测得被增强的信号。这就是红外反射吸收光谱。

由于样品形态差别较大，不同样品在测样器件的选用上也不相同，有些甚至是专用的测样器件。在早期的漫反射分析中，为了获得较高信噪比的光谱，更多地收集各个方向的漫反射光，最常使用的测样器件是积分球。随着检测器性能的极大改善，几何测样器件得到越来越多的使用，设计重点主要是考虑样品池架如何适应所测样品的形态并获得稳定可靠的光谱，许多仪器公司在这方面都作了大量的工作。

红外反射吸收光谱法（infrared reflection absorption spectroscopy，IRRAS）已经成为表面电化学研究的主要手段之一，被广泛应用到表面吸附物、涂料等的研究中。

13.4 拉曼光谱电化学技术

13.4.1 拉曼散射

1928 年 C. V. Raman 实验发现，当光穿过透明介质时，被分子散射的光发生频率变化，

这一现象称为拉曼散射，同年稍后在苏联和法国也被观察到。

当光分子在入射过程中与分子或离子发生碰撞时，光子的运动方向发生改变，如果是弹性碰撞，即在碰撞过程中光子的能量没有发生损失，这种情况下发生的散射叫瑞利散射。如果光子在运动过程中发生了非弹性碰撞，即在碰撞过程中，不仅发生了方向的改变而且发生了能量的交换，这种情况下发生的散射称为拉曼散射，相应产生的散射光谱称为拉曼光谱(Raman spectroscopy)，同红外光谱一样，拉曼光谱也是研究分子或原子振动和转动能级的。

设散射物分子原来处于基电子态，振动能级如图 13-4-1 所示。当受到入射光照射时，激发光与此分子的作用引起的变化可以看做处于吸收光的激发态，是一种不稳定状态，表述为电子跃迁到虚拟态（virtual state)，这种能级上的电子立即跃迁到下一能级而发光，即为散射光。设激发电子仍回到初始的电子态，则有如图 13-4-1 所示的三种情况（散射光的能量大于、等于、小于入射光能量)。因而散射光中既有与入射光频率相同的谱线，也有与入射光频率不同的谱线，前者称为瑞利（Rayleigh）线，后者称为拉曼（Raman）线。在拉曼线中，又把频率小于入射光频率的谱线称为斯托克斯（stokse）线，或称红伴线；而把频率大于入射光频率的谱线称为反斯托克斯（anti-stokse）线，或称紫伴线。

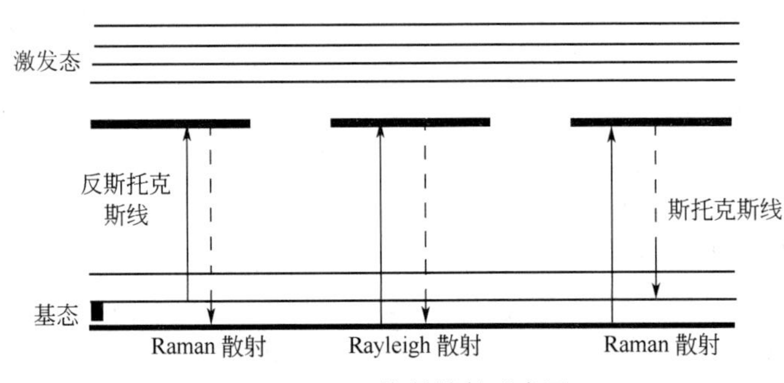

图 13-4-1　拉曼散射示意图

在透明介质的散射光谱中，频率与入射光频率 ν_0 相同的成分称为瑞利散射；频率对称分布在 ν_0 两侧的谱线或谱带 $\nu_0+\nu_x$ 即为拉曼光谱，其中频率较小的成分 $\nu_0-\nu_x$ 又称为斯托克斯线，频率较大的成分 $\nu_0+\nu_x$ 又称为反斯托克斯线。靠近瑞利散射线两侧的谱线称为小拉曼光谱；远离瑞利线的两侧出现的谱线称为大拉曼光谱。瑞利散射线的强度只有入射光强度的 10^{-3}，拉曼光谱强度大约只有瑞利线的 10^{-3}。小拉曼光谱与分子的转动能级有关，大拉曼光谱与分子振动-转动能级有关。拉曼光谱的理论解释是，入射光子与分子发生非弹性散射，分子吸收频率为 ν_0 的光子，发射 $\nu_0-\nu_x$ 的光子，同时分子从低能态跃迁到高能态（斯托克斯线)；分子吸收频率为 ν_0 的光子，发射 $\nu_0+\nu_x$ 的光子，同时分子从高能态跃迁到低能态（反斯托克斯线)。分子能级的跃迁仅涉及转动能级，发射的是小拉曼光谱；涉及到振动-转动能级，发射的是大拉曼光谱。与分子红外光谱不同，极性分子和非极性分子都能产生拉曼光谱。激光器的问世，提供了优质高强度单色光，有力推动了拉曼散射的研究及其应用。拉曼光谱的应用范围遍及化学、物理学、生物学和医学等各个领域，对于纯定性分析、定量分析和测定分子结构都有很大价值。

13.4.2　表面增强拉曼光谱

电化学吸附涉及普遍而又复杂的界面现象，参与吸附的各物种之间以及它们与电极表面之间的作用在不同的体系和不同的条件下有着本质的不同，仅用常规电化学技术难以对电化学吸附行为进行详细分析。目前，电化学吸附是表面增强拉曼光谱（surface enhanced Raman spectroscopy，SERS）应用最广泛的一个领域。SERS技术可较直观地判别表面吸附物种，包括该物种在电极表面上的结构、取向等信息。以往的研究表明电极表面吸附物种随实验条件（电势、电解液组成和浓度因素）的不同而变化。SERS不但可以鉴定吸附分子，还可以通过分析研究对象的SERS和电化学参数的关系对电化学吸附现象作较深入的描述。SERS可以得出电极表面分子水平的信息，可较详细地描述电极表面上的不同取向结构的吸附物种。此外，通过分析参与共吸附的各个吸附物种的SERS与电极电势的不同关系，可将其分为平行共吸附和诱导共吸附。

表面增强拉曼光谱是将试样吸附于胶态金属离子（如Cu、Ag、Au）上或者这些金属的粗糙表面上。再用普通的拉曼光谱方法进行测量。这样所测得的拉曼光谱的强度可达到正常情况下的$10^5\sim10^6$倍，因此可用于测量浓度极低的样品溶液。

例如，在成功获得铂上多种吸附物种的拉曼信号的基础上，还获得铂电极上吸附氢的信号，首次观察到不同电势和pH下氢吸附在铂电极上的拉曼光谱及其与吡啶的共吸附行为。时至今日，氢超电势这个问题仍只停留在唯象的概念上，若能对不同电极上M-H的键合形式进行深入研究，将有助于从分子和原子水平上对这一古老且又重要的基础问题作出一些新的合理的解释。

水是电化学研究体系中最常见也是最重要的溶剂，水分子常常是电极表面的主要物种，用SERS进行水的吸附行为的研究一直受到电化学家的重视。实验表明其SERS谱峰的频率、强度与电极电势、溶液的pH值、阴阳离子种类以及浓度密切相关。

SERS可用于检测电化学氧化还原反应产物及中间产物，确定电极反应机理。常规的电化学方法（旋转圆盘电极、交流阻抗、暂态技术）虽然也能检测到中间产物，但却难以确定其真正的结构和组成；而SERS技术结合常规的电化学方法可提供大量的分子水平的信息，通过分析SERS谱峰随外加电极电势、电解质性质、环境等的变化来确定电极反应中电荷传递的可能途径和反应机理。

作为新型电极材料，导电高聚物已发展成电化学中的一个十分活跃的领域，它的电聚合过程和氧化还原机理受到广泛的重视。基于SERS技术具有获得电极表面最初几层至几十层分子的结构信息的优势，SERS和表面增强共振拉曼散射（SERRS）技术有可能成为研究导电高聚物电化学初聚过程的重要且有效的方法。

电沉积过程不论在电化学还是在工业应用上都起着相当重要的作用。表面活性物质的存在对金属电沉积（电镀）过程影响极大，在电镀液中往往需要加入某些添加剂以便使金属镀层致密光亮，但添加剂的作用与其在电极上的吸附行为密切相关。利用SERS技术可以在分子水平上研究添加剂的整平作用和光亮作用机理。

金属的腐蚀过程和缓蚀剂的作用机理是腐蚀电化学研究的重要课题。有机缓蚀剂可用于减缓甚至抑制金属腐蚀，它虽然得到广泛的研究，但至今其作用机理仍未明确。SERS技术与电化学实验方法结合可探讨不同结构的有机分子对金属的缓蚀作用，进而分析不同条件下缓蚀剂的作用机理及其缓蚀能力的差异。

电催化是电化学中的一个重要研究领域。电催化效果不仅取决于电极材料和催化剂的化学组成，而且取决于催化剂的电子因素和几何因素。SERS信号能较好地反映物种在电极上的吸附行为，对电催化效果受各因素的影响能迅速又较直观地反映出来，在众多的研究电催化的方法中具有它的独到之处。

13.4.3 共振拉曼光谱（resonance Raman spectroscopy，RRS）

在正常拉曼光谱实验中，使用的激发光波长远离化合物的电子吸收谱带。当改变激发光的波长使之接近或落在化合物的电子吸收谱带内时，某些拉曼谱带的强度将大大增强，这种现象叫做共振拉曼效应，它是电子跃迁和共振态相耦合作用的结果。1953 年 Shorygin 首次在实验中观察到共振拉曼效应。共振拉曼效应是由于激发光的频率落在散射分子某一电子吸收带之内而产生的。因为电子吸收带往往比较宽，因此按激发光频率与电子吸收带的相对位置可分为预共振拉曼效应、严格共振拉曼效应与过共振拉曼效应。当激发光频率进入吸收线或吸收带内，但未落在吸收带半宽度内时，称之为预共振拉曼效应；当激发光频率落在物质吸收带的半宽度内时，产生的共振拉曼效应称之为严格共振拉曼效应；同理，超过了电子吸收带的半宽度，并达到电子吸收带的另一边时，称之为过共振拉曼效应。共振拉曼效应可以很好地改善对复杂分子的拉曼测量的选择性。因为电子跃迁仅局限在复杂分子的一部分上，所以可以观测到一些受其它拉曼带干扰较小的生色团带。

要做共振拉曼效应实验时，必须有多谱线输出的激光器或可调节的激光器。这样可以选择与样品电子吸收谱带频率相近或相等的激光频率。但必须注意的是，做共振拉曼效应实验时，样品浓度必须很低，因为激光频率与样品电子吸收谱带频率相近或相等时，样品会吸收激光的能量而产生热分解。

13.5 电子和离子能谱

对于光子、电子或离子辐射样品后产生的荷电粒子（电子和离子）进行测量的表面分析技术，称为电子和离子能谱。由于液体将吸收和阻挡电子和离子束，所以电极无法进行现场检测，通常样品需转移到超高真空（ultrahigh vacuum，UHV）（$<10^{-8}$ Torr，1Torr＝133.322Pa）室中。这就需要注意解决电极界面在 UHV 条件下发生变化的问题和转移时电极在空气中暴露的问题。

13.5.1 X 射线光电子能谱（X-ray photoelectron spectroscopy，XPS）

当物质吸收光子而发射出电子时，电子的动能 E_V 等于光子能量 $h\nu$ 与电子（在该物体中的）结合能 E_P 之差，即

$$E_V = h\nu - E_P$$

如果由实验可精确测定 E_V，加上已知的 $h\nu$ 就可以求得电子在物体中的结合能 E_P 及结合能大小分布情况。所谓光电子能谱就是研究以一定能量的光子照射样品时，所产生的光电子强度随其动能（或结合能）的分布。

X 射线光子能量为 keV 数量级，主要激发原子中的内层电子，使之电离出去成为光电子，当然也可以激发外层价电子，各元素在 XPS 谱图上呈现出各自的特征峰，而且这些特征峰会随化学环境不同而发生化学位移。因此，可利用 XPS 作为分析工具。

随着科技的发展，XPS 迅速向表面科学、催化等领域渗透，近十年来的大量研究工作证明，XPS 可以提供团体表面（0.5～3nm 厚）的定性、定量分析，表面层原子的化学状态以及表面上的相互作用等方面的一系列重要信息。

除电子系统和计算机系统外，XPS 仪主要由 X 射线光源、预备和反应室、超高真空室、能量分析器等组成，如图 13-5-1 所示。

X 射线光电子能谱是利用波长在 X 射线范围的高能光子照射被测样品，测量由此引起的光电子能量分布的一种谱学方法。样品在 X 射线作用下，各种轨道电子都有可能从原子中激发成为光电子，由于各种原子、分子的轨道电子的结合能是一定的，因此可用来测定固

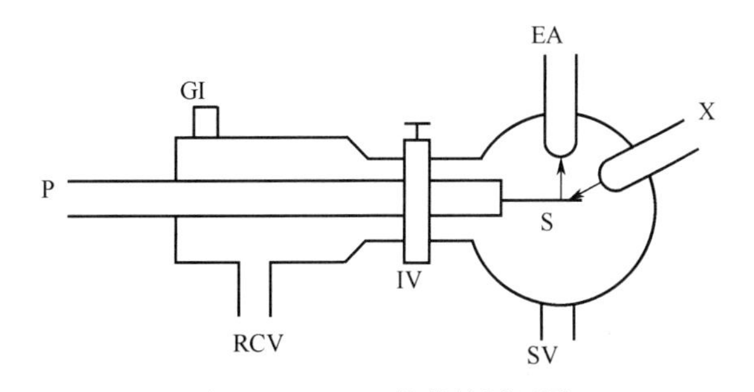

图 13-5-1　XPS 仪结构原理图

P—探头；GI—反应气体入口；RCV—反应室真空；IV—隔离阀；
EA—电子能量分析器；X—X 射线光源；S—样品；SV—真空

体表面的电子结构和表面组分的化学成分。在作为后一种用途时，一般又称为化学分析光电子能谱法（electron spectroscopy for chemical analysis）。X 射线的频率比分子、离子的振动能级高 2 个数量级以上，因此不能分辨出分子、离子的振动能级。此外，在实验时样品表面受辐照损伤小，能检测周期表中除氦和氢以外所有的元素，并具有很高的绝对灵敏度。因此是目前表面分析中使用最广的谱仪之一。

13. 5. 2　俄歇电子能谱（Auger electron spectroscopy，AES）

当一个激发态的原子回到基态时，最常见的是发射了一个光子。但是这种消除激发的现象并不是唯一的，另外有一种没有辐射的消除激发的形式，这就是俄歇过程。俄歇过程是法国科学家 Pierre Auger 首先发现的。1922 年俄歇完成大学学习后加入物理化学实验室，在其准备光电效应论文实验时，首先发现这一现象，几个月后于 1923 年他发表了对这一其后以他的名字命名的现象的首次描述。

他以 45keV 能量的 X 射线照射威尔逊云室中的惰性气体时，他从拍摄到的照片上发现在 X 射线经过的轨迹上有一对电子轨迹的存在。这种现象使他惊讶不已，在以后的实验中发现其中一个电子的轨迹依赖于 X 射线的波长，当改变 X 射线的波长时，其中一条电子的轨迹长度总是随着变化，完全依赖于 X 射线的能量。而另一条电子轨迹则完全不同，它不依赖于 X 射线的波长，在照片上，始终是保持一定的长度。俄歇经过分析，确认前一种电子是光电子，因为它可以利用爱因斯坦定律来解释。而后一种电子则与光电效应现象毫不相干，它是由另外一种新的效应生成的。这种新的效应是由原子壳层中电子的重新排列而引起的。后来人们就把这种电子称为俄歇电子，把这种效应称为俄歇效应。

俄歇电子的发射过程经过长期的研究，被发展成一种研究原子和固体表面的有力工具。尽管从理论上仍然有许多工作要做，然而俄歇电子能谱现已被证明在许多领域非常有效。

下面简略地描述一下它的产生过程。当一个外来的具有足够大能量的粒子（光子、电子或离子）与一个原子碰撞时，入射粒子束和物质作用，可以激发出原子的内层电子，即可以在原子的某壳层上（比如在 K 层上）打出一个电子，因而在壳层上就留下一个空穴。但是，此时原子的状态并不是稳定的，所存在的空穴会被处在能量比这个壳层高的壳层上的电子所填充，填充电子多余的能量又被其它壳层上的电子所吸收。当此能量比吸收它的电子的电离能还大时，那么此电子就可以逸出原子，成为俄歇电子。从空穴的产生到俄歇电子的发射，整个过程是在很短的时间内完成的，约 $10^{-1} \sim 10^{-3}$ s 数量级。俄歇电子的发射过程为：光子作为入射粒子和原子碰撞，在 K 壳层产生空穴，L 壳层发射电子。根据其过程发生的顺序可以认为，一次俄歇跃迁，相当于是原子的二次电离过程。

俄歇过程是一个能量的传输过程。原始空穴被处在较高能级位置上的电子所填充，这个过程的多余能量则为俄歇电子所吸收。

俄歇电子从固体中的发射大体存在三个过程（三步模型）：

① 原子的电离；

② 发生俄歇跃迁；

③ 俄歇电子向表面输运然后逸出表面。

图 13-5-2 给出了从固体发射的俄歇电子能量示意图。

外层电子向内层跃迁过程中所释放的能量，可能以 X 射线的形式放出，即产生特征 X 射线，也可能又使核外另一电子激发成为自由电子，这种自由电子就是俄歇电子。对于一个确定的原子来说，激发态原子在释放能量时只能进行一种发射：特征 X 射线或俄歇电子。原子序数大的元素，特征 X 射线的发射概率较大，原子序数小的元素，俄歇电子发射概率较大，当原子序数为 33 时，两种发射概率大致相等。因此，俄歇电子能谱适用于轻元素的分析。

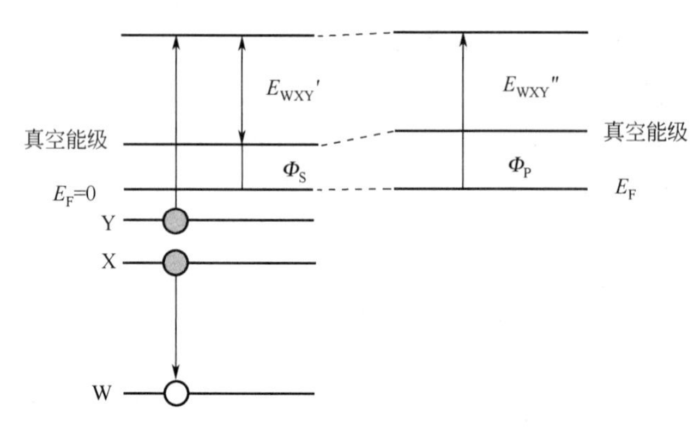

图 13-5-2　从固体发射的俄歇电子能量示意图

13.5.3　低能电子衍射

逸入真空中的电子其动能在 10～500eV 时具有德布罗依波长的埃数量级，因此，可以预期这个电子的单色束从有序固体上反射成衍射图谱，将能提供固体结构的信息。这种效应就是低能电子衍射（low-energy electron diffraction，LEED）的基础。低能电子衍射实验与其它形式的衍射实验有很大的不同，探测束不能深入样品到几埃以上的距离，并且没有非弹性散射和能量损失。因此它测试的样品不会是三维固体，而任何观测到的衍射都是表面的、二维的，因而低能电子衍射是研究表面上原子几何构造的非常特殊的手段。它曾广泛地用来研究气相的吸附，以及气相/固体表面上的催化作用。近来，一些电化学家开始把它用于说明他们感兴趣的表面。图 13-5-3 是典型仪器的示意图。

腔内总是处在超高真空（$<10^{-8}$ Torr）下，因此在实验过程中，表面保持洁净，电子束直射样品，沿某一固定的方向衍射，光栅滤去处于较低能量的非弹性散射电子，并且使衍射的电子加速射向荧光屏。在屏上可以观察到光亮的斑点，并从观察孔摄影下来。

各种斑点图可以按非常直接的方式由不同的表面结构来解释，有标准的方法可以把表面结构和它们对应的衍射图谱联系起来。

在电化学实验中，LEED 常用来确定电极在进行电化学实验以前的表面单元结构，如铂的（100）单晶面，然后监控它进行电化学处理后所发生的变化。我们常常可以见到，单晶电极表面在与电化学介质相接触后，本身将会发生重构，产生新的表面结构。

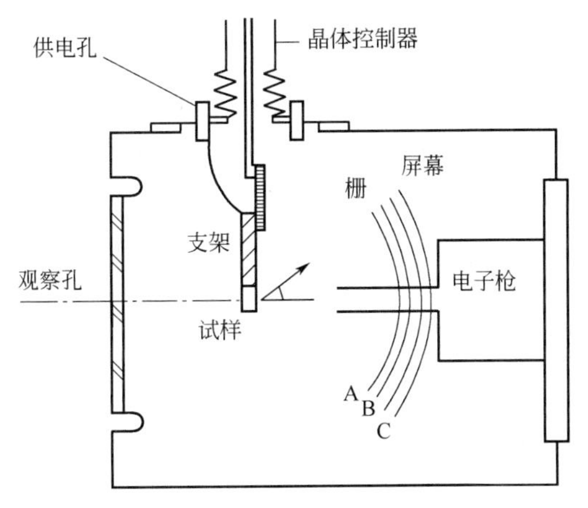

图 13-5-3　LEED 仪器示意图

13.5.4　高分辨电子能量损失谱（high resolution electron energy loss spectroscopy，HREELS）

一束能量为 E_P 的电子在与样品碰撞当中将部分能量传递给样品原子或分子，使之激发到费米（Fermi）能级以上的空轨道，而自身损失了 E_L 能量的电子以 E_P' 的动能进入检测器而被记录下来。根据能量守恒原理可知，$E_L=E_P-E_P'$，因此由入射和散射电子束的能量差可提供表面物质振动模式的信息。由 HREELS 可以得到有关费米能级以上空态密度的信息，而 XPS、AES 等给出的则是费米能级以下的填充态密度的信息。

13.5.5　质谱（mass spectroscopy，MS）

在所有现代表面分析技术中使用最早最广泛，也是最成熟的当推电子能谱。在各种电子能谱技术中发展最快、具有较高实用价值的是光电子能谱（XPS 和 UPS）和质谱。

电化学家经常利用质谱作为一种非现场检测的方法，这种方法可用于对电极产物的鉴别，也可以将质谱仪与电解池直接相连，用于电化学反应中易挥发物质的鉴别。同时，如果用激光或热脱附技术将电极表面的生成物质分离出来，质谱分析法也能对电极表面所生成的氧化膜和各种离子进行分析。

质谱法是将被测物质离子化，按离子的荷质比分离，测量各种离子谱峰的强度而实现分析目的的一种分析方法。质量是物质的固有特征之一，不同的物质有不同的质量谱——质谱，利用这一性质，可以进行定性分析（包括分子质量和相关结构信息）；谱峰强度也与它代表的化合物含量有关，可以用于定量分析。

质谱仪一般由四部分组成：进样系统——按电离方式的需要，将样品送入离子源的适当部位；离子源——用来使样品分子电离生成离子，并使生成的离子会聚成有一定能量和几何形状的离子束；质量分析器——利用电磁场（包括磁场、磁场和电场的组合、高频电场和高频脉冲电场等）的作用将来自离子源的离子束中不同荷质比的离子按空间位置、时间先后或运动轨道稳定与否等形式进行分离；检测器——用来接受、检测和记录被分离后的离子信号。一般情况下，进样系统将待测物在不破坏系统真空的情况下导入离子源（$10^{-6}\sim10^{-8}$ mmHg，1mmHg=133.322Pa），离子化后由质量分析器分离后检测；计算机系统对仪器进行控制、采集和数据处理，并可将质谱图与数据库中的谱图进行比较。

数据处理和应用的检测器通常为光电倍增器或电子倍增器，所采集的信号经放大并转化为数字信号，计算机进行处理后得到质谱图。质谱离子的多少用丰度（abundance）表示，即具有某荷质比离子的数量。由于某个具体离子的“绝对数量”无法测定，故一般用相对丰度表示其强度，即最强的峰叫基峰（base peak），其它离子的丰度用相对于基峰的百分数表示。在质谱仪测定的质量范围内，由离子的荷质比和其相对丰度构成质谱图。在 LC/MS 和 GC/MS 中，常用各分析物质的色谱保留时间和由质谱得到其离子的相对强度组成色谱总离子流图。也可确定某固定的荷质比，对整个色谱流出物进行选择离子监测（selected ion monitoring，SIM），得到选择离子流图。质谱仪分离离子的能力称为分辨率，通常定义为高度相同的相邻两峰，当两峰的峰谷高度为峰高的 10%时，两峰质量的平均值与它们的质量差的比值。对于低、中、高分辨率的质谱，分别是指其分辨率在 100～2000、2000～10000 和 10000 以上。

质谱用于定量分析，其选择性、精度和准确度较高。化合物通常直接进样或利用气相色谱和液相色谱分离纯化后再导入质谱。质谱定量分析用外标法或内标法，后者精度高于前者。定量分析中的内标可选用类似结构物质或同位素物质。前者成本低，但精度和准确度以使用同位素物质为高。使用同位素物质为内标时，要求在进样、分离和离子化过程中不丢失同位素物质。在使用 FAB 质谱和 LC/MS（热喷雾和电喷雾）进行定量分析时，一般都需要用稳定的同位素内标。分析物和内标离子的相对丰度采用选择离子监测（只监测分析物和内标的特定离子）的方式测定。选择离子监测相对全范围扫描而言，由于离子流积分时间长而增加了选择性和灵敏度。利用分析物和内标的色谱峰面积或峰高比得出校正曲线，然后计算样品中分析物的色谱峰面积或它的量。

13.6 电子自旋共振

13.6.1 基本原理

电子自旋共振（electron spin resonance，ESR），又称电子顺磁共振（electron paramagnetic resonance，EPR），是 1945 年发展起来的一种技术，可用于检测有未成对电子的化合物。主要是自由基、奇电子分子、过渡金属配合物、稀土元素分子等，因此电子自旋共振谱是记录在外磁场作用下未成对电子在各能级之间跃迁的技术。分子中电子除了绕核作轨道运动外，还不停地作自旋运动。作轨道运动产生轨道角动量和轨道磁矩，自旋产生自旋角动量和自旋磁矩。在一般情况下，由于轨道磁矩比自旋磁矩小得多，因此，分子的磁矩主要由自旋磁矩贡献。只有在同一轨道上存在未成对电子的化合物，如自由基才有顺磁性，才能作为 ESR 的研究对象。

根据量子力学原理，电子自旋磁矩在 z 方向的分量为

$$\mu_z = -g\beta M_S$$

式中，g 是一个无量纲因子，自由电子的 g 值为 2.002319；β 是“波尔磁子”，其数值为 0.9273×10^{-20}；M_S 可取 $+1/2$ 或 $-1/2$ 两个值。一个未成对电子在外加磁场 H 中，可以出现在两个不同的能级上。如果在垂直于 H 的方向上加一个频率为 ν 的电磁波，则 ν 与 H 之间的关系为

$$\Delta E = h\nu = g\beta H$$

式中，ΔE 是电子在 $+1/2$ 或 $-1/2$ 两个能级之间的能量差。

电子自旋共振是研究存在未成对电子的化合物性质的重要工具。这些体系一般包括以下几种类型：

① 自由基，即含有一个未成对电子的分子或分子团；

② 双基，含两个未成对电子的分子，这两个电子相距很远，因而其相互作用可以忽略；

③ 三态分子，含有两个强偶合的未成对电子，三态可以是基态，也可以是各种激发态；

④ 具有三个或三个以上未成对电子的分子；

⑤ 大多数过渡金属及其金属离子。

以上体系是电化学测试中常涉及到的中间生成物或总产物。

13.6.2 电解池

电化学 ESR 实验有许多不同的样品电解池装置。对控制电势电量法或整体电解实验中产生的非常稳定的自由基离子或自由基物质，样品可以在惰性气氛下抽取到普通的、扁平的或圆柱形的样品管中。把工作电极放在腔内、辅助和参比电极放在腔外装置中的电解池也常常被采用。但这样做溶液的电阻对实验的影响很大。因此，有人提出将三个电极全部放入到腔内。常用的电化学 ESR 电解池如图 13-6-1 所示。

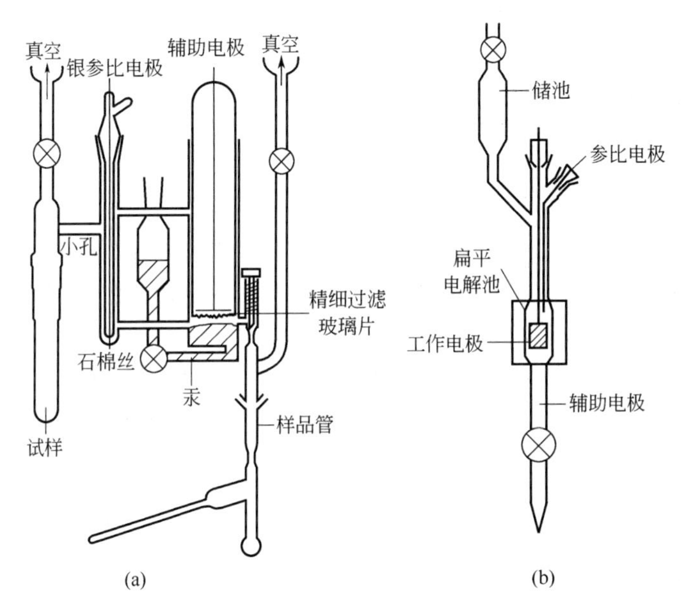

图 13-6-1 ESR 电化学电解池

(a) 真空下在汞池上外部产生自由基离子，样品可以移入 ESR 管中在真空下密封；

(b)“内”或“内部”产生的电解池

13.6.3 应用

ESR 不仅是进行基础理论研究工作的重要工具，而且在实际应用研究方面也起着很大作用。ESR 谱仪检测样品时吸收的总能量依赖于样品中的未成对电子的多少。吸收的强弱用吸收谱线包含的面积来表示。由此可以表示顺磁性物质的浓度，即单位物质中含有未成对电子的粒子数。ESR 谱已经广泛地应用于自由基机理化学和电化学中，它能提供有价值的自由基信息和各种反应中间体的结构信息。

13.7 电化学石英晶体微天平

近年来在电极表面上进行电沉积，制备导电聚合物膜和电极修饰的研究工作日益增多，因而研究其机理及其应用的工作也随之日益增多。因此需要一种非常灵敏的检测方法，它应该能够测量 10^{-9}g 数量级的变化。目前较成功地应用于表面电化学研究的方法是电化学石英晶体微天平（electrochemical quartz crystal microbalance，EQCM），例如测量固体电极表面层中的质量、电流和电量随电势变化关系，进而探讨界面电化学反应过程，电极上膜内物质的传输，存在于膜内的化学反应，膜生长过程动力学等。

13.7.1 基本原理与仪器

石英晶体微天平（QCM）是一种非常灵敏的质量检测器，它发展于 20 世纪 60 年代初，可以进行纳克级的质量测定。QCM 与电化学技术联用，构成电化学石英晶体微天平（EQCM）。它在获得电化学信息的同时又可以得到质量的信息，具有其它方法无法比拟的优越性。EQCM 的应用日新月异，目前它在诸如金属电沉积、化学修饰电极、生物医学、药物分析、气味检测等方面都有了应用，并且已经不仅局限于简单的浓度测定，而且已深入到反应机理、化学反应动力学等方面的研究。

QCM 的核心是一种沿着与石英晶体主光轴成 35°15′切割（AT-CUT）而成的石英晶体振荡片。之所以采用 AT 切割是因为在室温下其温度系数接近于零，这样，在室温下就可以降低温度对实验的影响。对于刚性沉积物，晶体振荡频率变化值 Δf 正比于工作电极上沉积物的质量改变值 Δm。只要：①Δf 小于 2% f_0；②溶剂的黏弹性不变；③沉积物的厚度基本均匀，则有 Sauerbrey 公式成立

$$-\Delta f=\frac{2f_0^2\Delta mn}{(\rho_q\mu_q)^{1/2}}=C_f\Delta m$$

式中，f_0为石英晶振的基频；Δf 为石英晶振的频率改变值，又称频移值；Δm 为沉积在电极上的物质质量改变值；ρ_q为石英晶体的密度；μ_q为石英晶体的剪切系数；C_f为灵敏度因子。

可以看出，频移值 Δf 与质量改变值 Δm 之间有一简单的线性关系。负号表示质量增大时，频率降低，这也是 EQCM 的基本原理。在此线性关系的基础上，就能确定在电极上每摩尔电荷传递产生的质量积累数 mpe

$$mpe=\left(\frac{\mathrm{d}\Delta f}{\mathrm{d}Q}\right)\left(\frac{F}{C_f}\right)$$

式中，Q 为电荷传递过程中每平方厘米电极上传递的电荷；F 为法拉第常数。

EQCM 的工作装置如图 13-7-1 所示。

由此图可见，EQCM 的石英晶振有两个金属端，其中一端作为工作电极使用，是电化

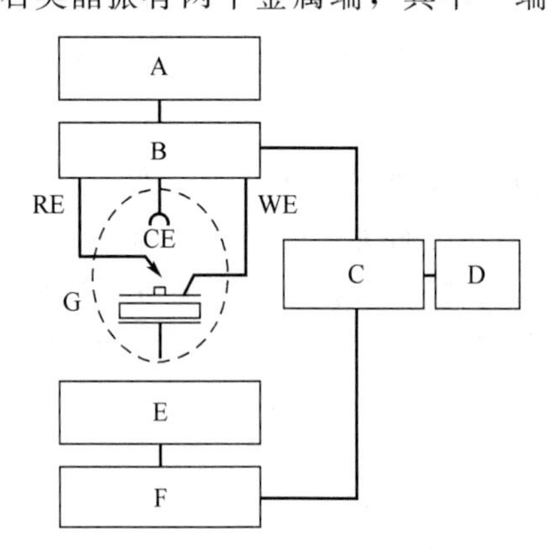

图 13-7-1 EQCM 的工作装置示意图

A—信号发生器；B—恒电势仪；C—计算机系统；D—打印机；E—振荡线路；F—频率计数器；G—电化学池；WE—研究电极；CE—辅助电极；RE—参比电极

学反应的场所，另一端与谐振线路连接。这样连接的 EQCM 在获得电化学信息的同时又通过频率的测定获得了质量的信息。利用 EQCM 灵敏的质量传感性能与电化学技术紧密结合，可以现场获取电极上质量随电势变化的信息，跟踪电极/溶液界面的各种传质和电荷转移过程。

图 13-7-2 是 $HClO_4$ 溶液中银在金电极上电沉积的循环伏安曲线以及相应的 EQCM 频率变化曲线。

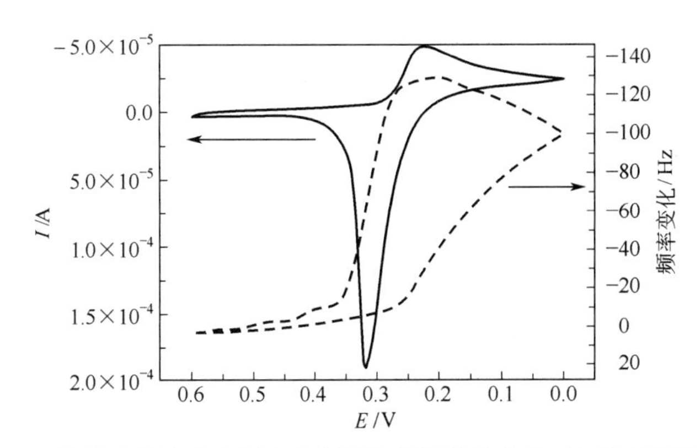

图 13-7-2　$HClO_4$ 溶液中银在金电极上电沉积的循环伏安曲线（扫描速率为 $20mV \cdot s^{-1}$）（实线）以及相应的 EQCM 频率变化曲线（虚线）

由图可见，伴随着循环伏安曲线上银的阴极沉积峰的出现，晶体振荡频率变化量 $-\Delta f$ 明显增加，表明了电极质量的增加，说明银在电极上的沉积；当电势向正方向回扫时，随着沉积银的溶解，$-\Delta f$ 又恢复到原来的数值。

13.7.2　应用

电化学石英晶体微天平已经广泛应用在许多涉及电极质量变化的电化学研究工作中。为了全书的简捷，我们在此不再详细介绍各个领域的详细应用，而主要说明它可以具体应用在哪些方面。例如，电化学金属沉积（如 Ag、Au 的电沉积）、膜的电化学溶解（如 Cu、Mn_2O、Ni 膜等的电化学溶解）、电化学吸附（如 Br^- 等卤素阴离子）、氢在金属（如 Pt）上的吸附、无机膜以及氧化还原聚合物膜（如聚乙烯二茂铁）、电极材料中 Li^+ 的嵌入脱出过程等。

13.8　电化学噪声

电化学噪声指的是电化学系统中因电极界面反应而引起的电极电势和电流的波动。电化学噪声测量是以随机过程理论为基础，用统计方法来研究腐蚀过程中电极/溶液界面电势和电流波动规律性的一种新颖的电化学研究方法。近十多年来，电化学噪声测量技术作为腐蚀电化学研究的前沿领域，已经引起越来越多研究者的兴趣，对航空铝合金、锰钢、黄铜等材料孔蚀、缝隙腐蚀过程中的电化学噪声特征的研究方兴未艾。电化学噪声测量技术完整地将金属的腐蚀机理研究和防护科学在理论上和技术上都大大向前推动了一步。

13.8.1　电化学噪声分析原理

噪声谱分析就是将电极电势或电流随时间波动的时间谱，通过快速傅里叶（FFT）变换，转变成功率密度随频率变化的功率密度谱（power density spectroscopy，PDS），再通过功率谱的主要参数 f_C 来研究局部腐蚀的特征。

电化学噪声谱图包括电化学噪声的时间谱和功率密度谱两种。电化学噪声的时间谱是时域谱，它显示噪声瞬时值随时间的变化。在孔蚀诱导期，出现了数量可观的电流尖脉冲，它揭示了噪声与引起这种噪声的物理现象的内在关系，有助于研究孔蚀的具体过程；噪声功率密度谱是频域图谱，表示噪声与频率的关系，即噪声频率分量的振幅随频率变化的曲线。噪声功率密度谱易于解析和分析规律性。

噪声功率密度谱用功率密度的对数对频率的对数作图，即 $\lg P$-$\lg f$ 曲线。在一定频率以上，功率密度降到最小值（－50）时对应的频率记为 f_C，以 f_C 的数值表示噪声的频率范围。可以通过 f_C 的值来判断局部腐蚀过程中的一些规律。f_C 的大小与噪声波波动的速度有关。波动速度越快，f_C 越大。

根据噪声的来源不同可将其分为热噪声、散粒效应噪声和闪烁噪声。

① 热噪声是由自由电子的随机热运动引起的，是最常见的一类噪声。

② 散粒效应噪声是 Schottky 于 1918 年研究此类噪声时，用子弹射入靶子时所产生的噪声命名的。因此，它又称为散弹噪声或颗粒噪声。在电化学研究中，当电流流过被测体系时，如果被测体系的局部平衡仍没有被破坏，此时被测体系的散粒效应噪声可以忽略不计；然而，在实际工作中，特别当被测体系为腐蚀体系时，由于腐蚀电极存在着局部阴、阳极反应，整个腐蚀电极的散粒效应噪声就不能忽略不计。

热噪声和散粒效应噪声均为高斯型白噪声，它们主要影响功率密度谱中 PDS 曲线的水平部分。

③ 闪烁噪声与散粒效应噪声一样，也与腐蚀电极的局部阴、阳极反应有关，与流过被测体系的电流有关；所不同的是引起散粒效应噪声的局部阴、阳极反应所产生的能量耗散掉了，而对应于闪烁噪声产生的电势则表现为具有各种瞬态过程的变量。局部腐蚀（如孔蚀）能显著地改变腐蚀电极上局部微区的阳极反应电阻值，从而导致电势的剧烈变化。因此，当电极发生局部腐蚀时，如果在开路电势下测定腐蚀电极的电化学噪声，则电极电势会发生负移，之后伴随着电极局部腐蚀部位的修复而正移；如果在恒压情况下测定，则在电流-时间曲线上有一个正的脉冲尖峰。

晶体必然存在着位错、缺陷、晶体不均匀及其它一些与表面状态有关的不规则因素，从而导致通过这层膜的阳极腐蚀电流的随机非平衡波动，于是导致电化学体系中产生了闪烁噪声。闪烁噪声主要影响功率密度谱中 PDS 曲线的高频（线性）倾斜部分。

13.8.2 电化学噪声测量技术

电化学噪声的测量系统分为两大类，即恒电流方法和恒电势方法。

恒电流条件下的电化学噪声测量可采用双通道频谱分析仪。其特点是用两个参考电极同时测量噪声信号，经低噪声前置放大后输入 FFT 分析仪。通过相关技术能够消除只用一个参考电极时具有的各种寄生干扰。然后借助于双通道频谱分析仪，可得到电压噪声的互功率密度谱。

在恒电压条件下的电化学噪声测量中，电极电势的控制是由恒电势仪实现的。测量的关键是必须选用低噪声恒电势仪（一般为直流供电）。使用双参比电极，其中一个作为检测电势用。采用双通道频谱分析仪存储和显示被测腐蚀体系电极电势和响应电流的自相关噪声谱以及它们的互相关功率谱。通过电流互功率谱可以从响应于电极电势的电流信号中辨别出由电极特征参数的随机波动所引起的噪声信号，这样有利于消除仪器的附加噪声。

电化学噪声测量的关键装置是频谱分析仪，它具备 FFT 的数学处理功能，能自动完成噪声时间谱、频率谱和功率密度谱的显示、存储和测量。

13.8.3 应用

目前，电化学噪声技术已广泛地应用于工业电化学（包括金属的腐蚀与防护、化学电源和金属电沉积）和生物电化学等诸多学科领域的研究工作中，并且日益成为相关学科领域的重要研究手段。同时。电化学噪声的基本理论和数据处理技术也在其广泛的应用中得到了长足的发展。在腐蚀领域中，常用于研究局部腐蚀的发生过程，研究表面膜的动态特征，判断材料的耐蚀性和缓蚀剂的缓蚀效率等。

附录　25℃下常用电极反应的标准电极电势

反　应	$E^{\ominus}$/V (vs. SHE)	反　应	$E^{\ominus}$/V (vs. SHE)
$Li^+ + e^- \rightleftharpoons Li$	−3.045	$AgI + e^- \rightleftharpoons Ag + I^-$	−0.1522
$K^+ + e^- \rightleftharpoons K$	−2.925	$Sn^{2+} + 2e^- \rightleftharpoons Sn$	−0.1375
$Ba^{2+} + 2e^- \rightleftharpoons Ba$	−2.92	$Pb^{2+} + 2e^- \rightleftharpoons Pb$	−0.1251
$Ca^{2+} + 2e^- \rightleftharpoons Ca$	−2.84	$Pb^{2+} + 2e^- \rightleftharpoons Pb(Hg)$	−0.1205
$La(OH)_3 + 3e^- \rightleftharpoons La + 3OH^-$	−2.80	$MnO_2 + 2H_2O + 2e^- \rightleftharpoons Mn(OH)_2 + 2OH^-$	−0.05
$Na^+ + e^- \rightleftharpoons Na$	−2.714	$2H^+ + 2e^- \rightleftharpoons H_2$	0.000
$Mg(OH)_2 + 2e^- \rightleftharpoons Mg + 2OH^-$	−2.687	HgO(红)$ + H_2O + 2e^- \rightleftharpoons Hg + 2OH^-$	0.0977
$Mg^{2+} + 2e^- \rightleftharpoons Mg$	−2.356	$Cu^{2+} + e^- \rightleftharpoons Cu^+$	0.159
$Al(OH)_3 + 3e^- \rightleftharpoons Al + 3OH^-$	−2.310	$AgCl + e^- \rightleftharpoons Ag + Cl^-$	0.2223
$Be^{2+} + 2e^- \rightleftharpoons Be$	−1.97	$Hg_2Cl_2 + 2e^- \rightleftharpoons 2Hg + 2Cl^-$（饱和 KCl）	0.2415
$Al^{3+} + 3e^- \rightleftharpoons Al$	−1.67	$Hg_2Cl_2 + 2e^- \rightleftharpoons 2Hg + 2Cl^-$	0.26816
$U^{3+} + 3e^- \rightleftharpoons U$	−1.66	$Cu^{2+} + 2e^- \rightleftharpoons Cu$	0.340
$Ti^{2+} + 2e^- \rightleftharpoons Ti$	−1.63	$Ag_2O + H_2O + 2e^- \rightleftharpoons 2Ag + 2OH^-$	0.342
$HPO_3^{2-} + 2H_2O + 2e^- \rightleftharpoons H_2PO_2^- + 3OH^-$	−1.57	$Fe(CN)_6^{3-} + e^- \rightleftharpoons Fe(CN)_6^{4-}$	0.3610
$Mn(OH)_2 + 2e^- \rightleftharpoons Mn + 2OH^-$	−1.56	$O_2 + 2H_2O + 4e^- \rightleftharpoons 4OH^-$	0.401
$Cr(OH)_3 + 3e^- \rightleftharpoons Cr + 3OH^-$	−1.33	$NiO_2 + 2H_2O + 2e^- \rightleftharpoons Ni(OH)_2 + 2OH^-$	0.490
$ZnO_2^{2-} + 2H_2O + 2e^- \rightleftharpoons Zn + 4OH^-$	−1.285	$Cu^+ + e^- \rightleftharpoons Cu$	0.520
$Zn(OH)_2 + 2e^- \rightleftharpoons Zn + 2OH^-$	−1.245	$I_2 + 2e^- \rightleftharpoons 2I^-$	0.5355
$TiF_6^{2-} + 4e^- \rightleftharpoons Ti + 6F^-$	−1.191	$MnO_4^- + e^- \rightleftharpoons MnO_4^{2-}$	0.56
$Mn^{2+} + 2e^- \rightleftharpoons Mn$	−1.18	$Hg_2SO_4 + 2e^- \rightleftharpoons 2Hg + SO_4{}^{2-}$	0.613
$V^{2+} + 2e^- \rightleftharpoons V$	−1.13	$2AgO + H_2O + 2e^- \rightleftharpoons Ag_2O + 2OH^-$	0.640
$Cr^{2+} + 2e^- \rightleftharpoons Cr$	−0.90	$O_2 + 2H^+ + 2e^- \rightleftharpoons H_2O_2$	0.695
$2H_2O + 2e^- \rightleftharpoons H_2 + 2OH^-$	−0.828	$Fe^{3+} + e^- \rightleftharpoons Fe^{2+}$	0.771
$Cd(OH)_2 + 2e^- \rightleftharpoons Cd + 2OH^-$	−0.824	$Hg_2^{2+} + 2e^- \rightleftharpoons 2Hg$	0.7960
$Zn^{2+} + 2e^- \rightleftharpoons Zn$	−0.7626	$Ag^+ + e^- \rightleftharpoons Ag$	0.7991
$Co(OH)_2 + 2e^- \rightleftharpoons Co + 2OH^-$	−0.733	$ClO^- + H_2O + 2e^- \rightleftharpoons Cl^- + 2OH^-$	0.890
$Ni(OH)_2 + 2e^- \rightleftharpoons Ni + 2OH^-$	−0.72	$2Hg^{2+} + 2e^- \rightleftharpoons Hg_2^{2+}$	0.911
$Ag_2S + 2e^- \rightleftharpoons 2Ag + S^{2-}$	−0.691	$Pd^{2+} + 2e^- \rightleftharpoons Pd$	0.915
$Ga^{3+} + 3e^- \rightleftharpoons Ga$	−0.52	$Pt^{2+} + 2e^- \rightleftharpoons Pt$	1.188
$U^{4+} + e^- \rightleftharpoons U^{3+}$	−0.52	$O_2 + 4H^+ + 4e^- \rightleftharpoons 2H_2O$	1.229
$H_3PO_2 + H^+ + e^- \rightleftharpoons P + 2H_2O$	−0.508	$MnO_2 + 4H^+ + 2e^- \rightleftharpoons Mn^{2+} + 2H_2O$	1.23
$Ni(NH_3)_6^{2+} + 2e^- \rightleftharpoons Ni + 6NH_3$	−0.476	$Tl^{3+} + 2e^- \rightleftharpoons Tl^+$	1.25
$S + 2e^- \rightleftharpoons S^{2-}$	−0.447	$Cl_2(g) + 2e^- \rightleftharpoons 2Cl^-$	1.3583
$Fe^{2+} + 2e^- \rightleftharpoons Fe$	−0.44	$Au^{3+} + 2e^- \rightleftharpoons Au^+$	1.36
$Cr^{3+} + e^- \rightleftharpoons Cr^{2+}$	−0.424	$PbO_2 + 4H^+ + 2e^- \rightleftharpoons Pb^{2+} + 2H_2O$	1.468
$Cd^{2+} + 2e^- \rightleftharpoons Cd$	−0.4025	$Mn^{3+} + e^- \rightleftharpoons Mn^{2+}$	1.5
$Ti^{3+} + e^- \rightleftharpoons Ti^{2+}$	−0.37	$MnO_4^- + 8H^+ + 5e^- \rightleftharpoons Mn^{2+} + 4H_2O$	1.51
$PbSO_4 + 2e^- \rightleftharpoons Pb + SO_4^{2-}$	−0.3505	$Au^{3+} + 3e^- \rightleftharpoons Au$	1.59
$Tl^+ + e^- \rightleftharpoons Tl$	−0.3363	$PbO_2 + SO_4^{2-} + 4H^+ + 2e^- \rightleftharpoons PbSO_4 + 2H_2O$	1.698
$Tl^+ + e^- \rightleftharpoons Tl(Hg)$	−0.3338	$Ce^{4+} + e^- \rightleftharpoons Ce^{3+}$	1.72
$Co^{2+} + 2e^- \rightleftharpoons Co$	−0.277	$H_2O_2 + 2H^+ + 2e^- \rightleftharpoons 2H_2O$	1.763
$Ni^{2+} + 2e^- \rightleftharpoons Ni$	−0.257	$Au^+ + e^- \rightleftharpoons Au$	1.83
$V^{3+} + e^- \rightleftharpoons V^{2+}$	−0.255	$Co^{3+} + e^- \rightleftharpoons Co^{2+}$	1.92
$Mo^{3+} + 3e^- \rightleftharpoons Mo$	−0.20	$O_3 + 2H^+ + 2e^- \rightleftharpoons O_2 + H_2O$	2.075
$CuI + e^- \rightleftharpoons Cu + I^-$	−0.182	$\frac{1}{2}F_2 + H^+ + e^- \rightleftharpoons HF$	3.053

参 考 文 献

1 田昭武. 电化学研究方法. 北京：科学出版社，1984

2 Southampton Electrochemistry Group. Instrumental Methods in Electrochemistry. Ellis Horwood Limited，1985

3 周伟舫. 电化学测量. 上海：上海科学技术出版社，1985

4 Donald T Sawyer，Julian L Roberts JR. Experimental Electrochemistry for Chemists. John Wiley & Sons，Inc，1974

5 Peter T Kissinger，William R Heineman. Laboratory Techniques in Electroanalytical Chemistry. Second Edition. Marcel Dekker，Inc，1996

6 查全性. 电极过程动力学导论. 第三版. 北京：科学出版社，2002

7 曹楚南. 腐蚀电化学原理. 第二版. 北京：化学工业出版社，2004

8 Allen J Bard，Larry R Faulkner. Electrochemical Methods Fundamentals and Applications. Second Edition. John Wiley & Sons，Inc，2001

9 [美] 阿伦 J 巴德，拉里 R 福克纳著. 电化学方法原理和应用. 第二版. 邵元华，朱果逸，董献堆，张柏林译. 北京：化学工业出版社，2005

10 刘永辉. 电化学测试技术. 北京：北京航空航天大学出版社，1987

11 张祖训. 超微电极电化学. 北京：科学出版社，1998

12 张祖训，汪尔康. 电化学原理和方法. 北京：科学出版社，2000

13 Christopher M A Brett，Ana Maria Oliveira Brett. Electroanalysis. Oxford University Press，1998

14 曹楚南，张鉴清. 电化学阻抗谱导论. 北京：科学出版社，2002

15 Evgenij Barsoukov，J Ross Macdonald. Impedance Spectroscopy Theory，Experiment，and Applications. Second Edition. John Wiley & Sons，Inc，2005

16 Christopher M A Brett，Ana Maria Oliveira Brett. Electrochemistry Principles，Methods，and Applications. Oxford University Press，1994

17 Paul M S Monk. Fundamentals of Electroanalytical Chemistry. John Wiley & Sons，Ltd，2001

18 万立骏. 电化学扫描隧道显微术及其应用. 北京：科学出版社，2005

19 A S Dakkouri. Solid State Ionics. 1997，94：99～114

20 D M Kolb. Surf Sci，2002，500：722～740

21 D M Kolb and J Schneider Surf Sci，1985，162：764～775

22 D M Kolb and J Schneider. Electrochim Acta，1986，31：929～936

23 M J Esplandiu，M A Schneeweiss，D M Kolb. Phys Chem Chem Phys，1999，1：4847

24 D M Kolb，R Ullmann，T Will. Science，1997，275：1097

25 李晶，汪尔康. 原子力显微镜及其在电化学和电分析化学中的应用. 分析化学，1995，23(11)：1341

26 Jing Li，Dale J Meier. J of Electroanal Chem，1998，454：53

27 杨晓辉，赵瑜，谢青季，姚守拙. 扫描电化学显微镜技术近期进展. 分析科学学报，2004，20(2)：210

28 Anna L Barker，Patrick R Unwin，Julian W Gardner，Hugh Rieley. Electrochemistry Communications，2004，6：91

29 M V Mirkin，T C Richards，A J Bard. J Phys Chem，1993，97：7672

30 [日] 滕屿昭，湘泽益男，井上澈著. 电化学测试方法. 陈震，姚建年译. 北京：北京大学出版社，1995

31 陆婉珍，袁洪福，徐广通，强冬梅. 现代近红外光谱分析技术. 北京：中国石化出版社，2000